T0281731

# Abstrakte Galois-Theorie

Marc Nieper-Wißkirchen

# Abstrakte Galois-Theorie

## Gruppen, Ringe, Körper

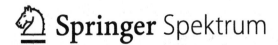 Springer Spektrum

Marc Nieper-Wißkirchen
Lehrstuhl Algebra & Zahlentheorie
Universität Augsburg
Augsburg, Deutschland

ISBN 978-3-662-63968-9      ISBN 978-3-662-63969-6   (eBook)
https://doi.org/10.1007/978-3-662-63969-6

Die Deutsche Nationalbibliothek verzeichnet diese Publikation in der Deutschen Nationalbibliografie; detaillierte bibliografische Daten sind im Internet über http://dnb.d-nb.de abrufbar.

Planung/Lektorat: Iris Ruhmann
Springer Spektrum ist ein Imprint der eingetragenen Gesellschaft Springer-Verlag GmbH, DE und ist ein Teil von Springer Nature.
Die Anschrift der Gesellschaft ist: Heidelberger Platz 3, 14197 Berlin, Germany

*Für Bettina*

# Vorwort

Mit diesem Buch setze ich meine Einführung in die Algebra fort, die ich in meiner *Elementaren Galois-Theorie* [2] begonnen habe. Wir werden zum einen viele neue Dinge entdecken, aber auch altbekannte in einem neuen Lichte und viel größerer Allgemeinheit. Dadurch, dass dieser Band die logische Fortsetzung der *Elementaren Galois-Theorie* ist, werde ich in diesem Buch [2] immer mit *Band 1* zitieren. Dieses Buch ist logischerweise also *Band 2*.

Dieser Band setzt das Wissen der elementaren galoisschen Theorie, wie sie in Band 1 entwickelt worden ist, voraus. Das Studium des ersten Bandes ist allerdings nicht die einzige Möglichkeit, sich die Mathematik der elementaren galoisschen Theorie anzueignen, denn es gibt mehr als ein sehr gutes Buch, welches dafür zur Verfügung steht. (Im Übrigen ist es nicht nur hier, sondern ganz allgemein in der Mathematik empfehlenswert, Teilgebiete nicht nur aus einer Quelle, sondern aus mehreren Quellen zu lernen, denn jeder Autor legt auf andere Nuancen Wert, und gerade Unterschiede im Detail zeigen auf, wie lebendig Mathematik ist.) An erster Stelle möchte ich hier die *Algebra für Einsteiger* [1] von Jörg Bewersdorff erwähnen, der einen ganz ähnlichen elementaren Zugang zur Theorie verfolgt, wie wir ihn auch im ersten Band gewählt haben.[1] Wer kein Problem mit englischsprachiger Literatur hat, mag auch in Jean-Pierre Tignols *Galois' Theory of Algebraic Equations* [4] einen Blick werfen. Auch dieses Buch stellt Polynomgleichungen in einer Variablen in den Mittelpunkt. Ein weiteres englischsprachiges Buch, welches sich durch seine Kürze auszeichnet, dabei aber Stoff sowohl von Band 1 als auch Band 2 abdeckt, ist Joseph Rotmans *Galois Theory* [3].

Wie jedem Leser nach kurzer Zeit sicherlich auffallen wird, unterscheidet sich der mathematische Stil in diesem Teil ein wenig von dem des ersten Teiles. Im ersten Teil hatten wir die galoissche Theorie so viel entwickelt, dass wir die in der Einleitung von Band 1 erwähnten für Jahrhunderte ungelösten Probleme behandeln konnten. Wir hatten

---

[1]Insbesondere wer Wert auf vielfältige historische Anmerkungen inklusive ausführlicher Angaben von Primär- und Sekundärquellen und gleichzeitig auf eine kompakte Darstellung legt, wird von [1] begeistert sein.

aber keine großen Anstrengungen unternommen, die galoissche Theorie weit darüber hinaus zu entwickeln. Viele Argumente sind aber in einem viel größeren Kontext richtig, und dies darzustellen, wird eine wesentliche Aufgabe dieses zweiten Teiles sein. Dazu können wir natürlich auf all das zurückgreifen, was wir schon im ersten Teil gelernt haben. Wir müssen also keineswegs das Rad überall neu erfinden.

Da dieser zweite Band inhaltlich und von seinem Abstraktionsniveau oberhalb des ersten Bandes angesiedelt ist, erlauben wir uns zu unterstellen, dass der Leser seitdem etwas mathematisch gereift ist[2]. Wir erlauben uns also, ihn an der einen oder anderen Stelle etwas mehr zu fordern und Argumente selbst zu Ende führen zu lassen, die wir im ersten Band vielleicht noch minutiös durchgeführt hätten. Außerdem setzen wir etwas mehr Kenntnisse in der linearen Algebra voraus. Im ersten Band reichten rudimentäre Kenntnisse aus; in diesem Band benutzen wir Begriffe wie Vektorraum oder Dimension, ohne noch einmal im Detail darauf einzugehen.

Von sprachlicher Seite bedeutet die Abstraktion verglichen mit Band 1 unter anderem, dass wir beginnen, Aussagen für *Konzepte* und nicht nur für konkrete mathematische Objekte zu formulieren. Dies ist ein wichtiger sprachlicher und logischer Schritt, aber schon aus der linearen Algebra bekannt: Konkrete Objekte sind zum Beispiel die Vektorräume $\mathbf{Q}^n$, über deren Elemente und deren Operationen wir einiges aussagen können. Richtig mächtig wird die lineare Algebra aber erst nachdem das Konzept eines Vektorraumes eingeführt worden ist und die Ergebnisse über $\mathbf{Q}^n$ einfach nur zu Spezialisierungen allgemeiner Ergebnisse auf einen bestimmten Vektorraum werden.

Diese Art der Herangehensweise ist ganz allgemein ein Wesenszug der Mathematik und soll mit diesem Band vertieft werden. Damit ist das „abstrakt" im Titel dieses Buches eben nicht als Warnung zu verstehen, sondern als Verheißung, denn mit diesem Band beginnen wir wirklich, in die moderne Mathematik einzutauchen.

Aufgrund ihrer Herangehensweise wird die Mathematik auch als deduktive Wissenschaft bezeichnet, also als solche, in der aus allgemeinen Tatsachen (auch Axiomen) auf das Besondere geschlossen wird. Im Gegensatz dazu stehen die induktiven Wissenschaften wie die Physik oder Chemie, in denen aus Einzelbeobachtungen (dem Besonderen) auf allgemeine Tatsachen geschlossen wird. Und in diesem Band werden wir eine Reihe von Axiomen formulieren, insbesondere für Gruppen, Ringe und Körper, und auf diesen Axiomen ein Theoriegebäude setzen, welches sich allein auf diese Axiome stützen kann.

Worum geht es aber in diesem Buch konkret? Und warum sollte man es lesen? Gibt es nicht genügend andere Bücher, die ebenso viel Schlaues über die Begriffe *Gruppe, Ring* und *Körper* zu sagen haben?

Dieses Buch richtet sich zunächst an all diejenigen, denen der Stil des ersten Buches gefallen hat. Wie auch im ersten Band ist der Text immer wieder durch kleine grau hinterlegte Boxen unterbrochen, in denen einzelne Begriffe des Haupttextes noch einmal aufgenommen werden. Diese Boxen sollen zum Nachdenken anregen. Welche von den Aussagen, die dort stehen, verstehe ich sofort? Für welche sollte ich mir vielleicht noch einmal Teile des Textes durchlesen oder eine der vielen Aufgaben studieren?

---

[2]Etwa durch das Studium des ersten Bandes!

Eine ähnliche Hilfestellung sollen die Zusammenfassungen am Ende der einzelnen Kapitel geben. Sie haben nicht den Anspruch selbsterklärend zu sein – es wäre auch kaum möglich, ein ganzes Kapitel von vielleicht 50 Seiten auf eine Seite zu komprimieren –, sondern sie sollen für den Leser eine Art Checkliste sein, damit er im Kopf noch einmal das Kapitel durchgehen und abhaken kann, was er schon ganz tief im Gedächtnis gespeichert hat.

Dieses Buch zeichnet sich insbesondere aber durch eine durchgehend konstruktive Sicht auf die Mathematik aus und setzt die Philosophie des ersten Bandes konsequent fort. In der konstruktiven Mathematik erlauben wir nur solche logischen Schlüsse, dass Existenzaussagen einen algorithmischen Inhalt haben, dass also in einem Existenzbeweis für ein mathematisches Objekt auch immer ein Verfahren steckt, dieses Objekt zu finden. Die Aussage, dass ein bestimmtes Polynom eine Nullstelle besitzt, bedeutet also gleichzeitig, dass wir ein effektives Verfahren haben, eine solche Nullstelle auch zu konstruieren.

Das Gegenteil zu konstruktiver Mathematik wird in diesem Kontext üblicherweise klassische Mathematik genannt, wobei damit keine wertende Aussage verbunden ist. Allerdings bilden konstruktive Mathematik und klassische Mathematik keine Gegensätze. Da jeder konstruktive Beweis insbesondere auch ein klassischer Beweis ist, sind alle hier gemachten Aussagen auch klassisch richtig. Im Zweifelsfall haben wir nur etwas mehr bewiesen. Die konstruktive Mathematik bettet sich also in die klassische Mathematik ein.[3]

In jeder Einführung der Algebra sollten die drei großen Begriffe *Gruppe*, *Ring* und *Körper* ausführlich behandelt werden, und entsprechend zu diesen Themenkomplexen sind auch die restlichen Kapitel dieses Buches aufgebaut.

*Gruppen* sind fundamentale mathematische Strukturen und tauchen auf, wenn wir Symmetrien von Objekten betrachten. Die Symmetrien eines Objektes bilden eine Gruppe, von der wir dann sagen, dass sie auf dem Objekt wirkt, und der allgemeine Gruppenbegriff ergibt sich dann durch Abstraktion. Aus dem ersten Band kennen wir Spezialfälle von Gruppen, nämlich die Permutationsgruppen, die als (Untergruppen von) galoisschen Gruppen auf den Nullstellen eines Polynoms operieren.

*Ringe* wiederum verallgemeinern den Zahlbegriff. Der Prototyp eines Ringes ist also der des Ringes der ganzen Zahlen. Indem wir zum Beispiel Polynome über einem Ring betrachten, erhalten wir einen neuen Ring, den Ring der Polynome, mit dem wir dann wieder rechnen können. Wir untersuchen im Ring-Kapitel, ob und wie sich bekannte Tatsachen von ganzen Zahlen – etwa die Existenz von Primfaktorzerlegungen – auf andere Ringe übertragen lassen. Wir sehen, dass wir dazu an einer Stelle sogar von den Zahlen zu allgemeineren Objekten, den Idealen übergehen müssen.

*Körper* bilden die Bausteine der Körpererweiterungen, die wir im letzten Kapitel untersuchen. In diesem Kapitel spielen aber auch die Gruppen und Ringe eine fundamentale Rolle, sodass hier alles zusammenkommt: Wir werden die galoissche Theorie über beliebigen

---

[3]Etwas weniger offensichtlich ist, dass es auch eine Einbettung der klassischen Mathematik in die konstruktive gibt; man kann nämlich eine klassisch beweisbare Aussage so umschreiben, dass die Umschreibung klassisch, aber nicht konstruktiv äquivalent ist, die Umschreibung aber auch einen konstruktiven Beweis zulässt.

Körpern verallgemeinern, und diese Theorie wiederum verknüpft die Körpertheorie mit der Gruppentheorie. Und zum Studium der galoisschen Theorie müssen wir Polynome und die Ringe, in denen sie leben, verstehen, so zum Beispiel wie sie faktorisiert werden können.

Augsburg                                                    Marc Nieper-Wißkirchen
Februar 2021

## Literatur

1. Bewersdorff, J.: Algebra für Einsteiger. Springer Spektrum (2019)
2. Nieper-Wißkirchen, M.: Elementare Galois-Theorie. Springer-Verlag GmbH (2020)
3. Rotman, J.: Galois Theory. Springer-Verlag New York (2001)
4. Tignol, J.P.: Galois' Theory of Algebraic Equations: 2nd Edition. World Scientific (2016)
5. Dupuy, P.: La vie d'Évariste Galois. Annales scientifiques de l'École Normale Supérieure, 3(13), 197–266 (1896)

**Abb. 1** Évariste Galois, 25.10.1811–31.05.1832 [5]

# Danksagungen

Wie schon der vorhergehende Band basiert auch dieses Buch auf Vorlesungen zur Einführung in die Algebra, und zwar welchen, die ich erstmals im Sommersemester 2011 und im Wintersemester 2013 an der Universität Augsburg gehalten habe. Und ebenfalls wie auch schon der vorhergehende Band wäre dieses Buch ohne die hilfreichen Kommentare und Verbesserungsvorschläge der Hörerinnen und Hörer dieser Vorlesungen in dieser Form sicherlich nicht zustande gekommen, sodass mein Dank ihnen allen, insbesondere aber wieder Frau Caren Schinko, Frau Gesa Scupin und Herrn Moritz Meisel gebührt. Außerdem möchte ich den Herren Franz Vogler und Ingo Blechschmidt danken, die als Assistenten zu den beiden Vorlesungen wertvolle Hinweise gegeben haben und die Übungsaufgaben in der Praxis erprobt haben.

An dieser Stelle möchte ich mich auch noch bei drei Personen bedanken, die meine Liebe zur Mathematik in jungen Jahren entfacht und unterstützt haben, ohne die dieses Buch viele Jahre später mit Sicherheit nicht entstanden wäre: Detlev Bock, mein ehemaliger Mathematik- und Physiklehrer, dem ich jede Frage stellen konnte und dessen Antworten mir immer weitergeholfen haben; Helmut Reckziegel, bei dem ich die Analysis gehört habe und der mit seiner scharfen Sichtweise auf die Dinge wie kaum ein anderer mir ein tiefes mathematisches Verständnis beigebracht hatte; und schließlich Klaus Haberland, bei dem ich selbst die Algebra gelernt hatte und der mich sofort von ihrer Schönheit überzeugen konnte.

# Inhaltsverzeichnis

# Symbole

Dieses Symbolverzeichnis umfasst der Vollständigkeit halber auch das Symbolverzeichnis aus dem ersten Band.

| | |
|---|---|
| $\sqrt{(0)}$ | Nilradikal |
| $(a)$ | Hauptideal zu einem Element $a$ |
| $\sqrt{\mathfrak{a}}$ | Wurzelideal |
| $(a_1,\ldots,a_n)$ | Endlich erzeugtes Ideal |
| $\mathfrak{a}+\mathfrak{b}$ | Summe zweier Ideale |
| $\mathfrak{a}\cdot\mathfrak{b}$ | Produkt zweier Ideale |
| $(\mathfrak{a}:\mathfrak{b})$ | Idealquotient |
| $\mathrm{Aut}(G)$ | Automorphismengruppe einer Gruppe |
| $\mathrm{Aut}(V)$ | Gruppe der Automorphismen eines Vektorraumes |
| $\mathrm{Aut}(X)$ | Gruppe der Bijektionen einer Menge |
| $\mathrm{Aut}_K(L)$ | Gruppe der Automorphismen eines Oberkörpers $L$, die die Elemente des Grundkörpers fixieren |
| $\mathrm{A}_n$ | Alternierende Gruppe |
| $\mathrm{B}^1(G, A)$ | 1-Koränder einer Gruppe mit Werten in der abelschen Gruppe $A$ |
| $\mathbf{C}$ | Ring der komplexen Zahlen |
| $\mathrm{C}_n$ | Zyklische Gruppe |
| $\mathrm{D}_n$ | Dieder-Gruppe |
| $D(b_1,\ldots,b_n)$ | Diskriminante eines Zahlkörpers zu einer Basis $b_1, \ldots, b_n$ |
| $\det A$ | Determinante einer quadratischen Matrix |
| $\mathrm{disc}_{K/\mathbf{Q}}$ | Diskriminante eines Zahlkörpers |
| $\mathrm{disc}_{L/K}$ | Diskriminante einer Körpererweiterung |
| $\hat{E}$ | Normaler Abschluss eines Zwischenkörpers |
| $e_k(X_1,\ldots,X_n)$ | Elementarsymmetrische Funktion |
| $\mathbf{F}_q$ | Endlicher Körper |
| $\mathrm{Frob}$ | Frobeniusscher Automorphismus |
| $|G|$ | Zugrunde liegende Menge einer Gruppe |

| | |
|---|---|
| $G_\sigma$ | Zentralisator des Gruppenelementes $\sigma$ |
| $G_x$ | Standgruppe an einem Element $x$ |
| $[G : 1]$ | Gruppenordnung |
| $[G : G_o]$ | Anzahl der zu $o$ konjugierten Gruppenelemente |
| $[G : H]$ | Index einer Untergruppe |
| $G \times H$ | Produkt zweier Gruppen |
| $G * H$ | Freies Produkt zweier Gruppen |
| $G/N$ | Faktorgruppe nach einem Normalteiler |
| $\text{Gal}_K (x_1, ..., x_n)$ | Galoissche Gruppe der Nullstellen eines Polynomes |
| $\text{Gal}_Q(x_1, ..., x_n)$ | Galoissche Gruppe über den rationalen Zahlen |
| $\text{Gal}_K (L)$ | Galoissche Gruppe einer galoisschen Körpererweiterung |
| $\text{GL}_n (K)$ | Gruppe der invertierbaren quadratischen Matrizen |
| $\text{GL}_n (\mathbf{Z})$ | Gruppe der invertierbaren quadratischen Matrizen über den ganzen Zahlen |
| ggT | Größter gemeinsamer Teiler |
| $\text{H}^1 (G, A)$ | Erste Gruppenkohomologie mit Werten in der abelschen Gruppe $A$ |
| $G_H$ | Normaler Abschluss einer Untergruppe $H$ |
| $\text{H} \cdot \text{N}$ | Komplexprodukt einer Untergruppe mit einem Normalteiler |
| $\text{im}_\varphi$ | Bild eines Homomorphismus' |
| $\overline{K}$ | Separabler oder algebraischer Abschluss eines Körpers |
| $K[X]$ | Ring der Polynome in der Unbestimmten $X$ |
| $K [X_1,..., X_n]$ | Ring der Polynomen in den Unbestimmten $X_1,..., X_n$ |
| $K(x_1, \ldots, x_n)^{\sigma_1,...,\sigma_m}$ | Invarianten unter der galoisschen Wirkung |
| $\text{ker}_\varphi$ | Kern eines Homomorphismus' |
| $l$ | Zum charakteristischen Exponenten teilerfremde Primzahl |
| $L^H$ | Fixkörper einer Untergruppe der galoisschen Gruppe |
| $[L : K]$ | Grad einer endlichen Körpererweiterung |
| $[L : K]_i$ | Inseparabilitätsgrad einer endlichen Körpererweiterung |
| $[L : K]_s$ | Separabilitätsgrad einer endlichen Körpererweiterung |
| $\lim_{i \in I} R_i$ | Limes eines gerichteten Systems von Ringen |
| $\text{M}_n(R)$ | $n \times n$-Matrizen |
| $N$ | Normabbildung eines euklidischen Ringes |
| $\text{N}_{L/K}$ | Normabbildung einer endlichen Körpererweiterung |
| $n_p$ | Anzahl der $p$-sylowschen Untergruppen |
| $N \rtimes H$ | Halbdirektes Produkt zweier Gruppen |
| $\text{N}_H(G)$ | Normalisator einer Untergruppe $H$ |
| $\text{O}_n(\mathbf{Q})$ | Orthogonale Gruppe über den rationalen Zahlen |
| $\text{O}_K$ | Ganzheitsring eines Zahlkörpers |
| $\mathcal{O}_K$ | Ganzheitsring eines Zahlkörpers |
| $\Omega$ | Algebraisch abgeschlossener Oberkörper |

| | |
|---|---|
| $\Phi_n(X)$ | Kreisteilungspolynom |
| $\mathbf{Q}$ | Körper der rationalen Zahlen |
| $\overline{\mathbf{Q}}$ | Körper der algebraischen Zahlen |
| $\mathbf{Q}_+$ | Menge der positiven rationalen Zahlen |
| $\mathbf{Q}(t_1,...,t_n)$ | Menge der in $t_1,...,t_n$ rationalen Zahlen |
| $\mathbf{Q}[X]$ | Ring der Polynome mit rationalen Koeffizienten in der Unbestimmten $X$ |
| $\mathbf{Q}[X_1,...,X_n]$ | Ring der Polynome mit rationalen Koeffizienten in den Unbestimmten $X_1,...,X_n$ |
| $\mathbf{R}$ | Ring der reellen Zahlen |
| $R^\times$ | Einheitengruppe eines Ringes |
| $R/\mathfrak{a}$ | Faktorring nach einem Ideal |
| $R_F$ | Lokalisierung eines Ringes weg von einem Element |
| $S^{-1}R$ | Lokalisierung eines Ringes nach einer multiplikativ abgeschlossenen Teilmenge |
| $S_n$ | Permutationsgruppe |
| sgn $\sigma$ | Signum einer Permutation |
| $\mathrm{SL}_n(\mathbf{Q})$ | Spezielle lineare Gruppe über den rationalen Zahlen |
| $\mathrm{SO}_n(\mathbf{Q})$ | Spezielle orthogonale Gruppe über den rationalen Zahlen |
| $\mathbf{Z}$ | Ring der ganzen Zahlen |
| tr $A$ | Spur einer quadratischen Matrix |
| $\mathrm{tr}_{L/K}$ | Spurabbildung einer endlichen Körpererweiterung |
| $\mathrm{trdeg}_K L$ | Transzendenzgrad einer Körpererweiterung |
| $\zeta_n$ | Primitive Einheitswurzel |
| $\mathrm{V}_4$ | Kleinsche Vierergruppe |
| $X/G$ | Bahnenraum einer Gruppenoperation |
| $X^g$ | Fixpunktmenge zu einem Gruppenelement $g$ |
| $X^G$ | Fixpunktmenge zu einer Gruppenoperation |
| $Z(G)$ | Zentrum einer Gruppe |
| $\mathbf{Z}[i]$ | Ring der ganzen gaußschen Zahlen |
| $\mathbf{Z}[\zeta_3]$ | Ring der eisensteinschen Zahlen |
| $Z^1(G, A)$ | 1-Kozykel einer Gruppe mit Werten in der abelschen Gruppe $A$ |

# Einleitung

**1**

In dieser Einleitung können wir nicht den gesamten Inhalt des Buches minutiös beschreiben, denn dann würde diese Darstellung viel zu oberflächlich bleiben. Was wir anstelle dessen machen wollen, ist eine Reihe von Fragestellungen beschreiben, die wir im Hauptteil des Buches behandeln werden und mit denen wir einfach Appetit machen möchten auf das, was kommt.

**Problem 1.1** Wir wollen ein Bild mit zwei Nägeln an der Wand befestigen. Dazu haben wir oben am Bilderrahmen eine Schlaufe, die wir über die Nägel legen können. Aber wir sind Mathematiker und wollen uns nicht nur mit den einfachen Lösungen zufrieden geben. Anstelle dessen erlauben wir uns, die Schnur mehrfach um beide Nägel, hin und her, und in verschiedenen Richtungen zu schlingen.

Für den Fall, dass das Bild wertvoll ist, können wir sicher sein, dass wir die Schnur so um die Nägel verschlungen haben, dass es nicht herunterfällt? Für welche Konfigurationen der Schnur tut es das? Gibt es sogar Möglichkeiten, die Schlaufe so um die Nägel zu legen, dass das Bild hält, aber herunterfällt, so bald wir einen der beiden Nägel ziehen?

Eine klare Antwort auf diese Fragen gibt die Gruppentheorie. Und zwar werden wir im zweiten Kapitel lernen, dass die Menge der Konfigurationen der Schlaufe eine Gruppe bildet, und zwar das sogenannte freie Produkt von $\mathbf{Z}$ mit $\mathbf{Z}$.

Ein anderes Problem, auf das wir mithilfe der Gruppentheorie eine Antwort geben werden, ist folgendes Färbungsproblem:

**Problem 1.2** Gegeben sei ein Würfel, der bekanntermaßen sechs Seiten hat. Wir haben einen Farbkasten mit $n$ Farben, mit denen wir jeweils die Seiten einfärben wollen. Wir fragen uns, wie viele verschiedene Würfel wir so gestalten können, also wie viele verschiedene Einfärbungen, die nicht durch Drehung auseinander hervorgehen, es gibt.

© Springer-Verlag GmbH Deutschland, ein Teil von Springer Nature 2021
M. Nieper-Wißkirchen, *Abstrakte Galois-Theorie*,
https://doi.org/10.1007/978-3-662-63969-6_1

Wir werden weiter lernen, wie sich (endliche) Gruppen in sogenannte einfache zerlegen lassen, fast genauso, wie sich eine ganze Zahl in ein Produkt von Primfaktoren zerlegen lässt. So wie die Primzahlen gewisserweise die Bausteine der ganzen Zahlen sind, sind die einfachen Gruppen die Bausteine der Gruppen. Und wir werden folgende Aufgabe stellen können:

**Problem 1.3** Zeige, dass eine endliche Gruppe der Ordnung 36 nicht einfach ist.

Das Problem ist komplizierter als festzustellen, dass eine bestimmte Zahl keine Primzahl ist. Denn es gibt viele Gruppen der Ordnung 36, und sie alle zu finden und durchzugehen, um die Aufgabe zu lösen, erscheint viel zu mühsam. Und in der Tat wird der Leser nach dem Studium des zweiten Kapitels diese Aufgabe viel eleganter lösen können, und zwar mit den berühmten sylowschen Sätzen, die wir vorstellen werden.

Kommen wir zu einem letzten Problem aus dem Dunstkreis der Gruppentheorie, welches diesmal mit abelschen Gruppen zu tun hat, und zwar mit ihrer Klassifikation, auch wenn man es diesem Problem nicht ansieht:

**Problem 1.4** Es seien $m_1, ..., m_n$ und $b_1, ..., b_n$ ganze Zahlen. Weiter seien $a_{11}, ..., a_{nm}$ ganze Zahlen. Hat dann das lineare Kongruenzsystem

$$a_{11} X_1 + \cdots + a_{1m} X_m + b_1 \equiv 0 \pmod{m_1},$$
$$\vdots \qquad\qquad\qquad \vdots$$
$$a_{n1} X_1 + \cdots + a_{nm} X_m + b_n \equiv 0 \pmod{m_1},$$

eine Lösung oder nicht? Und, falls es eine Lösung hat, können wir dann auch alle bestimmen?

Im dritten Kapitel dieses Buches wenden wir uns den Ringen zu, ein Konzept, welches den Rechenbereich der ganzen Zahlen verallgemeinert. Wir studieren unter anderem folgende Fragen:

**Problem 1.5** Angenommen, wir haben ein Verfahren, um Polynome in einer Unbestimmten über einem Ring in irreduzible Polynome zu faktorisieren. Können wir dann auch Polynome in mehreren Unbestimmten faktorisieren? Können wir zum Beispiel ein Polynom in drei Unbestimmten über $\mathbf{Z}$ faktorisieren?

Dass Faktorisierungsprobleme auch in Anwendungen, etwa in der Kryptographie wichtig sind, ist eine Tatsache. Im Allgemeinen ist eine Faktorisierung in vollständig irreduzible Elemente aufwendig. Wir werden sehen, dass es viel einfacher ist, Familien von Elementen simultan in paarweise teilerfremde Faktoren zu zerlegen. Für gewisse Ringe ist aber auch eine eindeutige Primfaktorzerlegung gar nicht erst möglich:

**Problem 1.6** Erkläre, warum

$$2 \cdot 3 = (1 + \sqrt{-5}) \cdot (1 - \sqrt{-5})$$

zwei verschiedene Zerlegungen der Zahl 6 in irreduzible Elemente im Ring $\mathbf{Z}[\sqrt{-5}] = \{a + b\sqrt{-5} \mid a, b \in \mathbf{Z}\}$ darstellt. Erfinde „ideale Elemente", um die Faktorisierung wieder eindeutig zu machen.

Und genau diese „idealen Elemente" werden wir als Ideale kennenlernen. Es zeigt sich nämlich, dass sich sowohl 2 und 3 als auch $1 \pm \sqrt{-5}$ noch weiter zerlegen lassen, wenn wir nur unseren Zahlbegriff erweitern.

**Problem 1.7** Sei $K$ ein Zahlkörper. Mit $\mathcal{O}_K$ bezeichnen wir den Zahlring zu $K$, das ist der Ring all derjenigen ganzen algebraischen Zahlen, welche in $K$ liegen. Funktioniert die eindeutige Faktorisierung in (Prim-)Ideale immer in diesen Ringen?

Diese Frage werden wir bejahen können, denn wir werden zeigen können, dass diese Ringe dedekindsche Ringe sind, in denen genau dies gilt. Und auf dem Weg dahin finden wie en passent noch heraus, dass $\mathcal{O}_K$ immer eine Basis besitzt.

Das Faktorisierungsproblem (von Polynomen) wird uns auch noch im vierten Kapitel über Körper beschäftigen. Und auch hier entdecken wir dadurch wieder Strukturen und Gesetzmäßigkeiten, die a priori gar nichts mit Faktorisierung zu tun haben. So führt zum Beispiel folgende Fragestellung letztendlich auf den Inseparabilitätsbegriff;

**Problem 1.8** Sei $K$ ein Körper. Können wir über $K$ ein Polynom immer in separable Polynome faktorisieren? Und wenn wir das nicht können, können wir $K$ irgendwie erweitern, sodass zumindest über dem größeren Körper dann eine Faktorisierung in separable möglich ist?

Körper, bei denen die erste Frage nicht mit Ja beantwortet werden kann, heißen nichtvollkommen. Diesem Phänomen sind wir in Bd. 1 nicht begegnet, und das konnten wir auch nicht, denn alle Körper, die wir dort studiert haben, waren Oberkörper von $\mathbf{Q}$. Und diese Körper sind alle vollkommen. Das Phänomen der Inseparabilität gibt es nur in Charakteristik $p$, wobei $p$ eine Primzahl ist. Dabei ist ein Körper von Charakteristik $p$ ein solcher, für den $\underbrace{1 + \cdots + 1}_{p} = 0$. Und solche Körper gibt es. Der einfachste ist $\mathbf{F}_p$, welcher als Ring isomorph zu $\mathbf{Z}/(p)$ ist.

Es hat $\mathbf{F}_p$ nur $p$ verschiedene Elemente, ist also im Gegensatz zu den rationalen Zahlen ein Körper mit nur endlich vielen Elementen. Damit stellt sich folgende Frage fast natürlich:

**Problem 1.9** Gibt es neben den $\mathbf{F}_p$ weitere endliche Körper? Wie sehen diese aus? Lassen diese sich alle klassifizieren?

Schließlich kehren wir am Ende des Buches zu dem ursprünglichen Problem der galoisschen Theorie zurück, welches wir auch am Ende des ersten Bandes betrachtet haben, nämlich die Auflösbarkeit von Polynomgleichungen durch Radikale. Diesmal stellen wir Frage aber in einem viel allgemeineren Kontext, nämlich über beliebigen Körpern:

**Problem 1.10** Finde ein Kriterium, das uns sagt, wann sich die Nullstellen eines (separablen) Polynoms über einem beliebigen Körper durch Radikale ausdrücken lassen.

Die Antwort wird wieder heißen, dass die galoissche Gruppe des Polynoms auflösbar sein muss. So ganz geradlinig ist die Übertragung des Ergebnisses aus dem ersten Band hier allerdings nicht. Zwar stellen wir nach unseren Vorarbeiten schnell fest, dass die galoissche Theorie auch über beliebigen Körpern funktioniert, dennoch gibt es noch ein Problem in Charakteristik $p$, welches wir betrachten werden. Und zwar verhalten sich $p$-te Wurzeln dort ganz anders als über den rationalen Zahlen oder anderen Körpern der Charakteristik 0. Denn $X^p - a$ ist ein Polynom, welches in Charakteristik $p$ nur eine Nullstelle hat, dafür aber eine von Ordnung $p$!

Genug der Einleitung! Jetzt wird es konkreter, und zwar mit dem Begriff einer abstrakten Gruppe! Vorhang auf für Kap. 2!

# Gruppen

2

*Gruppen sind interessant, weil sie es sind, die auf Mengen operieren.*

**Ausblick** Eine Gruppe ist eine Menge zusammen mit einem ausgezeichneten Element, der Gruppeneins, und einer Gruppenverknüpfung, mit der je zwei Elemente zu einem dritten multipliziert werden können. In einer Gruppe gilt das Assoziativgesetz, und die Gruppeneins ist das neutrale Element bezüglich der Multiplikation. Jedes Element besitzt ein multiplikatives Inverses.

Wichtige Beispiele von Gruppen tauchen als Transformationsgruppen auf. Hierbei wirkt die Gruppe auf einer Menge oder einer anderen mathematischen Struktur $X$, d. h., jedem Gruppenelement ordnen wir eine Wirkung zu, das ist eine strukturerhaltende Abbildung auf $X$. Die Gruppenverknüpfung soll dabei der Hintereinanderausführung solcher Transformationen entsprechen, das neutrale Element der identischen Transformation.

Klassische Beispiele solcher Gruppen sind die Permutationsgruppen, also Untergruppen der symmetrischen Gruppe, die abgeschlossen unter Verknüpfung und Inversenbildung sind. Zum Beispiel tauchen solche Gruppen in der galoisschen Theorie auf, und sie wirken in natürlicher Weise auf der Menge der Nullstellen einer Polynomgleichung oder, wie wir im letzten Kapitel dieses Buches sehen werden, als Automorphismen einer Körpererweiterung.

In diesem Kapitel werden wir uns mit der Theorie abstrakter Gruppen beschäftigen, aber gleichzeitig viele konkrete Beispiele vorstellen. Insbesondere werden wir auch Transformationsgruppen aus der linearen Algebra kennenlernen.

Am Ende des Kapitels werden wir schließlich endlich erzeugte abelsche Gruppen vollständig klassifizieren; das ist der sogenannte Hauptsatz abelscher Gruppen. Dabei heißt eine Gruppe abelsch, wenn ihre Verknüpfung kommutativ ist.

© Springer-Verlag GmbH Deutschland, ein Teil von Springer Nature 2021
M. Nieper-Wißkirchen, *Abstrakte Galois-Theorie*,
https://doi.org/10.1007/978-3-662-63969-6_2

## 2.1    Gruppen und Gruppenhomomorphismen

In Bd. 1 haben wir eine Gruppe als eine endliche Teilmenge $G$ einer symmetrischen Gruppe $S_n$ definiert, wobei die Teilmenge $G$ so beschaffen ist, dass zum einen die identische Permutation Element von $G$ ist, als auch dass Komposition und Inversenbildung von Permutationen in $G$ nicht aus $G$ herausführen. Eine Gruppe ist bisher also ein vergleichsweise konkretes Objekt gewesen, nämlich eine unter gewissen ganz konkreten Operationen abgeschlossene endliche Menge von Permutationen. Insbesondere können wir zum Beispiel die Komposition als Abbildung von $G \times G$ nach $G$ auffassen. Um Verwechslungen auszuschließen, wollen wir im Folgenden eine so definierte Gruppe eine *Permutationsgruppe* nennen.

In diesem Abschnitt wollen wir den Begriff der Gruppe fundamental verallgemeinern. Eine Gruppe in diesem allgemeinen Sinne soll weiterhin Elemente besitzen. Diese Elemente sind allerdings nicht notwendigerweise Permutationen. Auf diesen Elementen soll eine Operation definiert sein, welche sich in gewisser Weise wie die Komposition von Permutationen verhält. Viele Aussagen, die wir in Bd. 1 für die dort definierten Permutationsgruppen hergeleitet haben, bleiben im übertragenen Sinne dann auch für die Gruppen im allgemeineren Sinne gültig – nur, dass es dann keine Aussagen mehr über Permutationen und ihre Kompositionen sind, sondern über abstrakte Elemente und geeignete abstrakte Operationen auf diesen Elementen. Dies motiviert die Definition des folgenden Konzeptes:

**Konzept 1** Eine Menge $G$ zusammen mit einem Element $1 \in G$, genannt das *neutrale Element von (G)* oder die *Gruppeneins*, und einer Abbildung $\cdot : G \times G \to G$, auch genannt *Multiplikation* oder *Gruppenverknüpfung*, heißt eine *Gruppe*, falls folgende Axiome erfüllt sind:

• Die Multiplikation ist *assoziativ*, das heißt, für je drei Elemente $x, y, z \in G$ gilt

$$x \cdot (y \cdot z) = (x \cdot y) \cdot z.$$

• Das Element 1 ist *das neutrale Element der Multiplikation* von $G$, das heißt, für jedes Element $x \in G$ gilt
$$1 \cdot x = x = x \cdot 1.$$

• Jedes Element $x$ in $G$ besitzt ein *inverses Element bezüglich der Multiplikation*, das heißt, zu $x$ existiert ein $y \in G$ mit
$$x \cdot y = 1 = y \cdot x.$$

Es sei beachtet, dass im Zusammenhang mit einer Gruppe, durch das Symbol 1 ein abstraktes Element dieser Gruppe notiert wird und nicht etwa die natürliche Zahl 1 (auch wenn, wie wir sehen werden, beide Bezeichnungen auch zusammenfallen können, aber nicht müssen). Dieselbe Bemerkung gilt für die Notation der Gruppenverknüpfung als Multiplikation. In anderen Texten wird häufig auch $e$ anstelle von 1 für die Gruppeneins geschrieben. Bei der

Multiplikation lassen wir wie beim Rechnen mit Zahlen auch häufig den Multiplikationspunkt weg. Aufgrund der Assoziativität dürfen wir bei mehrfachen Produkten wie $(x \cdot y) \cdot z$
auch die Klammern weglassen (also $x \cdot y \cdot z$ schreiben), ohne Mehrdeutigkeiten zu produzieren.

*Anmerkung 2.1* Verzichten wir in Konzept 1 auf die Forderung der Existenz inverser Elemente, so erhalten wir das Konzept eines *Monoides*. Eine Gruppe ist also ein Monoid, in
dem jedes Element ein Inverses bezüglich der Multiplikation besitzt.

*Beispiel 2.1* Die einfachsten aller Gruppen sind die kleinst möglichen: Ist $G$ eine einelementige Menge, so können wir $G$ offensichtlich auf höchstens eine Weise mit einer Gruppenstruktur versehen: Die Gruppeneins muss das einzige Element in $G$ sein, und die Multiplikation dieses Elementes mit sich selbst muss wieder dieses Element sein. Und in der Tat
wird auf $G$ so eine Gruppenstruktur definiert. Eine solche Gruppe heißt *triviale Gruppe*.

Triviale Gruppen sind Gruppen mit nur einem Element.

Da wir das Konzept einer Gruppe nach den Permutationsgruppen aus Bd. 1 modelliert haben,
ist es kein Wunder, dass diese Beispiele für Gruppen liefern:

*Beispiel 2.2* Sei $G$ eine Permutationsgruppe, das heißt eine unter Komposition und Inversenbildung abgeschlossene Teilmenge einer symmetrischen Gruppe $S_n$, welche zudem die
identische Permutation enthält. Dann wird $G$ zu einer endlichen Gruppe, wenn wir die Gruppeneins als identische Permutation und die Gruppenverknüpfung als Komposition (von Permutationen) definieren: Die Axiome einer Gruppe gelten nach unseren Überlegungen über
die Permutationengruppen aus Bd. 1.

Der Begriff der Gruppe ist eine abstrakte Verallgemeinerung des Begriffes der Permutationsgruppe. Jede Permutationsgruppe ist ein konkretes Beispiel einer Gruppe.

Dabei nennen wir eine Gruppe *endlich* etc., falls dies für die zugrunde liegende Menge der
Elemente der Gruppe gilt. In diesem Falle definieren wir die *Ordnung* $[G : 1]$ *von* $G$ wieder
als die Anzahl der Elemente.

Fassen wir die Permutationsgruppe $S_n$ im Sinne von Beispiel 2.2 als Gruppe auf, so
schreiben wir auch $(S_n, \circ, \mathrm{id})$, um die zugrunde liegende Menge, das neutrale Element und

die Gruppenverknüpfung anzudeuten. In diesem Sinne lässt sich die allgemeine Gruppe aus Konzept 1 als $(G, \cdot, 1)$ schreiben.

Eine Permutation aus $S_n$ ist nach Definition nichts anderes als eine Bijektion der endlichen Menge $\{1, \ldots, n\}$ auf sich selbst. Indem wir diese Menge austauschen, kommen wir auf weitere Beispiele von Gruppen:

*Beispiel 2.3* Sei $I$ eine Menge. Die Menge der Bijektionen von $I$ auf $I$ bezeichnen wir mit $\mathrm{Aut}(I)$. Diese bilden eine Gruppe, wenn wir das neutrale Element als die Identität auf $I$ und die Gruppenverknüpfung als Komposition von Bijektionen definieren. Wir nennen $\mathrm{Aut}(I)$ die *Automorphismengruppe der Menge I*.

Weitere wichtige Beispiele für Gruppen, welche nicht auf diese Art und Weise entstehen, sind die sogenannten Matrixgruppen, von denen wir einige Beispiele aufzählen wollen:

*Beispiel 2.4* Sei $n$ eine natürliche Zahl. Die Menge $\mathrm{GL}_n(\mathbf{Q})$ der invertierbaren quadratischen Matrizen mit rationalen Einträgen bildet eine Gruppe, wenn wir das neutrale Element als die Einheitsmatrix und die Gruppenverknüpfung als Matrixmultiplikation definieren. Die Gruppe, die wir so erhalten, heißt eine *allgemeine lineare Gruppe (über den rationalen Zahlen)*.

Betrachten wir nur quadratische Matrizen mit ganzzahligen Einträgen, wobei wir in diesem Falle eine Matrix invertierbar nennen, wenn sie ein bezüglich der Matrizenmultiplikation Inverses mit ganzzahligen Einträgen besitzt (das ist genau der Fall, wenn ihre Determinante in den ganzen Zahlen ein multiplikatives Inverses besitzt, wenn sie also $\pm 1$ ist), so erhalten wir die allgemeine lineare Gruppe $\mathrm{GL}_n(\mathbf{Z})$.

*Beispiel 2.5* Schauen wir uns das Beispiel 2.4 für den Fall $n = 1$ an, so sprechen wir von invertierbaren Matrizen der Größe 1, das heißt von nichts anderem als den nichtverschwindenden rationalen Zahlen $\mathbf{Q}^\times = \mathbf{Q} \setminus \{0\}$. Wir sehen, dass $\mathbf{Q}^\times$ mit der gewöhnlichen Eins als Gruppeneins und der gewöhnlichen Multiplikation als Gruppenmultiplikation zu einer Gruppe wird. Diese Gruppe heißt auch *Einheitengruppe von* $\mathbf{Q}$. Nach der Vereinbarung weiter oben schreiben wir auch $(\mathbf{Q}^\times, \cdot, 1)$ für diese Gruppe.

Erinnern wir uns aus der Linearen Algebra daran, dass invertierbare quadratische Matrizen der Größe $n$ über den rationalen Zahlen gerade den Vektorraumisomorphismen von $\mathbf{Q}^n$ nach $\mathbf{Q}^n$ über den rationalen Zahlen entsprechen, so erscheint folgende Verallgemeinerung von Beispiel 2.4 plausibel:

*Beispiel 2.6* Sei $V$ ein Vektorraum über den rationalen Zahlen. Die Menge $\mathrm{Aut}(V)$ der Vektorraumisomorphismen von $V$ nach $V$ über den rationalen Zahlen bildet eine Gruppe, wenn wir die Identität $\mathrm{id}_V$ als neutrales Element und die Komposition linearer Abbildungen als Gruppenverknüpfung definieren. Diese Gruppe heißt auch die *Automorphismengruppe von V*. Im Falle, dass $V$ gerade $\mathbf{Q}^n$ ist, haben wir also eine kanonische Bijektion zwischen $\mathrm{Aut}(V)$ und $\mathrm{GL}_n(\mathbf{Q})$.

An dieser Stelle sei die Warnung erlaubt, dass $\mathrm{Aut}(V)$ zwei unterschiedliche Dinge bezeichnen kann: Betrachten wir $V$ als Menge ohne Vektorraumstruktur, so haben wir $\mathrm{Aut}(V)$ als Menge der Bijektionen von $V$ auf sich selbst definiert; betrachten wir $V$ dagegen als Vektorraum, so bezeichnet $\mathrm{Aut}(V)$ nur die Menge derjenigen Bijektionen, welche die Vektorraumstruktur erhalten, welche also Vektorraumisomorphismen sind.

Sind $A$ und $B$ zwei beliebige quadratische Matrizen derselben Größe mit rationalen Einträgen, so gilt im Allgemeinen nicht $A \cdot B = B \cdot A$. Wir sagen, die Matrizenmultiplikation ist in der Regel nicht *kommutativ*. Im Allgemeinen erfüllt die Multiplikation in einer beliebigen Gruppe also nicht die Regel $x \cdot y = y \cdot x$. Gruppen, in denen dies (nicht nur zufällig) der Fall ist, bekommen zu Ehren Niels Henrik Abels einen besonderen Namen:

**Konzept 2** Eine Gruppe $A$, deren neutrales Element wir mit 0 und deren Gruppenverknüpfung wir mit $+ : A \times A \to A$ bezeichnen wollen, heißt *abelsch* (oder *kommutativ*), wenn folgendes Axiom erfüllt ist:

- Die Gruppenverknüpfung ist *kommutativ*, das heißt, für je zwei Elemente $x, y \in A$ gilt

$$x \cdot y = y \cdot x.$$

In diesem Zusammenhang nennen wir 0 die Null und $+$ die Addition der Gruppe.

(Die unterschiedliche Schreibweise — „0" und „$+$" anstelle von „1" und „$\cdot$" — im Vergleich zu allgemeinen Gruppen ist unter anderem ein Hinweis darauf, dass abelsche Gruppen häufig in ganz anderen Zusammenhängen auftreten als allgemeinere Gruppen. Wir sagen, dass abelsche Gruppen in der Regel *additiv* geschrieben werden.)

> In einer abelschen Gruppe ist die Gruppenverknüpfung kommutativ. Abelsche Gruppen schreiben wir in der Regel additiv, d. h., die Gruppenverknüpfung wird als „$+$" und das neutrale Element als „0" geschrieben.

*Beispiel 2.7* Die Menge $\mathbf{Q}$ aller rationalen Zahlen bildet eine abelsche Gruppe, indem wir die rationale Zahl 0 als die Null der Gruppe und die Addition rationaler Zahlen als die Gruppenaddition definieren. Diese Gruppe heißt die *additive Gruppe von* $\mathbf{Q}$ und wird auch $(\mathbf{Q}, +, 0)$ geschrieben.

*Beispiel 2.8* Da die Multiplikation auf den rationalen Zahlen kommutativ ist, ist $(\mathbf{Q}^\times, \cdot, 1)$ eine abelsche Gruppe. Dies ist ein Beispiel für eine abelsche Gruppe, die trotz obiger Vereinbarung üblicherweise multiplikativ geschrieben wird.

In einer abelschen Gruppe vertauscht also jedes Element $x$ mit jedem anderen Element $y$. Für eine beliebige Gruppe $G$ nennen wir in Analogie zu unseren Definitionen aus Bd. 1 ein Element $x$ *zentral*, wenn $x \cdot y = y \cdot x$ für alle $y \in G$ gilt. Die Menge der zentralen Elemente heißt wieder das *Zentrum*

$$Z(G) = \{x \in G \mid \forall y \in G : x \cdot y = y \cdot x\}$$

von $G$. Dass eine Gruppe abelsch ist, können wir also auch dadurch ausdrücken, dass wir sagen, dass ihr Zentrum alle Gruppenelemente umfasse.

> Im Zentrum einer Gruppe liegen all diejenigen Elemente, die mit *allen* Elementen vertauschen.

In gewisser Weise ist eine Gruppe schon durch weniger Forderungen als in Konzept 1 gegeben, und zwar gilt:

**Proposition 2.1** *Sei $G$ eine Menge mit einem Element $1 \in G$ und einer assoziativen Verknüpfung $\cdot : G \times G \to G$. Gilt dann $1 \cdot x = x$ für alle $x \in G$, das heißt, $1$ ist Linksneutrales von $\cdot$, und existiert für jedes $x \in G$ ein $y \in G$ mit $y \cdot x = 1$, das heißt, $y$ ist ein Linksinverses von $x$, so ist $G$ schon eine Gruppe, das heißt, $1$ ist neutrales Element und jedes Element besitzt ein (beidseitiges) Inverses. Genauer ist ein Linksinverses schon ein beidseitiges Inverses.*

*Beweis* Die Proposition haben wir im Prinzip in Bd. 1 unter dem Schlagwort „Arithmetik der Komposition von Permutationen" für den Fall der symmetrischen Gruppen bewiesen. Der Beweis überträgt sich mutatis mutandis.                                    □

In einer Gruppe ist das Inverse eines Elementes eindeutig, das heißt, es gilt:

**Proposition 2.2** *Seien $G$ eine Gruppe und $x$ ein Element von $G$. Sind dann $y$ und $y'$ Inverse von $x$, so gilt $y = y'$.*

Wie im Falle von Permutationen schreiben wir $x^{-1}$ für das eindeutige Inverse von $x$.

*Beweis* Aus $y'x = 1 = yx$ folgt durch Multiplikation mit $y$ von rechts unter Ausnutzung des Assoziativitätsgesetzes, dass $y'(xy) = y = y(xy)$. Da $xy = 1$, erhalten wir $y' = y$. □

Ganz analog lässt sich zeigen, dass 1 das einzige neutrale Element bezüglich der Multiplikation in einer Gruppe ist.

> In einer Gruppe gibt es nur genau ein neutrales Element, und jedes Gruppenelement hat genau ein Inverses.

Um verschiedene Gruppen, nennen wir sie $G$ und $H$, miteinander vergleichen zu können, müssen wir ihre Elemente in Beziehung setzen. Am einfachsten geschieht dies, indem wir uns eine Abbildung $\varphi : G \to H$ vorgeben. Eine Gleichheit in $G$ wird von einer beliebigen Abbildung dieser Art allerdings nicht in eine Gleichheit in $H$ überführt. Was wir damit meinen, ist zum Beispiel das Folgende: Ist etwa $z = x \cdot y$ eine Beziehung zwischen Elementen aus $G$, so wird im Allgemeinen nicht $\varphi(z) = \varphi(x) \cdot \varphi(y)$ in $H$ gelten. Eine Abbildung, die solche Beziehungen erhält, bekommt einen eigenen Namen:

**Definition 2.1** Eine Abbildung $\varphi : G \to H$ heißt ein *Gruppenhomomorphismus*, falls $\varphi(1) = 1$ und $\varphi(x \cdot y) = \varphi(x) \cdot \varphi(y)$ für beliebige Elemente $x$ und $y$ aus $G$ gelten.

(Hierbei schreiben wir jeweils 1 und $\cdot$ für die Gruppeneins und die Gruppenverknüpfung auf $G$ und auf $H$, das heißt, in $\varphi(1) = 1$ ist die Eins auf der linken Seite die in $G$ und die auf der rechten Seite die in $H$; etwas anderes ergäbe auch keinen Sinn, da $\varphi$ von $G$ nach $H$ geht.)

Sind $\varphi : G \to H$ und $\psi : H \to K$ zwei Homomorphismen zwischen Gruppen, so folgt leicht, dass auch $\psi \circ \varphi : G \to K$ ein Homomorphismus ist, denn es gelten

$$(\psi \circ \varphi)(1) = \psi(\varphi(1)) = \psi(1) = 1$$

und

$$(\psi \circ \varphi)(x \cdot y) = \psi(\varphi(x \cdot y)) = \psi(\varphi(x) \cdot \varphi(y)) = \psi(\varphi(x)) \cdot \psi(\varphi(y))$$
$$= (\psi \circ \varphi)(x) \cdot (\psi \circ \varphi)(y),$$

wobei $x$ und $y$ zwei beliebige Elemente in $G$ sind. Weiter ist offensichtlich die identische Abbildung auf einer Gruppe $G$ auf sich selbst ein Gruppenhomomorphismus von $G$ auf sich selbst.

> Ein Gruppenhomomorphismus ist eine Abbildung zwischen Gruppen $G$ und $H$, die sowohl das neutrale Element als auch die Gruppenverknüpfung respektiert. Wahre Formeln über Elemente aus $G$, welche nur aus dem neutralen Element und der

Gruppenverknüpfung zusammengesetzt sind, werden durch einen Gruppenhomomorphismus in wahre Formeln über $H$ abgebildet.

Einen bijektiven Gruppenhomomorphismus bezeichnen wir auch als *Gruppenisomorphismus*. In diesem Falle ist die Umkehrung auch ein Gruppenhomomorphismus. Zwei Gruppen, zwischen denen ein Gruppenisomorphismus besteht, heißen *isomorph*. Isomorphie von Gruppen ist eine Äquivalenzrelation (für welche Eigenschaften benötigen wir hier die Tatsache, dass die Komposition Gruppenhomomorphismen wieder Gruppenhomomorphismen sind, und die Tatsache, dass die Identität ein Gruppenhomomorphismus ist?).

Diese Äquivalenzrelation ist in der Regel allerdings viel zu grob, weil auch von Interesse ist, *wie* zwei Gruppen zueinander isomorph sind, das heißt, durch welchen Gruppenisomorphismus eine Isomorphie vermittelt wird. Im Falle zweier trivialer Gruppen ist die einzige überhaupt mögliche Abbildung zwischen ihnen ein Gruppenisomorphismus, sodass es genau eine Isomorphie zwischen ihnen gibt. Wir können sie daher *eindeutig* miteinander identifizieren und sprechen von *der trivialen Gruppe* Wenn keine Verwechslungen auftreten, notieren wir die triviale Gruppe als 1. Dies ist also insbesondere eine einelementige Menge, deren einziges Element wieder mit 1 bezeichnet wird.

Allgemein heißt jeder Gruppenisomorphismus einer Gruppe $G$ auf sich selbst ein *Automorphismus* dieser Gruppe. Die Menge Aut($G$) der Automorphismen von $G$ bildet mit der Identität als neutrales Element und der Komposition als Gruppenverknüpfung selbst wieder eine Gruppe, die *Automorphismengruppe von G*.

Ist also $V$ ein Vektorraum, so können wir Aut($V$) jetzt schon auf drei Weisen interpretieren. Zum einen kann Aut($V$) für die Menge der Vektorraumautomorphismen von $V$ stehen, aber auch für die Menge der Gruppenautomorphismen der additiven Gruppe von $V$ oder schließlich für die Menge der Bijektionen der Menge von $V$ auf sich selbst. (Wenn nichts weiter gesagt wird, so wird in der Regel die Menge der Vektorraumautomorphismen gemeint sein.)

Zu jeder Gruppe $G$ können wir eine weitere Gruppe konstruieren, ihre Automorphismengruppe Aut($G$), deren Elemente Abbildungen zwischen den Elementen der Ausgangsgruppe $G$ sind.

In der Mathematik gibt es viele natürlich vorkommende Gruppenhomomorphismen. Wesentliche Eigenschaften der Determinante quadratischer Matrizen können wir zum Beispiel auch so formulieren:

*Beispiel 2.9* Die Determinante ist ein Gruppenhomomorphismus det : $\mathrm{GL}_n(\mathbf{Q}) \to \mathbf{Q}^\times$, das heißt, $\det I_n = 1$, wobei $I_n$ für die Einheitsmatrix der Größe $n$ steht, und $\det(A \cdot B) = (\det A) \cdot (\det B)$ für zwei quadratische Matrizen der Größe $n$.

Aus der Analysis ist ein weiteres wichtiges Beispiel bekannt:

*Beispiel 2.10* Analog zur Definition der Gruppen $(\mathbf{Q}, +, 0)$ und $(\mathbf{Q}^\times, \cdot, 1)$ können wir auch die additive Gruppe $(\mathbf{C}, +, 0)$ und die multiplikative Gruppe $(\mathbf{C}^\times, \cdot, 1)$ der komplexen Zahlen definieren. Die Exponentialabbildung ist ein Gruppenhomomorphismus $\exp: \mathbf{C} \to \mathbf{C}^\times$.

Abelsche Gruppen erlauben viele weitere natürliche Gruppenhomomorphismen. Ein Beispiel wollen wir angeben. Dazu benötigen wir zunächst folgende Definition: Sei $x$ ein Element einer Gruppe und $n$ eine ganze Zahl. Wir setzen dann

$$x^n := \begin{cases} 1 & \text{für } n = 0, \\ \underbrace{x \cdot x \cdots x}_{n} & \text{für } n > 0 \text{ und} \\ (x^{-1})^{-n} & \text{für } n < 0. \end{cases}$$

Diese Setzung ist im Falle von $n = -1$ im Einklang mit der schon eingeführten Bezeichnung für inverse Elemente und erfüllt die üblichen Potenzrechenregeln, das heißt, wir haben $x^0 = 1$ und $x^{n+m} = x^n \cdot x^m$ für zwei ganze Zahlen $n$ und $m$. Wir können das Letztgesagte auch so ausdrücken, dass

$$\mathbf{Z} \to G, \quad n \mapsto x^n$$

ein Gruppenhomomorphismus von der additiven Gruppe der ganzen Zahlen nach $G$ ist. Schließlich vereinbaren wir, dass wir (im Einklang mit den üblichen Bezeichnungen in Rechenbereichen) im Falle additiv geschriebener Gruppen $n \cdot x$ anstelle von $x^n$ schreiben. Kommen wir zu unserem Beispiel:

*Beispiel 2.11* Sei $n$ eine ganze Zahl. Sei $A$ eine abelsche Gruppe. Dann ist

$$A \to A, \quad x \mapsto n \cdot x$$

ein Gruppenhomomorphismus, welcher im Allgemeinen einfach mit $n$ bezeichnet wird.

Wir können aus vorgegebenen Gruppen leicht neue Gruppen gewinnen. Wir kommen am Ende dieses Abschnittes schließlich zu zwei wichtigen Beispielen für die Konstruktion neuer Gruppen.

**Konzept 3** Seien $G$ und $H$ zwei Gruppen. Das *direkte Produkt $G \times H$ von $G$ und $H$* ist die Gruppe, deren zugrunde liegende Menge die Menge der Paare $(g, h)$ von Elementen $g \in G$ und $h \in H$ ist, deren Gruppeneins durch $1 := (1, 1)$ gegeben wird und deren Multiplikation durch

$$\cdot: (G \times H) \times (G \times H) \to (G \times H), \quad (g, h) \cdot (g', h') \mapsto (gg', hh')$$

gegeben ist.

(Durch die in Konzept 3 gegebene Konstruktion von $(G \times H, \cdot, 1)$ werden in der Tat die Gruppenaxiome erfüllt, wovon sich jeder leicht selbst überzeugen kann.)

Da sich die Menge von Paaren als Produkt aus der Mächtigkeit der Faktoren ergibt, können wir leicht eine Aussage über die Ordnung des direkten Produktes zweier Gruppen hinschreiben:

**Proposition 2.3** *Seien G und H zwei Gruppen endlicher Ordnung. Für die Ordnung des direkten Produktes $G \times H$ gilt dann*

$$[G \times H : 1] = [G : 1] \cdot [H : 1].$$

$\square$

Wir überlassen es dem Leser, das Konzept des direkten Produktes auf mehr als zwei (oder allgemein auf durch eine Menge indizierte) Faktoren auszudehnen.

*Beispiel 2.12* Wir erinnern an die kleinsche Vierergruppe $V_4$ aus Bd. 1: Diese war durch

$$V_4 = \{\mathrm{id}, (1, 2) \circ (3, 4), (1, 3) \circ (2, 4), (1, 4) \circ (2, 3)\} \subseteq S_4$$

definiert. Diese Gruppe ist isomorph zu einem direkten Produkt, wie wir zeigen wollen:

Dazu nennen wir die drei von der Identität verschiedenen Elemente von $V_4$ der Einfachheit halber einfach $g$, $h$ und $k$. Es gilt $g^2 = 1$, $h^2 = 1$ und $k^2 = 1$. Weiter ist das Produkt von je zweien der Elemente $g$, $h$ und $k$ das jeweils dritte, wie sich schnell nachrechnen lässt. Das von der Identität verschiedene Element in der zyklischen Gruppe $C_2 = \{\mathrm{id}, (1, 2)\} = S_2$ nennen wir $x$. Es gilt $x^2 = 1$. Durch

$$C_2 \times C_2 \to V_4, \quad \begin{cases} (1, 1) \mapsto 1, \\ (x, 1) \mapsto g, \\ (1, x) \mapsto h, \\ (x, x) \mapsto k \end{cases}$$

wird ein Isomorphismus von Gruppen definiert. Jegliche Permutation von $g$, $h$ und $k$ auf der rechten Seite würde ebenfalls einen Isomorphismus geben. Wir sehen also, dass die kleinsche Vierergruppe auf insgesamt $3! = 6$ verschiedene Weisen zum direkten Produkt von $C_2$ mit $C_2$ isomorph ist.

Die kleinsche Viergruppe ist isomorph zur Gruppe $C_2 \times C_2$, und gibt es genau 6 Isomorphismen.

Neben dem direkten Produkt gibt es noch den interessanten Begriff des *freien Produktes* von Gruppen, welches wir im Folgenden beschreiben wollen. Sei dazu $G_1, ..., G_n$ eine Aufzählung von Gruppen. Ein *Wort über* $G_1, ..., G_n$ ist eine Folge $x_1 x_2 \cdots x_m$ von Elementen $x_1$, ..., $x_m$, wobei jedem Element $x_j$ eine Gruppe $G_i$ aus $G_1, ..., G_n$ mit $x_j \in G_i$ zugeordnet ist. Insbesondere gibt es das *leere Wort*, welches sich für $m = 0$ ergibt. Zwei Worte sind gleich, wenn sie durch endlich viele der folgenden Operationen ineinander überführt werden können:

1. Ist $x = x_1 x_2 \cdots x_m$ ein Wort und $e$ das neutrale Element einer der Gruppen $G_i$, so ist $x$ gleich dem Worte $x_1 \cdots x_j e x_{j+1} \cdots x_m$, welches sich durch Einfügen des neutralen Elementes ergibt.
2. Ist $x = x_1 x_2 \cdots x_m$ ein Wort und ist $x_j$ und $x_{j+1}$ dieselbe Gruppe $G_i$ zugeordnet (sodass wir insbesondere das Produkt $x_j \cdot x_{j+1}$ in $G$ bilden können), so ist $x$ gleich dem Wort $x_1 \cdots x_{j-1}(x_j \cdot x_{j+1})x_{j+2} \cdots x_m$, welches sich durch Zusammenmultiplikation benachbarter kompatibler Elemente ergibt.

Zum Beispiel gilt in der Menge der Worte dadurch die Gleichheit

$$yxx^{-1}z = yez = yz,$$

wenn $x$, $y$ und $z$ Elemente der Gruppen $G_1, ..., G_n$ sind. Wir dürfen in Worten also „kürzen". Die so definierte Menge der Worte über $G_1, ..., G_n$ bezeichnen wir mit

$$G_1 * G_2 * \cdots * G_n.$$

Sind $x = x_1 \cdots x_m$ und $y = y_1 \cdots y_\ell$ zwei Worte, so ist ihre Hintereinandersetzung

$$xy := x_1 \cdots x_m y_1 \cdots y_\ell$$

wieder ein wohldefiniertes Wort.

**Konzept 4** Das *freie Produkt* $G_1 * \cdots * G_n$ der Gruppen $G_1, ..., G_n$ ist die Gruppe, deren zugrunde liegende Menge die Menge der Worte über $G_1, ..., G_n$ ist, deren Gruppeneins durch das leere Wort und deren Multiplikation durch die Hintereinandersetzung von Worten definiert ist.

(Wie im Falle des direkten Produktes ist nachzuweisen, dass die Konstruktion des freien Produktes wirklich alle Gruppenaxiome erfüllt.)

Auch im Falle der freien Gruppen gibt es eine – hoffentlich – offensichtliche Verallgemeinerung auf das freie Produkt einer über eine Menge indizierte Familie von Gruppen.

Das freie Produkt endlicher Gruppen muss nicht wieder endlich sein. Genau genommen
ist schon das freie Produkt $G * H$ zweier beliebiger nichttrivialer Gruppen $G$ und $H$ keine
endliche Gruppe mehr: Ist etwa $g$ ein vom neutralen Element in $G$ verschiedenes Element
in $G$ und $h$ ein vom neutralen Element in $H$ verschiedenes Element in $H$, so sind die Worte

$$1, gh, ghgh, ghghgh, \ldots$$

paarweise verschieden. (Hierbei bezeichnet 1 das leere Wort.)

> Elemente des freien Produktes von Gruppen sind Worte, deren Buchstaben Elemente
> aus den Faktoren sind. Worte können durch Kürzungsregeln in andere überführt wer-
> den.

*Beispiel 2.13*  Die Menge

$$\mathbf{H} := \{x + y\,\mathrm{i} \mid x, y \in \mathbf{R}, y > 0\}$$

der komplexen Zahlen mit positivem Imaginärteil heißt die *obere Halbebene*. Mit Aut($\mathbf{H}$)
bezeichnen wir die Menge der biholomorphen Abbildungen von der oberen Halbebene auf
sich selbst. (Dabei heißt eine Abbildung $f : \mathbf{H} \to \mathbf{H}$ *holomorph*[1], wenn sie lokal in $\mathbf{H}$ durch
eine Potenzreihe ausgedrückt werden kann. Sie heißt *biholomorph*, wenn sie holomorph und
bijektiv ist und wenn ihre Umkehrung ebenfalls holomorph ist.) Da die Komposition biho-
lomorpher Abbildungen wieder biholomorph ist, wird Aut($\mathbf{H}$) zu einer Gruppe, indem wir
die identische Abbildung als Gruppeneins und die Komposition als Gruppenverknüpfung
definieren. Elemente in Aut($\mathbf{H}$) bezeichnen wir auch als *Automorphismen der oberen Halbebene*. Zwei wichtige Beispiele für Automorphismen sind die Bijektionen

$$s : \mathbf{H} \to \mathbf{H}, \quad z \mapsto -\frac{1}{z},$$

und

$$t : \mathbf{H} \to \mathbf{H}, \quad z \mapsto z + 1.$$

Insbesondere gilt $st : z \mapsto -\frac{1}{1+z}$. Diese Abbildungen erfüllen die Relationen $s^2 = 1 = (st)^3$.

Wir können diese Abbildungen nutzen, um eine Beziehung zwischen einem freien Produkt und der Automorphismengruppe der oberen Halbebene herzustellen: Seien $x$ ein von

---

[1] Mehr dazu weiß die Funktionentheorie zu sagen.

der Identität verschiedenes Element von $C_2$ und $y$ ein von der Identität verschiedenes Element von $C_3$, sodass insbesondere $x^2 = 1$ und $y^3 = 1$ gelten. Jedes Element in $C_2$ und $C_3$ wird weiter durch eine Potenz von $x$ beziehungsweise von $y$ gegeben. Wörter in $C_2 * C_3$ können wir also alle in der Form $x^{a_1} y^{b_1} x^{a_2} y^{b_2} \cdots x^{a_m} y^{b_m}$ schreiben. Durch

$$C_2 * C_3 \rightarrow \mathrm{Aut}(\mathbf{H}), \quad x^{a_1} y^{b_1} \cdots x^{a_m} y^{b_m} \mapsto s^{a_1}(st)^{b_1} \cdots s^{a_m}(st)^{b_m}$$

wird schließlich ein Gruppenhomomorphismus definiert, von dem sich sogar zeigen lässt, dass er injektiv ist.

Die Einführung des freien Produktes ist an dieser Stelle noch wenig motiviert. Abgesehen davon, dass es uns neue Beispiele für Gruppen liefert, haben wir bisher noch keine Aussage über freie Produkte, die sie für Anwendungen interessant machen könnten, oder eine Anwendung in der Gruppentheorie selbst. Dies werden wir in einem späteren Abschnitt nachholen, indem wir freie Produkte nutzen werden, um durch Erzeuger und Relationen gegebene Gruppen zu konstruieren. An dieser Stelle können wir aber wenigstens schildern, wo freie Produkte „in der Natur" auftauchen:

Angenommen, wir wollen ein Bild an zwei Nägeln an einer Wand aufhängen. Dazu haben wir eine Seilschlaufe an dem Bilderrahmen befestigt, welche wir um die beiden Nägel legen wollen. Der Einfachheit halber gehen wir davon aus, dass das Seil beliebig flexibel, insbesondere also genügend lang ist. Wie können wir das Seil um die beiden Nägel legen? Dazu können wir schrittweise vorgehen: Wir legen das Seil zunächst eine gewisse Anzahl von Umschlingungen um den rechten Nagel, bezeichnen wir diese Anzahl mit der ganzen Zahl $n_1$, wobei wir Umschlingungen gegen den mathematisch positiven Sinne negativ zählen. Alsdann können wir das Seil für eine gewisse Anzahl $m_1$ den linken Nagel umschlingen lassen. Wir können damit fortfahren, das Seil danach wieder den rechten Nagel $n_2$-mal umschlingen zu lassen, danach wieder den linken Nagel für $m_2$ Umschlingungen, usw., bis wir endlich der Meinung sind, dass das Bild sicher genug an der Wand hängt. Die gewonnene Konfiguration des Seiles können wir in der Form $n_1 m_1 n_2 m_2 \cdots n_k m_k$ als Wort schreiben. Dies ist ein Wort im Sinne des freien Produktes $\mathbf{Z} * \mathbf{Z}$. Hierbei steht die erste Kopie der Gruppe $\mathbf{Z}$ für Umschlingungen des rechten Nagels und die zweite Kopie für Umschlingungen des linken Nagels. Das Bild fällt genau dann nicht von der Wand, wenn wir die Nägel nichttrivial umschlungen haben, wenn nämlich $n_1 m_1 \cdots n_k m_k$ vom leeren Wort, der Gruppeneins, unterschiedlich ist.

Wir können uns die Frage stellen, was passiert, wenn wir einen der beiden Nägel aus der Wand ziehen. Hängt unser Bild dann immer noch? Um diese Frage zu beantworten, fassen wir sie mathematisch. Das Ziehen eines Nagels – sagen wir des linken – führt dazu, dass wir nur noch eine Art von Umschlingung zählen müssen, nämlich die des rechten Nagels. Die Anzahl der Konfigurationen des Seiles mit einem Nagel wird also nur noch durch die Gruppe $\mathbf{Z}$ gegeben. Das Bild fällt mit einem Nagel genau dann nicht herunter, wenn diese Konfiguration einer ganzen Zahl ungleich null entspricht. Indem wir einen Nagel ziehen, bilden wir eine Seilkonfigurationen für zwei Nägel auf eine Seilkonfiguration für einen

Nagel ab. Dies können wir als Abbildung

$$\varphi : \mathbf{Z} * \mathbf{Z} \to \mathbf{Z}, \quad n_1 m_1 n_2 m_2 \cdots n_k m_k \mapsto n_1 n_2 \cdots n_k = n_1 + n_2 + \cdots + n_k$$

beschreiben. Dem Ziehen des anderen Nagels entspricht die Abbildung

$$\psi : \mathbf{Z} * \mathbf{Z} \to \mathbf{Z}, \quad n_1 m_1 n_2 m_2 \cdots n_k m_k \mapsto m_1 m_2 \cdots m_k = m_1 + m_2 + \cdots + m_k.$$

Ein beliebtes Rätsel ist jetzt die Frage, ob wir das Bild mit zwei Nägeln so aufhängen können, dass es nicht herunterfällt, aber herunterfiele, wenn wir einen der beiden, egal welchen, Nägel zögen. Mathematisch heißt dies: Gibt es ein nichttriviales Wort $x$ (d. h. ein vom leeren Wort unterschiedliches Wort) in $\mathbf{Z} * \mathbf{Z}$, für welches $\varphi(x) = 0$ und $\psi(x) = 0$ ist? Wir können die Frage positiv beantworten. So ist zum Beispiel $x = 1 1'(-1)(-1') \in \mathbf{Z} * \mathbf{Z}$ (hierbei haben wir Zahlen aus der zweiten Kopie von $\mathbf{Z}$ der Unterscheidbarkeit wegen mit einem Strich versehen) ein Wort, von dem sich zeigen lässt, dass es nichttrivial ist und für das $\varphi(x) = 1 - 1 = 0$ und $\psi(x) = 1' - 1' = 0$ gilt.

*Anmerkung 2.2* Die Anwendung mit dem Bild hat noch einen mathematischeren Hintergrund: In der algebraischen Topologie werden für punktierte topologische Räume (das sind topologische Räume $X$ mit einem ausgezeichneten Punkt $x$, dem sogenannten *Basispunkt*) sogenannte *Fundamentalgruppen* $\pi_1(X, x)$ definiert. Sind in $\mathbf{R}^2$ drei paarweise verschiedene Punkte $P$, $Q$ und $R$ gegeben, so lässt sich zeigen, dass die Fundamentalgruppe von $\mathbf{R}^2 \setminus \{Q, R\}$ mit Basis $P$ isomorph zu $\mathbf{Z} * \mathbf{Z}$ ist. (Dabei entspricht $P$ dem Bild, $Q$ dem einen und $R$ dem anderen Nagel.)

## 2.2    Untergruppen und Nebenklassen

Im letzten Abschnitt haben wir gesehen, wie wir die aus Bd. 1 bekannten symmetrischen Gruppen im Kontext des allgemeineren Konzeptes einer Gruppe verstehen können. Aber symmetrische Gruppen waren nicht die einzigen Gruppen, die wir in Bd. 1 betrachtet haben: Wir haben allgemeiner Permutationsgruppen betrachtet, also endliche Aufzählungen paarweiser verschiedener Permutationen, welche die Identität umfassen und abgeschlossen bezüglich Inversenbildung und Komposition sind. Eine Permutationsgruppe ist also eine Teilmenge einer symmetrischen Gruppe mit gewissen Abschlusseigenschaften. Dies können wir allgemeiner auf das Konzept der Gruppe aus Abschn. 2.1 ausdehnen:

**Definition 2.2** Sei $G$ eine Gruppe. Eine *Untergruppe* $H$ von $G$ ist eine Teilmenge von $G$ mit $1 \in H$ und $x^{-1} \in H$ und $x \cdot y \in H$, wann immer $x, y \in H$.

Eine Permutationsgruppe ist also nichts anderes als eine Untergruppe einer symmetrischen Gruppe.

Eine Permutationsgruppe ist eine Untergruppe einer symmetrischen Gruppe.

Um nachzuweisen, dass eine Teilmenge $H$ von $G$ eine Untergruppe ist, reicht es zu zeigen, dass in $H$ mindestens ein Element liegt und dass für jedes Paar von Elementen $x$ und $y$ in $H$ auch das Element $y^{-1}x$ in $H$ liegt: Zunächst existiert ein $x \in H$, womit auch $1 = x^{-1}x$ in $H$ liegt. Damit liegt für beliebiges $x \in H$ auch $x^{-1} = x^{-1} \cdot 1$ in $H$. Schließlich folgt daraus für beliebige $x, y \in H$, dass auch $xy = (x^{-1})^{-1}y \in H$ liegt.

Wir halten an dieser Stelle fest – auch wenn es als trivial erscheinen kann —, dass jede Untergruppe einer Gruppe selbst wieder in kanonischer Weise eine Gruppe ist: Die Gruppeneins der Untergruppe ist die Gruppeneins der Gruppe und die Gruppenverknüpfung der Untergruppe ist die Einschränkung der Gruppenverknüpfung der Gruppe auf die Untergruppe (dass diese Einschränkung nicht aus der Untergruppe herausführt ist ja gerade Teil der Definition einer Untergruppe).

Untergruppen einer Gruppe sind wieder Gruppen. Viele interessante Gruppen werden auf diese Weise erklärt.

*Beispiel 2.14* Sei $I$ eine endliche Untergruppe der (additiven Gruppe der) ganzen Zahlen. Dann ist $I$ abgeschlossen unter Negation und Summation. Insbesondere sind ganzzahlige Vielfache eines Elementes aus $I$ wieder in $I$. Wäre also ein von Null verschiedenes Element in $I$ enthalten, so wäre $I$ nicht mehr endlich. Die einzige endliche Untergruppe von $\mathbf{Z}$ ist also $(0)\{\{0\}$.

*Beispiel 2.15* Sei $n$ eine natürliche Zahl. Auf den Vektoren in $\mathbf{Q}^n$ lässt sich bekanntlich ein Skalarprodukt (also eine symmetrische Bilinearform) durch $\langle v, w \rangle := v^\top \cdot w$ definieren, wobei $v$ und $w$ für zwei beliebige Vektoren aus $\mathbf{Q}^n$ stehen. Eine Matrix $A$ aus $\mathrm{GL}_n(\mathbf{Q})$ heißt bekanntlich *orthogonal*, wenn sie mit diesem Skalarprodukt verträglich ist, wenn also

$$\langle A \cdot v, A \cdot w \rangle = \langle v, w \rangle$$

gilt. Nach Definition des Skalarproduktes ist dies gleichbedeutend damit, dass $A^\top \cdot A = I_n$, wobei $I_n$ für die Einheitsmatrix der Größe $n$ steht. Wir setzen

$$\mathrm{O}_n(\mathbf{Q}) := \left\{ A \in \mathrm{GL}_n(\mathbf{Q}) \mid A^\top \cdot A = I_n \right\}.$$

Die elementaren Rechenregeln für das Transponieren aus der linearen Algebra zeigen, dass $\mathrm{O}_n(\mathbf{Q})$ eine Untergruppe der allgemeinen linearen Gruppe $\mathrm{GL}_n(\mathbf{Q})$ ist. Diese Untergruppe heißt *orthogonale Gruppe* über $\mathbf{Q}$. Analog können wir $\mathrm{O}_n(\mathbf{R})$, $\mathrm{O}_n(\mathbf{C})$, etc. definieren.

Ein typisches Beispiel für Untergruppen wird durch die folgende Proposition gegeben:

**Proposition 2.4** *Sei* $\varphi : G \to H$ *ein Homomorphismus zwischen Gruppen* $G$ *und* $H$. *Dann ist sein* Bild

$$\operatorname{im} \varphi = \{\varphi(x) \mid x \in G\} \subseteq H$$

*eine Untergruppe von* $H$.

*Beweis* Da $\varphi$ ein Gruppenhomomorphismus ist, ist jedenfalls $1 = \varphi(1) \in \operatorname{im} \varphi$. Als Nächstes müssen wir zeigen, dass das Produkt zweier Elemente aus $\operatorname{im}\varphi$ wieder in $\operatorname{im}\varphi$ liegt. Dies folgt sofort aus der Homomorphieeigenschaft von $\varphi$: Zwei Elemente in $\operatorname{im} \varphi$ sind von der Form $\varphi(x)$ und $\varphi(y)$ mit $x, y \in G$. Dann gilt $\varphi(x) \cdot \varphi(y) = \varphi(x \cdot y) \in \operatorname{im} G$.

Schließlich bleibt zu zeigen, dass für alle $x \in G$ auch $\varphi(x)^{-1}$ in $\operatorname{im} \varphi$ liegt. Dazu zeigen wir die auch ansonsten wichtige Tatsache, dass

$$\varphi(x)^{-1} = \varphi(x^{-1})$$

für einen beliebigen Gruppenhomomorphismus: Es ist nachzurechnen, dass die rechte Seite die definierende Eigenschaft der linken Seite hat, dass also $\varphi(x^{-1}) \cdot \varphi(x) = 1$. Dies folgt aber aus der Homomorphieeigenschaft von $\varphi$, denn es ist $\varphi(x^{-1}) \cdot \varphi(x) = \varphi(x^{-1} \cdot x) = \varphi(1) = 1$. $\qquad\square$

Wieso haben wir dieses Beispiel „typisch" genannt? Betrachten wir dazu eine beliebige Untergruppe $H$ einer beliebigen Gruppe $G$. Die Inklusionsabbildung

$$\iota : H \to G, \quad x \mapsto x$$

ist nach Definition der Gruppenstruktur auf $H$ gerade ein (injektiver) Gruppenhomomorphismus. Dessen Bild in $G$ ist offensichtlich gerade $H$. Wir erhalten also, dass jede Untergruppe als Bild eines Gruppenhomomorphismus' entsteht. In diesem Sinne sind Bilder von Gruppenhomomorphismen typische Vertreter von Untergruppen.

> Bilder von Gruppenhomomorphismen in eine Gruppe $H$ sind Untergruppen von $H$. Es gilt sogar, dass jede Untergruppe von $H$ auf diese Weise entsteht, also als Bild eines Gruppenhomomorphismus nach $H$ realisiert werden kann.

Eng verbunden mit einem Gruppenhomomorphismus ist zudem eine weitere Untergruppe:

**Proposition 2.5** *Sei* $\varphi : G \to H$ *ein Homomorphismus zwischen Gruppen* $G$ *und* $H$. *Dann ist sein* Kern

$$\ker \varphi := \{x \in G \mid \varphi(x) = 1\} \subseteq G$$

*eine Untergruppe von* $G$.

*Beweis* Da $\varphi(1) = 1$, liegt zunächst einmal 1 im Kern. Sind weiter $x$, $y$ in $G$ mit $\varphi(x) = 1 = \varphi(y)$, so folgt auch $\varphi(xy) = \varphi(x) \cdot \varphi(y) = 1 \cdot 1 = 1$. Es bleibt zu zeigen, dass auch die Inversen von Elementen in ker $\varphi$ wieder in ker $\varphi$ liegen. Dies folgt aber aus der allgemeinen Tatsache, dass $\varphi(x^{-1}) = \varphi(x)^{-1}$ und $1^{-1} = 1$.                                    □

Kerne sind im Gegensatz zu Bildern keine typischen Untergruppen, das heißt, nicht jede Untergruppe lässt sich als Kern eines Gruppenhomomorphismus schreiben. Diejenigen, für die dies jedoch der Fall ist, sind so wichtig, dass sie einen eigenen Namen bekommen; sie werden *Normalteiler* genannt und sind eine direkte Verallgemeinerung der aus Bd. 1 bekannten Normalteiler. Wir befassen uns in Abschn. 2.4 ausführlicher mit ihnen.

> Kerne von Gruppenhomomorphismen sind Untergruppen, aber nicht jede Untergruppe kann Kern eines Gruppenhomomorphismus sein.

*Beispiel 2.16* Sei $n$ eine natürliche Zahl. Wir erinnern daran, dass die Determinante det : $\mathrm{GL}_n(\mathbf{Q}) \to \mathbf{Q}^\times$ ein Gruppenhomomorphismus ist. Sein Kern ist

$$\mathrm{SL}_n(\mathbf{Q}) := \{A \in \mathrm{GL}_n(\mathbf{Q}) \mid \det A = 1\},$$

die Menge der quadratischen Matrizen der Größe $n$ mit Determinante 1. Die Gruppe $\mathrm{SL}_n(\mathbf{Q})$ heißt *spezielle lineare Gruppe* über den rationalen Zahlen. Analog können wir auch $\mathrm{SL}_n(\mathbf{Z})$, etc. definieren.

Die Injektivität eines Gruppenhomomorphismus lässt sich leicht am Kern festmachen, und zwar gilt:

**Proposition 2.6** *Ein Gruppenhomomorphismus* $\varphi : G \to H$ *ist genau dann injektiv, wenn sein Kern die triviale (Unter-)Gruppe von $G$ ist.*

*Beweis* Die eine Richtung der Aussage ist trivial. Beweisen wir die andere. Nehmen wir dazu an, dass $\varphi$ einen trivialen Kern habe. Wir müssen zeigen, dass $\varphi$ injektiv ist. Seien dazu $x$, $y \in G$ mit $\varphi(x) = \varphi(y)$. Zu zeigen ist, dass $x = y$. Dazu berechnen wir

$$\varphi(y^{-1}x) = \varphi(y^{-1})\varphi(x) = \varphi(y)^{-1}\varphi(x) = \varphi(x)^{-1}\varphi(x) = 1 \cdot 1 = 1.$$

Da nach Voraussetzung der Kern von $\varphi$ nur aus 1 besteht, haben wir also $y^{-1}x = 1$. Multiplizieren dieser Gleichung mit $y$ von links liefert schließlich $x = y$.                     □

Eine Gruppenhomomorphismus ist genau dann injektiv, wenn sein Kern die triviale Gruppe ist, also nur aus dem neutralen Element 1 besteht.

Sind $H$ und $K$ zwei Gruppen, so können wir beide Gruppen kanonisch mit Untergruppen im direkten Produkte $H \times K$ identifizieren: Es sind

$$H \to H \times K, \quad x \mapsto (x, 1)$$

und

$$K \to H \times K, \quad y \mapsto (1, y)$$

jeweils injektive Gruppenhomomorphismen, welche jeweils einen Gruppenisomorphismus auf ihr Bild $H \times 1$ bzw. $1 \times K$ in $H \times K$ induzieren. Wir sagen daher auch, dass ein direktes Produkt $H \times K$ ein direktes Produkt zweier Untergruppen ist. Es stellt sich die Frage, wann eine beliebige vorgegebene Gruppe direktes Produkt zweier gegebener Untergruppen ist. Die Antwort dazu gibt folgende Proposition:

**Proposition 2.7** *Seien $G$ eine Gruppe und $H$ und $K$ zwei Untergruppen von $G$, an die wir folgende Bedingungen stellen: Der Schnitt $H \cap K$ bestehe nur aus dem Element 1. Weiter lasse sich jedes Element $z$ in $G$ in der Form $z = xy$ mit $x \in H$ und $y \in K$ schreiben, und für je zwei Elemente $x \in H$ und $y \in K$ gelte $xy = yx$. Dann ist die Abbildung*

$$\varphi : H \times K \to G, \quad (x, y) \mapsto xy$$

*ein Isomorphismus von Gruppen.*

*Beweis* Die Abbildung ist nach Voraussetzung sicherlich surjektiv. Weiter ist sie ein Homomorphismus, denn $\varphi((1, 1)) = 1 \cdot 1 = 1$ und

$$\varphi((x, y) \cdot (x', y')) = \varphi((xx', yy')) = xx'yy' = xyx'y' = \varphi((x, y)) \cdot \varphi((x', y'))$$

für alle $(x, y), (x', y') \in H \times K$. Damit bleibt es zu zeigen, dass $\varphi$ injektiv ist. Wir berechnen dazu den Kern, um die eben bewiesene Proposition 2.6 ausnutzen zu können: Sei $(x, y) \in H \times K$ mit $1 = \varphi((x, y)) = xy$. Es folgt, dass $y = x^{-1}$. Es ist $x$ in $H$ und damit auch sein Inverses $y$. A priori ist $y$ außerdem in $K$. Nach Voraussetzung haben $H$ und $K$ nur ein Element, nämlich 1 gemeinsam, also gilt $y = 1$. Es folgt ebenfalls $x = y^{-1} = 1$. Damit ist der Kern trivial, $\varphi$ also injektiv. $\qquad\Box$

Wir müssen an dieser Stelle an eine weitere Definition erinnern, die wir in Bd. 1 für Permutationsgruppen gemacht haben. Ist $H$ eine Untergruppe einer (Permutations-)Gruppe $G$, so haben wir gesagt, dass zwei Elemente $x \in G$ und $y \in G$ kongruent modulo $H$ sind, wenn $y^{-1}x \in H$, wenn also ein $h \in H$ mit $x = yh$ existiert. Diese Definition können wir offensichtlich mutatis mutandis auf den Fall des allgemeinen Gruppenkonzeptes und seiner Untergruppen übertragen. Ist $x$ ein Element aus $G$, so heißt die Menge der zu $x$ modulo $H$ kongruenten Elemente die *Linksnebenklasse* von $x$ modulo $H$, symbolisch geschrieben als

$$xH = \{xh \mid h \in H\}.$$

Mit $G/H$ bezeichnen wir die Menge, deren Elemente durch Gruppenelemente aus $G$ repräsentiert werden und die in $G/H$ genau dann miteinander identifiziert werden, wenn sie kongruent modulo $H$ sind, wenn sie also in derselben Linksnebenklasse modulo $H$ liegen. Die Menge $G/H$ steht damit in kanonischer Bijektion mit allen Linksnebenklassen von $H$ in $G$. Im Falle, dass $G/H$ eine endliche Menge ist, nennen wir ihre Mächtigkeit den *Index* von $H$ in $G$ und schreiben für diese natürliche Zahl $[G : H]$. Diese Definition verallgemeinert offensichtlich unsere bisherige Definition des Index' aus Bd. 1. Wie dort ist der Index $[G : 1]$ (hierbei bezeichnet 1 die triviale Untergruppe von $G$) im Falle der Existenz gerade die Gruppenordnung von $G$.

*Beispiel 2.17*   Es kann ohne Weiteres der Fall sein, dass eine Gruppe $G$ und eine Untergruppe $H$ von $G$ jeweils nichtendlich sind, trotzdem aber der Index von $H$ in $G$ endlich ist (wir sagen dann, dass $H$ *endlichen Index* in $G$ habe). Ein Beispiel wird durch das folgende gegeben: Sei $n$ eine natürliche Zahl. Mit

$$\mathrm{SO}_n(\mathbf{R}) := \ker(\det \mathrm{O}_n(\mathbf{R}) \to \mathbf{R}^\times) = \{A \in \mathrm{O}_n(\mathbf{R}) \mid \det A = 1\}$$

bezeichnen wir die *spezielle orthogonale Gruppe* (in der Dimension $n$) über $\mathbf{R}$. Diese Gruppe ist eine Untergruppe der orthogonalen Gruppe $\mathrm{O}_n(\mathbf{R})$ (und nebenbei auch der speziellen linearen Gruppe $\mathrm{SL}_n(\mathbf{R})$). Wir behaupten, dass sie für $n \geq 1$ endlichen Index 2 in $\mathrm{O}_n(\mathbf{R})$ hat.

Um das einzusehen, überlegen wir uns zunächst, dass die Determinante konstant auf jeder Nebenklasse modulo $\mathrm{SO}_n$ ist, sie ist also eine wohldefinierte Funktion auf $G/H$. Weiter überlegen wir, welche Determinanten bei orthogonalen Matrizen $A$ überhaupt auftreten können: Es ist

$$1 = \det(I_n) = \det(A^\top A) = \det(A^\top) \cdot \det A = (\det A)^2,$$

das heißt, wir haben $\det A \in \{1, -1\}$. Damit besitzt $G/H$ höchstens zwei Elemente, die mit Determinante 1 und die mit Determinante $-1$. Beide Determinanten kommen aber vor. So hat die Identität die Determinante 1, und die Spiegelung

$$\begin{pmatrix} -1 & 0 & \dots & 0 \\ 0 & 1 & \ddots & \vdots \\ \vdots & \ddots & \ddots & 0 \\ 0 & \dots & 0 & 1 \end{pmatrix} \in \mathrm{O}_n(\mathbf{R})$$

ist zum Beispiel eine orthogonale Matrix mit Determinante $-1$. Wir haben also eine surjektive Abbildung $\det : \mathrm{O}_n(\mathbf{R})/\mathrm{SO}_n(\mathbf{R}) \to \{1, -1\}$. Diese ist auch injektiv: Sind nämlich $A$, $B \in \mathrm{O}_n(\mathbf{R})$ mit $\det A = \det B$, so ist $B^{-1} \cdot A \in \mathrm{SO}_n(\mathbf{R})$, denn $\det(B^{-1}A) = 1$. Folglich gilt $A = B$ modulo $\mathrm{SO}_n(\mathbf{R})$. Es gibt also genau zwei Nebenklassen, die durch die Determinante unterschieden werden.

Schließlich halten wir fest, dass $\mathrm{O}_n(\mathbf{R})$ und $\mathrm{SO}_n(\mathbf{R})$ für $n \geq 2$ aus unendlich vielen Elementen bestehen.

Wir haben oben explizit von „Linksnebenklassen" gesprochen. Es gibt nämlich auch den Begriff der *Rechtsnebenklasse* modulo $H$. Dies sind Teilmengen von $G$ der Form

$$Hx = \{hx \mid h \in H\}$$

für Elemente $x$ in $G$, welche aufgrund der im Allgemeinen nicht vorhandenen Kommutativität der Gruppenverknüpfung nicht mit Linksnebenklassen übereinstimmen. In Analogie zum Obigen bezeichnen wir mit $H\backslash G$ dann die Menge, deren Elemente wieder durch Gruppenelemente aus $G$ repräsentiert werden und die in $H\backslash G$ genau dann miteinander identifiziert werden, wenn sie in derselben Rechtsnebenklasse modulo $H$ liegen; das heißt, $H\backslash G$ steht in kanonischer Bijektion zu den Rechtsnebenklassen modulo $H$ in $G$. Ist diese Menge endlich, bietet es sich an, einen weiteren Index von $H$ in $G$ zu definieren, nämlich die Anzahl der Rechtsnebenklassen von $H$. Es stellt sich jedoch heraus, dass dieser Index mit dem bisher definierten zusammenfällt, dass wir also nicht von einem „Links-" und einem „Rechtsindex" von $H$ in $G$ sprechen müssen:

**Proposition 2.8** *Die kanonische Abbildung*

$$G/H \to H\backslash G, \quad x \mapsto x^{-1}$$

*ist eine Bijektion. Ist eine der beiden Mengen $G/H$ beziehungsweise $H\backslash G$ also endlich, so ist es auch die andere und hat dieselbe Anzahl von Elementen.*

*Beweis* Im Falle, dass die Abbildung wohldefiniert ist, ist aus Symmetriegründen auch die Abbildung $H\backslash G \to G/H$, $y \mapsto y^{-1}$ wohldefiniert. Diese wäre die Umkehrung, wir hätten also eine Bijektion. Damit bleibt nur noch, die Wohldefiniertheit zu zeigen: Dazu seien $x$ und $x'$ Elemente in $G$, welche in $G/H$ gleich sind, das heißt, wir haben $x = x'h$ für ein

$h \in H$. Es folgt, dass $x^{-1} = h^{-1}x'^{-1}$. Da $h^{-1}$ wieder ein Element in $H$ ist, sind damit $x^{-1}$ und $x'^{-1}$ in $H \backslash G$ gleich. $\qquad\square$

In Bd. 1 haben wir den Satz von Lagrange kennengelernt, welcher für eine Permutations-gruppe $G$ mit einer endlichen Untergruppe $H$ feststellt, dass

$$[G:1] = [G:H] \cdot [H:1].$$

Aus diesem Satz lässt sich sofort die allgemeinere Tatsache herleiten, dass

$$[G:K] = [G:H] \cdot [H:K]$$

für eine weitere endliche Untergruppe von $H$ (die ursprüngliche Aussage bekommen wir für $K = 1$ zurück).

Schauen wir noch einmal in den Beweis des lagrangeschen Satzes aus Bd. 1, so sehen wir, dass dem Beweis die Existenz folgender Bijektion zugrunde liegt: Ist $R$ ein Repräsen-tantensystem der Linksnebenklassen von $H$ (insbesondere haben wir also eine kanonische Bijektion von $R$ nach $G/H$), so ist

$$R \times H/K \mapsto G/K, \quad (x, y) \mapsto xy$$

zunächst einmal eine wohldefinierte Abbildung, welche wie die entsprechende Abbildung im Beweis des lagrangeschen Satzes in Bd. 1 surjektiv ist. Die Injektivität folgt auch wie dort: Ist $(x', y') \in R \times H/K$ ein weiteres Element mit $x'y' = xy$ in $G/K$, also $x'y' = xyz$ für ein $z \in K \subseteq H$, so folgt $x'^{-1}x = y'z^{-1}y^{-1} \in H$. Da $R$ aber ein Repräsentantensystem ist, haben wir $x' = x$. Es folgt $y' = y$ in $H/K$. Wir haben also gezeigt:

**Proposition 2.9** *Sei $G$ eine Gruppe. Sei $H$ eine Untergruppe von $G$ und $K$ eine Unter-gruppe von $H$. Ist dann der Index von je zwei der drei Untergruppen $K \subseteq G$, $H \subseteq G$ und $K \subseteq H$ endlich, so ist es auch der dritte, und es gilt der Satz von Lagrange:*

$$[G:K] = [G:H] \cdot [H:K] \qquad\qquad\square$$

Als wichtigste Anwendung halten wir wieder fest: Ist $G$ eine endliche Gruppe und $H$ eine endliche Untergruppe, so ist die Ordnung von $H$ ein Teiler der Ordnung von $G$ und der Index von $H$ in $G$ ist ebenfalls ein Teiler der Ordnung von $G$.

Sowohl Ordnung als auch der Index einer Untergruppe ist einer Teiler der Gruppen-ordnung.

An dieser Stelle können wir die *Ordnung* ord $x$ eines Elementes $x$ in einer Gruppe $G$ wie in Bd. 1 im Falle ihrer Existenz als kleinste positive Zahl $e$ definieren, für die $x^e = 1$ gilt (wir sagen dann insbesondere, dass $x$ endliche Ordnung in $G$ hat). Wie in Bd. 1 zeigt sich, dass die Elementordnung von $x$ mit der Ordnung der von $x$ erzeugten Untergruppe, das heißt, der Untergruppe

$$\langle x \rangle = \left\{ \dots, x^{-2}, x^{-1}, 1, x, x^2, \dots \right\},$$

übereinstimmt, das heißt, wir haben wieder

$$\text{ord } x = [\langle x \rangle : 1].$$

(Im Falle endlicher Ordnung $e$, können wir sogar genauer sagen, dass

$$\langle x \rangle = \left\{ 1, x, x^2, \dots, x^{e-1} \right\}$$

mit paarweise verschiedenen Elementen.) Aus Proposition 2.9 folgt damit insbesondere:

**Proposition 2.10** *Sei $G$ eine Gruppe endlicher Ordnung und $x \in G$ ein Element endlicher Ordnung. Dann ist die Ordnung von $x$ ein Teiler der Ordnung von $G$.*

> Die Ordnung eines Gruppenelementes ist Teiler der Gruppenordnung.

Sind $G$ und $x$ wie in der Proposition, so gilt

$$x^{[G:1]} = 1,$$

denn $[G : 1] = k \text{ ord } x$ für ein $k \in \mathbf{Z}$ nach Definition der Teilbarkeit und $x^{k \text{ ord } x} = (x^{\text{ord } x})^k = 1^k = 1$.

Wie schon in Bd. 1 nennen wir eine Gruppe $G$ *zyklisch*, wenn sie ein Element $x$ besitzt, sodass $G$ von der Form $G = \langle x \rangle$ ist, also genau dann, wenn jedes Element von $G$ sich als Potenz des Elementes $x$ schreiben lässt. Es heißt $x$ *Erzeuger* der zyklischen Gruppe $G$. Eine zyklische Gruppe ist genau dann endlich, wenn ein Erzeuger endliche Ordnung hat, und die Ordnungen stimmen dann überein.

In Bd. 1 haben wir endliche zyklische Gruppen, nämlich die $C_n$, $n \in \mathbf{N}$, schon kennengelernt. Wir können sogar zeigen, dass je zwei endliche zyklische Gruppen $G$ und $H$ derselben Ordnung $n$ isomorph sind: Seien $x$ ein Erzeuger von $G$ und $y$ ein Erzeuger von $H$. Dann wird durch

$$G \to H, \quad x^k \mapsto y^k$$

ein wohldefinierter Gruppenhomomorphismus gegeben. (In die Wohldefiniertheit geht entscheidend ein, dass $x$ und $y$ dieselbe Ordnung haben. Warum?) Um dessen Kern zu bestimmen, betrachten wir $k \in \mathbf{Z}$ mit $y^k = 1$. Wir können uns nach dem oben Gesagten auf $k \in \{0, \ldots, n-1\}$ beschränken. In diesem Falle folgt aus $y^k = 1$ aber $k = 0$ nach Definition der Ordnung $n = \mathrm{ord}\, y$ von $y$. Wegen $x^0 = 1$ ist der Kern des angegebenen Gruppenhomomorphismus' $G \to H$ damit trivial, die Abbildung also injektiv. Als Abbildung zwischen Mengen gleicher Mächtigkeit ist sie damit auch surjektiv und $G$ und $H$ damit isomorph. Die Abbildung $G \to H$ ist dadurch charakterisiert, dass sie $x$ auf $y$ schickt. Aus der Homomorphieeigenschaft folgt nämlich, wie sie dann die übrigen Potenzen von $x$ abbilden muss. Es ist klar, dass jeder Gruppenisomorphismus $\varphi : G \to H$ den Erzeuger $x$ von $G$ auf einen Erzeuger $y$ von $H$ abbilden muss, denn $\langle y \rangle = \langle \varphi(x) \rangle = \varphi(\langle x \rangle) = \varphi(G) = H$ aufgrund der Homomorphieeigenschaft.

Folglich gibt es genauso viele Isomorphismen zwischen zwei zyklischen Gruppen gleicher Ordnung $n$, wie es Erzeuger in einer endlichen zyklischen Gruppe $G$ der Ordnung $n$ gibt. Wie viele gibt es denn davon? Die für die Antwort nötigen Überlegungen haben wir in Bd. 1 schon mannigfaltig angestellt: Ist $x$ ein Erzeuger von $G$, so können wir jeden anderen Erzeuger $y$ von $G$ in der Form $y = x^k$ mit $k \in \mathbf{Z}$ schreiben. In Analogie müssen wir aber auch $x = y^\ell$ mit $\ell \in \mathbf{Z}$ schreiben können. Folglich ist $x = x^{k\ell}$ in $G$. Da $x$ die Ordnung $n$ hat, heißt dies, dass $k\ell = dn + 1$ für ein $d \in \mathbf{Z}$. Es folgt, dass $k$ und $n$ teilerfremd sind. Ist umgekehrt $k$ teilerfremd zu $n$, so existieren nach dem euklidischen Algorithmus aus Bd. 1 ganze Zahlen $\ell$ und $d$ mit $k\ell = dn + 1$, woraus folgt, dass $x$ (und damit auch jedes andere Element von $G$) eine Potenz von $y = x^k$ ist. Folglich hat eine zyklische Gruppe $G$ endlicher Ordnung $n$ genauso viele Erzeuger, wie es zu $n$ teilerfremde natürliche Zahlen in $\{0, \ldots, n-1\}$ gibt, das heißt insgesamt $\varphi(n)$ Erzeuger.

Insbesondere haben wir also

$$[\mathrm{Aut}(\mathrm{C}_n) : 1] = \varphi(n),$$

wenn $\mathrm{C}_n$ für eine beliebige endliche zyklische Gruppe der Ordnung $n$ steht. Fixieren wir einen Erzeuger $x$ von $G = \mathrm{C}_n$. Sei weiter $a$ eine zu zu $n$ teilerfremde natürliche Zahl. Nach dem bisher Gesagten ist dann $G \to G, x \mapsto x^a$ ein Gruppenisomorphismus in $\mathrm{Aut}(\mathrm{C}_n)$. Damit ist dessen $\varphi(n)$-te Potenz $x \mapsto x^{a^{\varphi(n)}}$ das neutrale Element in $\mathrm{Aut}(\mathrm{C}_n)$, also die Identität. Das kann nur der Fall sein, wenn $a^{\varphi(n)}$ gleich 1 modulo $n$ ist, der Ordnung von $x$. Wir erhalten also die als Satz von Euler bekannte zahlentheoretische Tatsache:

**Korollar 2.1** *Seien $n$ eine natürliche Zahl und $a$ eine dazu teilerfremde Zahl. Dann gilt*

$$a^{\varphi(n)} \equiv 1 \pmod{n}. \qquad \square$$

Spezialisieren wir auf $n = p$ für eine Primzahl $p$, für die bekanntlich $\varphi(p) = p - 1$ gilt, so erhalten wir den uns schon bekannten kleinen Fermatschen Satz zurück, nämlich

$$a^{p-1} \equiv 1 \quad (\mathrm{mod}\ p)$$

für jede ganze Zahl $a$, welche von $p$ nicht geteilt wird. Multiplikation mit $a$ liefert die für alle $a \in \mathbf{Z}$ richtige Tatsache

$$a^p \equiv a \quad (\mathrm{mod}\ p).$$

Für jede positive natürliche Zahl gibt es eine zyklische Gruppe mit dieser Ordnung. Aber gibt es auch nicht-zyklische Gruppen endlicher Ordnung? Die Gruppe $C_6$ ist zum Beispiel zyklisch der Ordnung 6. Aber nicht jede Gruppe der Ordnung 6 ist zyklisch. So hat $S_3$ zum Beispiel auch die Ordnung 6. Wir wissen aber, dass die Ordnungen aller Elemente in $S_3$ (das sind nur die Identität, Transpositionen und Dreizykel) nur in $\{1, 2, 3\}$ liegen. Damit kann $S_3$ keinen einzelnen Erzeuger besitzen (dieser müsste ja Ordnung 6 haben). Folglich ist $S_3$ nichtzyklisch. Im Falle, dass die Gruppenordnung eine Primzahl ist, können wir jedoch mehr sagen:

**Proposition 2.11** *Sei $G$ eine endliche Gruppe von Primzahlordnung $p$. Dann ist $G$ zyklisch.*

*Beweis* Die Gruppe $G$ besitzt ein von 1 verschiedenes Element $x$. Wegen $x^1 = x \neq 1$ hat $x$ eine Ordnung größer als 1. Da die Ordnung von $x$ die Gruppenordnung, und damit die Primzahl $p$, teilen muss, folgt, dass $\mathrm{ord}\, x = p$. Damit ist $\langle x \rangle$ von Ordnung $p$, also schon die ganze Gruppe $G$. Folglich ist $x$ ein Erzeuger von $G$ und $G$ damit zyklisch. $\qquad\square$

Endliche Gruppen von Primzahlordnung sind zyklisch.

An dieser Stelle sollten wir festhalten, dass es nicht nur endliche zyklische Gruppen gibt. Ein wichtiger Vertreter einer nichtendlichen zyklischen Gruppe ist zum Beispiel die additive Gruppe der ganzen Zahlen: Sie hat genau zwei mögliche Erzeuger, nämlich 1 und $-1$, da alle ganzen Zahlen Vielfache (entsprechen in additiver Schreibweise den multiplikativen Potenzen) von 1 bzw. $-1$ sind.

Die additive Gruppe der ganzen Zahlen ist eine unendliche zyklische Gruppe.

## 2.3  Gruppenwirkungen

Nachdem wir schon etliche Tatsachen über Gruppen zusammengetragen haben, sollten wir uns vielleicht noch einmal fragen, wozu wir Gruppen überhaupt betrachten? Die Antwort auf diese Frage ist, dass es vielleicht weniger auf die Gruppenelemente ankommt, sondern mehr darauf, was die Gruppenelemente machen: So war der Ausgangspunkt unserer Beschäftigung mit Gruppen die Definition der galoisschen Gruppe. Ein Element einer galoisschen Gruppe – eine Symmetrie – ist dadurch definiert, wie es auf den Nullstellen eines separablen Polynoms wirkt. Anschließend haben wir daraus eine Wirkung auf den in den Nullstellen rationalen Zahlen gewonnen. Die Gruppenverknüpfung entspricht in diesen Fällen konkret der Hintereinanderausführung von Operationen auf Nullstellen bzw. Zahlen. Auch bei unserer Motivation des Symmetriebegriffes haben wir auf geometrische Wirkungen auf einfache Figuren zurückgegriffen. Überall dahinter steht folgendes Konzept:

**Konzept 5** Eine *Wirkung* einer Gruppe $G$ ist eine Menge $X$ zusammen mit einer Abbildung $G \times X \to X$, $(g, x) \mapsto g \cdot x$, genannt die *Wirkung,* sodass folgende Axiome erfüllt sind:

- Die Wirkung ist assoziativ, das heißt, es gilt

$$g \cdot (h \cdot x) = (g \cdot h) \cdot x.$$

  für alle $g, h \in G$ und $x \in X$.
- Das neutrale Element der Gruppe wirkt neutral, das heißt

$$1 \cdot x = x$$

  für alle $x \in X$.

Wir sagen dann auch, dass die Gruppe auf $X$ *wirke* oder dass $X$ eine *G-Wirkung* trage. Den Multiplikationspunkt lassen wir wieder häufig weg. Anstelle der Bezeichnungen „Wirkung" oder „wirken" werden häufig auch die Bezeichnungen „Operation" oder „operieren" verwendet.

*Anmerkung 2.3* Ist $G$ nur ein Monoid und nicht unbedingt eine Gruppe (das heißt also, es gibt im Allgemeinen keine Inversen in $G$), so können wir mutatis mutandis ebenfalls das Konzept einer Wirkung von $G$ definieren.

Gruppen sind interessant, weil sie auf Mengen wirken.

Eng verbunden mit dem Konzept der Gruppe war die Definition eines Gruppenhomomorphismus'. Auch für Wirkungen gibt es speziell angepasste Abbildungen:

**Definition 2.3** Wirke eine Gruppe $G$ auf zwei Mengen $X$ und $Y$. Eine Abbildung $f : X \to Y$ heißt *G-äquivariant*, falls

$$f(gx) = gf(x)$$

für alle $g \in G$ und $x \in X$ gilt.

Bevor wir Beispiele angeben, halten wir zunächst eine äquivalente Möglichkeit fest, eine Gruppenoperation anzugeben. Operiert eine Gruppe $G$ auf einer Menge $X$, so wird für jedes Gruppenelement $g \in G$ eine Abbildung

$$g_* : X \to X, \quad x \mapsto gx$$

definiert. Im Falle $g = 1$ ist diese aufgrund des zweiten Axioms einer Gruppenwirkung offensichtlich die Identität auf $X$. Das erste Axiom liefert $g_*(h_*x) = g \cdot (h \cdot x) = (g \cdot h) \cdot x$, also $g_* \circ h_* = (g \cdot h)_*$. Insbesondere haben wir $(g^{-1})_* \circ g_* = g_* \circ (g^{-1})_* = \mathrm{id}_X$, das heißt, für jedes Gruppenelement $g \in G$ ist die Abbildung $g_* : X \to X$ eine Bijektion. Erinnern wir uns daran, dass wir die Menge der Bijektionen einer Menge $X$ mit $\mathrm{Aut}(X)$ bezeichnet haben. Mit dieser Bezeichnung haben wir dann eine Abbildung

$$G \to \mathrm{Aut}(X), \quad g \mapsto g_*$$

definiert. Wir haben gesehen, dass $\mathrm{Aut}(X)$ in kanonischer Weise eine Gruppe ist (Gruppeneins ist die Identität und Gruppenverknüpfung die Komposition). Nach den Überlegungen von oben ist die Abbildung $G \to \mathrm{Aut}(X), g \mapsto g_*$ ein Gruppenhomomorphismus, welcher jedem Element $g \in G$ seine Wirkung $g_*$ zuordnet, ausgedrückt als Bijektion auf den Elementen der Menge $X$. Der Verknüpfung von Gruppenelementen entspricht dabei die Komposition von Bijektionen.

Die Konstruktion funktioniert auch in umgekehrter Richtung. Ist etwa ein Gruppenhomomorphismus $f : G \to \mathrm{Aut}(X)$ gegeben, so wird durch

$$G \times X \to X, (g, x) \mapsto f(g)(x)$$

gemäß Konzept 5 eine Wirkung gegeben. Eine Gruppenwirkung von $G$ auf einer Menge $X$ ist also effektiv nichts anderes als ein Gruppenhomomorphismus $G \to \mathrm{Aut}(X)$. Von daher dürfen wir diese Begriffe gemäß unseren Überlegungen als austauschbar ansehen.

> Die Wirkung einer Gruppe $G$ auf einer Menge $X$ ist im Wesentlichen nichts anderes als ein Gruppenhomomorphismus von $G$ auf die Gruppe $\mathrm{Aut}(X)$ der Bijektionen von $X$.

Der Übersichtlichkeit halber werden wir in Zukunft allerdings häufig auch $g$ anstelle von $g_*$ schreiben. Ist der Gruppenhomomorphismus $G \to \mathrm{Aut}(X)$ einer Gruppenwirkung $G \times X \to X$ injektiv, so heißt die Gruppenwirkung *effektiv*.

*Beispiel 2.18* Sei $f(X)$ ein separables normiertes Polynom über den rationalen Zahlen mit den (paarweise verschiedenen) Nullstellen $x_1, \ldots, x_n$. Sei $G$ ihre galoissche Gruppe über den rationalen Zahlen. Dann ist $\sigma \cdot x_i = x_{\sigma(i)}$ für $\sigma \in G$ eine Wirkung von $G$ auf der Menge $\{x_1, \ldots, x_n\}$ der Nullstellen.

Die galoissche Gruppe eines separablen Polynoms wirkt auf der Menge der Nullstellen des Polynoms.

*Beispiel 2.19* Sei $n \in \mathbf{N}_0$ eine natürliche Zahl. Jedes Element $A \in \mathrm{GL}_n(\mathbf{Q})$ wirkt auf Vektoren $v \in \mathbf{Q}^n$. Nach den bekannten Rechenregeln (Assoziativität) für die Matrizenmultiplikation erhalten wir eine Wirkung von $\mathrm{GL}_n(\mathbf{Q})$ auf $\mathbf{Q}^n$. Für alle $A \in \mathrm{GL}_n(\mathbf{Q})$ ist $A_* : \mathbf{Q}^n \to \mathbf{Q}^n, v \mapsto A \cdot v$ bekanntlich linear. Wir sagen daher auch, dass $\mathrm{GL}_n(\mathbf{Q})$ *linear* auf $\mathbf{Q}^n$ operiere.

Wir haben sowohl die Verknüpfung einer Gruppe als auch die Wirkung einer Gruppe auf einer Menge durch einen Multiplikationspunkt symbolisiert. Dies ist nicht ohne Grund, denn in wenigstens einem Beispiel fällt beides zusammen:

*Beispiel 2.20* Sei $G$ eine beliebige Gruppe. Durch die Linksmultiplikation

$$G \times G \to G, \quad (g, h) \mapsto g \cdot h \tag{2.1}$$

wird eine Wirkung von $G$ auf sich selbst definiert. Wir nennen diese Wirkung die *Linkstranslation* von $G$ auf sich selbst. Dass durch (2.1) in der Tat eine Wirkung definiert wird, ist gerade die Assoziativität der Gruppenverknüpfung und die Neutralität der Gruppeneins. Wir bekommen insbesondere einen Gruppenhomomorphismus

$$G \to \mathrm{Aut}(|G|), \quad g \mapsto (g_* : h \mapsto gh).$$

(Wir schreiben hier $\mathrm{Aut}(|G|)$ für die Gruppe der Bijektionen von $G$, um diese Gruppe von der Gruppe $\mathrm{Aut}(G)$ der Gruppenautomorphismen von $G$ zu unterscheiden.) Wir wollen dessen Kern berechnen. Dazu sei $g \in G$ mit $g_* = \mathrm{id}$ gegeben. Wenden wir $g_*$ auf $1 \in G$ an, erhalten wir $1 = \mathrm{id}(1) = g_*(1) = g \cdot 1 = g$. Folglich ist der Kern von $G \to \mathrm{Aut}(|G|)$ trivial und die Abbildung damit injektiv. Die Linkstranslation ist also eine effektive Wirkung. Wir können die Elemente von $G$ also mit ihren Bildern in $\mathrm{Aut}(|G|)$ identifizieren. Die abstrakte Gruppenverknüpfung auf $G$ wird unter dieser Identifikation durch die (konkrete) Komposition von Abbildungen realisiert.

Jede Gruppe wirkt durch Linkstranslation auf sich selbst, d. h. auf der der Gruppe zugrunde liegenden Menge von Elementen.

Ist im letzten Beispiel speziell $G$ endlich, so können wir $G = \{h_1, \ldots, h_n\}$ mit paarweise verschiedenen Elementen $h_i$ wählen. Jede Bijektion $f : G \to G$ von $G$ entspricht dann genau einer $n$-stelligen Permutation $\sigma$, wobei $f(h_i) = h_{\sigma(i)}$ gilt. Diese Zuordnung ist ein Gruppenhomomorphismus bezüglich der Gruppenstruktur von $\mathrm{Aut}(|G|)$ und $S_n$. Folglich erhalten wir durch Linkstranslation wie in Beispiel 2.20 einen Gruppenhomomorphismus

$$G \to S_n, \quad g \mapsto \sigma_g,$$

wobei $\sigma_g$ so ist, dass $gh_i = h_{\sigma_g(i)}$ für alle $i \in \{1, \ldots, n\}$. Da der Gruppenhomomorphismus $G \to S_n$ injektiv ist, können wir insbesondere $G$ mit seinem Bild in $S_n$ identifizieren und erhalten unter anderem folgenden Satz von Cayley[2]:

**Proposition 2.12** *Jede endliche Gruppe ist isomorph zu einer endlichen Untergruppe einer symmetrischen Gruppe.* □

Jede endliche Gruppe ist isomorph zu einer Permutationsgruppe.

*Beispiel 2.21* Die Wirkung durch Linkstranslation auf Beispiel 2.20 induziert weitere Wirkungen: Sei etwa $H$ eine Untergruppe einer Gruppe $G$. Dann wird durch

$$G \times G/H \to G/H, \quad (g, x) \mapsto gx$$

eine wohldefinierte Wirkung von $G$ auf den Linksnebenklassen modulo $H$ in $G$ gegeben: Um die Wohldefiniertheit zu zeigen, betrachten wir zwei Gruppenelemente $x$ und $y$, welche in $G/H$ gleich sind. Dann gilt nach Definition $x = yh$ für ein $h \in H$. Folglich sind auch $gx = gyh$ und $gy$ in $G/H$ gleich.

*Anmerkung 2.4* Wenn wir in Beispiel 2.21 die Menge der Links- durch die Menge der Rechtsnebenklassen austauschen, erhalten wir auf naivem Wege keine Gruppenoperation, das heißt, die Abbildung

$$G \times H\backslash G \to H\backslash G, \quad (g, x) \mapsto gx$$

ist im Allgemeinen nicht wohldefiniert. Das Problem ist das folgende: Sind $x$ und $y$ in $H\backslash G$ gleich, so bedeutet dies $x = hy$ für ein $h \in H$. Wir müssten dann zeigen, dass $gx$ gleich $ghy$

---

[2] Arthur Cayley, 1821–1895, britischer Mathematiker.

in $H \backslash G$ ist, dass also $ghy = kgx$ für ein $k \in H$ gilt. Dies ist im Allgemeinen nicht möglich. Das Problem können wir auch so beschreiben, dass $g$ und $h$ in der falschen Reihenfolge auftreten (was einen Unterschied macht, da $G$ im Allgemeinen nicht kommutativ ist). Um die Symmetrie zwischen Links- und Rechtsklassen wiederherzustellen, könnten wir das Konzept einer sogenannten *Rechtswirkung* einführen (eine Wirkung wie in Konzept 5 heißt in diesem Zusammenhang dann eine Linkswirkung): Eine Rechtswirkung von $G$ auf einer Menge $X$ ist eine Abbildung

$$X \times G \to X, \quad (x, g) \mapsto x \cdot g,$$

sodass $(x \cdot g) \cdot h = x \cdot (g \cdot h)$ und $x \cdot 1 = x$ für alle $x \in X$ und $g, h \in G$ gelten. Mit dieser Definition ist dann

$$H \backslash G \times G \to H \backslash G, \quad (x, g) \mapsto xg$$

eine wohldefinierte Rechtswirkung. Wirklich fundamental ist das Konzept der Rechtswirkung allerdings nicht (beziehungsweise der Unterschied zwischen Links- und Rechtswirkungen): Ist nämlich $X \times G \to X, (x, g) \mapsto x \cdot g$ eine Rechtswirkung von $G$ auf $X$, so wird durch

$$G \times X \to X, \quad (g, x) \mapsto gx := x \cdot g^{-1}$$

eine Linkswirkung definiert: Es ist klar, dass $1 \cdot x = x$ ist. Außerdem gilt aber auch

$$g \cdot (h \cdot x) = g \cdot (x \cdot h^{-1}) = (x \cdot h^{-1}) \cdot g^{-1} = x \cdot (h^{-1} g^{-1}) = x \cdot (gh)^{-1} = (gh) \cdot x.$$

Jede Rechtwirkung können wir also kanonisch zu einer (Links-)Wirkung machen, und diese Zuordnung ist umkehrbar.

*Beispiel 2.22* Jede Gruppe kommt neben der Linkstranslation aus Beispiel 2.20 mit einer weiteren wichtigen Wirkung daher, der *Konjugation*

$$G \times G \to G, \quad (g, h) \mapsto ghg^{-1}.$$

(Dass durch diese Abbildung eine Wirkung definiert wird, ist schnell nachgerechnet.) Die Konjugation ist allerdings ein Beispiel dafür, wo es sich nicht empfiehlt, die Wirkung mit einem Multiplikationspunkt zu schreiben, wie wir es im Allgemeinen Kontext in Konzept 5 getan haben. Denn dann könnte $g \cdot h$ zum einen für die übliche Gruppenverknüpfung $gh$ stehen (also für die Wirkung der Linkstranslation), zum anderen aber auch für die Konjugation $ghg^{-1}$, was offensichtlich einen Unterschied macht.

Will man die Konjugation daher in Kurzform schreiben, so wird in der Regel die Potenzschreibweise

$$^{g}h := ghg^{-1}$$

verwendet. Da $^{1}h = h$ und $^{gg'}h = {}^{g}({}^{g'}h)$ nach den Axiomen für eine Wirkung gelten, sind auch zumindest formal die üblichen Potenzgesetze erfüllt.

Jede Gruppe wirkt auch durch Konjugation auf sich selbst.

*Beispiel 2.23* Wir können auch Untergruppen konjugieren: Sei $G$ eine Gruppe. Sei $X$ die Menge aller Untergruppen von $G$ (oder auch nur die Menge aller endlichen Untergruppen). Ist $H$ ein Element von $X$, so ist für jedes Gruppenelement $g \in G$ die Menge

$$^{g}H := gHg^{-1} := \left\{ ghg^{-1} \mid h \in H \right\}$$

wieder ein Element von $X$, insbesondere also eine Untergruppe von $G$. Dadurch definiert

$$G \times X \to X, \quad (g, H) \mapsto gHg^{-1}$$

eine Wirkung von $G$ auf der Menge aller (endlichen) Untergruppen. Wenn zwei Untergruppen von der Form $H$ und $^{g}H$ sind, nennen wir sie zueinander *konjugiert*.

Jede Gruppe wirkt durch Konjugation auf der Menge ihrer Untergruppen.

Der Konjugation sind wir schon in Bd. 1 begegnet. Und zwar haben wir zwei Permutationen $\sigma$ und $\sigma'$ in einer Permutationsgruppe $G$ konjugiert genannt, falls eine Permutation $\tau$ aus der Gruppe mit $\sigma = \tau \circ \sigma' \circ \tau^{-1}$ existiert. Wir können dies jetzt auch so ausdrücken, dass $\sigma$ und $\sigma'$ genau dann konjugiert zueinander sind, wenn es ein $\tau$ gibt, sodass die Konjugationswirkung von $\tau$ das Element $\sigma'$ gerade auf $\sigma$ abbildet, wenn also $\sigma'$ durch Konjugation auch auf $\sigma$ transportiert werden kann. Wir sagen auch, dass $\sigma$ und $\sigma'$ in derselben *Bahn* bezüglich der Konjugationswirkung liegen. Dies können wir offensichtlich auch für andere Gruppenwirkungen als die Konjugation formulieren:

**Definition 2.4** Wirke eine Gruppe $G$ auf einer Menge $X$. Die *Bahn $Gx$* eines Elementes $x \in X$ ist die Teilmenge derjenigen $y \in X$, für die ein Gruppenelement $g \in G$ mit $gx = y$ existiert.

Dass zwei Gruppenelemente in derselben Bahn liegen, ist eine Äquivalenzrelation: Wegen $x = 1 \cdot x$ ist die Relation reflexiv, wegen $gx = y \iff x = g^{-1}y$ ist sie auch symmetrisch. Die Transitivität schließlich folgt aus der Assoziativität der Gruppenwirkung: Liegen nämlich $x$ und $y$ in derselben Bahn und $y$ und $z$ auch in einer Bahn, so gelten $y = gx$ und $z = hy$ für zwei Gruppenelemente $g$ und $h$. Es folgt $z = h(gx) = (hg)x$, also liegen auch $x$ und $z$ in einer Bahn.

Mit $G \backslash X$ bezeichnen wir diejenige Menge, deren Elemente durch Elemente aus $X$ repräsentiert werden, in der $x, y \in X$ aber genau dann gleich sind, wenn $x$ und $y$ in $X$ in derselben Bahn bezüglich der Wirkung $G$ liegen. Die Menge $G \backslash X$ heißt der *Quotient* von $X$ nach $G$

oder auch der *Bahnenraum*. Das Prinzip des Überganges von $X$ nach $G \backslash X$ ist eines der wichtigsten überhaupt in der Mathematik. Auch wir haben schon ein Beispiel für einen Quotienten gesehen: Ist $H$ eine Untergruppe von $G$, so überlegen wir uns schnell, dass die Einschränkung der Verknüpfung von $G$ auf $H \times G$ eine Wirkung

$$H \times G \to G, \quad (h, g) \mapsto hg$$

auf $H$ definiert. Zwei Gruppenelemente liegen genau dann in derselben Bahn, wenn sie in derselben Rechtsnebenklasse modulo $H$ liegen; die Bahnen dieser Wirkung sind also gerade die Rechtsnebenklassen. Den Quotienten dieser Wirkung würden wir mit $H \backslash G$ bezeichnen. Diese Bezeichnung ist zwar schon vergeben, aber die spezielle Definition von $H \backslash G$ weiter oben stimmt nach dem eben Gesagten mit der allgemeinen überein.

Liegen alle Elemente von $X$ in einer einzigen Bahn, ist also $G \backslash X$ eine einelementige Menge, so heißt die Gruppenwirkung von $G$ auf $X$ *transitiv*. Dies deckt sich mit unserer Definition aus Bd. 1 transitiver Wirkungen der galoisschen Gruppe auf den Nullstellen.

*Beispiel 2.24* Sei $n \geq 0$. Die Gruppe $\mathrm{GL}_n(\overline{\mathbf{Q}})$ (welche analog zur Gruppe $\mathrm{GL}_n(\mathbf{Q})$ definiert wird) wirkt durch Konjugation

$$\mathrm{GL}_n(\overline{\mathbf{Q}}) \times \mathrm{M}_n(\overline{\mathbf{Q}}) \to \mathrm{M}_n(\overline{\mathbf{Q}}), \quad (S, A) \mapsto SAS^{-1}$$

auf der Menge der quadratischen Matrizen der Größe $n$. In der Linearen Algebra wird gezeigt, dass in jeder Bahn dieser Gruppenwirkung eine Matrix $A \in \mathrm{M}_n(\overline{\mathbf{Q}})$ in jordanscher[3] Normalform liegt und weiter, dass die Menge $\mathrm{GL}_n(\overline{\mathbf{Q}}) \backslash \mathrm{M}_n(\overline{\mathbf{Q}})$ mit der Menge aller möglichen jordanschen Normalformen quadratischer Matrizen der Größe $n$ identifiziert werden kann.

> Der Satz über die jordansche Normalform lässt sich auch als Bestimmung der Bahnen der Konjugationsoperation der allgemeinen linearen Gruppe auf der Menge aller quadratischen Matrizen (über $\overline{\mathbf{Q}}$) auffassen.

*Beispiel 2.25* Sei $\sigma_0$ eine $n$-stellige Permutation. Sei $G = \langle \sigma_0 \rangle$ die von $\sigma_0$ erzeugte Untergruppe in $\mathrm{S}_n$. Die symmetrische Gruppe $\mathrm{S}_n$ wirkt bekanntlich vermöge

$$\mathrm{S}_n \times \{1, \ldots, n\} \to \{1, \ldots, n\}, \quad (\sigma, i) \mapsto \sigma(i)$$

---

[3] Marie Ennemond Camille Jordan, 1838–1922, französischer Mathematiker.
Camille Jordan ist nicht zu verwechseln mit Wilhelm Jordan (1842–1899, deutscher Geodät), welcher dem Gauß–Jordan-Algorithmus seinen Namen gab. Entsprechend ist Camille Jordans Name auch französisch auszusprechen. Dritter im Bunde ist übrigens Pascual Jordan (1902–1980, deutscher theoretischer Physiker), nach dem die jordanschen Algebren benannt sind.

auf den Ziffern 1, ..., $n$. Durch Einschränkung induziert dies eine Wirkung von $G$ auf $\{1, \ldots, n\}$. Die Bahnen dieser Wirkung entsprechen gerade Zykeln der Zykelzerlegung von $\sigma$, und zwar besteht eine Bahn zu einem Zykel $(i_1 \cdots i_k)$ gerade aus den Elementen $i_1, \ldots, i_k \in \{1, \ldots, n\}$.

Liegen zwei Elemente $x$ und $y$ aus $X$ in einer Bahn einer Gruppenwirkung, so können wir danach fragen, durch welches Gruppenelement $g \in G$ das Element $x$ auf das Element $y$ transportiert wird, das heißt, für das $y = gx$ gilt. Im Allgemeinen wird $g$ nicht eindeutig sein. Eine interessante Frage ist es, wie sehr $g$ nicht eindeutig ist. Dazu betrachten wir den Spezialfall $y = x$, das heißt, wir fragen nach allen $g \in G$ mit $x = gx$. (In diesem Falle sagen wir, dass $x$ *invariant* unter der Wirkung von $g$ sei.) Die Menge

$$G_x := \{g \in G \mid x = gx\}$$

heißt die *Standgruppe* von $G$ an $x$. (Die Menge $G_x$ ist in der Tat eine (Unter-)Gruppe (von $G$), wie schnell aus den Axiomen für eine $G$-Wirkung folgt.) Wir sind der Standgruppe schon einmal in Bd. 1 begegnet, und zwar bei der Definition der Untergruppe $G_\sigma$ einer Permutationsgruppe, die aus denjenigen $\tau \in G$ besteht, sodass $\sigma$ sich unter der Konjugation mit $\tau$ nicht ändert: $\sigma = \tau \circ \sigma \circ \tau^{-1}$. Allgemein heißt die Standgruppe der Konjugationswirkung zu einem Element $g$ einer Gruppe der *Zentralisator*

$$G_g = \left\{ h \in G \mid hgh^{-1} = g \right\}$$

von $g$ in $G$; dies ist nämlich die größte Untergruppe von $G$, in der $g$ noch zentral ist.

> Der Zentralisator eines Gruppenelementes ist die Standgruppe des Gruppenelements bezüglich der Konjugationswirkung.

Sind alle Standgruppen $G_x$ für $x \in X$ trivial, so heißt die Gruppenwirkung *frei*. Daraus lässt sich folgern, dass für den Fall, dass zwei Elemente $x$ und $y \in X$ in einer Bahn liegen, genau ein Gruppenelement $g \in G$ mit $y = gx$ existiert.

Wie hängen die Standgruppen $G_x$ für verschiedene $x \in X$ zusammen? Allgemein lässt sich wenig sagen, es sei denn, zwei Elemente $x$ und $y \in X$ liegen in derselben Bahn. Dann gibt es nämlich ein Gruppenelement $g \in G$ mit $y = gx$, und es ist

$$G_y = gG_x g^{-1} = \left\{ ghg^{-1} \mid h \in G_x \right\}.$$

Ist nämlich $h \in G_y$, so können wir $h = g(g^{-1}hg)g^{-1}$ schreiben, und es gilt $(g^{-1}hg)x = g^{-1}hgx = g^{-1}hy = g^{-1}y = x$, da $h$ trivial auf $y$ wirkt. Damit haben wir die Inklusion der rechten Seite in der linken Seite gezeigt. Für die andere Richtung gehen wir genauso vor: Ist $k \in G_x$, so gilt $(gkg^{-1})y = gkg^{-1}y = gkx = gx = y$, also liegt $gkg^{-1}$ in $G_y$. Insbesondere sind also zwei Standgruppen ein- und derselben Bahn zueinander konjugiert.

*Beispiel 2.26* Die Gruppe $SO_3(\mathbf{R})$, die Gruppe der *eigentlichen Drehungen im Raume*, wirkt durch Linksmultiplikation auf $\mathbf{R}^3$. Die Wirkung ist nicht transitiv. Vielmehr liegen zwei Vektoren in verschiedenen Bahnen, wenn sie verschiedene euklidische Länge haben. Die Wirkung ist auch nicht frei, denn zum Beispiel ist die Standgruppe des Ursprunges die gesamte $SO_3(\mathbf{R})$. Die Standgruppe eines Vektors $v \in \mathbf{R}^3 \setminus \{0\}$ ist die Menge der Drehungen, die diesen Vektor als Drehachse haben, und damit isomorph zu $SO_2(\mathbf{R})$.

Die Standgruppe $G_x$ eines Punktes $x$ ist mit der Größe seiner Bahn verbunden. Und zwar ist die kanonische Abbildung

$$f : G/G_x \to Gx, \quad g \mapsto gx \tag{2.2}$$

auf die Bahn von $x$ eine Bijektion. Die Surjektivität ist nach Definition der Bahn klar. Die Abbildung ist weiterhin wohldefiniert, denn sind $g$ und $h$ in $G/G_x$ gleich, so gibt es $k \in G_x$ mit $g = hk$, und es folgt $gx = hkx = hx$. Schließlich ist sie injektiv: Gilt nämlich $gx = hx$, so folgt $h^{-1}gx = x$, also $h^{-1}g \in G_x$. Damit sind $g$ und $h$ in $G/G_x$ gleich. Aus der Bijektivität von $f$ folgt insbesondere:

**Proposition 2.13** *Wirke eine endliche Gruppe $G$ auf einer endlichen Menge $X$. Sei $x$ ein Element aus $X$. Dann ist der Index $[G : G_x]$ der Standgruppe an $x$ in $G$ gleich der Länge (d. h. der Mächtigkeit) der Bahn $Gx$ zu $x$.*

Über (2.2) können wir noch etwas mehr sagen: Versehen wir nämlich $G/G_x$ mit der $G$-Wirkung, die sich durch Linkstranslation ergibt, so ist $f$ eine bijektive $G$-äquivariante Abbildung, wir sagen auch: ein *Isomorphismus* von $G$-Mengen. Da jede Menge, auf der eine Gruppe transitiv operiert, nur aus einer einzigen Bahn besteht, sind transitive Gruppenwirkungen von $G$ bis auf Isomorphie immer durch Linksmultiplikation auf einer Menge der Form $G/H$ gegeben, wobei $H$ eine Untergruppe von $G$ ist.

Schließlich können wir nach der Menge aller $x \in X$ fragen, welche von einem gewissen Gruppenelement $g \in G$ invariant gelassen werden: Dies ist die *Fixpunktmenge* oder der *Fixort*

$$X^g = \{x \in X \mid gx = x\} = \{x \in X \mid g \in G_x\}$$

zu $g$ der Wirkung $G \times X \to X$. Der Schnitt über alle $X^g$, $g \in G$, also die Teilmenge derjenigen $x \in X$, die von allen Gruppenelementen invariant gelassen werden, heißt die *Fixpunktmenge* oder der *Fixort*

$$X^G = \{x \in X \mid (gx = x) \text{ für alle } (g \in G)\} = \{x \in X \mid G_x = G\}$$

der Wirkung $G \times X \to X$. Offensichtlich bildet jedes Element von $X^G$ seine eigene Bahn.

*Beispiel 2.27* Betrachten wir wieder die Drehwirkung der $SO_3(\mathbf{R})$ auf $\mathbf{R}^3$ wie in Beispiel 2.26. Der einzige Vektor, der unter allen Drehungen invariant bleibt, ist der Nullvektor, das heißt, die Fixpunktmenge ist $\{0\}$. Ist $A$ eine Drehung mit einer Drehachse $L$, so ist die Fixpunktmenge zu $A$ gerade die Menge der Vektoren in $L$.

Wir wollen eine Anwendung für den Begriff der Fixpunktmenge geben. Dazu benötigen wir eine weitere Aussage für eine Wirkung einer endlichen Gruppe $G$ auf einer endlichen Menge $X$. Wir fragen nach der Anzahl der Elemente in $G \backslash X$. Dazu überlegen wir uns zunächst, dass für jede Bahn $Gx$ die Summe $\sum_{y \in Gx} \frac{1}{|Gy|} = 1$ gilt (denn $Gy = Gx$). Folglich erhalten wir

$$|G \backslash X| = \sum_{x \in G \backslash X} \sum_{y \in Gx} \frac{1}{|Gy|} = \sum_{y \in X} \frac{1}{|Gy|}. \tag{2.3}$$

Den Ausdruck auf der rechten Seite können wir weiter umformen. Wegen $\frac{|G|}{|Gy|} = |G_y|$ nach Proposition 2.10 und Proposition 2.13 gilt

$$\sum_{y \in X} \frac{1}{|Gy|} = \frac{1}{|G|} \sum_{y \in X} |G_y|.$$

Die Summe auf der rechten Seite berechnet die Anzahl der Paare $y \in X$ und $g \in G$, sodass $gy = y$. Dies können wir aber auch als $\sum_{y \in X} |G_y| = \sum_{g \in G} |X^g|$ umschreiben. Fassen wir dies mit (2.3) zusammen, erhalten wir schließlich:

**Proposition 2.14** *Eine endliche Gruppe $G$ wirke auf einer endlichen Menge $X$. Dann gilt für die Anzahl der Bahnen, dass*

$$|G \backslash X| = \frac{1}{|G|} \sum_{g \in G} |X^g|. \tag{2.4}$$

$\square$

Diese Proposition ist auch unter dem Namen „Burnsidesches[4] Lemma" oder „das Lemma, welches nicht von Burnside ist"[5] bekannt.

Kommen wir zu unserer Beispielanwendung:

---

[4] William Burnside, 1852–1927, britischer Mathematiker.

[5] Das Lemma stammt ursprünglich von Cauchy, ist aber von Burnside publik gemacht worden.

*Beispiel 2.28* Sei $n$ eine natürliche Zahl. Gegeben sei ein Würfel, dessen Seiten mit jeweils einer von $n$ verschiedenen Farben eingefärbt werden können. Wir wollen danach fragen, wie viele verschiedene Färbungen es gibt. Die naive Antwort $n^6$ (je $n$ Möglichkeiten für jede der sechs Seiten) ist sicherlich falsch, da gewisse dieser Färbungen durch Drehung des Würfels ineinander übergehen. Nennen wir die Menge der $n^6$ möglichen Färbungen, die sich bei einem Würfel ohne Symmetrie ergeben würden, etwa $X$ und die Symmetriegruppe des Würfels $G$, so ist die Antwort auf die ursprüngliche Frage einfach die Mächtigkeit $|G \backslash X|$, welche sich mit Proposition 2.14 berechnen lassen sollte. Dazu müssen wir die Fixpunkt-mengen der einzelnen Gruppenelemente von $G$ bestimmen. Welche Elemente sind aber in $G$? Da ist zum einen die Identität, welche jedes Element aus $X$ invariant lässt. Als Nächstes haben wir sechs Drehungen um 90° der Seiten. Diese lassen jeweils $n^3$ der Färbungen der Seiten invariant. Dazu kommen drei Drehungen um 180° der Seiten (Drehungen, die zu gegenüberliegenden Seiten gehören, fallen zusammen). Diese lassen $n^4$ der Färbungen der Seiten invariant. Wir können aber auch um 120° um jede der acht Ecken rotieren. Diese Rotationen lassen $n^2$ der Seitenfärbungen invariant. Schließlich gibt es noch sechs Rota-tionen um die Mittelpunkte jeweils zwei gegenüberliegender Ecken. Diese lassen $n^3$ der Seitenfärbungen invariant. In der Summe kommen wir damit auf 24 Symmetrien und damit nach (2.4) auf

$$|G \backslash X| = \frac{1}{24} \left( 1 \cdot n^6 + 6 \cdot n^3 + 3 \cdot n^4 + 8 \cdot n^2 + 6 \cdot n^3 \right) = \frac{n^6 + 3n^4 + 12n^3 + 8n^2}{24}.$$

Im Falle von zum Beispiel drei Farben, also $n = 3$, kommen wir auf 57 verschiedene mögliche Einfärbungen des Würfels.

Zum Ende dieses Abschnittes kommen wir zur sogenannten *Bahnengleichung*, welche nach dem bisher Bewiesenen fast schon eine Trivialität ist: Dazu nehmen wir an, eine endliche Gruppe $G$ wirke auf einer endlichen Menge $X$. Da die Relation, dass zwei Elemente in derselben Bahn liegen, eine Äquivalenzrelation ist, lässt sich $X$ disjunkt in die Menge aller Bahnen zerlegen. Insbesondere ist die Anzahl der Elemente von $X$ die Summe über die Anzahl der Elemente der einzelnen Bahnen. Die Bahnen werden durch die Elemente von $G \backslash X$ durchgezählt, und nach Proposition 2.13 ist die Länge der Bahn zu einem $x \in G \backslash X$ durch $[G : G_x]$ gegeben. Wir erhalten damit:

**Proposition 2.15** *Wirkt eine endliche Gruppe $G$ auf einer endlichen Menge $X$, so ist die Anzahl der Elemente von $X$ durch*

$$|X| = \sum_{x \in G \backslash X} [G : G_x]$$

*gegeben.* □

Dies ist die sogenannte Bahnengleichung. Eine Reihe von Anwendungen der Bahnenglei-chung werden wir später sehen.

> Operiert eine Gruppe auf einer Menge, so zerfällt die Menge in die disjunkte Vereini-gung ihrer Bahnen. Zählen wir die Elemente der Menge entsprechend, kommen wir auf die Bahnengleichung.

Eine Anwendung kennen wir aber schon aus Bd. 1: Dazu betrachten wir die Operation einer endlichen Gruppe $G$ auf sich selbst durch Konjugation. Es folgt nach Proposition 2.15, dass sich die Ordnung von $G$, also die Anzahl der Elemente von $G$, zu $[G : 1] = \sum_g [G : G_g]$ berechnet, wobei $G_g$ für die Standgruppe zu $g$, also für die Untergruppe aller $h \in G$ mit $hgh^{-1} = g$ steht und die Summe über ein Repräsentantensystem der Konjugationsklassen von $G$ läuft. Nutzen wir aus, dass die Konjugationsklassen mit genau einem Element genau den zentralen Elementen von $G$ entsprechen, erhalten wir wie in Bd. 1 die sogenannte *Klassengleichung*:

**Proposition 2.16** *Sei  $G$  eine endliche Gruppe. Die Ordnung von $G$ berechnet sich zu*

$$[G : 1] = [Z(G) : 1] + \sum_g [G : G_g],$$

*wobei die Summe über ein Repräsentantensystem der nichtzentralen Konjugationsklassen von $G$ läuft.*                                                                                    □

> Die Klassengleichung ist die Bahnengleichung für den speziellen Fall der Konjugati-onswirkung einer Gruppe auf sich selbst.

Wir erinnern daran, dass wir die Klassengleichung in Bd. 1 benutzt haben, um zu zeigen, dass jede nichttriviale $p$-(Permutations-)Gruppe ein nichttriviales Zentrum besitzt. Die Tatsache gilt auch für jede abstrakte $p$-Gruppe.

> Jede $p$-Gruppe hat ein nichttriviales Zentrum.

## 2.4    Normalteiler und Faktorgruppen

Wir haben in Abschn. 2.2 festgestellt, dass Bilder von Gruppenhomomorphismen typische Untergruppen sind, gleichzeitig aber bemerkt, dass dies für Kerne von Gruppenhomomorphismen nicht zutrifft. Kerne haben nämlich eine zusätzliche Eigenschaft. Dazu erinnern wir kurz an die Konjugationswirkung auf Untergruppen: Seien $G$ eine Gruppe, $g \in G$ ein Gruppenelement und $H$ eine Untergruppe von $G$. Die Konjugation von $H$ durch $g$ haben wir als

$$^g H = \left\{ ghg^{-1} \mid h \in H \right\}$$

eingeführt (wobei wir hier die bei der Konjugation eingeführte Potenzschreibweise verwenden). Wir behaupten, dass ein Kern eines Gruppenhomomorphismus ein Fixpunkt bezüglich der Konjugationswirkung ist: Sei dazu $f : G \to K$ irgendein Gruppenhomomorphismus. Ist dann $h \in G$ im Kern, also $f(h) = 1$, so folgt $f(ghg^{-1}) = f(g)f(h)f(g)^{-1} = f(g) \cdot 1 \cdot f(g)^{-1} = 1$, das heißt, $ghg^{-1}$ ist ebenfalls im Kern. Folglich haben wir

$$^g \ker f \subseteq \ker f$$

für beliebiges $g \in G$ gezeigt. Ebenso leicht lässt sich die umgekehrte Inklusion zeigen, wir haben also insgesamt

$$^g \ker f = \ker f.$$

Diese Eigenschaft einer Untergruppe kennen wir aber schon aus Bd. 1 und werden wir hier für Untergruppen beliebiger Gruppen noch einmal definieren:

**Definition 2.5** Eine Untergruppe $N$ einer Gruppe $G$ heißt ein *Normalteiler* (in $G$), falls $N$ stabil unter Konjugation mit allen Gruppenelementen ist, falls also

$$N = gNg^{-1} = \left\{ gng^{-1} \mid n \in N \right\} \tag{2.5}$$

für alle $g \in G$ ist.

An dieser Stelle sei noch einmal darauf hingewiesen, dass ein einzelnes Element in $N$ nicht stabil unter Konjugation mit allen Gruppenelementen sein muss (das ist die Definition des Zentrums), sondern nur, dass die Konjugation das Element wieder in eins aus $N$ überführen muss. Die Normalteilereigenschaft (2.5) können wir auch durch Multiplikation mit $g$ von rechts in

$$gN = Ng$$

umformen. Wir sehen, dass bei Normalteilern Links- und Rechtsnebenklassen übereinstimmen.

Genauso wie Bilder typische Untergruppen sind, können wir mithilfe der sogenannten Faktorgruppenkonstruktion zeigen, dass Kerne typische Normalteiler sind. Wir haben schon gezeigt, dass Kerne Normalteiler sind. Es bleibt zu zeigen, dass wir jeden Normalteiler $N$ in einer Gruppe $G$ als Kern eines Gruppenhomomorphismus darstellen können. Dazu versehen wir die Menge $G/N$ mit einer Gruppenstruktur, wobei wir wieder die Sprechweise *modulo N* bemühen, um Gleichheit von Gruppenelementen in $G/N$ zu beschreiben: Die Gruppeneins in $G/N$ sei einfach durch die Gruppeneins in $G$ repräsentiert. Wir definieren die Gruppenverknüpfung durch

$$G/N \times G/N \to G/N, \quad (g,h) \mapsto g \cdot h, \tag{2.6}$$

wobei das Produkt auf der rechten Seite die Gruppenverknüpfung in $G$ modulo $N$ ist. Wir müssen noch zeigen, dass das Produkt in (2.6) wohldefiniert ist. Dann ist aber aufgrund der Eigenschaften der Multiplikation auf $G$ klar, dass die Multiplikation (2.6) zusammen mit der Gruppeneins modulo $N$ ebenfalls alle Gruppenaxiome erfüllt und dass die kanonische Abbildung

$$G \to G/N, \quad g \mapsto g$$

ein Gruppenhomomorphismus ist. Zur Wohldefiniertheit betrachten wir $g$ und $g'$, welche modulo $N$ gleich sind, das heißt, für die $g = g'n$ für ein $n \in N$ gilt. Dann ist $gh = g'nh = g'hh^{-1}nh$. Aufgrund der Normalteilereigenschaft von $N$ ist $h^{-1}nh$ wieder ein Element in $N$. Folglich ist $gh = g'h$ modulo $N$. Ebenso folgt, dass $gh = gh'$ in $G/N$, wenn $h = h'$ in $G/N$. Damit haben wir die Wohldefiniertheit von (2.6) gezeigt.

Ein Gruppenelement $g$ ist in $G/N$ genau dann die Gruppeneins, wenn $1^{-1} \cdot g = g$ ein Element aus $N$ ist. Der Kern des kanonischen Gruppenhomomorphismus $G \to G/N$ ist also gerade $N$. Folglich haben wir jeden Normalteiler als Kern realisiert.

> Kerne von Gruppenhomomorphismen aus einer Gruppe $G$ sind Normalteiler von $G$. Es gilt sogar, dass jeder Normalteiler von $G$ auf diese Weise entsteht, also als Kern eines Gruppenhomomorphismus aus $G$ realisiert werden kann.

Die Konstruktion von $G/N$ ist so wichtig, dass wir einen eigenen Namen vergeben:

**Konzept 6** Seien $G$ eine Gruppe und $N$ ein Normalteiler in $G$. Dann heißt die Gruppe $G/N$ die *Faktorgruppe* von $G$ nach $N$.

*Beispiel 2.29* Sei $n \geq 0$. Die Gruppe $\mathrm{SO}_n(\mathbf{R})$ ist als Kern des Gruppenhomomorphismus

$$\det : \mathrm{O}_n(\mathbf{R}) \to \mathbf{R}^\times$$

ein Normalteiler in $\mathrm{O}_n(\mathbf{R})$.

*Beispiel 2.30* Eine Gruppe $G$ ist trivialerweise immer Normalteiler in sich selbst. Da jedes Element modulo $G$ gleich zur Gruppeneins ist, ist die Faktorgruppe $G/G$ einfach die triviale Gruppe $1$.

*Beispiel 2.31* Die triviale Untergruppe $1$ einer Gruppe $G$, also diejenige Untergruppe, welche nur aus der Gruppeneins besteht, ist ein Normalteiler in $G$, da $g \cdot 1 \cdot g^{-1} = 1$ für alle

Gruppenelemente $g \in G$ gilt. Die kanonische Abbildung

$$G \to G/1, \quad g \mapsto g$$

ist ein Gruppenisomorphismus.

Jede Gruppe hat sich selbst und die triviale (Unter-) Gruppe als Normalteiler.

*Beispiel 2.32* Sei $n \geq 0$. Dann ist

$$N := \left\{ k \cdot I_n \mid k \in \mathbf{Q}^{\times} \right\},$$

bestehend aus allen Vielfachen der Einheitsmatrix, ein Normalteiler in $\mathrm{GL}_n(\mathbf{Q})$. Die Faktorgruppe

$$\mathrm{PGL}_n(\mathbf{Q}) := \mathrm{GL}_n(\mathbf{Q})/N$$

heißt *projektive lineare Gruppe* (über $\mathbf{Q}$). Entsprechend lässt sich die projektive lineare Gruppe über $\mathbf{Z}$ oder $\mathbf{R}$, etc. definieren.

Um die Herkunft der projektiven Gruppe zu erklären, wiederholen wir kurz den Begriff des *n-dimensionalen projektiven Raumes* $\mathbf{P}^n(\mathbf{R})$ (über $\mathbf{R}$): Ein Punkt (also ein Element) von $\mathbf{P}^n(\mathbf{R})$ wird durch einen von null verschiedenen Vektor $(x_0, \ldots, x_n) \in \mathbf{R}^{n+1}$ beschrieben. Zwei Vektoren $x = (x_0, \ldots, x_n)$ und $y = (y_0, \ldots, y_n)$ beschreiben genau dann denselben Punkt in $\mathbf{P}^n(\mathbf{R})$, geschrieben $[x_0, \ldots, x_n] = [y_0, \ldots, y_n]$, wenn ein $t \in \mathbf{R}^{\times} = \mathbf{R} \setminus \{0\}$ mit $x_i = ty_i$ für alle $i \in \{0, \ldots, n\}$ existiert, wenn also $x = ty$ (oder äquivalent $y = t^{-1}x$) gilt. (In der Definition des projektiven Raumes können wir $\mathbf{R}$ auch durch $\mathbf{Q}$ oder $\mathbf{C}$ ersetzen und erhalten so projektive Räume über den rationalen oder den komplexen Zahlen.)

Auf dem projektiven Raume wirkt die allgemeine lineare Gruppe durch

$$\mathrm{GL}_{n+1}(\mathbf{R}) \times \mathbf{P}^n(\mathbf{R}) \to \mathbf{P}^n(\mathbf{R}), \quad (A, x) \mapsto A \cdot x.$$

(Diese Abbildung ist wohldefiniert, da Matrizenmultiplikation mit Skalarmultiplikation vertauscht.) Aufgrund der Definition der projektiven Gruppe ist die Wirkung allerdings nicht effektiv: Der induzierte Gruppenhomomorphismus

$$\mathrm{GL}_{n+1}(\mathbf{R}) \to \mathrm{Aut}(\mathbf{P}^n(\mathbf{R})), \quad A \mapsto A_*, \tag{2.7}$$

wobei $A_*$ die Multiplikation mit $A$ ist, hat im Kern (genau) die Matrizen in $N = \{t \cdot I_n \mid t \in \mathbf{Q}\}$. Ist $A$ eine beliebige Matrix und $B$ eine Matrix aus $N$, so ist $(AB)_* = A_* \circ B_*$, da $B_*$ aber die Identität auf $\mathbf{P}^n(\mathbf{R})$ ist, folgt $(AB)_* = A_*$. Damit erhalten wir offensichtlich eine wohldefinierte Abbildung

$$\mathrm{PGL}_{n+1}(\mathbf{R}) = \mathrm{GL}_{n+1}(\mathbf{R})/N \to \mathrm{Aut}(\mathbf{P}^n(\mathbf{R})), \quad A \mapsto A_*, \tag{2.8}$$

welche nach Konstruktion der Gruppenstruktur der Faktorgruppe $\mathrm{PGL}_{n+1}(\mathbf{R})$ sogar ein Gruppenhomomorphismus ist. Weiter ist sie injektiv, denn ist $A_* = \mathrm{id}$, so folgt $A \in N$, also $A = 1$ in $\mathrm{PGL}_{n+1}(\mathbf{R})$. Folglich erhalten wir eine effektive Gruppenwirkung

$$\mathrm{PGL}_{n+1}(\mathbf{R}) \times \mathbf{P}^n(\mathbf{R}) \to \mathbf{P}^n, \quad (A, x) \mapsto A \cdot x.$$

Diese Wirkung der $\mathrm{PGL}_{n+1}(\mathbf{R})$ auf dem projektiven Raume gibt dieser Gruppe ihren Namen. (Auch hier können wir den Koeffizientenbereich $\mathbf{R}$ wieder durch einen anderen ersetzen.)

Der Übergang vom Gruppenhomomorphismus (2.7) auf (2.8) ist Teil eines allgemeineren Prinzips: Sei $f : G \to H$ ein Gruppenhomomorphismus. Dieser ist im Allgemeinen nicht injektiv, besitzt also einen möglicherweise nichttrivialen Kern $N$. Dieser ist ein Normalteiler, sodass wir die Faktorgruppe $G/N$ bilden können. Wie oben folgt, dass $f : G/N \to H$ eine wohldefinierte Abbildung ohne Kern (das heißt mit trivialem) ist. Wir haben damit die folgende wichtige Proposition, die meist unter dem Namen „Homomorphiesatz" zitiert wird:

**Proposition 2.17** *Sei $f : G \to H$ ein Gruppenhomomorphismus. Dann ist*

$$G/\ker f \to H, \quad g \mapsto f(g)$$

*eine wohldefinierter injektiver Gruppenhomomorphismus.* $\qquad\square$

Jeder Gruppenhomomorphismus wird zu einem injektiven Gruppenhomomorphismus, wenn wir zur Faktorgruppe nach dem Kern übergehen.

**Korollar 2.2** *Sei $f : G \to H$ ein Gruppenhomomorphismus. Dann ist*

$$G/\ker f \to \mathrm{im} f, \quad g \mapsto f(g)$$

*eine wohldefinierter Gruppenisomorphismus.* $\qquad\square$

Ebenso leicht lässt sich folgende Verallgemeinerung des Homomorphiesatzes zeigen:

**Proposition 2.18** *Sei $f : G \to H$ ein Gruppenhomomorphismus. Sei $N \subseteq \ker f$ ein Normalteiler in $G$. Dann ist*

$$G/N \to H, \quad g \mapsto f(g)$$

*eine wohldefinierter Gruppenhomomorphismus, dessen Kern durch $\ker f/N$ gegeben ist.*
$\square$

Eine Anwendung der Faktorgruppe ist die Angabe einer Gruppe durch „Erzeuger und Relationen":

Seien $g_1$, ..., $g_n$ irgendwelche Symbole, welche zyklische Gruppen $G_i = \left\{ \ldots, g_i^{-1}, 1, g_i, g_i^2, \ldots \right\}$ definieren (jede einzelne dieser Gruppen ist vermöge $\mathbf{Z} \to G_i$, $n \mapsto g_i^n$ zur additiven Gruppe der ganzen Zahlen isomorph). Wir setzen $F := G_1 * \cdots * G_n$. Seien $r_1$, ..., $r_m$ Elemente von $F$, das heißt Wörter in $g_1$, ..., $g_n$ (und deren Potenzen). Sei $N$ der kleinste Normalteiler in $F$, welcher $r_1, \ldots, r_m$ enthält (also der Schnitt aller Normalteiler in $G$, welche $r_1, \ldots, r_m$ enthalten). Dann heißt

$$G := \langle g_1, \ldots, g_n \mid r_1, \ldots, r_m \rangle := F/N,$$

die durch die *Erzeuger* $g_1$, ..., $g_n$ und die Relationen $r_1$, ..., $r_m$ gegebene Gruppe. Jedes Gruppenelement in $G$ ergibt sich durch Multiplikation und Inversenbildung aus $g_1$, ..., $g_n$, und $G$ ist gewissermaßen die größte Gruppe mit dieser Eigenschaft, in der zudem die Relationen $r_1 = 1$, ..., $r_m = 1$ gelten:

**Proposition 2.19** *Sei $H$ eine Gruppe, in der Elemente $g'_1$, ..., $g'_n$ ausgezeichnet seien. Für jede Relation $r_i$ sei $r'_i$ dasjenige Gruppenelement von $H$, welches entsteht, wenn im Wort $r_i$ die Symbole $g_i$ durch die Elemente $g'_i$ ersetzt werden (und die Gruppenverknüpfung der Worte durch die Gruppenverknüpfung in $H$ ausgetauscht wird). Gilt dann $r'_1 = \cdots = r'_m = 1$ in $H$, so existiert genau ein Gruppenhomomorphismus*

$$f : \langle g_1, \ldots, g_n \mid r_1, \ldots, r_m \rangle \to H$$

*sodass $f(g_i) = g'_i$.*

*Beweis* Nach Konstruktion des freien Produktes $F$ existiert zunächst genau ein Gruppenhomomorphismus

$$f : F \to H, \quad g_i \mapsto g'_i.$$

Nach dem Homomorphiesatz Proposition 2.17 bleibt zu zeigen, dass $N$ im Kern ker $f$ dieses Gruppenhomomorphismus $F \to H$ liegt. Nach Voraussetzung liegen zumindest $r_1$, ..., $r_m$ in ker $f$, denn $f(r_i) = r'_i$. Es ist ker $f$ nach der allgemeinen Theorie ein Normalteiler von $F$. Da $N$ minimal gewählt war, folgt $N \subseteq$ ker $f$. □

*Beispiel 2.33* Es ist $\langle g \mid g^n \rangle$ eine zyklische Gruppe der Ordnung $n$ mit Erzeuger $g$.

*Beispiel 2.34* Die Gruppe $\langle g, h \mid ghg^{-1}h^{-1} \rangle$ ist isomorph zum direkten Produkt von $\mathbf{Z}$ mit sich selbst.

Bevor wir fortfahren, möchten wir noch einmal betonen, dass der Begriff des Normalteilers im Gegensatz zu dem der Untergruppe ein relativer ist. Damit meinen wir Folgendes: Seien

$G$ eine Gruppe, $H$ eine Untergruppe von $G$ und $K$ eine Teilmenge von $H$. Dann ist $K$ genau dann eine Untergruppe von $H$, wenn $K$ eine Untergruppe von $G$ ist. Auf der anderen Seite folgt aus der Tatsache, dass $K$ ein Normalteiler von $H$ ist, nicht, dass $K$ auch ein Normalteiler von $G$ ist (umgekehrt schon; diese Tatsache ist trivial). Als triviales Beispiel betrachten wir die zweielementige Untergruppe $\langle (1,2) \rangle$ von $S_3$. Diese ist Normalteiler in sich selbst, aber nicht in $S_3$, da zum Beispiel $^{(1,3)}(1,2) = (2,3)$.

> Ein Normalteiler zu sein ist nur relativ zur umfassenden Gruppe wohldefiniert.

*Anmerkung 2.5* Etwas Ähnliches ist auch aus dem Kontext topologischer Räume bekannt: Sei $X$ ein topologischer Raum. Seien $Z \subseteq Y \subseteq X$ zwei Unterräume. Ist $Z$ abgeschlossen in $X$, so ist $Z$ auch in $Y$ abgeschlossen. Umgekehrt folgt aus der Tatsache, dass $Z$ in $Y$ abgeschlossen ist (für $Y = Z$ wäre das ja immer der Fall), nicht der Abschluss von $Z$ in $X$. Im Gegensatz dazu steht die Kompaktheit: Die Kompaktheit von $Z$ ist unabhängig davon, ob $Z$ als Teilraum von $Y$ oder als Teilraum von $X$ betrachtet wird.

Im topologischen Falle können wir immer dafür sorgen, dass ein Teilraum abgeschlossen wird, indem wir die Randpunkte hinzufügen. Im Falle von Untergruppen können wir Ähnliches tun: Der *normale Abschluss* $^{G}H$ einer Untergruppe $H$ in einer Gruppe $G$ ist die kleinste Untergruppe von $G$, welche alle Elemente der Form $ghg^{-1}$ mit $g \in G$ und $h \in H$ enthält, das heißt

$$^{G}H = \bigcap_{K} K,$$

wobei der Schnitt über alle Untergruppen $K$ von $G$ läuft, für die $ghg^{-1} \in K$ für alle $g \in G$ und $h \in H$ gilt. Der normale Abschluss $^{G}H$ enthält $H$ und ist offensichtlich die kleinste Untergruppe mit dieser Eigenschaft, welche ein Normalteiler in $G$ ist.

> Der normale Abschluss einer Untergruppe ist der kleinste Normalteiler, der diese Untergruppe noch umfasst.

Es gibt noch eine weitere Möglichkeit, eine Untergruppe $H$ einer Gruppe $G$ zu einem Normalteiler zu machen, nämlich indem wir $G$ ausreichend verkleinern: Dazu definieren wir

$$\mathrm{N}_H(G) := \left\{ g \in G \mid {}^{g}H = H \text{ für alle } h \in H \right\},$$

den *Normalisator* von $H$ in $G$, für den wir auch kürzer $\mathrm{N}_H$ schreiben, wenn die Gruppe $G$ aus dem Kontext klar ist. Es ist $\mathrm{N}_H$ eine Untergruppe von $G$ (nämlich die Standgruppe zu

$H$ der Konjugationswirkung von $G$ auf der Menge der Untergruppen von $G$!), und zwar die größte von $G$, in der $H$ ein Normalteiler ist.

> Der Normalisator einer Untergruppe $H$ von $G$ ist die größte Untergruppe $N$ von $G$, in der $H$ ein Normalteiler ist.

*Beispiel 2.35* Der Normalisator einer Untergruppe $H$ einer Gruppe $G$ taucht zum Beispiel in folgender wichtiger Situation auf: Wir versehen die Menge $G/H$ mit der Linkstranslation als $G$-Wirkung. Mit $\mathrm{Aut}_G(G/H)$ wollen wir die Menge der $G$-äquivarianten Bijektionen von $G/H$ auf sich selbst beschreiben. Diese Menge ist eine Untergruppe aller Bijektionen von $G/H$ auf sich selbst. Wir wollen die Gruppe $\mathrm{Aut}_G(G/H)$ beschreiben. Dazu überlegen wir uns zunächst, dass jede $G$-äquivariante Abbildung $f : G/H \to G/H$ schon durch $f(1) \in G/H$ beschrieben wird, denn aufgrund der $G$-Äquivarianz ist $f(g) = gf(1)$ für alle $g \in G$. Damit ist $\mathrm{Aut}_G(G/H)$ in natürlicher Weise eine Teilmenge von $G/H$.

Im Allgemeinen wird allerdings nicht jedes Element in $G/H$ als Bild der Eins unter einer Abbildung in $\mathrm{Aut}_G(G/H)$ auftauchen: Dazu betrachten wir $g \in G$ und $h \in H$. Dann ist $g = gh$ in $G/H$. Folglich ist

$$g \cdot f(1) = f(g) = f(gh) = gh \cdot f(1)$$

in $G/H$, das heißt, $f(1)^{-1}hf(1)$ liegt in $H$. Da $h \in H$ beliebig ist, folgt, dass $f(1)^{-1}$ (und damit gleichbedeutend $f(1)$) im Normalisator von $H$ in $G$ liegen muss. Dies ist aber auch die einzige Einschränkung, sodass wir die Bijektion

$$\mathrm{Aut}_G(G/H) \to \mathrm{N}_H(G)/H, \quad f \mapsto f(1)$$

erhalten. Wie sich leicht nachrechnen lässt, ist diese Bijektion sogar ein Gruppenisomorphismus. (Das Beispiel ist deswegen so wichtig, weil jede transitive $G$-Wirkung bis auf Isomorphie Linkstranslation auf $G/H$ ist.)

> Der Normalisator einer Untergruppe $H$ von $G$ dient zur Beschreibung $G$-äquivarianter Bijektionen von $G/H$.

Eine *kurze exakte Sequenz von Gruppen* ist eine Folge

$$1 \longrightarrow G' \overset{f}{\longrightarrow} G \overset{g}{\longrightarrow} G'' \longrightarrow 1$$

von Gruppen und Gruppenhomomorphismen, sodass $f$ injektiv ist, $g$ surjektiv ist und dass $\mathrm{im}\, f = \ker g$. Nach Korollar 2.2 sind die linke und die rechte vertikale Abbildung im Diagramm

$$1 \xrightarrow{\quad} G' \xrightarrow{\ f\ } G \xrightarrow{\ g\ } G'' \xrightarrow{\quad} 1$$

$$f \downarrow \qquad\qquad \| \qquad\qquad \uparrow g$$

$$1 \xrightarrow{\quad} \ker g \xrightarrow{\quad} G \xrightarrow{\quad} G/G' \xrightarrow{\quad} 1$$

beide Isomorphismen. Wir sagen daher auch, dass jede kurze exakte Sequenz von Gruppen zu einer der Form $1 \to G' \to G \to G/G' \to 1$ isomorph ist, wobei $G'$ ein Normalteiler in $G$ ist.

Weitere Aussagen ähnlicher Art sind die sogenannten Isomorphiesätze. Der erste Isomorphiesatz ist:

**Proposition 2.20** *Sei  $G$  eine Gruppe. Seien  $H$  ein Normalteiler in  $G$  und  $K \subseteq H$ Normalteiler in  $G$. (Insbesondere ist also auch $K$  ein Normalteiler in  $H$.) Dann ist*

$$i : H/K \to G/K, \quad h \mapsto h$$

*die Inklusion eines Normalteilers von  $G/K$  und*

$$f : (G/K)/(H/K) \to G/H, \quad g \mapsto g$$

*ein wohldefinierter Gruppenisomorphismus.*

*Beweis*  Die Sequenz

$$1 \xrightarrow{\quad} H/K \xrightarrow{\quad} G/K \xrightarrow{\quad} G/H \xrightarrow{\quad} 1,$$

deren nichttriviale Abbildungen durch $H/K \to G/K, h \mapsto h$ und $G/K \to G/H, g \mapsto g$ gegeben sind, ist eine kurze exakte Sequenz von Gruppen. (Dies nachzurechnen sollte eine leichte Übung sein.) Es folgt nach dem zuvor Gesagten über die Form kurzer exakter Sequenzen, dass $f$ ein Isomorphismus von Gruppen ist.                                          $\square$

> Der zweite Isomorphiesatz ist eine Kürzungsregel für Doppelquotienten von Gruppen.

Im zweiten Isomorphiesatz gibt eine Interpretation der Formel

$$[H : H \cap N] = [HN : N]$$

aus Bd. 1. Dabei war $H$ eine endliche Untergruppe einer Permutationsgruppe $G$ und $N$ ein endlicher Normalteiler in $G$. Wir können die Formel in größerer Allgemeinheit gewinnen: $G$ sei eine beliebige Gruppe, $H$ eine beliebige Untergruppe, und anstelle eines Normalteilers $N$ betrachten wir eine Untergruppe $K$, sodass $H$ zumindest im Normalisator $N_K$ von $K$

in $G$ liegt. (Ist $K$ ein Normalteiler, so ist diese Bedingung wegen $N_K = G$ in diesem Falle automatisch erfüllt.) Wie in Bd. 1 zeigt sich, dass $HK = \{hk \mid h \in H, k \in K\}$ eine Untergruppe von $G$ ist. Wir können damit formulieren:

**Proposition 2.21** *Seien $H$ und $K$ zwei Untergruppen einer Gruppe $G$, sodass $H$ im Normalisator von $K$ in $G$ liegt. Dann ist $H \cap K$ ein Normalteiler in $H$, $K$ ein Normalteiler in $HK$, und die Abbildung*

$$H/(H \cap K) \to HK/K, \quad h \mapsto h$$

*ist ein wohldefinierter Gruppenisomorphismus.*

*Beweis* Da $H$ im Normalisator von $K$ liegt, ist offensichtlich $H \cap K$ ein Normalteiler in $K$. Aus demselben Grunde ist $K$ ein Normalteiler in $HK$, welches im Übrigen die kleinste Untergruppe von $G$ ist, welche sowohl $H$ als auch $K$ enthält. Wir betrachten als Nächstes die Sequenz

$$1 \xrightarrow{\phantom{xx}} H \cap K \xrightarrow{\phantom{x}f\phantom{x}} H \xrightarrow{\phantom{x}g\phantom{x}} HK/K \xrightarrow{\phantom{xx}} 1, \tag{2.9}$$

deren nichttriviale Abbildungen jeweils durch Inklusionen induziert werden. Die Abbildung $f$ ist sicherlich injektiv. Die Abbildung $g$ ist surjektiv: Jedes Element in $HK/K$ ist von der Form $hk$ mit $h \in H$ und $k \in K$. Da $hk = h$ in $HK/K$, folgt dass jedes Element im Bild von $g$ liegt. Schließlich behaupten wir, dass der Kern von $g$ gleich dem Bild von $f$ ist: Es liegt $h \in H$ genau dann im Kern von $g$, wenn $h = 1$ in $HK/K$, wenn also $h \in K$ liegt, wegen $h \in H$ also $h \in H \cap K$. Damit ist (2.9) eine kurze exakte Sequenz, und die Aussage folgt aus dem oben Gesagten über die Form kurzer exakter Sequenzen. $\qquad \square$

Eng verknüpft mit kurzen exakten Sequenzen ist das sogenannte halbdirekte Produkt zweier Gruppen. Zur Motivation betrachten wir die euklidischen Bewegungen des Raumes $\mathbf{R}^3$. Dazu gehören zum einen die Drehungen und die Translationen. Die Drehungen werden durch die effektive Wirkung

$$SO_3(\mathbf{R}) \times \mathbf{R}^3 \to \mathbf{R}^3, \quad (A, v) \mapsto Av$$

der Drehgruppe $SO_3(\mathbf{R})$ beschrieben, die Translationen durch die effektive Wirkung

$$\mathbf{R}^3 \times \mathbf{R}^3 \to \mathbf{R}^3, \quad (b, v) \mapsto b + v,$$

wobei die Gruppenverknüpfung von $\mathbf{R}^3$ die Vektoraddition und das neutrale Elemente der Nullvektor ist. Jede beliebige euklidische Bewegung lässt sich (eindeutig) als Hintereinanderausführung einer Drehung mit anschließender Translation schreiben. Wir können daher jede euklidische Bewegung als Paar $(b, A) \in G := \mathbf{R}^3 \times SO_3(\mathbf{R})$ schreiben und die Wirkung als

$$f: G \times \mathbf{R}^3 \to \mathbf{R}^3, \quad ((b, A), v) \mapsto b + Av \tag{2.10}$$

beschreiben. Können wir $G$ so mit einer Gruppenstruktur versehen, dass $f$ eine Wirkung einer Gruppe wird? Die naive Idee, $G$ mit der Struktur des direkten Produktes zu versehen, funktioniert nicht, da Drehungen und Translationen im Allgemeinen nicht vertauschen: Seien etwa

$$b = \begin{pmatrix} 1 \\ 0 \\ 0 \end{pmatrix}, \qquad\qquad A = \begin{pmatrix} 0 & -1 & 0 \\ 1 & 0 & 0 \\ 0 & 0 & 1 \end{pmatrix}.$$

Dann ist

$$f((0, A), f((b, 0), 0)) = \begin{pmatrix} 0 \\ 1 \\ 0 \end{pmatrix} \neq \begin{pmatrix} 1 \\ 0 \\ 0 \end{pmatrix} = f((b, 0), f(0, A), 0),$$

das heißt, die Wirkung von $(b, 0)$ kommutiert nicht mit der Wirkung von $(0, A)$. Auf der anderen Seite kommutieren diese Elemente aber, wenn sie als Gruppenelemente des direkten Produktes aufgefasst werden. Wir müssen $f$ also genauer analysieren: Dazu betrachten wir $(b, A), (b', A') \in G$. Dann gilt

$$f((b, A), f((b', A'), v)) = b + A \cdot (b' + A'v) = (b + Ab') + AA' \cdot v.$$

Folglich wird (2.10) zu einer Wirkung einer Gruppe $G$, wenn wir die Gruppenverknüpfung auf $G$ durch

$$G \times G \to G, \quad ((b, A), (b', A')) \mapsto (b, A) \cdot (b', A') := (b + Ab', AA')$$

definieren. Dabei ist die Gruppeneins durch $(0, I_3)$ gegeben. Die Inverse zu $(b, A)$ ist $(-A^{-1}b, A^{-1})$. Mit dieser Gruppenstruktur versehen, heißt $G$ die *galileische*[6] *Gruppe*.

Wir wollen die Struktur von $G$ untersuchen: Dazu definieren wir

$$H := \{(A, 0) \in G \mid A \in \mathrm{SO}_3(\mathbf{R})\}, \qquad N := \left\{(0, b) \in G \mid v \in \mathbf{R}^3\right\}.$$

Beide Teilmengen sind nach Definition der Gruppenstruktur auf $G$ offensichtlich Untergruppen, nämlich die der Drehungen und Translationen. im Folgenden identifizieren wir $H$ mit $\mathrm{SO}_3$ und $N$ mit $\mathbf{R}^3$. Dass wir die zweite Untergruppe mit $N$ abgekürzt haben, ist nicht ohne Grund, denn sie ist ein Normalteiler. Um das einzusehen, betrachten wir ein $b \in \mathbf{R}^3$ und $(A', b') \in G$. Dann gibt eine kurze Rechnung, dass

$$(A', b') \cdot b \cdot (A', b')^{-1} = A' \cdot b \in \mathbf{R}^3 \cong N.$$

Die rechte Seite können wir auch als Wirkung

$$g : \mathrm{SO}_3(\mathbf{R}) \times \mathbf{R}^3 \to \mathbf{R}^3, \quad (A', b) \mapsto A'b$$

---

[6] Galileo Galilei, 1564–1642, italienischer Philosoph, Mathematiker, Physiker und Astronom.

der Untergruppe $H$ auf dem Normalteiler $N$ verstehen, wobei jedes Element $A' \in H$ durch Gruppenautomorphismen wirkt (das heißt, $A'_*$ ist ein Gruppenautomorphismus von $\mathbf{R}^3$).

Diese Konstruktion können wir verallgemeinern:

**Konzept 7** Seien $H$ und $N$ zwei beliebige Gruppen, und sei $g : H \to \mathrm{Aut}(N), h \mapsto h_*$ ein Gruppenhomomorphismus, dessen Bild in den Gruppenautomorphismen von $N$ liegt. Dann heißt die Gruppe $N \rtimes_g H$, deren Elemente durch Paare $(n, h)$ mit $n \in N$, $h \in H$, deren Gruppeneins durch $(1, 1)$ und deren Gruppenverknüpfung durch

$$(N \rtimes_g H) \times (N \rtimes_g H) \to (N \rtimes_g H), \quad ((n, h), (n', h')) \mapsto (n h_*(n'), h h')$$

gegeben ist, das *halbdirekte Produkt* von $N$ mit $H$ (bezüglich $g$).

Versteht sich $g$ aus dem Zusammenhange, schreiben wir auch einfach $N \rtimes H$ anstelle $N \rtimes_g H$. Die injektiven Abbildungen $H \to N \rtimes_g H, h \mapsto (1, h)$ und $N \to N \rtimes_g H, n \mapsto (n, 1)$ sind Gruppenhomomorphismen, sodass wir $H$ und $N$ mit ihren Bildern im halbdirekten Produkte $N \rtimes_g H$ identifizieren können. Unter dieser Identifikation ist $N$ ein Normalteiler in $N \rtimes H$, und es gilt $^h n = h_* n$ für $h \in H$ und $n \in N$.

Sind $H$ und $N$ zwei Gruppen und operiert $H$ auf $N$ durch Gruppenhomomorphismen, so können wir das halbdirekte Produkt von $H$ und $N$ bilden, in welchem wir $H$ als Untergruppe und $N$ als Normalteiler auffassen können. Die Konjugationswirkung von $H$ auf $N$ ist dabei gerade die gegebene Operation.

*Beispiel 2.36* Die Galileische Gruppe ist ein halbdirektes Produkt $\mathbf{R}^3 \rtimes \mathrm{SO}_3(\mathbf{R})$ bezüglich des Gruppenhomomorphismus'

$$\mathrm{SO}_3(\mathbf{R}) \to \mathrm{Aut}(\mathbf{R}^3), \quad A \mapsto (b \mapsto Ab).$$

*Beispiel 2.37* Sei $n \geq 3$. Die Dieder-Gruppe $D_n$, die Symmetriegruppe eines ebenen regelmäßigen $n$-Ecks im Raume kann ebenfalls als halbdirektes Produkt aufgefasst werden: Jede Symmetrie ist durch Hintereinanderausführung einer Drehung in der Ebene und einer anschließenden Spiegelung oder identischen Abbildung gegeben. Die Drehungen in der Ebene bilden eine zyklische Gruppe $C_n$, die Identität zusammen mit der Spiegelung eine zyklische Gruppe $C_2$. Es wirkt $C_2$ auf $C_n$ durch

$$C_2 \times C_n \to C_n, \quad (\sigma, \tau) \mapsto \begin{cases} \tau & \text{falls } \sigma = 1 \text{und} \\ \tau^{-1} & \text{falls } \sigma \neq 1. \end{cases}$$

Diesbezüglich ist $D_n$ isomorph zum halbdirekten Produkte $C_n \rtimes C_2$.

Was hat das halbdirekte Produkt $N \rtimes H$ mit kurzen exakten Sequenzen zu tun? Dazu stellen wir fest, dass

$$1 \longrightarrow N \overset{f}{\longrightarrow} N \rtimes H \overset{g}{\longrightarrow} H \longrightarrow 1,$$

wobei $f : n \mapsto (n, 1)$ und $g : (n, h) \mapsto h$, eine kurze exakte Sequenz ist. Diese kurze exakte Sequenz hat eine besondere Eigenschaft. Und zwar besitzt sie einen Gruppenhomomorphismus $s : H \to N \rtimes H, h \mapsto (1, h)$, für den $g \circ s = \mathrm{id}_H$ gilt. Wir sagen, $s$ ist eine *Zerfällung* der exakten Sequenz und dass die Sequenz *zerfällt*.

Sei jetzt umgekehrt eine kurze exakte Sequenz

$$1 \longrightarrow G' \overset{f}{\longrightarrow} G \overset{g}{\longrightarrow} G'' \longrightarrow 1$$

mit Zerfällung $s : G'' \to G$ gegeben (also $g \circ s = \mathrm{id}_{G''}$). Für $g' \in G'$ und $g'' \in G''$ ist dann $s(g'')f(g')s(g'')^{-1}$ im Kern von $g$, das heißt, es existiert eine Abbildung

$$a : G'' \times G' \to G'$$

mit $f(a(g'', g')) = s(g'')f(g')s(g'')^{-1}$. Die Abbildung $f$ ist eine Wirkung von $G''$ auf $G'$, und bilden wir das halbdirekte Produkt $G' \rtimes G''$ bezüglich dieser Wirkung, so ist

$$
\begin{array}{ccccccccc}
1 & \longrightarrow & G' & \longrightarrow & G' \rtimes G'' & \longrightarrow & G'' & \longrightarrow & 1 \\
& & \| & & \Big\downarrow h & & \| & & \\
1 & \longrightarrow & G' & \longrightarrow & G & \longrightarrow & G'' & \longrightarrow & 1,
\end{array}
$$

ein Isomorphismus kurzer exakter Sequenzen, wobei $h : G' \rtimes G'' \to G, (g', g'') \mapsto g's(g'')$. Bis auf Isomorphie sind halbdirekte Produkte also nicht anderes als zerfallende kurze exakte Sequenzen.

> Halbdirekte Produkte und zerfallende kurze Sequenzen sind nur zwei Seiten ein- und derselben Medaille.

## 2.5   Auflösbare Gruppen

In diesem Abschnitt wollen wir die aus Bd. 1 bekannte Definition der Auflösbarkeit einer (Permutations-)Gruppe in einen allgemeineren Kontext stellen. Zunächst überträgt sich die Definition einer einfachen Gruppe:

**Definition 2.6** Eine Gruppe $G$ heißt *einfach*, falls $G$ genau zwei Normalteiler hat, nämlich die trivialen Normalteiler 1 und $G$.

Das Wort *genau* ist hier wichtig. Die Definition ist analog zu der einer Primzahl: Eine Primzahl ist eine natürliche Zahl, die *genau* zwei (natürliche) Teiler besitzt, was die Zahl 1 ausschließt.

Eine Gruppe ist also genau dann einfach, wenn sie von der trivialen Gruppe verschieden ist und keinen nichttrivialen Normalteiler besitzt.

Wie sich jede natürliche Zahl als im Wesentlichen eindeutiges Produkt von Primzahlen schreiben lässt, werden wir sehen, dass die endlichen einfachen Gruppen in gewisser Weise die Bausteine aller endlichen Gruppen sind. Dazu betrachten wir eine beliebige endliche Gruppe $G$. Im Falle, dass $G$ nicht schon einfach ist, besitzt $G$ einen nichttrivialen endlichen Normalteiler $N$ (also $N \neq 1$ und $N \neq G$). Wir wählen $N$ maximal (bezüglich der Inklusion) mit dieser Eigenschaft. Wir behaupten, dass $G/N$ eine einfache Gruppe ist. Dazu stellen wir zunächst fest, dass $G/N$ eine nichttriviale Gruppe ist (denn sonst wäre $N = G$). Angenommen, $G/N$ besitzt einen nichttrivialen Normalteiler $K$. Bezeichnen wir mit $p : G \to G/N$ den kanonischen Gruppenhomomorphismus, so ist $H := p^{-1}(K)$ ein Normalteiler in $G$ (dass Urbilder von Normalteilern unter Gruppenhomomorphismen wieder Normalteiler sind, folgt unmittelbar aus den Eigenschaften eines Gruppenhomomorphismus). Die endliche Teilmenge $H$ umfasst aber echt den Kern $N$ des Homomorphismus $p$. Dies ist ein Widerspruch zur Maximalität von $N$. Es ist $G/N$ also eine einfache Gruppe. Ist $N$ selbst einfach, so erhalten wir eine Reihe

$$G \supseteq N \supseteq 1,$$

sodass die Faktorgruppen aufeinanderfolgender Untergruppen (in diesem Falle $G/N$ und $N = N/1$) jeweils einfache endliche Gruppen sind. Ist $N$ nicht einfach, so besitzt $N$ wieder einen maximalen nichttrivialen Normalteiler $N'$ und $N/N'$ ist einfach. Es ergibt sich die Reihe

$$G \supseteq N \supseteq N' \supseteq 1,$$

sodass jede Untergruppe Normalteiler in der vorhergehenden ist und deren erste beiden Faktorgruppen einfach sind. Ist $N'$ selbst nicht einfach, so können wir mit $N'$ fortfahren, wie wir mit $N$ fortgefahren sind, usw. Schließlich erhalten wir eine Reihe

$$G = G_0 \supseteq G_1 \supseteq \cdots \supseteq G_n = 1,$$

die eine *Kompositionsreihe* gemäß folgender Definition ist:

**Definition 2.7** Sei $G$ eine Gruppe. Eine *Kompositionsreihe* von $G$ ist eine absteigende Folge

$$G = G_0 \supseteq G_1 \supseteq \cdots \supseteq G_n = 1,$$

von Untergruppen von $G$, sodass jeweils $G_i$ Normalteiler in $G_{i-1}$ ist und die Faktorgruppen $G_{i-1}/G_i$ jeweils einfache Gruppen sind.

Wir haben also gezeigt, dass jede endliche Gruppe eine Kompositionsreihe besitzt.

Jede endliche Gruppe besitzt eine Kompositionsreihe (mit einfachen Faktoren).

Eine Kompositionsreihe heißt *auflösbar* (in Bd. 1 haben wir dazu *Normalreihe* gesagt), wenn die Faktorgruppen jeweils Gruppen von Primordnung sind. Im Falle, dass $G$ eine auflösbare Kompositionsreihe besitzt, heißt $G$ auflösbar.

Eine auflösbare Gruppe ist eine solche, die sogar eine Kompositionsreihe besitzt, deren Faktoren alle Primordnung haben.

*Beispiel 2.38*  Eine Gruppe $G$ ist genau dann einfach, wenn

$$G \supseteq 1$$

eine Kompositionsreihe ist.

*Beispiel 2.39*  Sei $G$ eine zyklische Gruppe mit Erzeuger $g$ der Ordnung $n$. Sei $n = p_1 \cdots p_k$ die Primfaktorzerlegung von $n$ (wobei einige Primzahlen eventuell mehrfach auftauchen). Dann ist

$$G = \langle g \rangle \supseteq \langle g^{p_1} \rangle \supseteq \langle g^{p_1 p_2} \rangle \supseteq \cdots \supseteq \langle g^{p_1 \cdots p_k} \rangle = 1$$

eine Kompositionsreihe: Die Faktorgruppen $\langle g^{p_1 \cdots p_{k-1}} \rangle / \langle g^{p_1 \cdots p_k} \rangle$ sind jeweils zyklisch mit Erzeuger $g^{p_1 \cdots p_{k-1}}$ von Primordnung $p_k$. Und endliche Gruppen von Primordnung sind zyklisch und einfach.

Zyklische Gruppen sind einfach.

*Beispiel 2.40*  Eine Kompositionsreihe der symmetrischen Gruppe in drei Ziffern ist

$$S_3 \supseteq A_3 \subseteq 1,$$

eine der symmetrischen Gruppe in vier Ziffern ist

$$S_4 \supseteq A_4 \supseteq V_4 \supseteq C_2 \supseteq 1.$$

*Beispiel 2.41*  Sei $n \geq 5$. Eine Kompositionsreihe von $S_n$ ist durch

$$S_n \supseteq A_n \supseteq 1$$

gegeben, denn die alternierende Gruppe $A_n$ ist für $n \geq 5$ einfach und $S_n/A_n$ hat Primordnung.

Wir können Kompositionsreihen zusammensetzen. Damit meinen wir:

*Beispiel 2.42* Sei $G$ eine Gruppe mit Normalteiler $N$. Seien $G/N = H_0 \supseteq H_1 \supseteq \cdots \supseteq H_m = 1$ eine Kompositionsreihe von $G/N$ und $N = N_0 \supseteq N_1 \supseteq \cdots \supseteq N_k = 1$ eine Kompositionsreihe von $N$. Ist $p : G \to G/N$ der kanonische Gruppenhomomorphismus, so bezeichnen wir mit $G_i := p^{-1}(H_i)$ das Urbild von $H_i$ unter $p$. Wir erhalten damit eine Reihe

$$G = G_0 \supseteq G_1 \supseteq \cdots \supseteq G_m = N \qquad (2.11)$$

von Untergruppen. Aus der Tatsache, dass $H_i$ ein Normalteiler von $H_{i-1}$ ist, folgt leicht, dass $G_i$ ein Normalteiler von $G_{i-1}$ ist, denn $G_i$ ist auch das Urbild von $H_i$ unter der Einschränkung von $p$ auf $G_{i-1}$. Da der Kern der Einschränkung von $p$ auf $G_i$ gerade $N$ ist, ist nach dem Homomorphiesatz $G_i/N$ isomorph zu $H_i$. Es folgt, dass die nach Voraussetzung einfache Gruppe $H_{i-1}/H_i$ isomorph zu $(G_{i-1}/N)/(G_i/N)$ ist. Dies ist nach dem ersten Isomorphiesatz Proposition 2.20 wiederum isomorph zu $G_{i-1}/G_i$. Es folgt, dass die sukzessiven Faktorgruppen von (2.11) allesamt einfach sind. Damit erhalten wir eine Kompositionsreihe

$$G \supseteq G_0 \supseteq G_1 \supseteq \cdots \supseteq G_m = N_0 \supseteq N_1 \supseteq \cdots \supseteq N_k = 1$$

von $G$, die sich gewissermaßen aus der Kompositionsreihe von $N$ und $G/N$ zusammensetzt.

Nach unserem Existenzbeweis für Kompositionsreihen für endliche Gruppen stellt sich natürlich die Frage nach der Eindeutigkeit. Diese kann im naiven Sinne sicherlich nicht gelten. Dazu sei das Beispiel 2.39 betrachtet: Eine Vertauschung der Primfaktoren von $n$ liefert im Allgemeinen eine andere Kompositionsreihe. Allerdings bleiben bis auf Reihenfolge und Isomorphie die sukzessiven Faktorgruppen erhalten (diese sind nämlich jeweils zyklische Gruppen der Ordnungen $p_1, \ldots, p_k$). Diese Art von Eindeutigkeit gilt auch im Allgemeinen und ist die Aussage des folgenden Satzes von (Camille) Jordan und Hölder[7]:

**Theorem 2.1** *Sei $G$ eine endliche Gruppe. Sind dann*

$$G = G_0 \supseteq G_1 \supseteq \cdots \supseteq G_n = 1$$

*und*

$$G = G'_0 \supseteq G'_1 \supseteq \cdots \supseteq G'_m = 1$$

---

[7] Otto Hölder, 1859–1937, deutscher Mathematiker.

*zwei Kompositionsreihen von G, so existieren eine Bijektion* $\sigma : \{1, \ldots, n\} \to \{1, \ldots, m\}$
*(insbesondere gilt also* $n = m$*) und Gruppenisomorphismen* $G_{i-1}/G_i \to G_{\sigma(i)-1}/G_{\sigma(i)}$.

Die Faktorgruppen sind mit Vielfachheit und bis auf Isomorphie für eine endliche Gruppe
also eindeutig bestimmt. Wir sagen daher, zwei Kompositionsreihen einer endlichen Gruppe
seien im Wesentlichen eindeutig.

> Die Faktorgruppen einer Kompositionsreihe einer endlicher Gruppe sind bis auf Rei-
> henfolge durch die Gruppe bestimmt.

Wir können also – auch in Hinblick auf Beispiel 2.39 – die Kompositionsreihe einer Gruppe
als eine Art „Primfaktorzerlegung" und die auftretenden Faktorgruppen als „Primfaktoren"
ansehen (das Wort „Faktorgruppe" hat hier auch seinen Ursprung). Im Gegensatz zur Primfaktorzerlegung einer ganzen Zahl wird eine endliche Gruppe aber nicht durch ihre einfachen
Faktoren bestimmt (genau genommen wird eine ganze Zahl auch nur bis aus Vorzeichen
durch ihre Primfaktoren bestimmt; in diesem Sinne stimmt der Vergleich also immer noch).

*Beispiel 2.43* Die endlichen Gruppen $C_4$ und $C_2 \times C_2$ sind nicht isomorph: Die erste Gruppe
hat zwei Elemente der Ordnung 4, die Ordnungen der Elemente der zweiten Gruppe sind
höchstens 2. Eine Kompositionsreihe von $C_4$ besitzt nach Beispiel 2.39 zwei Faktoren, die
beide isomorph zu $C_2$ sind. Eine Kompositionsreihe von $C_2 \times C_2$ ist zum Beispiel durch

$$C_2 \times C_2 \supseteq C_2 \times 1 \supseteq 1 \times 1 = 1$$

gegeben. Die beiden sukzessiven Faktorgruppen sind wieder isomorph zu $C_2$.
   Obwohl $C_4$ und $C_2 \times C_2$ also nicht isomorph sind, besitzen sie beide dieselben einfachen
Faktoren.

*Beweis (Beweis von Theorem 2.1).* Wir führen den Beweis über Induktion über $n$. Im Falle
$n = 0$ ist $G = 1$ und nichts ist zu zeigen. Sei also $n > 0$. Ist $G_1 = G_1'$, so können wir
die Induktionsvoraussetzung von $G_1$ anwenden und sind ebenso fertig. Also nehmen wir
im Folgenden $G_1 \neq G_1'$ an. Daraus folgt, dass $G_1 G_1' = G$, denn $G_1 G_1'$ ist ein Normalteiler
in $G$, welcher echt größer als $G_1$ ist, und aufgrund der Einfachheit von $G/G_1$ gibt es keine
Normalteiler echt zwischen $G_1$ und $G$ liegend.
   Sei $H := G_1 \cap G_1'$. Wir wählen eine Kompositionsreihe

$$H = H_0 \supseteq H_1 \supseteq \cdots \supseteq H_k = 1$$

von $H$. Nach dem zweiten Isomorphiesatz Proposition 2.21 ist $G_1/H$ isomorph zu
$G_1 G_1'/G_1' = G/G_1'$. Die rechte Seite ist eine einfache Gruppe. Folglich ist $H$ ein Normalteiler mit einfacher Faktorgruppe in $G_1$. Damit sind

$$G_1 \supseteq G_2 \supseteq \cdots \supseteq G_n = 1$$

und

$$G_1 \supseteq H = H_0 \supseteq \cdots \supseteq H_k = 1$$

zwei Kompositionsreihen für $G_1$. Nach Induktionsvoraussetzung haben beide bis auf Isomorphie und Reihenfolge dieselben einfachen Faktorgruppen. Insbesondere ist $k+1 = n-1$. Alsdann können wir denselben Vergleich mit der Kompositionsreihe $G'_1 \supseteq \cdots \supseteq G'_m = 1$ ziehen, und erhalten nach Induktionsvoraussetzung, dass $n = m$ und dass die einfachen Faktoren mit Vielfachheit bis auf Reihenfolge und Isomorphie der Reihe zu $G_1$ und zu $G'_1$ übereinstimmen. Da außerdem $G_1/H$ isomorph zu $G/G'_1$ ist und aus Symmetriegründen genauso $G'_1/H$ zu $G/G_1$, stimmen sogar alle Faktoren der Kompositionsreihen zu $G$ und $G'$ bis auf die Reihenfolge überein. $\qquad\Box$

## 2.6 Die sylowschen Sätze

Wir beginnen diesen Abschnitt mit einer teilweisen Umkehrung des lagrangeschen Satzes. Dieser besagt für eine endliche Gruppe $G$ bekanntlich, dass die Ordnung einer jeden endlichen Untergruppe von $G$ ein Teiler der Gruppenordnung ist. Eine gewissermaßen vollständige Umkehrung hätten wir, könnten wir beweisen, dass zu jedem Teiler der Gruppenordnung von $G$ eine endliche Untergruppe $H$ von $G$ existiert, deren Ordnung gerade durch den Teiler gegeben ist. Dies ist im Allgemeinen nicht wahr, es sei denn, wir betrachten Primteiler. Dann ist die (wahre) Aussage als cauchyscher Satz bekannt:

**Proposition 2.22** *Sei $G$ eine endliche Gruppe. Sei $p$ ein Primteiler der Ordnung von $G$. Dann existiert eine endliche Untergruppe $H$ von $G$ der Ordnung $p$.*

Mithilfe des cauchyschen Satzes werden wir weiter unten in diesem Abschnitt eine Verallgemeinerung auf den Fall von Primpotenzen beweisen können. Da jede endliche Gruppe von Primordnung zyklisch ist und deren Erzeuger dieselbe Primordnung haben, folgt aus dem cauchyschen Satz gerade, dass für jeden Primteiler $p$ der Ordnung von $G$ ein Element der Ordnung $p$ existiert.

*Beweis* Sei $n := [G : 1]$. Die Menge

$$X := \left\{ (g_1, \ldots, g_p) \mid g_1, \ldots, g_p \in G, g_1 g_2 \cdots g_p = 1 \right\}$$

der $p$-Tupel von Gruppenelementen, welche sich zu 1 multiplizieren, hat Mächtigkeit $n^{p-1}$, da wir die ersten $(p-1)$ Elemente des Tupels frei wählen können und das letzte Element sich dann zu

$$g_p = (g_1 g_2 \cdots g_{p-1})^{-1}$$

ergibt. Wir nennen zwei $p$-Tupel in $X$ äquivalent, wenn sie durch eine zyklische Permutation auseinander hervorgehen. Sind alle Komponenten eines $p$-Tupels gleich, ist es nur
zu sich selbst äquivalent. Andernfalls ist es zu insgesamt $p$ Tupeln äquivalent (sich selbst
eingeschlossen). Sei $s$ die Anzahl der Äquivalenzklassen mit $p$ Mitgliedern. Ist $r$ die Anzahl
der Lösungen $g$ der Gleichung

$$g^p = 1 \qquad\qquad (2.12)$$

in $G$, so ist $r$ gerade die Anzahl der Tupel, die nur zu sich selbst äquivalent sind. Wir haben
damit

$$n^{p-1} = r + sp.$$

Da $p$ nach Voraussetzung die Gruppenordnung $n$ teilt, muss $p$ folglich auch ein Teiler von $r$
sein. Da $r \geq 1$ (denn mindestens $1 \in G$ erfüllt die Gl. (2.12)), folgt daraus $r \geq 2$. Damit gibt
es ein Gruppenelement $g \neq 1$ mit $g^p = 1$, also ein Element der Ordnung $p$. Die endliche
Untergruppe $H = \langle g \rangle$ ist dann eine der gesuchten.                              □

Der cauchysche Satz gibt uns in Verbindung mit dem lagrangeschen eine Charakterisierung
der $p$-Gruppen, also derjenigen endlichen Gruppen, deren Ordnung eine Primpotenz für
eine Primzahl $p$ ist:

**Korollar 2.3**  *Sei $p$ eine Primzahl. Eine endliche Gruppe $G$ ist genau dann eine $p$-Gruppe,
wenn die Ordnung jedes Elementes von $G$ eine $p$-Potenz ist.*

*Beweis*  Sei $G$ eine $p$-Gruppe. Sei $g$ ein Element von $G$. Dann ist die zyklische Gruppe
$H := \langle g \rangle$ eine Untergruppe von $G$. Nach dem lagrangeschen Satz ist damit $p = [H : 1]$
ein Teiler der Gruppenordnung $[G : 1]$, also eine $p$-Potenz.

Sei umgekehrt die Ordnung eines jeden Elementes von $G$ eine $p$-Potenz. Sei $q$ ein
Primteiler der Gruppenordnung $[G : 1]$. Nach dem cauchyschen Satze Proposition 2.22
besitzt $G$ ein Element der Ordnung $q$. Nach Voraussetzung ist $q = p$. Also ist $p$ der einzige
Primteiler der Ordnung von $G$, und diese ist damit eine Primpotenz.                         □

Häufig wird die Äquivalenz aus Korollar 2.3 auch dazu genutzt, eine $p$-Gruppe als endliche
Gruppe, deren Elemente jeweils $p$-Potenzen als Ordnungen haben, zu definieren.

> Eine $p$-Gruppe ist genau eine solche endliche Gruppe, für die alle Elementordnungen
> $p$-Potenzen sind.

Aus dem cauchyschen Satz folgt insbesondere, dass jede endliche Gruppe, deren Gruppenordnung $n$ von der Primzahl $p$ geteilt wird, eine endliche (nichttriviale) Untergruppe besitzt,
die eine $p$-Gruppe ist. Nach dem lagrangeschen Satze ist die größtmögliche Ordnung einer
solchen Untergruppe $H$ offensichtlich $p^k$, falls $n = p^k \cdot q$ gilt, wobei $q$ eine zu $p$ teiler-

fremde natürliche Zahl ist. Mit anderen Worten ist der Index $q = [G : H]$ von $H$ in $G$ nicht durch $p$ teilbar. Eine solche endliche Untergruppe $H$, die eine $p$-Gruppe ist, sodass ihr Index in $G$ nicht durch $p$ teilbar ist, bekommt einen eigenen Namen. Sie wird nach Ludwig Sylow[8] eine *sylowsche $p$-Untergruppe* von $G$ genannt, dessen im Folgenden präsentierten Resultate über diese Untergruppen ihn berühmt gemacht haben.

Sein erstes Resultat betrifft die Existenz dieser Untergruppen:

**Theorem 2.2** *Sei $G$ eine endliche Gruppe. Zu jeder Primzahl $p$ besitzt $G$ eine sylowsche $p$-Untergruppe. Weiter liegt jede endliche $p$-Untergruppe von $G$ in einer sylowschen $p$-Untergruppe.*

*Beweis* Beide Teile der Behauptung folgen aus folgender Behauptung: Ist $H$ eine endliche $p$-Untergruppe von $G$, welche noch keine sylowsche Untergruppe ist, das heißt, $[G : H]$ ist noch durch $p$ teilbar, so existiert eine endliche Untergruppe $H' \supseteq H$ von $G$ mit $[H' : H] = p$. Indem wir nämlich diesen Prozess (mit $H'$ anstelle von $H$, usw.) fortsetzen, gelangen wir irgendwann wegen der Endlichkeit von $G$ zu einer maximalen $p$-Untergruppe von $G$, also einer sylowschen. Beginnen können wir den Prozess mit $H = 1$ oder einer vorgegebenen endlichen $p$-Untergruppe.

Kommen wir also zum Beweis der Behauptung: Die entscheidende Idee ist es, die Linkstranslation von $H$ auf der endlichen Menge $G/H$ zu betrachten. Nach der Bahnengleichung gilt

$$|G/H| = \sum_{x \in H \backslash (G/H)} [H : H_x],$$

wobei $H_x$ die Standgruppe in $H$ zur Bahn an $x$ ist. Da die Ordnung von $H$ eine $p$-Potenzen ist, sind die $[H : H_x]$ allesamt $p$-Potenzen, und zwar genau dann nichttriviale, wenn $H_x$ eine echte Untergruppe von $H$ ist. Andernfalls (also wenn $H_x = H$) ist $x$ ein Fixpunkt der Gruppenwirkung und $[H : H_x] = 1$. Modulo $p$ ist also die Mächtigkeit von $|G/H|$ gleich der Anzahl der Fixpunkte der $H$-Wirkung auf $G/H$.

Ein Fixpunkt dieser Wirkung kann folgendermaßen beschrieben werden. Sei $g \in G/H$ ein Fixpunkt, das heißt, wir haben $hg = g$ in $G/H$ für alle $h \in H$. Dies ist gleichbedeutend zu $g^{-1}hg \in H$ für alle $h \in H$, mit anderen Worten liegt also $g^{-1}$ (und damit auch $g$) im Normalisator $N_H$ von $H$ in $G$. Folglich ist der Fixort der $H$-Wirkung auf $G/H$ durch $N_H/H$ beschrieben. (Hier sehen wir wieder eine Anwendung des Normalisators!) Mit unserer obigen Erkenntnis über eine nichttriviale $p$-Untergruppe $H$ von $G$ folgt also

$$[G : H] \equiv [N_H : H] \quad (\mathrm{mod}\ p).$$

Nach Voraussetzung ist $H$ noch keine maximale $p$-Untergruppe von $G$, sodass $[G : H]$ und damit auch $[N_H : H]$ durch $p$ teilbar ist. Es ist $N_H/H$ also eine endlich Gruppe, deren Ordnung durch $p$ teilbar ist. Nach dem cauchyschen Satze Proposition 2.22 existiert

---

[8] Peter Ludwig Mejdell Sylow, 1832–1918, norwegischer Mathematiker.

also eine endliche Untergruppe $K$ der Ordnung $p$ in $N_H/H$. Diese muss von der Form $H'/H$ für eine endliche Untergruppe $H'$ mit $N_H \supseteq H' \supseteq H$ sein ($H'$ ist das Urbild der Untergruppe $K$ unter dem kanonischen Gruppenhomomorphismus $N_H \to N_H/H$). Wir haben insbesondere $[H' : H] = p$, womit alles bewiesen ist.                                   $\square$

*Anmerkung 2.6* Aus dem Beweis folgt offensichtlich auch, dass eine jede sylowsche $p$-Untergruppe $H$ eine aufsteigende Folge

$$1 = H_0 \subseteq H_1 \subseteq H_2 \subseteq \cdots \subseteq H_k = H$$

von Untergruppen besitzt, sodass für alle $i \in \{1, \ldots, k\}$ der Index von $H_{i-1}$ in $H_i$ gerade $p$ ist.

> Zu jeder $p$-Potenz, die die Gruppenordnung teilt, existiert eine Untergruppe dieser Ordnung. Die $p$-Untergruppen maximaler Ordnung heißen sylowsche $p$-Untergruppen.

Existiert eine einzige sylowsche $p$-Untergruppe $H$ von $G$ zu einer Primzahl $p$, so muss diese schon ein Normalteiler sein: Ist nämlich $g \in G$, so ist ${}^g H = \left\{ ghg^{-1} \mid h \in H \right\}$ eine weitere maximale endliche $p$-Untergruppe von $G$, also ebenfalls sylowsch. Die Einzigartigkeit impliziert dann ${}^g H = H$ für alle $g \in G$.

Der zweite sylowsche Satz sagt uns, dass verschiedene sylowsche $p$-Untergruppen zu einer Primzahl $p$ zueinander konjugiert sind, das heißt, sind $H$ und $K$ zwei sylowsche $p$-Untergruppen von $G$, so existiert ein $g \in G$ mit $K = {}^g H$.

**Theorem 2.3** *Sei $p$ eine Primzahl. Seien $H$ und $K$ zwei sylowsche $p$-Untergruppen einer endlichen Gruppe $G$. Dann sind $H$ und $K$ zueinander konjugiert.*

*Beweis* Der Beweis wird wieder mithilfe einer Gruppenwirkung geführt. Und zwar betrachten wir dieses Mal die Linkstranslation von $K$ auf der endlichen Menge $G/H$. Wie im Beweis von Theorem 2.2 erhalten wir, dass der Index $[G : H]$ modulo $p$ mit der Anzahl der Fixpunkte der Wirkung von $K$ auf $G/H$ übereinstimmt, denn $K$ ist eine $p$-Gruppe. Da $H$ eine sylowsche $p$-Untergruppe ist, ist $[G : H]$ nicht durch $p$ teilbar, verschwindet also auch nicht modulo $p$. Folglich muss es mindestens einen Fixpunkt $g \in G/H$ der $K$-Wirkung geben.

Dass $g$ ein Fixpunkt ist, bedeutet Folgendes: Für alle $k \in K$ ist $kg = gh$ für ein $h \in H$, das heißt, $k = ghg^{-1}$. Es folgt, dass $K \subseteq^g H$. Da die Gruppen auf beiden Seiten der Inklusion aber dieselbe Ordnung haben, muss Gleichheit gelten, also $K =^g H$.            $\square$

Weiter oben haben wir gesehen, dass eine sylowsche $p$-Untergruppe $H$ ein Normalteiler ist, wenn es genau eine sylowsche $p$-Gruppe gibt. Aus Theorem 2.3 können wir offensichtlich schließen, dass $H$ genau dann ein Normalteiler ist, wenn $H$ die einzige sylowsche

$p$-Untergruppe ist. Damit stellt sich für Anwendungen natürlich die Frage nach der Anzahl der sylowschen $p$-Untergruppen. Eine Aussage darüber wird durch den dritten sylowschen Satz gemacht:

Je zwei sylowsche $p$-Untergruppen sind zueinander konjugiert. Damit existiert genau eine sylowsche $p$-Untergruppe, wenn diese ein Normalteiler ist.

**Theorem 2.4** *Sei $p$ eine Primzahl. Sei $n_p$ die Anzahl der sylowschen $p$-Untergruppen in $G$. Sei $q$ der Index einer sylowschen $p$-Untergruppe in $G$. Dann wird $q$ durch $n_p$ geteilt, und es ist $n_p$ kongruent 1 modulo $p$. Genauer ist $n_p$ der Index des Normalisators einer (beliebigen) sylowschen $p$-Untergruppe in $G$.*

Die zweite Aussage dieses Satzes verallgemeinert offensichtlich unsere obigen Überlegungen über die Normalteilereigenschaft einer sylowschen $p$-Untergruppe, denn eine Untergruppe $H$ ist genau dann ein Normalteiler in $G$, wenn ihr Normalisator mit $G$ übereinstimmt, wenn also $[G : \mathrm{N}_H] = 1$.

*Beweis* Zunächst betrachten wir Konjugationswirkung von $G$ auf der Menge aller sylowschen $p$-Untergruppen. Nach Theorem 2.3 besitzt diese genau eine Bahn. Die Zahl $n_p$ ist gerade die Größe dieser Bahn. Diese ist bekanntlich gleich dem Index der Standgruppe $G_H$ an einer sylowschen $p$-Untergruppe $H$ in $G$, also

$$n_p = [G : G_H].$$

Wir haben schon früher gesehen, dass die Standgruppe der Konjugationswirkung zu einer Untergruppe $H$ gerade der Normalisator ist, also $G_H = \mathrm{N}_H$. Dies beweist den zweiten Teil von Theorem 2.4. Nach dem lagrangeschen Satz gilt weiter

$$q = [G : H] = [G : \mathrm{N}_H] \cdot [\mathrm{N}_H : H] = n_p[\mathrm{N}_H : H],$$

womit auch die Teilbarkeitsrelation bewiesen ist.

Es bleibt, $n_p \equiv 1$ modulo $p$ zu zeigen. Dazu betrachten wir diesmal die Konjugationswirkung von $H$ (!) auf der Menge aller sylowschen $p$-Untergruppen. Da $H$ eine $p$-Gruppe ist, folgt aus der Bahnengleichung wieder, dass die Anzahl der sylowschen $p$-Untergruppen, also $n_p$, modulo $p$ kongruent zur Anzahl der Fixpunkte dieser Wirkung ist. Eine sylowsche $p$-Untergruppe $K$ ist genau dann Fixpunkt der Konjugationswirkung von $H$, wenn $H$ im Normalisator von $K$ in $G$ liegt, in Formeln also $H \subseteq \mathrm{N}_K(G)$. Weiter ist natürlich auch $K \subseteq \mathrm{N}_K(G)$. Beide Untergruppen sind auch sylowsche $p$-Untergruppen von $\mathrm{N}_K(G)$. Wenden wir Theorem 2.3 auf $\mathrm{N}_K(G)$ (!) an, bekommen wir, dass $H$ und $K$ in $\mathrm{N}_K(G)$ konjugiert sind. In $\mathrm{N}_K(G)$ ist $K$ allerdings ein Normalteiler. Insbesondere folgt $K = H$. Es folgt, dass es genau einen Fixpunkt, nämlich $H$, der Konjugationswirkung von $H$ auf den sylowschen $p$-Untergruppen gibt. □

> Die sylowschen Sätze werden bewiesen, indem verschiedene Wirkungen betrachtet werden, und zwar die Linkstranslation auf Untergruppen auf Faktorgruppen und die Konjugation durch Untergruppen auf der Menge aller sylowschen $p$-Untergruppen.

Wir wollen eine einfache Anwendung der sylowschen Sätze geben. Dazu zeigen wir zunächst:

**Proposition 2.23** *Sei $G$ eine endliche Gruppe, deren Ordnung $p^2$ für eine Primzahl $p$ ist. Dann ist $G$ abelsch.*

(Es sei daran erinnert, dass jede Gruppe mit Ordnung $p = p^1$ zyklisch, also abelsch ist.)

*Beweis* Wir wissen schon, dass jede nichttriviale $p$-Gruppe ein nichttriviales Zentrum $Z(G)$ besitzt. Nach dem lagrangeschen Satze kommen die beiden Fälle $[Z(G) : 1] = p$ oder $[Z(G) : 1] = p^2$ infrage. Im zweiten Falle sind wird fertig. Wir nehmen daher den ersten Fall an, sodass wir annehmen können, dass ein Element $x \in G$ existiert, welches nicht im Zentrum liegt. Als Nächstes betrachten wir die Untergruppe $H$ derjenigen $y$ von $G$, die mit $x$ vertauschen. Diese Untergruppe enthält sicherlich das Zentrum und zusätzlich das Element $x$ und damit mindestens $p + 1$ Elemente. Nach dem lagrangeschen Satz ist die Ordnung aber auch Teiler von $p^2$. Damit ist $[H : 1] = p^2$, also $H = G$. Also ist $x$ zentral, ein Widerspruch. □

*Anmerkung 2.7* Für $p$-Gruppen der Ordnungen $p^3$, $p^4$, ...gilt im Allgemeinen nicht mehr, dass sie abelsch sind. So sind zum Beispiel die Dieder-Gruppe

$$D_4 = \langle (1, 2, 3, 4), (1, 4, 2, 4) \rangle \subseteq S_4$$

und die sogenannte *Quaternionengruppe*

$$Q_8 = \left\{ \pm \begin{pmatrix} 1 & 0 \\ 0 & 1 \end{pmatrix}, \pm \begin{pmatrix} i & 0 \\ 0 & -i \end{pmatrix}, \pm \begin{pmatrix} 0 & 1 \\ -1 & 0 \end{pmatrix}, \pm \begin{pmatrix} 0 & i \\ i & 0 \end{pmatrix} \right\} \subseteq GL_2(\mathbf{C})$$

zwei (im übrigen zueinander nichtisomorphe Gruppen) der Ordnung 8, welche nicht abelsch sind.

Gruppen von Primquadratordnung sind abelsch. Es gibt eine (sogar zwei) nichtabelsche Gruppen der Ordnung 8.

Wir können mithilfe der sylowschen Sätze zum Beispiel folgendes allgemeines Resultat über Gruppen der Ordnung 45 zeigen:

*Beispiel 2.44* Jede endliche Gruppe $G$ der Ordnung 45 ist abelsch: Dazu betrachten wir zunächst die Anzahl $n_5$ der sylowschen 5-Untergruppen in $G$. Diese ist nach Theorem 2.4 ein Teiler von 9 und gleichzeitig kongruent zu 1 modulo 5 = 45/9. Folglich muss $n_5 = 1$ gelten. Das heißt, es existiert ein Normalteiler $N$ der Ordnung 5 in $G$. Auf diesem Normalteiler wirkt die Gruppe $G$ vermöge Konjugation. Da die Automorphismengruppe von $N$ die Ordnung $4 = \varphi(5)$ hat, folgt, dass die Ordnung jeder Konjugation ein Teiler von 4 ist. Die Elementordnungen der Elemente von $G$ sind jedoch alle Teiler von 45. Für jedes Element $g \in G$ ist also $\mathrm{id}_N = (g_*)^{45} = g_*^{4 \cdot 11 + 1} = g_*$. Damit ist die Konjugationswirkung von $G$ auf $N$ also trivial und $N$ liegt im Zentrum von $G$.

Sei $H$ eine sylowsche 3-Untergruppe von $G$. Diese hat $9 = 3^2$ Elemente und ist damit abelsch. Aus Gründen der Elementordnung ist $N \cap H = 1$. Da beide Gruppen in $G$ kommutieren, haben wir also einen Isomorphismus $N \times H \to G$. Schließlich ist das direkte Produkt zweier abelscher Gruppen wieder abelsch.

## 2.7   Endlich präsentierte abelsche Gruppen

Wir haben inzwischen einen ganzen Zoo endlicher Gruppen kennengelernt. Es stellt sich natürlich die Frage, inwiefern sie sich zum Beispiel bis auf Isomorphie klassifizieren lassen. Für beliebige Gruppen ist dieses Problem sehr schwierig. Beschränken wir uns allerdings auf abelsche Gruppen, können wir sehr viel mehr sagen: In diesem Abschnitt werden wir alle abelschen Gruppen endlicher Ordnung klassifizieren. Dabei werden abelsche Gruppen ausnahmslos additiv notieren – auch, um deutlich zu machen, dass dieses Klassifikationsproblem ein ganz anderes ist, als beliebige endliche Gruppen zu untersuchen.

Genau genommen, werden wir von den abelschen Gruppen eine etwas größere Klasse als die endlichen untersuchen, nämlich die sogenannten endlich präsentierten. Um diesen Begriff einzuführen, definieren wir zunächst den Begriff *endlich erzeugt*:

**Definition 2.8** Eine abelsche Gruppe $A$ heißt *endlich erzeugt,* wenn es endlich viele Elemente $a_1, \dots, a_n \in A$ gibt, sodass jedes andere Element in $A$ von der Form $a_1 k_1 + \dots + a_n k_n$ ist, wobei die $k_i$ ganze Zahlen sind. Die Folge $a_1, \dots, a_n$ heißt dann ein *Erzeugendensystem* von $A$.

(Wir erinnern daran, dass $k \cdot a = a \cdot k$ mit $k \in \mathbf{Z}$ und $a \in A$ die Potenzschreibweise für additiv geschriebene Gruppen ist, für positives $k$ also zum Beispiel für $a + \cdots + a$ mit $k$ Summanden steht.) In einer endlichen Gruppe ist jedes Element also ganzzahlige Linearkombination eines Erzeugendensystems $a_1, \ldots, a_n$. Dies ist in völliger Analogie zu den aus der Linearen Algebra bekannten Vektorräumen mit endlichem Erzeugendensystem. Ebenso wie dort ist ein Erzeugendensystem natürlich nicht eindeutig.

Jede endliche abelsche Gruppe ist trivialerweise endlich erzeugt: Wir wählen als Erzeugendensystem einfach alle Elemente der Gruppe. Aber es gibt auch interessantere unendliche Beispiele:

*Beispiel 2.45* Die Gruppe $\mathbf{Z}$ ist endlich erzeugt. Ein mögliches Erzeugendensystem besteht zum Beispiel nur aus dem Element 1. Ein anderes Erzeugendensystem besteht zum Beispiel aus den beiden Zahlen 2 und 3. Denn jede ganze Zahl $k \in \mathbf{Z}$ kann als Linearkombination $k = 3 \cdot k - 2 \cdot k$ geschrieben werden.

*Beispiel 2.46* Schreiben wir

$$\mathbf{Z}^n = \underbrace{\mathbf{Z} \times \cdots \times \mathbf{Z}}_{n}$$

für das $n$-fache direkte Produkt, so ist $\mathbf{Z}^n$ eine abelsche Gruppe, für die zum Beispiel die Gruppenelemente

$$e_1 := (1, 0, 0, \ldots, 0), \qquad e_2 := (0, 1, 0, \ldots, 0), \quad \ldots, \qquad e_n := (0, \ldots, 0, 1)$$

ein Erzeugendensystem bilden.

Allgemeiner gilt:

*Beispiel 2.47* Sind $A_1, \ldots, A_\ell$ endlich erzeugte abelsche Gruppen, so ist $A_1 \times \cdots \times A_\ell$ eine endlich erzeugte abelsche Gruppe, deren Erzeuger wir von der Form $(0, \ldots, 0, a, 0, \ldots, 0)$ wählen können, wobei $a$ ein Erzeuger von einem $A_k$ ist.

*Beispiel 2.48* Sei $\mathfrak{a}$ eine endlich erzeugte Untergruppe von $\mathbf{Z}$. Seien $x$ und $y$ zwei der Erzeuger. Wir erinnern an den euklidischen Algorithmus aus Bd. 1: Zum größten gemeinsamen Teiler $d$ von $x$ und $y$ existieren ganze Zahlen $p$ und $q$ mit $d = px + qy$, insbesondere liegt also $d$ in $\mathfrak{a}$ und $x$ und $y$ sind ganzzahlige Vielfache von $d$.

Wir können leicht per Induktion schließen: Ist $d$ der größte gemeinsame Teiler aller Elemente in $\mathfrak{a}$, so besteht $\mathfrak{a}$ gerade aus allen ganzzahligen Vielfachen von $d$. Wir notieren diese Tatsache durch

$$\mathfrak{a} = (d).$$

Eine Untergruppe der Form $(d)$ (also alle endlich erzeugten Untergruppen von $\mathbf{Z}$) heißt *Hauptideal*.

*Beispiel 2.49* Für jede ganze Zahl $d$ ist $\mathbf{Z}/(d)$ eine endlich erzeugte abelsche Gruppe mit Erzeuger 1. Sie ist isomorph zur zyklischen Gruppe $C_d$. (Im Kontext abelscher Gruppen werden wir allerdings beim Symbol $\mathbf{Z}/(d)$ bleiben.)

Jedes Erzeugendensystem $a_1, \ldots, a_n$ einer abelschen Gruppe $A$ definiert einen kanonischen Gruppenhomomorphismus

$$\mathbf{Z}^n \to A, \quad (k_1, \ldots, k_n) \mapsto a_1 k_1 + \cdots + a_n k_n.$$

Nach Definition eines Erzeugendensystems ist dieser Gruppenhomomorphismus offensichtlich surjektiv. Ist umgekehrt ein beliebiger surjektiver Gruppenhomomorphismus $f : \mathbf{Z}^n \to A$ gegeben, so ist

$$a_1 = f(e_1), \qquad a_2 = f(e_2), \quad \ldots, \qquad a_n = f(e_n)$$

ein Erzeugendensystem von $A$: Ist nämlich $a \in A$, so existiert aufgrund der Surjektivität von $f$ ein $k = (k_1, \ldots, k_n) \in \mathbf{Z}^n$ mit $f(k) = a$, und damit gilt aufgrund der Homomorphieeigenschaft von $f$, dass

$$a = f(k) = f(e_1 k_1 + \cdots + e_n k_n) = f(e_1)k_1 + \cdots + f(e_n)k_n = a_1 k_1 + \cdots + a_n k_n.$$

Damit entsprechen Erzeugendensysteme von $A$ also umkehrbar surjektiven Gruppenhomomorphismen der Form $\mathbf{Z}^n \to A$. Wir erhalten also insbesondere, dass eine abelsche Gruppe $A$ genau dann endlich erzeugt ist, wenn es einen surjektiven Gruppenhomomorphismus $f : \mathbf{Z}^n \to A$ gibt.

> Endlich erzeugte abelsche Gruppen sind genau die homomorphen Bilder von $\mathbf{Z}^n$.

Nach dem Homomorphiesatz folgt, dass $A$ isomorph zu $\mathbf{Z}^n/\ker f$ ist. Eine endlich erzeugte abelsche Gruppe ist also bis auf Isomorphie nichts anderes als eine Faktorgruppe einer abelschen Gruppe der Form $\mathbf{Z}^n$. Da Ausdrücke der Form $a_1 k_1 + \cdots + a_n k_n$ im Folgenden häufiger vorkommen und an ein Skalarprodukt erinnern, schreiben wir kurz $a \cdot k := a_1 k_1 + \cdots + a_n k_n$.

Aus unserer alternativen Interpretation endlich erzeugter Gruppen können wir leicht folgern, dass homomorphe Bilder (also Bilder unter Gruppenhomomorphismen) endlich erzeugter abelscher Gruppen wieder endlich erzeugt sind.

Für unsere Zwecke ist eine Darstellung der Form $\mathbf{Z}^n/\ker f$ allerdings noch nicht explizit genug. Wir können uns die Elemente aus dem Kern von $f$ als *Relationen* zwischen den Erzeugern $a_1, \ldots, a_n$ vorstellen: Ist $k = (k_1, \ldots, k_n)$ in $\ker f$, so folgt $a \cdot k = 0$. Ist umgekehrt $a \cdot k = a_1 k_1 + \cdots + a_n k_n = 0$ eine (lineare) Abhängigkeit zwischen $a_1, \ldots, a_n$, so liegt $k = (k_1, \ldots, k_n)$ im Kern von $f$. Um also festzustellen, ob gewisse Linearkombinationen der Erzeuger in $A$ sich zu null addieren (dies ist zum Beispiel nötig, um zu entscheiden, ob zwei Elemente $a, a' \in A$ gleich sind, denn dies ist gleichbedeutend zu $a - a' = 0$), müssen wir den Kern von $f$ kennen. Dieser Kern ist zunächst eine beliebige Untergruppe von $\mathbf{Z}^n$. Wir nennen ihn den *Relationenmodul* des Erzeugendensystems $a_1, \ldots, a_n$ von $A$.

Für uns wird interessant sein, dass auch diese Untergruppe endlich erzeugt ist, dass also $A$ der folgenden Definition genügt:

**Definition 2.9** Eine abelsche Gruppe $A$ heißt *endlich präsentiert*, wenn es ein endliches Erzeugendensystem $a_1, \ldots, a_n$ von $A$ gibt, dessen Relationenmodul endlich erzeugt ist. Erzeuger des Relationenmoduls heißen dann *(erzeugende) Relationen* der Erzeuger $a_1, \ldots, a_n$ von $A$.

Die abelsche Gruppe $A$ ist also genau dann endlich erzeugt, wenn sie ein Erzeugendensystem $a_1, \ldots, a_n$ besitzt und Elemente *(Relationen)* $r_1, \ldots, r_m \in \mathbf{Z}^n$ existieren, sodass für alle $j \in \{1, \ldots, m\}$ gilt $a \cdot r_j = a_1 r_{1j} + \cdots + a_n r_{nj} = 0$ und dass für jedes $k \in \mathbf{Z}^n$ mit $a \cdot k = a_1 k_1 + \cdots + a_n k_n = 0$ ganzzahlige Koeffizienten $h_1, \ldots, h_m$ mit $k = r \cdot h := r_1 h_1 + \cdots + r_m h_m$ existieren[9].

Wir können dies wieder in Termen von Gruppenhomomorphismen ausdrücken: Zunächst definiert das Erzeugendensystem $a_1, \ldots, a_n$ einen surjektiven Homomorphismus $f : \mathbf{Z}^n \to A$, welcher $e_i$ auf $a_i$ abbildet. Jede einzelne Relation $r_j$ wiederum definiert einen Gruppenhomomorphismus

$$\mathbf{Z} \to \mathbf{Z}^n, \quad 1 \mapsto \sum_{i=1}^{n} e_i r_{ij},$$

dessen Bild im Kern von $\mathbf{Z}^n \to A$ liegt. Wir können diese Gruppenhomomorphismen zu einem Gruppenhomomorphismus

$$g : \mathbf{Z}^m \to \mathbf{Z}^n, \quad e_j \mapsto \sum_{i=1}^{n} e_i r_{ij}$$

zusammensetzen. Der Gruppenhomomorphismus $g$ hat offensichtlich die Eigenschaft, dass sein Bild genau der Kern von $f$ ist. Wir sagen daher, dass die Sequenz

$$\mathbf{Z}^m \xrightarrow{\ g\ } \mathbf{Z}^n \xrightarrow{\ f\ } A \longrightarrow 0 \tag{2.13}$$

eine exakte ist, das heißt, dass im $g = \ker f$ und dass $f$ surjektiv ist. (Der Unterschied zu den kurzen exakten Sequenzen, die wir früher eingeführt haben, ist der folgende: Wir fordern nicht, dass die linke Abbildung $g$ injektiv ist, sodass wir die 0 auf der linken Seite

---

[9] In klassischer Logik ist jeder Relationenmodul eines endlichen Erzeugendensystems endlich erzeugt. Es lässt sich im Allgemeinen aber kein endliches Erzeugendensystem des Relationenmoduls konstruktiv angeben.

weglassen. Da abelsche Gruppen in der Regel additiv geschrieben werden, notieren wir für die triviale Gruppe sinnvollerweise auch 0 anstelle 1.)

Ist umgekehrt eine exakte Sequenz der Form (2.13) gegeben, so ist $A$ endlich präsentiert: Die Bilder $f(e_1), ..., f(e_n)$ sind Erzeuger von $A$, und $g$ definiert dazu erzeugende Relationen $r_1, ..., r_m$ via

$$g(e_j) = \sum_i e_i r_{ij}.$$

Nach dem Homomorphiesatz ist $A$ isomorph zu $\mathbf{Z}^n/\operatorname{im} g$. Endlich präsentierte abelsche Gruppen sind also Faktorgruppen von $\mathbf{Z}^n$ modulo dem Bild eines Gruppenhomomorphismus $\mathbf{Z}^m \to \mathbf{Z}^n$. Ein Gruppenhomomorphismus $\mathbf{Z}^m \to \mathbf{Z}^n$ ist aus Linearitätsgründen eindeutig durch die Bilder der Elemente $e_1, ..., e_m \in \mathbf{Z}^m$ festgelegt. Wie in der linearen Algebra erhalten wir also, dass Gruppenhomomorphismen $g : \mathbf{Z}^m \to \mathbf{Z}^n$ gerade Matrizen $R$ (mit ganzzahligen Einträgen) mit $n$ Zeilen und $m$ Spalten entsprechen. Die Matrixeinträge sind bei uns gerade die $r_{ij}$, der $j$-ten Relation entspricht die $j$-te Spalte $r_j$. Nach Definition des Bildes einer Matrix ist $\operatorname{im} R = \operatorname{im} g$. Bis auf Isomorphie wird jede endlich präsentierte abelsche Gruppe $A$ also durch eine ganzzahlige Matrix definiert, eine sogenannte *Darstellungsmatrix* von $A$.

In den Spalten einer Darstellungmatrix einer endlich präsentierten abelschen Gruppe stehen die Relationen. Die Zeilen entsprechen den endlich vielen Erzeugern der abelschen Gruppe.

Die Klassifikation aller endlich präsentierten abelschen Gruppen haben wir damit auf die Klassifikation aller Matrizen mit ganzzahligen Einträgen zurückgeführt, wenn wir zwei Matrizen $R$ und $S$ als gleich ansehen, wenn sie bis auf Isomorphie dieselbe endlich präsentierte abelsche Gruppe definieren. Ist

$$R = \begin{pmatrix} r_{11} & \cdots & r_{1m} \\ \vdots & & \vdots \\ r_{n1} & \cdots & r_{nm} \end{pmatrix},$$

so schreiben wir

$$\langle e_1, ..., e_n \mid e_1 r_{11} + \cdots e_n r_{n1}, ..., e_1 r_{1m} + \cdots + e_n r_{nm} \rangle$$

für die abelsche Faktorgruppe $\mathbf{Z}^n/\operatorname{im} R$. Diese Schreibweise ist gleich der Schreibweise für eine durch Erzeuger und Relationen gegebene Gruppe, bedeutet aber nicht dasselbe: So ist $\langle x, y \rangle$ als Gruppe eine nichtkommutative Gruppe, nämlich isomorph zu $\mathbf{Z} * \mathbf{Z}$. Im Gegensatz dazu ist $\langle x, y \rangle$ als abelsche Gruppe, also im Sinne dieses Kapitels eine zu $\mathbf{Z} \times \mathbf{Z}$ isomorphe abelsche Gruppe.

*Beispiel 2.50* Die abelsche Gruppe $A = \langle x, y \mid 5x + 15y \rangle$ wird durch die Matrix $R = \left( \begin{smallmatrix} 5 \\ 15 \end{smallmatrix} \right)$ beschrieben, und sie ist (isomorph zu) $\mathbf{Z}^2/\mathrm{im}\ R$.

Durch die umkehrbare Beziehung $x = x' - 3y'$ und $y = y'$ können wir die Relation $5x + 15y = 0$ auch in $x'$ und $y'$ ausdrücken, es gilt nämlich $5x' = 0$. Damit erhalten wir, dass $A$ isomorph zu $\langle x', y' \mid 5x' \rangle$ ist, dass also $R$ und $R' = \left( \begin{smallmatrix} 5 \\ 0 \end{smallmatrix} \right)$ bis auf Isomorphie dieselbe abelsche Gruppe definieren. Wegen $\mathbf{Z}^2/\mathrm{im}\ R' = \mathbf{Z}/(5) \times \mathbf{Z}$ ist $A$ insbesondere zum direkten Produkt aus $\mathbf{Z}/(5)$ und $\mathbf{Z}$ isomorph.

> Die Darstellungsmatrix einer endlich präsentierten abelschen Gruppe ist nicht eindeutig.

*Beispiel 2.51* Wir haben oben gesagt, dass wir anstelle endlicher abelscher Gruppen allgemeiner alle endlich präsentierten abelschen Gruppen klassifizieren wollen. Diese Aussage ergibt natürlich nur dann einen Sinn, wenn wir zeigen können, dass jede endliche abelsche Gruppe insbesondere endlich präsentiert ist. Dies wollen wir hier skizzieren: Sei $A = \{a_1, \ldots, a_n\}$ eine endliche abelsche Gruppe, wobei die $a_i$ allesamt paarweise verschieden sind. Wir haben weiter oben schon bemerkt, dass $a_1, \ldots, a_n$ als Erzeugendensystem dienen kann. Die Addition der $a_i$ ist offensichtlich durch Elemente $k(i, j) \in \{1, \ldots, n\}$ mit $a_i + a_j = -a_{k(i,j)}$ gegeben, das heißt, wir haben Relationen der Form $a_i + a_j + a_{k(i,j)} = 0$. Jede andere additive Relation zwischen den $a_i$ ergibt sich aus diesen durch Linearkombination. Damit sind $a_i + a_j + a_{k(i,j)}, i, j \in \{1, \ldots, n\}$ erzeugende Relationen.

> Endliche abelsche Gruppen sind insbesondere endlich präsentiert.

*Beispiel 2.52* Sind $A_1, \ldots, A_\ell$ endlich präsentierte abelsche Gruppen, so ist auch $A_1 \times \cdots \times A_\ell$ eine endlich präsentierte abelsche Gruppe. Wählen wir als Erzeuger nämlich Elemente der Form $(0, \ldots, 0, a, 0, \ldots, 0)$, wobei $a$ Erzeuger in den $A_k$ durchläuft, so sind Relationen durch $(0, \ldots, 0, r, 0, \ldots, 0)$ gegeben, wobei $r$ jeweils für die Relationen in den $A_k$ steht.

> Endliche Produkte endlich präsentierter abelscher Gruppen sind wieder endlich präsentiert.

Dass für eine endlich präsentierte abelsche Gruppe $A$ der Kern einer surjektiven Abbildung $\mathbf{Z}^n \to A$ endlich erzeugt ist, hat übrigens weitreichende Konsequenzen. Und zwar können wir zeigen, dass dann noch viel mehr Kerne endlich erzeugt sind:

**Proposition 2.24** *Sei* $f : B \to A$ *ein surjektiver Gruppenhomomorphismus einer endlich erzeugten abelschen Gruppe $B$ in eine endlich präsentierte abelsche Gruppe $A$. Dann ist der Kern von $f$ endlich erzeugt.*

*Beweis* Wir wählen einen surjektiven Homomorphismus $g : \mathbf{Z}^n \to A$ mit endlich erzeugtem Kerne $K$ und einen surjektiven Homomorphismus $h : \mathbf{Z}^\ell \to B$. Dann haben wir zwei surjektive Homomorphismen $g : \mathbf{Z}^n \to A$ und $f \circ h : \mathbf{Z}^\ell \to A$ auf $A$. Zu jedem $k \in \{1, \dots, \ell\}$ wählen wir ein $v_k \in \mathbf{Z}^n$ mit $g(v_k) = f(h(e_k))$. Analog wählen wir für jedes $i \in \{1, \dots, n\}$ ein $w_i \in \mathbf{Z}^\ell$ mit $f(h(w_i)) = g(e_i)$. Dies definiert Homomorphismen

$$p : \mathbf{Z}^\ell \to \mathbf{Z}^n, \quad e_k \mapsto v_k$$

und

$$q : \mathbf{Z}^n \to \mathbf{Z}^\ell, \quad e_i \mapsto w_i$$

mit $g \circ p = f \circ h$ und $f \circ h \circ q = g$.

Ist dann $v$ ein Element aus $K$ und $w$ ein beliebiges Element aus $\mathbf{Z}^\ell$, so ist $k = w - q(v + p(w))$ aus dem Kern von $f \circ h$. Umgekehrt lässt sich jedes Element $k$ aus $\ker(f \circ h)$ in dieser Form schreiben, indem wir $v = -p(k)$ und $w = k$ setzen. Damit ist der Kern $L$ von $f \circ h$ Bild unter dem Gruppenhomomorphismus

$$K \times \mathbf{Z}^\ell \to L, \quad (v, w) \mapsto w - q(v + p(w)),$$

also endlich erzeugt, da $K$ und $\mathbf{Z}^\ell$ (und damit auch ihr direktes Produkt) endlich erzeugt sind. Schließlich ist der Kern von $f : B \to A$ das Bild von $L$ unter $h$, da $h$ surjektiv ist. $\square$

Wichtigste Konsequenz von Proposition 2.24 ist vielleicht, dass der Relationenmodul eines jeden Satzes von Erzeugern einer endlich präsentierten abelschen Gruppe endlich ist. Laut Definition einer endlich präsentierten abelschen Gruppe $A$ wird ja nur gefordert, dass der Relationenmodul mindestens eines endlichen Erzeugendensystems von $A$ ebenso endlich erzeugt ist. Ist aber $a_1, \dots, a_n$ irgendein Erzeugendensystem von $A$, so ist nach Proposition 2.24 der Kern des surjektiven Gruppenhomomorphismus

$$\mathbf{Z}^n \to A, \quad e_i \mapsto a_i,$$

also der Relationenmodul des Erzeugendensystems $a_1, \dots, a_n$, endlich erzeugt, da $A$ endlich präsentiert ist und $\mathbf{Z}^n$ endlich erzeugt ist.

Kommen wir schließlich zur Klassifikation der endlich präsentierten abelschen Gruppen. Dazu wiederholen wir zunächst den Begriff der *Ähnlichkeit* zweier Matrizen, der aus der Linearen Algebra bekannt sein sollte, wenn vielleicht auch nicht über den ganzen Zahlen: Seien $R$ und $R'$ zwei $(n \times m)$-Matrizen über den ganzen Zahlen. Dann heißen $R$ und $R'$ genau dann *ähnlich*, wenn es eine Matrix $S \in \mathrm{GL}_n(\mathbf{Z})$ und eine Matrix $T \in \mathrm{GL}_m(\mathbf{Z})$ mit

$R' = SRT$ gibt. Ähnlichkeit ist eine Äquivalenzrelation. (Analog können wir offensichtlich Ähnlichkeit für Matrizen mit Einträgen in $\mathbf{Q}$, $\mathbf{R}$, etc. definieren.)

Der Begriff der Ähnlichkeit ganzzahliger Matrizen ist deswegen für uns wichtig, weil wir folgende Aussage haben:

**Proposition 2.25** *Seien $R$ und $R'$ zwei ähnliche $(n \times m)$-Matrizen über den ganzen Zahlen. Dann definieren $R$ und $R'$ isomorphe endlich präsentierte abelsche Gruppen, das heißt jeweils vollständige Relationen für dieselbe endlich präsentierte abelsche Gruppe.*

Um endlich präsentierte abelsche Gruppen zu klassifizieren, reicht es damit offensichtlich, ganzzahlige Matrizen bis auf Ähnlichkeit zu betrachten.

*Beweis* Sei $R' = SRT$ für Matrizen $S$ und $T$. Wir haben folgendes Diagramm

$$
\begin{array}{ccccccc}
\mathbf{Z}^m & \xrightarrow{R} & \mathbf{Z}^n & \xrightarrow{f} & A & \longrightarrow & 0 \\
{\scriptstyle T}\uparrow & & \downarrow{\scriptstyle S} & & & & \\
\mathbf{Z}^m & \xrightarrow[R']{} & \mathbf{Z}^n & \xrightarrow[f']{} & A' & \longrightarrow & 0
\end{array}
$$

exakter Sequenzen, wobei $A = \mathbf{Z}^n/\mathrm{im}\, R$, $A' = \mathbf{Z}^n/\mathrm{im}\, R'$ und wir jede der Matrizen $S$, $T$, $R$ und $R'$ auch für die Linksmultiplikation mit diesen Matrizen steht. Wir müssen zeigen, dass $A$ und $A'$ zueinander isomorph sind. Dazu betrachten wir den Gruppenhomomorphismus

$$ g : A \to A', \quad f(v) \mapsto f'(S(v)). $$

Dieser ist wohldefiniert, denn ist $f(v_1) = f(v_2)$, so gilt $v_1 - v_2 = R(w)$ für ein $w$ und damit

$$ f'(S(v_1)) - f'(S(v_2)) = f'(S(v_1 - v_2)) = f'(S(R(w))) = f'(R'(T^{-1}(w))) = 0. $$

Es ist $g$ injektiv, denn ist $g(f(v)) = 0$, so ist $f'(S(v)) = 0$, womit $S(v) = R'(w)$ für ein $w$ gilt, also

$$ f(v) = f(S^{-1}(R'(w))) = f(R(T(w))) = 0. $$

Schließlich ist $g$ surjektiv, da $S$ und $f'$ und damit $f' \circ S$ surjektiv sind. Folglich ist $g$ ein gesuchter Isomorphismus zwischen $A$ und $A'$. $\qquad\square$

Sind Darstellungsmatrizen zweier endlich präsentierter abelscher Gruppen ähnlich, so sind die abelschen Gruppen isomorph.

Wir wiederholen kurz die wichtigsten Aussagen für die Ähnlichkeitsrelation einer Matrix $R$:

- Multiplizieren wir die Matrix $R$ mit einer invertierbaren Matrix $S$ von links, so erhalten wir eine zu $R$ ähnliche Matrix. (Dies folgt offensichtlich sofort aus der Definition mit $T = I_m$.)
- Multiplizieren wir die Matrix $R$ mit einer invertierbaren Matrix $T$ von rechts, so erhalten wir entsprechend eine zu $R$ ähnliche Matrix.
- Vertauschen wir in $R$ zwei Zeilen, so erhalten wir eine zu $R$ ähnliche Matrix. Diese Matrix ist nämlich gerade $SR$, wobei die Matrix $S$ durch Vertauschung der entsprechenden Zeilen aus der Einheitsmatrix hervorgeht (und insbesondere Determinante $-1$ besitzt, also invertierbar ist).
- Vertauschen wir in $R$ zwei Spalten, so erhalten wir entsprechend eine zu $R$ ähnliche Matrix.
- Ist $R$ eine von der Nullmatrix verschiedene Matrix, so ist $R$ zu einer Matrix ähnlich, welche einen nichtverschwindenden Eintrag in der oberen linken Ecke besitzt. Dies folgt sofort aus den letzten beiden Aussagen.
- Addieren wir ein ganzzahliges Vielfaches einer Zeile auf eine andere Zeile in $R$, so erhalten wir eine zu $R$ ähnliche Matrix. Diese Matrix ist nämlich gerade $SR$, wobei die Matrix $S$ durch Addition des Vielfachen der entsprechenden einen Zeile auf die entsprechende andere Zeile aus der Einheitsmatrix hervorgeht (und diese hat Determinante 1, ist also invertierbar).
- Addieren wir ein ganzzahliges Vielfaches einer Spalte auf eine andere Spalte in $R$, so erhalten wir entsprechend eine zu $R$ ähnliche Matrix.
- Ist der Eintrag in der oberen linken Ecke einer Matrix $R$ ein gemeinsamer Teiler aller Einträge der ersten Zeile und der ersten Spalte, so ist $R$ ähnlich zu einer Matrix, deren erste Zeile und erste Spalte nur aus verschwindenden Einträgen besteht, eventuell abgesehen von dem in der oberen linken Ecke. Dies folgt sofort aus den letzten beiden Aussagen.
- Ist $R$ eine Blockdiagonalmatrix mit Blöcken $R_1, \dots, R_r$ und sind die $R_i$ jeweils ähnlich zu Matrizen $R_i'$, so ist $R$ zu der aus den Blöcken $R_1', \dots, R_n'$ gebildeten Blockdiagonalmatrix $R'$ ähnlich. Gilt nämlich jeweils $R_i' = S_i R T_i$, so ist $R' = SRT$, wobei $S$ und $T$ aus den Blöcken $S_i$ bzw. $T_i$ gebildete Blockdiagonalmatrizen sind.
- Sei $R$ eine Matrix, deren Eintrag $a$ oben links von null verschieden ist und deren zweiter Eintrag in der ersten Spalte $b$ sei. Sei $d$ der größte gemeinsame Teiler von $a$ und $b$. Dann ist $R$ ähnlich zu einer Matrix $R'$, deren Eintrag oben links $d$ ist, deren zweiter Eintrag der ersten Spalte verschwindet und die mit $R$ in allen Einträgen außerhalb der ersten beiden Zeilen und Spalten übereinstimmt. Für die Matrix $R'$ können wir nämlich $SR$ wählen, wobei die Matrix $S \in \mathrm{GL}_n(\mathbf{Z})$ wie folgt konstruiert ist: Es existieren ganze Zahlen $s$ und $t$ mit $sa + tb = d$. Weiter sind $\frac{b}{d}$ und $\frac{a}{d}$ ganze Zahlen. Damit hat die quadratische Matrix

$$S = \begin{pmatrix} s & t & & & \\ -\frac{b}{d} & \frac{a}{d} & & & \\ & & 1 & & \\ & & & \ddots & \\ & & & & 1 \end{pmatrix}$$

(wobei die nichteingezeichneten Einträge allesamt verschwinden mögen) Determinante 1, ist also invertierbar. Eine kurze Rechnung ergibt, dass dann $SR$ wie die geforderte Matrix aussieht, denn

$$\begin{pmatrix} s & t \\ -\frac{b}{d} & \frac{a}{d} \end{pmatrix} \cdot \begin{pmatrix} a & u \\ b & v \end{pmatrix} = \begin{pmatrix} sa + tb & su + tv \\ -\frac{ba}{d} + \frac{ab}{d} & -\frac{bu}{d} + \frac{av}{d} \end{pmatrix} = \begin{pmatrix} d & su + tv \\ 0 & \frac{-bu+av}{d} \end{pmatrix}.$$

- Sei $R$ eine Matrix, deren Eintrag $a$ oben links von null verschieden ist und dessen zweiter Eintrag in der ersten Zeile $b$ sei. Sei $d$ der größte gemeinsame Teiler von $a$ und $b$. Dann ist $R$ entsprechend ähnlich zu einer Matrix $R'$, deren Eintrag oben links $d$ ist, deren zweiter Eintrag der ersten Zeile verschwindet und die mit $R$ in allen Einträgen außerhalb der ersten beiden Zeilen und Spalten übereinstimmt.

- Sei $R$ eine Matrix, deren Eintrag oben links von null verschieden ist. Dann ist $R$ zu einer Matrix $R'$ ähnlich, deren Eintrag oben links der größte gemeinsame Teiler aller Einträge der ersten Spalte von $R$ ist und deren übrige Einträge der ersten Spalte alle verschwinden. Dies folgt aus der Tatsache, dass wir bis auf Ähnlichkeit Zeilen vertauschen dürfen, und wiederholter Anwendung der vorletzten Aussage.

- Sei $R$ eine Matrix, deren Eintrag oben links von null verschieden ist. Dann ist $R$ entsprechend zu einer Matrix $R'$ ähnlich, deren Eintrag oben links der größte gemeinsame Teiler aller Einträge der ersten Zeile von $R$ ist und deren übrige Einträge der ersten Zeile alle verschwinden.

- Sei $R$ eine (nicht notwendigerweise quadratische) Diagonalmatrix. Dann ist $R$ zu einer Diagonalmatrix $R'$ ähnlich, sodass der erste Eintrag auf der Diagonalen ein Teiler des zweiten Elementes auf der Diagonalen ist und die mit $R$ in allen Diagonalelementen außerhalb der ersten beiden übereinstimmt. Für die Matrix $R'$ können wir nämlich $SRT$ wählen, wobei die Matrizen $S \in \mathrm{GL}_n(\mathbf{Z})$ und $T \in \mathrm{GL}_m(\mathbf{Z})$ wie folgt konstruiert sind: Seien $a$ und $b$ die beiden ersten Diagonaleinträge von $R$ und $d$ ihr größter gemeinsamer Teiler, sodass wir ganze Zahlen $s$ und $t$ mit $sa + tb = d$ finden. Dann sind

$$S = \begin{pmatrix} s & t & & & \\ -\frac{b}{d} & \frac{a}{d} & & & \\ & & 1 & & \\ & & & \ddots & \\ & & & & 1 \end{pmatrix}, \qquad T = \begin{pmatrix} 1 & -\frac{tb}{d} & & & \\ 1 & \frac{sa}{d} & & & \\ & & 1 & & \\ & & & \ddots & \\ & & & & 1 \end{pmatrix}$$

geeignete Matrizen der Determinante 1 (also insbesondere invertierbare), wie eine kurze Rechnung zeigt. Es gilt nämlich

$$\begin{pmatrix} s & t \\ -\frac{b}{d} & \frac{a}{d} \end{pmatrix} \cdot \begin{pmatrix} a & 0 \\ 0 & b \end{pmatrix} \cdot \begin{pmatrix} 1 & -\frac{tb}{d} \\ 1 & \frac{sa}{d} \end{pmatrix} = \begin{pmatrix} d & 0 \\ 0 & \frac{ab}{d} \end{pmatrix}.$$

- Sei $R$ eine (nicht notwendigerweise quadratische) Diagonalmatrix. Dann ist $R$ zu einer Diagonalmatrix $R'$ ähnlich, deren Einträge $d_1$, $d_2$, $d_3$, …die Eigenschaft haben, dass jeweils $d_i$ ein Teiler von $d_{i+1}$ ist. Dies folgt aus der Tatsache, dass wir bis auf Ähnlichkeit Spalten und Zeilen vertauschen dürfen und wiederholter Anwendung der vorletzten Aussage.

Nach diesen einzeln elementaren Vorüberlegungen ist es ganz leicht, den folgenden Satz zu beweisen, welcher in gewisser Weise eine Erweitung des Gauß–Jordan-Algorithmus für ganzzahlige Matrizen ist:

**Theorem 2.5** *Seien $n, m \in \mathbf{N}_0$. Sei $R$ eine $(n \times m)$-Matrix mit ganzzahligen Einträgen. Dann ist $R$ zu einer Matrix der Form*

$$D = \begin{pmatrix} d_1 & 0 & \cdots & & & \\ 0 & d_2 & \ddots & & & \\ \vdots & \ddots & \ddots & & & \\ & & & d_r & & \\ & & & & 0 & \\ & & & & & \ddots \end{pmatrix}$$

*(alle Einträge außerhalb der Diagonalen sind null) ähnlich, wobei wir die $d_i \in \mathbf{Z}$ so wählen können, dass $d_i$ jeweils ein Teiler von $d_{i+1}$ ist.*

Die Matrix $D$ heißt (die) *smithsche*[10] *Normalform* von $R$ und die Einträge $d_i$ heißen die *Elementarteiler* von $R$. (Wir werden später sehen, dass die Elementarteiler im Wesentlichen eindeutig sind.) Da Multiplikation einer Zeile mit $-1$ ebenfalls eine Äquivalenzumformung ist, können wir sogar erreichen, dass alle $d_1$ natürliche Zahlen sind.

*Beweis* Wir zeigen, dass $R$ ähnlich zu einer Diagonalmatrix ist, von der wir nach unseren Vorüberlegungen schon wissen, dass sie ähnlich zu einer Diagonalmatrix ist, deren Diagonaleinträge sich sukzessiv teilen. Wir führen den Beweis per Induktion über die Größe von $R$. Dazu reicht es zu zeigen, dass $R$ ähnlich zu einer Matrix $R'$ ist, deren erste Zeile und erste Spalte bis eventuell auf einen Eintrag in der oberen linken Ecke verschwinden,

---

[10] Henry John Stephen Smith, 1826–1883, englischer Mathematiker.

denn dann können wir, wieder nach unseren Vorüberlegungen, die Induktionsvoraussetzung auf die Untermatrix von $R'$ anwenden, die sich durch Streichen der ersten Zeile und Spalte ergibt.

Wir können annehmen, dass der Eintrag in der oberen linken Ecke von $R$ nicht verschwindet. Nach den Vorüberlegungen ist $R$ ähnlich zu einer Matrix $R_1$, deren erste Spalte verschwindet, abgesehen von der linken oberen Ecke, deren Eintrag $e_1$ der größte gemeinsame Teiler der Einträge der ersten Spalte von $R$ ist. Die Matrix $R_1$ wiederum ist ähnlich zu einer Matrix $R_2$, deren erste Zeile verschwindet, abgesehen von der linken oberen Ecke, deren Eintrag $e_2$ der größte gemeinsame Teiler der Einträge der ersten Zeile von $R_1$ ist. Insbesondere ist also $e_2$ ein Teiler von $e_1$. Entsprechend ist die Matrix $R_2$ wiederum ähnlich zu einer Matrix $R_3$, deren erste Spalte verschwindet, abgesehen von der linken oberen Ecke, deren Eintrag $e_3$ der größte gemeinsame Teiler der Einträge der ersten Spalte von $R_2$ ist. Insbesondere ist also $e_3$ ein Teiler von $e_2$. Setzen wir das Verfahren fort, erhalten wir also eine Folge $e_1$, $e_2$, $e_3$, … natürlicher Zahlen, sodass jeweils $e_{i+1}$ ein Teiler von $e_i$ ist. Damit ist diese Folge monoton fallend, stabilisiert also irgendwann. Das heißt, es gibt einen Index $i$, sodass $e_i = e_{i+1}$ ist. Nach Konstruktion ist damit $e_i$ ein gemeinsamer Teiler aller Einträge der ersten Zeile und Spalte von $R_i$, das heißt, $R_i$ — und damit auch $R$ — ist ähnlich zu einer Matrix, deren erste Zeile und Spalte eventuell abgesehen von einem Eintrag in der oberen linke Ecke verschwinden.                                                                    □

> Jede ganzzahlige Matrix ist zu einer Diagonalmatrix (in smithscher Normalform) ähnlich.

*Beispiel 2.53* Wir wollen die smithsche Normalform der Matrix

$$A = \begin{pmatrix} 1 & 2 & 3 \\ 4 & 5 & 6 \\ 7 & 8 & 9 \end{pmatrix}$$

bestimmen. Dazu stellen wir fest, dass jeder einzelne der folgenden Schritte eine elementare Äquivalenzumformung ist:

$$\begin{pmatrix} 1 & 2 & 3 \\ 4 & 5 & 6 \\ 7 & 8 & 9 \end{pmatrix} \sim \begin{pmatrix} 1 & 0 & 0 \\ 4 & -3 & -6 \\ 7 & -6 & -12 \end{pmatrix} \sim \begin{pmatrix} 1 & 0 & 0 \\ 0 & -3 & -6 \\ 0 & -6 & -12 \end{pmatrix} \sim \begin{pmatrix} 1 & 0 & 0 \\ 0 & -3 & 0 \\ 0 & 0 & 0 \end{pmatrix}$$

$$\sim \begin{pmatrix} 1 & 0 & 0 \\ 0 & 3 & 0 \\ 0 & 0 & 0 \end{pmatrix}$$

Die Elementarteiler von $A$ sind also durch 1, 3 und 0 gegeben.

Die Elementarteiler der Telefonmatrix sind durch 1, 3 und 0 gegeben.

Mithilfe von Theorem 2.5 können wir folgende Strukturaussage für endlich präsentierte abelsche Gruppen machen, den sogenannten Hauptsatz über endlich präsentierte abelsche Gruppen:

**Theorem 2.6** *Sei A eine endlich präsentierte abelsche Gruppe. Dann existieren von 1 verschiedene natürliche Zahlen $d_1$, $d_2$, ..., $d_n$, sodass jeweils $d_{i-1}$ ein Teiler von $d_i$ ist und dass A isomorph zum direkten Produkte*

$$\mathbf{Z}/(d_1) \times \cdots \times \mathbf{Z}/(d_n)$$

*ist. Die $d_1$, $d_2$, ..., $d_n$ sind durch A eindeutig bestimmt und heißen die* Elementarteiler *von A.*

Die Existenzaussage der $d_i$ ist schnell abgehandelt. Nach Theorem 2.5 und Proposition 2.25 können wir davon ausgehen, dass eine Darstellungsmatrix von $A$ in der Form

$$D = \begin{pmatrix} d_1 & 0 & \cdots & & & \\ 0 & d_2 & \ddots & & & \\ \vdots & \ddots & \ddots & & & \\ & & & d_r & & \\ & & & & 0 & \\ & & & & & \ddots \end{pmatrix}$$

vorliegt, wobei $D$ eine Matrix mit $n$ Zeilen und $m$ Spalten ist. Übersetzt in die Sprache der Erzeuger und Relationen bedeutet dies, dass es Erzeuger $a_1$, ..., $a_n$ von $A$ gibt, deren Relationen durch $d_i a_i = 0$ mit $i \in \{1, \ldots, n\}$ gegeben sind, wobei wir $d_i = 0$ für $i > r$ setzen. Es folgt, dass

$$\mathbf{Z}/(d_1) \times \cdots \times \mathbf{Z}/(d_n) \to A, \quad (k_1, \ldots, k_n) \mapsto a_1 k_1 + \cdots + a_n k_n$$

ein Isomorphismus endlich präsentierter abelscher Gruppen ist. Ist irgendeines der $d_i = 1$ (was in Theorem 2.6 ausgeschlossen worden ist), so dürfen wir den entsprechenden Faktor wegen $\mathbf{Z}/(1) = \mathbf{Z}/\mathbf{Z} = 1$ bis auf Isomorphie wegfallen lassen.

Zum Beweis fehlt noch die Eindeutigkeit der Elementarteiler. Bevor wir dazu kommen, benötigen wir jedoch noch einige Vorbereitungen, sodass wir zunächst ein Beispiel bringen möchten:

*Beispiel 2.54* Sei die endlich präsentierte abelsche Gruppe $A = \langle x, y, z \mid x + 4y + 7z, 2x + 5y + 8z, 3x + 6y + 9z \rangle$ gegeben. Eine Darstellungsmatrix ist dann

$$\begin{pmatrix} 1 & 2 & 3 \\ 4 & 5 & 6 \\ 7 & 8 & 9 \end{pmatrix},$$

deren Elementarteiler nach Beispiel 2.53 durch 1, 3 und 0 gegeben sind, das heißt also, $A$ ist isomorph zu

$$\mathbf{Z}/(1) \times \mathbf{Z}/(3) \times \mathbf{Z}/(0) \cong 1 \times \mathbf{Z}/(3) \times \mathbf{Z} \cong \mathbf{Z}/(3) \times \mathbf{Z},$$

wobei das Symbol „$\cong$" für die Existenz eines Gruppenisomorphismus' stehe.

Für die Eindeutigkeitsaussage benötigen wir vorweg einen Hilfssatz:

**Lemma 2.1**  *Sei $d_1, d_2, \ldots, d_n \in \mathbf{N}_0$ eine Folge natürlicher Zahlen, sodass $d_{i-1}$ jeweils ein Teiler von $d_i$ ist. Weiter gelte $d_i \neq 1$ für alle $i \in \{1, \ldots, n\}$. Dann kann die abelsche Gruppe $A = \mathbf{Z}/(d_1) \times \mathbf{Z}/(d_2) \times \cdots \times \mathbf{Z}/(d_n)$ von $n$ Elementen erzeugt werden, aber nicht von $n - 1$ Elementen.*

*Beweis (Beweis von Lemma 2.1).* Da Erzeuger der abelschen Gruppe $A$ durch die Elemente $(1, 0, \ldots, 0)$, $(0, 1, 0, \ldots, 0)$, $\ldots$, $(0, \ldots, 0, 1)$ gegeben sind, existiert zunächst einmal ein Erzeugendensystem mit $n$ Elementen. Es bleibt zu zeigen, dass es kein Erzeugendensystem mit (höchstens) $n - 1$ Elementen gibt. Dazu bemerken wir zunächst, dass

$$A = \mathbf{Z}/(d_1) \times \cdots \times \mathbf{Z}/(d_n) \to \mathbf{Z}/(d) \times \cdots \times \mathbf{Z}/(d) = (\mathbf{Z}/(d))^n,$$

$$(a_1, \ldots, a_n) \mapsto (a_1, \ldots, a_n) \quad (2.14)$$

ein wohldefinierter surjektiver Gruppenhomomorphismus ist, wenn wir $d = d_1$ setzen. Sei $R = \mathbf{Z}/(d)$.

Würde $A$ also $n - 1$ Erzeuger besitzen, würden ihre Bilder ein Erzeugendensystem von $R$ bilden, die abelsche Gruppe $R$ erlaubte also einen surjektiven Gruppenhomomorphismus $f : \mathbf{Z}^{n-1} \to R^n$. Wir wollen dies zu einem Widerspruch führen.

Sei dazu $F$ diejenige $(n \times (n - 1))$-Matrix, deren Einträge bis auf Vielfache von $d$ bestimmte ganze Zahlen sind, sodass die $j$-te Spalte von $F$ gerade $f(e_i)$ modulo $d$ (in jeder Komponente) ist. Sei $H$ die quadratische Matrix, die wir aus $F$ erhalten, indem wir eine Nullspalte anhängen. Aufgrund der Surjektivität von $f$ existiert zu jedem $i \in \{1, \ldots, n\}$ ein $g_i \in \mathbf{Z}^n$, sodass $f(g_i) = e_i$ modulo $d$. Fügen wir die $g_i$ zu Spalten einer quadratischen Matrix $G$ zusammen, so erhalten wir $HG = I_n$ modulo $d$. Damit gilt folglich $(\det H) \cdot (\det G) = \det I_n$ modulo $d$. Da $H$ ein Nullspalte besitzt, folgt $\det H = 0$, also $1 = \det I_n = 0$ modulo $d$, ein Widerspruch zu $d \neq 1$.                                                  $\square$

*Beweis (Beweis von Theorem 2.6)* Wie oben schon bemerkt, müssen wir nur noch die Eindeutigkeitsaussage beweisen. Dazu sei die endlich präsentierte abelsche Gruppe $A$ in der Form $A = \mathbf{Z}/(d_1) \times \cdots \times \mathbf{Z}/(d_n)$ mit den $d_i$ wie in Theorem 2.6 gegeben. Wir müssen zeigen, dass die $d_i$ schon durch $A$ festgelegt sind. Dazu stellen wir zunächst fest, dass nach Lemma 2.1 wenigstens $n$ durch $A$ festgelegt ist.

Ist $d$ eine ganze Zahl, so bezeichnen wir mit $Ad$ diejenige abelsche Gruppe, die aus allen $d$-fachen von Elementen von $A$ besteht, also $Ad = \{xd \mid x \in A\}$. Wir haben

$$Ad = \mathbf{Z}/(d_1)d \times \cdots \times \mathbf{Z}/(d_n)d.$$

Es ist $\mathbf{Z}/(d_i)d$ genau dann die triviale Gruppe, wenn $d$ ein ganzzahliges Vielfaches von $d_i$ ist. Genauer ist

$$\mathbf{Z}/(d_i)d \to \mathbf{Z}/(d_i/e), \quad d \mapsto 1$$

ein wohldefinierter Gruppenisomorphismus, wobei $e$ für den größten gemeinsamen Teiler von $d_i$ und $d$ steht. Folglich ist $d_i \geq 0$ diejenige kleinste natürliche Zahl, sodass $Ad$ von $n - i$ Elementen, aber nicht von $n - i - 1$ Elementen erzeugt werden kann. Damit ist $d_i$ durch $A$ eindeutig festgelegt. $\qquad\square$

Sind $A$ und $B$ zwei endlich präsentierte abelsche Gruppen, so ist $A \times B$ wieder eine endlich präsentierte abelsche Gruppe. Nach Theorem 2.6 existieren Elementarteiler $d_1, ..., d_n$ von $A$ und Elementarteiler $e_1, ..., e_m$ von $B$, sodass $A$ isomorph zu $\mathbf{Z}/(d_1) \times \cdots \times \mathbf{Z}/(d_n)$ und $B$ isomorph zu $\mathbf{Z}/(e_1) \times \cdots \times \mathbf{Z}/(e_m)$ ist. Folglich ist $A \times B$ isomorph zu

$$\mathbf{Z}/(d_1) \times \cdots \times \mathbf{Z}/(d_n) \times \mathbf{Z}/(e_1) \times \cdots \times \mathbf{Z}/(e_m).$$

Diese Darstellung ist allerdings keine gemäß Theorem 2.6, denn wir wissen nichts über die Teilbarkeitseigenschaften der $d_i$ im Vergleich mit den $e_j$ und umgekehrt. Wie kommen wir von dieser Produktdarstellung auf die Elementarteiler von $A \times B$? Eine Antwort gibt der sogenannte *chinesische Restsatz*, welcher zuerst in einem Lehrbuch von Sun Tzu[11] auftaucht:

**Proposition 2.26** *Seien $a_1, ..., a_n$ ganze Zahlen, sodass für alle $i \in \{1, ..., n\}$ die Zahl $a_i$ jeweils teilerfremd zu allen $a_j$ mit $j \neq i$ ist. Sei $a = a_1 a_2 \cdots a_n$. Dann ist*

$$f : \mathbf{Z}/(a) \to \mathbf{Z}/(a_1) \times \cdots \times \mathbf{Z}/(a_n), \quad k \mapsto (k, \cdots, k)$$

*eine wohldefinierter Isomorphismus abelscher Gruppen.*

*Beweis* Da die $a_i$ jeweils Teiler von $a$ sind, ist $f$ wohldefiniert, denn ist $k \in \mathbf{Z}$ bis auf Vielfache von $a$ bestimmt, so ist $k$ erst recht bis auf Vielfache von $a_i$ bestimmt. Um die

---

[11] Sun Tzu, zwischen dem 3. und dem 5. Jhd. v. Chr., chinesischer Mathematiker.

Injektivität zu zeigen, betrachten wir $k \in \mathbf{Z}$, sodass jeweils $k \equiv 0$ modulo $a_1, \ldots, a_n$. Es folgt, dass $k$ jeweils ein Vielfaches von $a_1, \ldots, a_n$ ist. Da die $a_1, \ldots, a_n$ nach Voraussetzung keine gemeinsamen Teiler besitzen, muss $k$ folglich ein Vielfaches von $a = a_1 \cdots a_n$ sein, also $k \equiv 0$ modulo $a$.

Es bleibt, die Surjektivität zu zeigen: Dazu reicht es offensichtlich, dass $(1, 0, \ldots, 0)$, $(0, 1, 0, \ldots, 0)$, ..., $(0, \ldots, 0, 1)$ im Bild liegen. Wir machen dies für $(1, 0, \ldots, 0)$ vor. Da $a_1$ zu $b = a_2 \cdots a_n$ teilerfremd ist, existieren ganze Zahlen $p$ und $q$ mit $1 = pa_1 + qb$. Setzen wir dann $k = 1 - pa_1 = qb$, so gilt $k \equiv 0$ modulo $b$, also auch modulo $a_i$ mit $i > 1$. Auf der anderen Seite gilt $k \equiv 1$ modulo $a_1$.  □

Die Aussage des chinesischen Restsatzes können wir auch so formulieren: Sei

$$X \equiv k_1 \quad (\mathrm{mod}\ a_1),$$
$$X \equiv k_2 \quad (\mathrm{mod}\ a_2),$$
$$\vdots$$
$$X \equiv k_n \quad (\mathrm{mod}\ a_n)$$

ein System von Kongruenzen, sodass die $a_i$ paarweise teilerfremd sind. Dann gibt es modulo $a = a_1 \cdots a_n$ genau eine ganzzahlige Lösung, die anstelle $X$ alle Kongruenzen erfüllt.

> Der chinesische Restsatz behandelt die Lösbarkeit von Systemen von Kongruenzen, bei denen die Moduli paarweise teilerfremd sind.

*Beispiel 2.55*  Wir wollen die Elementarteiler der endlich präsentierten abelschen Gruppe

$$A = \mathbf{Z}/(4) \times \mathbf{Z}/(6)$$

bestimmen. Dazu stellen wir fest, dass $\mathbf{Z}/(6) \cong \mathbf{Z}/(2) \times \mathbf{Z}/(3)$ nach dem chinesischen Restsatz. Wiederum nach dem chinesischen Restsatz ist $\mathbf{Z}/(4) \times \mathbf{Z}/(3)$ isomorph zu $\mathbf{Z}/(12)$. Folglich ist $A$ isomorph zu

$$\mathbf{Z}/(2) \times \mathbf{Z}/(12).$$

Die Elementarteiler von $A$ sind also 2 und 12.

Der chinesische Restsatz liefert uns in Verbindung mit Theorem 2.6 allgemeiner folgende Darstellung abelscher Gruppen:

**Proposition 2.27** *Sei $A$ eine endlich präsentierte abelsche Gruppe. Dann ist $A$ isomorph zu einer abelschen Gruppe der Form*

$$\mathbf{Z}^r \times \mathbf{Z}/(p_1^{e_1}) \times \cdots \times \mathbf{Z}/(p_r^{e_r}),$$

*wobei $r \in \mathbf{N}_0$, die $p_1$, ..., $p_r$ Primzahlen und die $e_i$ positive natürliche Exponenten sind. Bis auf Reihenfolge der Faktoren ist diese Darstellung eindeutig.*

*Beweis* Nach Theorem 2.6 können wir davon ausgehen, dass $A$ von der Form $\mathbf{Z}/(d)$ ist. Im Falle von $d = 0$ ist $A = \mathbf{Z}$, und wir sind fertig. Andernfalls betrachten wir die Primfaktorzerlegung $d = p_1^{e_1} \cdots p_r^{e_r}$ mit paarweise verschiedenen Primzahlen $p_1$, ..., $p_r$ von $d$. Nach Proposition 2.26 gilt dann

$$\mathbf{Z}/(d) \cong \mathbf{Z}/(p_1^{e_1}) \times \cdots \times \mathbf{Z}/(p_r^{e_r}).$$

Es bleibt die Eindeutigkeitsaussage. Diese können wir aus der Eindeutigkeitsaussage von Theorem 2.6 folgern; die genaue Ableitung überlassen wir dem Leser.  □

---

Endlich präsentierte abelsche Gruppen sind isomorph zu Produkten der Form $\mathbf{Z}/(d)$. Mit dem chinesischen Restsatz können wir verschiedene solcher Darstellungen einer solchen Gruppe ineinander überführen.

---

## Zusammenfassung

- Eine **Gruppe** ist ein abstraktes Konzept, welches sich durch natürliche Verallgemeinerung der Eigenschaften einer Permutationsgruppe ergibt. Die strukturerhaltenden Abbildungen zwischen Gruppen heißen **Gruppenhomomorphismen.**
- Interessante Beispiele (unendlicher) Gruppen werden durch diverse **Matrixgruppen** gegeben, wie die allgemeine lineare Gruppe, die spezielle lineare Gruppe oder die orthogonale Gruppe.
- **Untergruppen** sind genau die Bilder von Gruppenhomomorphismen.
- Wir untersuchen Gruppen, weil wir uns für die **Wirkung** von Gruppen auf Mengen interessieren. Operiert eine Gruppe auf einer Menge, so zerfällt die Menge in **Bahnen** der Gruppenwirkung. Die Bahnen der Länge 1 sind die **Fixpunkte** der Wirkung.
- **Normalteiler** sind genau die Kerne von Gruppenhomomorphismen.
- Die **galileische Gruppe,** die Gruppe der Bewegungen im euklidischen Raum, ist ein **halbdirektes Produkt** der Translationsgruppe mit der Drehgruppe.

- Jede endliche Gruppe besitzt eine **Kompositionsreihe.** Deren einfache Faktoren sind bis auf Reihenfolge festgelegt und können als Primfaktoren der Gruppe angesehen werden.
- Die **sylowschen Sätze** machen Aussagen über $p$-Untergruppen endlicher Gruppen.
- Jede ganzzahlige Matrix ist ähnlich zu einer Diagonalmatrix in **smithscher Normalform.**
- **Endlich präsentierte abelsche Gruppen** lassen sich vollständig klassifizieren.

**Aufgaben**

*Gruppen und Gruppenhomomorphismen*

**2.1** Gibt es auf der Menge aller rationaler Zahlen eine Gruppenstruktur, sodass die Gruppenverknüpfung die Multiplikation ist?

**2.2** Finde zwei quadratische Matrizen $A$, $B$ gleicher Größe über den rationalen Zahlen, sodass $A \cdot B \neq B \cdot A$.

**2.3** Sei $G$ eine Gruppe und $e \in G$ ein Element, sodass $e \cdot x = x$ für alle Elemente $x$ aus $G$ gilt. Zeige, dass dann schon $e = 1$.

**2.4** Sei $G$ eine Gruppe. Seien $a$ und $b$ zwei Gruppenelemente. Gesucht seien Gruppenelemente $x$, welche die Gleichung

$$ax = b$$

erfüllen. Zeige, dass es genau eine Lösung $x$ gibt.

**2.5** Kannst Du die Logarithmengesetze durch eine Homomorphieeigenschaft ausdrücken?

**2.6** Sei $n$ eine ganze Zahl. Ist für eine allgemeine Gruppe $G$ die Potenzabbildung

$$G \to G, \quad x \mapsto x^n$$

ein Gruppenhomomorphismus?

**2.7** Sei $G$ eine Gruppe. Sei weiter $y$ ein Element in $G$. Zeige, dass die *Konjugation* $G \to G, x \mapsto yxy^{-1}$ ein Gruppenisomorphismus ist.

**2.8** Sei $G$ eine Gruppe mit der Eigenschaft, dass $x^2 = 1$ für jedes Element $x \in G$ gilt. Zeige, dass $G$ eine abelsche Gruppe ist.

**2.9** Seien $G$ und $H$ zwei zweielementige Gruppen. Zeige, dass $G$ und $H$ auf genau eine Art und Weise zueinander isomorph sind.

**2.10** Gib einen kanonischen Isomorphismus zwischen $\mathrm{Aut}(C_4)$ und $C_2$ an.

**2.11** Seien $G$ und $H$ zwei abelsche Gruppen. Zeige, dass dann auch $G \times H$ eine abelsche Gruppe ist.

**2.12** Wie gehabt, bezeichnen wir mit $C_2$ eine zyklische Gruppe der Ordnung 2 und mit $C_4$ eine zyklische Ordnung der Ordnung 4. Zeige, dass es keinen Isomorphismus zwischen den Gruppen $C_2 \times C_2$ und $C_4$ gibt. Folgere, dass es nichtisomorphe endliche Gruppen gleicher Ordnung gibt.

**2.13** Sei $G$ eine Gruppe, sodass die Multiplikationsabbildung

$$\mu : G \times G \to G, \quad (x, y) \mapsto xy$$

ein Gruppenhomomorphismus ist. Zeige, dass $G$ abelsch ist.

**2.14** Seien $G$ und $H$ zwei Gruppen. Seien $g \in G$ und $h \in H$. Zeige, dass

$$1, gh, ghgh, ghghgh, \ldots$$

paarweise verschiedene Elemente von $G * H$ sind, falls $g \neq 1$ und $h \neq 1$ gelten.

**2.15** Sei $G$ eine Gruppe. Gib einen kanonischen Gruppenisomorphismus von $G * 1$ nach $G$ an, wobei 1 die triviale Gruppe bezeichnet.

**2.16** Zeige, dass $11'(-1)(-1')$ in $\mathbf{Z} * \mathbf{Z}$ nichttrivial ist.

**2.17** Sei $V$ ein endlich-dimensionaler Vektorraum über $\mathbf{Q}$. Zeige, dass die Menge der Automorphismen von $V$ als Vektorraum mit der Menge der Automorphismen der additiven Gruppe $(V, +, 0)$ von $V$ übereinstimmt.

**2.18** Sei $V$ ein endlich-dimensionaler Vektorraum über $\mathbf{C}$. Zeige, dass es im Allgemeinen Automorphismen der additiven Gruppe $(V, +, 0)$ von $V$ gibt, welche keine Vektorraumautomorphismen sind.

*Untergruppen und Nebenklassen*

**2.19**  Seien $H_1$ und $H_2$ zwei Untergruppen einer Gruppe $G$. Es gelte $G = H_1 \cup H_2$, das heißt, jedes Element aus $G$ sei in (mindestens) einer der Untergruppen enthalten. Sei $H_1$ eine echte Teilmenge von $G$ (wir sprechen auch von einer *echten Untergruppe*). Zeige, dass dann schon $H_2 = G$ gelten muss.

**2.20**  Gib alle Links- und Rechtsnebenklassen in der symmetrischen Gruppe $S_3$ modulo $H := \{\mathrm{id}, (2, 3)\}$ an.

**2.21**  Sei $G$ eine endliche Gruppe von Primzahlordnung. Zeige, dass $G$ genau zwei endliche Untergruppen hat.

**2.22**  Zeige, dass jede zyklische Gruppe abelsch ist.

**2.23**  Gib alle Gruppenautomorphismen der ganzen Zahlen auf sich selbst an.

**2.24**  Zeige, dass die additive Gruppe der rationalen Zahlen nichtzyklisch ist.

**2.25**  Sei $\varphi : G \to H$ ein Gruppenhomomorphismus. Sei $x \in G$ ein Element endlicher Ordnung. Zeige, dass die Ordnung von $\varphi(x)$ ebenfalls endlich ist, und zwar ein Teiler der Ordnung von $x$.

**2.26**  Seien $x$ und $y$ zwei Elemente einer Gruppe $G$. Zeige, dass es einen Gruppenisomorphismus $\varphi : G \to G$ mit $\varphi(xy) = yx$ gibt.

**2.27**  Seien $x$ und $y$ zwei Elemente einer Gruppe $G$, sodass $xy$ endliche Ordnung hat. Zeige, dass dann auch $yx$ endliche Ordnung hat.

**2.28**  Sei $H$ eine endliche Untergruppe einer zyklischen Gruppe $G$. Zeige, dass $H$ eine endliche zyklische Gruppe ist.

**2.29**  Sei $G$ eine endliche Gruppe, sodass $\mathrm{Aut}(G)$ eine zyklische Gruppe ist. Zeige, dass $G$ abelsch ist.

*Gruppenwirkungen*

**2.30**  Sei $f : G \to H$ ein Gruppenhomomorphismus. Zeige, dass durch

$$G \times H \to H, \quad (g, h) \mapsto g \cdot h := f(g) \cdot h$$

eine Wirkung von $G$ auf $H$ definiert wird. Zeige weiter, dass dies im Falle, dass $f$ surjektiv ist, die einzige Wirkung von $G$ auf $H$ ist, bezüglich der $f$ eine $G$-äquivariante Abbildung wird.

**2.31** Sei $H$ eine Untergruppe einer Gruppe $G$. Definiere eine (Links-)Wirkung von $H$ auf $G$, sodass die Elemente des Quotienten von $G$ nach $H$ bezüglich dieser Wirkung in kanonischer Bijektion zu den Linksnebenklassen modulo $H$ in $G$ stehen.

**2.32** Seien $n$ und $m$ zwei natürliche Zahlen. Zeige, dass die Gruppe $G := \mathrm{GL}_n(\mathbf{Q}) \times \mathrm{GL}_m(\mathbf{Q})$ vermöge

$$G \times \mathrm{M}_{n,m}(\mathbf{Q}) \to \mathrm{M}_{n,m}(\mathbf{Q}), \quad ((S, T), A) \mapsto SAT^{-1}$$

auf der Menge der $(n \times m)$-Matrizen wirkt.

**2.33** Sei $G$ eine Gruppe. Seien $H$ und $H'$ zwei konjugierte Untergruppen von $G$. Gib einen Gruppenisomorphismus zwischen $H$ und $H'$ an.

**2.34** Berechne den Zentralisator von $(1, 2)$ in $S_4$.

**2.35** Seien $n$ und $m$ zwei natürliche Zahlen, deren Minimum mit $k$ bezeichnet sei. Die Gruppe $G := \mathrm{GL}_n(\mathbf{Q}) \times \mathrm{GL}_m(\mathbf{Q})$ wirke vermöge

$$G \times \mathrm{M}_{n,m}(\mathbf{Q}) \to \mathrm{M}_{n,m}(\mathbf{Q}), \quad ((S, T), A) \mapsto SAT^{-1}$$

auf der Menge der $(n \times m)$-Matrizen. Zeige, dass durch den Rang eine wohldefinierte Bijektion

$$\mathrm{rk} : G\backslash\mathrm{M}_{n,m}(\mathbf{Q}) \to \{0, \ldots, k\}, \quad A \mapsto \mathrm{rk}\, A$$

gegeben wird.

**2.36** Wirke eine Gruppe $G$ auf einer Menge $X$. Zeige, dass die Wirkung von $G$ auf $X$ genau dann frei ist, wenn die Abbildung

$$G \times X \to X \times X, \quad (g, x) \mapsto (gx, x)$$

injektiv ist.

**2.37** Eine endliche Gruppe wirke auf einer endlichen Menge. Ist die Länge einer Bahn der Operation immer ein Teiler der Gruppenordnung?

**2.38** Wirke eine endliche Gruppe auf einer endlichen Menge $X$. Zeige, dass endliche Untergruppen $H_1, \ldots, H_n$ von $G$ und ein Isomorphismus

$$G/H_1 \amalg \cdots \amalg G/H_n \to X$$

existieren, wobei jeder einzelne Summand der disjunkten Vereinigung auf der linken Seite durch Linkstranslation eine $G$-Wirkung bekommt.

**2.39** Eine endliche Gruppe der Ordnung 91 wirke auf einer endlichen Menge mit 71 Elementen. Zeige, dass die Operation mindestens einen Fixpunkt hat.

**2.40** Wirke eine endliche Gruppe $G$ auf einer endlichen Menge $X$. Für jedes Element $g \in G$ sei $d(g)$ die Menge der Bahnen der Wirkung der Untergruppe $\langle g \rangle$ in $X$.

Sei $Y$ eine weitere endliche Menge mit $t$ Elementen. Auf der Menge $Y^X$ der Funktionen von $X$ nach $Y$ wird eine kanonische Wirkung von $G$ durch

$$G \times Y^X \to Y^X, \quad (g, c) \mapsto (gc : X \to Y, x \mapsto c(g^{-1}x))$$

definiert. Zeige eine einfache Version des pólyaschen[12] Abzählungstheorems, nämlich:

$$|G \backslash Y^X| = \frac{1}{|G|} \sum_{g \in G} t^{d(g)}$$

*Normalteiler und Faktorgruppen*

**2.41** Sei $G$ eine Gruppe. Sei $(N_i)_{i \in I}$ eine Familie normaler Untergruppen von $G$. Zeige, dass $N := \bigcap_{i \in I} N_i$ wieder ein Normalteiler von $G$ ist.

**2.42** Sei $G$ eine Gruppe. Sei $H$ eine Untergruppe von $G$. Sei $(N_i)_{i \in I}$ die Familie aller Normalteiler von $G$, welche $H$ enthalten. Zeige, dass $\bigcap_{i \in I} N_i$ der normale Abschluss von $H$ in $G$ ist.

**2.43** Gib einen ausführlichen Beweis für Proposition 2.18.

**2.44** Sei $n \geq 3$. Gib einen Isomorphismus von der Dieder-Gruppe $D_n$ zu einer Gruppe mit zwei Erzeugern und zwei Relationen an.

**2.45** Zeige, dass jedes direkte Produkt zweier Gruppen auch als halbdirektes Produkt angesehen werden kann.

---

[12] George Pólya, 1887–1985, ungarischer Mathematiker.

**2.46**  Seien $G$ eine Gruppe, $N$ ein Normalteiler in $G$ und $H$ eine beliebige Untergruppe von $G$. Jedes Element von $G$ lasse sich als Produkt $nh$ mit $n \in N$ und $h \in H$ darstellen. Schließlich sei $N \cap H$ die triviale Gruppe. Gib eine Wirkung von $H$ auf $N$ an, sodass für das diesbezüglich konstruierte halbdirekte Produkt $N \rtimes H$ gilt, dass

$$N \rtimes H \to G, \quad (n, h) \mapsto nh$$

ein Gruppenisomorphismus ist.

**2.47**  Sei $n \geq 1$. Zeige, dass die orthogonale Gruppe $\mathrm{O}_n(\mathbf{R})$ isomorph zu einem halbdirekten Produkte von $\mathrm{SO}_n(\mathbf{R})$ mit $C_2$ ist.

**2.48**  Zeige, dass

$$\mathbf{R}^3 \rtimes \mathrm{SO}_3(\mathbf{R}) \to \mathrm{GL}_4(\mathbf{R}), \quad (b, A) \mapsto \left( \begin{array}{c|c} A & b \\ \hline 0\ 0\ 0 & 1 \end{array} \right)$$

ein injektiver Gruppenhomomorphismus von der galileischen Gruppe ist. Wir können die galileische Gruppe also auch als Matrizengruppe auffassen.

### Auflösbare Gruppen

**2.49**  Sei $f : G \to H$ ein Homomorphismus von Gruppen. Sei $K$ eine Untergruppe von $H$. Zeige, dass das Urbild $f^{-1}(K)$ eine Untergruppe von $G$ ist.

**2.50**  Sei $f : G \to H$ ein Homomorphismus von Gruppen. Sei $N$ ein Normalteiler von $H$. Zeige, dass das Urbild $f^{-1}(N)$ ein Normalteiler von $G$ ist.

**2.51**  Seien $G$ eine endliche Gruppe und $N$ ein endlicher Normalteiler in $G$. Zeige, dass $G$ genau dann auflösbar ist, wenn $G/N$ und $N$ auflösbare Gruppen sind.

**2.52**  Zeige, dass jede endliche $p$-Gruppe (also jede endliche Gruppe, deren Ordnung eine Primpotenz ist), auflösbar ist.

**2.53**  Zeige: Sind $N$ und $N'$ zwei auflösbare Normalteiler einer Gruppe $G$, so ist auch $N \cdot N' = \{ nn' \mid n \in N, n' \in N' \}$ ein auflösbarer Normalteiler von $G$.

**2.54**  Sei $G$ eine endliche Gruppe. Zeige, dass eine größter endlicher auflösbarer Normalteiler $N$ von $G$ existiert (das heißt, jeder endliche auflösbare Normalteiler von $G$ liegt in $N$ und $N$ ist endlicher auflösbarer Normalteiler).

*Die sylowschen Sätze*

**2.55**  Sei $p$ eine Primzahl. Seien $G$ eine endliche Gruppe und $H \subseteq K \subseteq G$ endliche Untergruppen. Zeige: Ist $H$ eine sylowsche $p$-Untergruppe zu $G$, so ist $H$ auch eine sylowsche $p$-Untergruppe zu $K$.

**2.56**  Sei $p$ eine Primzahl. Für eine endliche abelsche Gruppe $G$ sei $H$ diejenige endliche Teilmenge, die aus all jenen Elementen von $G$ besteht, deren Ordnung eine $p$-Potenz ist. Zeige, dass $H$ die einzige sylowsche $p$-Untergruppe von $G$ ist.

**2.57**  Gib alle sylowschen Untergruppen der alternierenden Gruppe $A_4$ an.

**2.58**  Zeige, dass jede endliche Gruppe der Ordnung 30 einen nichttrivialen sylowschen Normalteiler besitzt.

**2.59**  Zeige, dass jede endliche Gruppe der Ordnung 56 einen nichttrivialen sylowschen Normalteiler besitzt.

**2.60**  Jede endliche Gruppe der Ordnung 36 ist nicht einfach.

**2.61**  Es seien $p$ und $q$ zwei Primzahlen mit $p < q$, sodass $p$ kein Teiler von $q - 1$ ist. Zeige, dass jede endliche Gruppe der Ordnung $pq$ zyklisch ist.

*Endlich präsentierte abelsche Gruppen*

**2.62**  Sei $\varphi : A \to G$ ein surjektiver Gruppenhomomorphismus einer abelschen Gruppe $A$ auf eine Gruppe $G$. Zeige, dass $G$ dann notwendigerweise auch abelsch ist.

**2.63**  Zeige, dass die abelsche Gruppe $\mathbf{Z}/(2) \times \mathbf{Z}/(3)$ durch nur ein Element erzeugt werden kann. Warum ist dies kein Widerspruch zu Lemma 2.1?

**2.64**  Bestimme die Elementarteiler der Matrix

$$\begin{pmatrix} 2 & 6 & 8 \\ 3 & 1 & 2 \\ 9 & 5 & 4 \end{pmatrix}.$$

**2.65**  Gib bis auf Isomorphie alle endlichen abelschen Gruppen der Ordnung 24 an.

**2.66**  Gib bis auf Isomorphie alle endlichen abelschen Gruppen der Ordnung 180 an.

**2.67**  Sei $d$ eine ganze Zahl. Sei $A$ eine quadratische Matrix mit ganzzahligen Einträgen der Größe $n$. Es sei weiter $u$ ein Vektor mit ganzzahligen Einträgen und $n$ Zeilen, sodass $A \cdot u = 0$ modulo $d$ (komponentenweise). Zeige, dass dann auch $(\det A) \cdot u = 0$ modulo $d$.

**2.68**  Sei $A$ eine endliche abelsche Gruppe. Für jede Primzahl $p$ sei $A[p^\infty]$ die Untergruppe (!) derjenigen Elemente von $A$, deren Ordnung eine $p$-Potenz ist. Ist diese Untergruppe nichttrivial, heißt $p$ assoziierte Primzahl zu $A$ und $A[p^\infty]$ die $p$-primäre Komponente von $A$. Zeige, dass $A$ nur endliche viele assoziierte Primzahlen besitzt und dass $A$ isomorph zum direkten Produkte ihrer $p$-primären Komponenten ist.

**2.69**  Zeige die Eindeutigkeit der Darstellung in Proposition 2.27.

**2.70**  Sei $A$ eine $(n \times m)$-Matrix mit ganzzahligen Einträgen, deren Elementarteiler durch $d_1, d_2, ..., d_r$ mit $d_{i-1} \mid d_i$ gegeben seien. Sei $i \geq 1$. Mit $\lambda_i$ bezeichnen wir die größten gemeinsamen Teiler aller $i$-Minoren (das heißt Determinanten von $(i \times i)$-Untermatrizen) von $A$. Zeige, dass $\lambda_i = d_1 d_2 \cdots d_i$.

# Ringe 3

*Ringe sind die ultimativen Rechenbereiche. Die ganzen Zahlen
formen nur ein Beispiel.*

**Ausblick** Ringe sind eine natürliche Erweiterung des Konzepts der ganzen Zahlen: Ein
Ring ist eine Menge zusammen mit zwei Operationen, Addition und Multiplikation, sodass
die Addition die Struktur einer abelschen Gruppe induziert, während die Multiplikation die
Struktur eines Monoides definiert. Zusätzlich soll die Multiplikation distributiv über der
Addition sein.

Für uns von besonderem Interesse sind die kommutativen Ringe, das sind solche, in denen
die Multiplikation auch kommutativ ist. Beispiele sind neben dem Ring der ganzen Zahlen
etwa Polynomringe über (kommutativen) Ringen, Faktorringe (die wir in diesem Kapitel
kennenlernen wollen) und Ringe ganzer Zahlen in Zahlkörpern, denen wiederum ein großer
Teil dieses Kapitels gewidmet ist.

Wir werden uns fragen, welche Begrifflichkeiten und Aussagen sich von den ganzen
Zahlen auf allgemeine Ringe übertragen lassen. Dazu werden wir uns Dinge wie größte
gemeinsame Teiler, Irreduzibilität, Primelemente, Faktorisierung, Teilerfremdheit und noch
vieles mehr im Kontext abstrakter (kommutativer) Ringe anschauen.

Wir werden sehen, dass eine Primfaktorzerlegung in Elemente im Allgemeinen nicht
der richtige Begriff ist, sondern dass wir den Elementbegriff hier durch den Idealbegriff
ersetzen müssen und somit eher Faktorisierungen von Idealen als Produkte von Primidealen
betrachten sollten.

Das Kapitel schließt dann mit dem Satz, dass jeder Zahlring ein sogenannter dedekindscher Ring ist, das ist ein solcher, in dem wir im Wesentlichen immer Zerlegungen von
Idealen als Produkte von Primidealen haben.

© Springer-Verlag GmbH Deutschland, ein Teil von Springer Nature 2021
M. Nieper-Wißkirchen, *Abstrakte Galois-Theorie,*
https://doi.org/10.1007/978-3-662-63969-6_3

## 3.1    Ringe und Ringhomomorphismen

In Bd. 1 haben wir etwas salopp den Begriff *Rechenbereich* verwendet, wenn wir von den ganzen Zahlen, den rationalen Zahlen, den reellen Zahlen oder den komplexen Zahlen gesprochen haben. Allen diesen Rechenbereichen unterliegt dasselbe Konzept, nämlich das eines *Ringes*:

**Konzept 8**   Eine abelsche Gruppe $R = (R, +, 0)$ zusammen mit einem Element 1, genannt die *Eins*, und einer Abbildung $\cdot : R \times R \to R$, auch genannt *Multiplikation,* heißt ein *Ring*, falls folgende Axiome erfüllt sind:

- Die Struktur $(R, \cdot, 1)$ ist ein Monoid, genannt das *multiplikative Monoid* von $R$, das heißt also, $\cdot$ ist eine assoziative Verknüpfung und 1 ist neutrales Element dieser Verknüpfung.
- Die Multiplikation ist *distributiv* über die Addition, das heißt, für je drei Elemente $x$, $y$ und $z \in R$ gilt

$$x \cdot (y + z) = x \cdot y + x \cdot z \quad \text{und} \quad (y + z) \cdot x = y \cdot x + z \cdot x.$$

Der Ring heißt *kommutativ*, wenn das multiplikative Monoid von $R$ zusätzlich kommutativ ist, das heißt, das folgende Axiom ist zusätzlich erfüllt:

- Die Multiplikation ist kommutativ, das heißt, für je zwei Elemente $x$ und $y \in R$ gilt

$$x \cdot y = y \cdot x.$$

Zu jedem Ring gehören also zwei Verknüpfungen, nämlich $+$ und $\cdot$, und zwei ausgezeichnete Elemente, nämlich 0 und 1. Es gelten ganz analoge Bemerkungen wie beim Konzept der Gruppe: Das Symbol 1 ist ein abstraktes Element eines Ringes und muss im konkreten Falle nicht mit der Zahl 1 zusammenfallen, etc. Aufgrund der Assoziativität der Addition und Multiplikation können wir bei mehrfachen Summen bzw. Produkten Klammern weglassen. Es sei beachtet, dass die Addition eines Ringes immer kommutativ ist. Das Attribut *kommutativ* für einen Ring bezieht sich nur auf die (Nicht-)Kommutativität der Multiplikation.

> Kommutative Ringe verallgemeinern die Rechenoperationen und -gesetze, die von den ganzen Zahlen bekannt sind.

Wie im Falle des Gruppenkonzeptes lässt sich auch hier zeigen, dass die Eins eines Ringes schon eindeutig durch die Multiplikation festgelegt ist.

*Beispiel 3.1* Das Pendant zu einer trivialen Gruppe ist ein Nullring: Ist $R$ eine einelementige Menge, so existiert auf $R$ genau eine Struktur eines Ringes. In diesem Ring fallen die Elemente 0 und 1 zusammen. Ein solcher *Nullring* ist trivialerweise kommutativ. (Dass wir in einem Nullring offensichtlich $0 = 1$ schreiben können, sieht schlimmer aus, als es in Wirklichkeit ist: Wir müssen uns nur daran erinnern, dass 0 und 1 einfach Symbole für durch $R$ bestimmte konkrete – und in diesem Falle zusammenfallende – Objekte sind, und wir hier nicht etwa behaupten, die Zahl 0 wäre gleich der Zahl 1.)

*Beispiel 3.2* Die gewöhnliche Multiplikation auf den ganzen Zahlen macht die additive Gruppe der ganzen Zahlen zu einem Ring $\mathbf{Z}$.

Ebenso werden unsere anderen Zahlbereiche $\mathbf{Q}, \mathbf{R}, \overline{\mathbf{Q}}$ und $\mathbf{C}$ aus Bd. 1 zu Ringen.

*Beispiel 3.3* Wir erinnern an den Begriff eines Koeffizientenbereiches $K$ aus Bd. 1. Ein solcher Koeffizientenbereich $K$ ist durch $K = \mathbf{Q}(z_1, \ldots, z_n)$ gegeben, wobei $z_1$, ..., $z_n$ gewisse komplexe Zahlen sind. Bezeichnen wir die Menge der in $z_1$, ..., $z_n$ rationalen Zahlen über $\mathbf{Q}$ ebenfalls mit $K$, so wird $K$ zu einem Ring, wobei die Addition und die Multiplikation auf $K$ durch die Einschränkung der Addition bzw. Multiplikation von $\overline{\mathbf{Q}}$ auf $K$ definiert werden. In diesem Zusammenhang wird $K$ ein *Zahlkörper* genannt. Das einfachste Beispiel für einen Zahlkörper ist offensichtlich $\mathbf{Q}$. Andere Beispiele sind $\mathbf{Q}(\sqrt{2})$ oder $\mathbf{Q}(\sqrt[3]{2})$.

*Beispiel 3.4* Weitere Beispiele für Ringe kommen aus der algebraischen Zahlentheorie: Sei $K$ ein Zahlkörper. Mit $\mathcal{O}_K$ bezeichnen wir die Menge der Zahlen aus $K$, welche ganze algebraische Zahlen sind, welche also Nullstelle eines normierten Polynoms mit ganzzahligen Koeffizienten sind. Aus Bd. 1 wissen wir bereits, dass Summe und Produkt ganzer algebraischer Zahlen wieder ganze algebraische Zahlen sind. Damit wird $\mathcal{O}_K$ zu einem Ring, wenn wir die Addition und die Multiplikation auf $\mathcal{O}_K$ als Einschränkung der Addition bzw. Multiplikation von $K$ auf $\mathcal{O}_K$ definieren. Wir nennen $\mathcal{O}_K$ den *Ganzheitsring von $K$*.

Da eine rationale Zahl genau dann Nullstelle eines normierten Polynoms mit ganzzahligen Koeffizienten ist, wenn sie eine ganze Zahl ist, haben wir zum Beispiel $\mathcal{O}_{\mathbf{Q}} = \mathbf{Z}$.

Weitere Beispiele (an dieser Stelle ohne Beweis) sind

$$\mathcal{O}_{\mathbf{Q}(\mathrm{i})} = \mathbf{Z}[\mathrm{i}] = \{a + b\,\mathrm{i} \mid a, b \in \mathbf{Z}\},$$

der *Ring der ganzen gaußschen Zahlen* und

$$\mathcal{O}_{\mathbf{Q}(\sqrt{-3})} = \mathbf{Z}[\zeta_3] = \{a + b\zeta_3 \mid a, b \in \mathbf{Z}\},$$

der *Ring der eisensteinschen Zahlen.*

Ganzheitsringe sind kommutative Ringe, die den Ring der ganzen Zahlen verallgemeinern.

Alle bisher gebrachten Beispiele von Ringen waren kommutative Ringe. Es gibt aber auch
nichtkommutative Beispiele. Das Wichtigste ist vielleicht das folgende:

*Beispiel 3.5* Sei $n \geq 0$. Die Menge $M_n(\mathbf{Q})$ der quadratischen Matrizen der Größe $n$ mit
rationalen Einträgen bildet einen Ring, wenn wir die Addition als Matrizenaddition und die
Multiplikation als Matrizenmultiplikation definieren. (Die Null ist dann die Nullmatrix und
die Eins die Einheitsmatrix.) Dieser Ring ist für $n \geq 2$ nichtkommutativ.

Offensichtlich können wir das Beispiel auch auf $M_n(\mathbf{Z})$, $M_n(\mathbf{R})$, $M_n(\mathbf{C})$ oder allgemeiner
auf $M_n(R)$ ausweiten, wobei $R$ ein beliebiger Ring ist.

Matrizenringe sind im Allgemeinen nichtkommutativ.

Die meisten Ringe, mit denen wir uns im Folgenden beschäftigen werden, sind allerdings
kommutativ.

Für das Rechnen mit Ringelementen ist die folgende Proposition fundamental:

**Proposition 3.1** *Sei $R$ ein Ring. Für alle Ringelemente $x \in R$ gilt dann*

$$0 \cdot x = 0$$

*und*

$$x + (-1) \cdot x = 0,$$

*das heißt, das additive Inverse von $x$ ist gerade $(-1) \cdot x$.*

*Beweis* Nach dem Distributivgesetz gilt $0 \cdot x + 0 \cdot x = (0 + 0) \cdot x = 0 \cdot x$. Abziehen von
$0 \cdot x$ auf beiden Seiten liefert die erste zu beweisende Aussage. Diese benutzen wir für den
Beweis der zweiten:

$$x + (-1) \cdot x = 1 \cdot x + (-1) \cdot x = (1 + (-1)) \cdot x = 0 \cdot x = 0. \qquad \square$$

Aus Proposition 3.1 können wir zügig ein Kriterium herleiten, wann ein Ring ein Nullring
ist: Ist nämlich $R$ irgendein Ring, in dem $0 = 1$ gilt, so folgt für alle Ringelemente $x$, dass

$$x = 1 \cdot x = 0 \cdot x = 0,$$

das heißt, alle Ringelemente fallen mit der Null zusammen, $R$ ist also schon der Nullring. Die aus der Schule bekannte Regel, dass durch null nicht dividiert werden darf, können wir also übernehmen: In einem vom Nullring verschiedenen Ring darf nicht durch null dividiert werden.

Ist $R$ ein Ring, so ist das multiplikative Monoid von $R$ fast nie eine Gruppe: Andernfalls hätte nämlich unter anderem 0 ein multiplikatives Inverses, und wir könnten

$$1 = 0 \cdot 0^{-1} = 0$$

nach unseren Rechenregeln folgern, das heißt, $R$ wäre schon der Nullring. Wir können aus $R$ aber eine größtmögliche Gruppe extrahieren, nämlich die Menge all derjenigen Ringelemente, die ein multiplikatives Inverses besitzen (also *invertierbar* sind), das heißt die Menge

$$R^{\times} := \{x \in R \mid \exists y \in R : xy = 1 = yx\}.$$

Da das Produkt $xx'$ zweier invertierbarer Elemente $x$ und $x'$ mit Inversen $y$ und $y'$ wieder invertierbar ist (nämlich mit Inversen $y'y$), wird $R^{\times}$ vermöge der Multiplikationsabbildung von $R$ zu einer Gruppe.

**Definition 3.1** Sei $R$ ein Ring. Die Gruppe $R^{\times}$ heißt die *Einheitengruppe* (des multiplikativen Monoides) des Ringes $R$. Elemente der Einheitengruppe von $R$ heißen *Einheiten* (des multiplikativen Monoides) des Ringes $R$.

Unsere Betrachtungen von oben können wir also auch so formulieren: Ein Ring $R$ ist genau dann der Nullring, wenn $R = R^{\times}$.

> In nichttrivialen Ringen kann nicht jedes Element multiplikativ invertierbar sein. Diejenigen Elemente, die es sind, bilden die Einheitengruppe des Ringes.

*Beispiel 3.6* Die Einheitengruppe der ganzen Zahlen ist $\mathbf{Z}^{\times} = \{1, -1\}$.

Die Forderung, dass alle Elemente eines Ringes invertierbar sind, führt, wie gezeigt, offensichtlich nicht zu interessanten Ringen. Ganz anders sieht es aus, wenn wir die Forderung leicht abschwächen, wenn wir nämlich nur fordern, dass alle Elemente bis auf die Null (die oben benutzt worden ist, um $0 = 1$ zu folgern) invertierbar sind:

**Konzept 9** Ein Ring $K$ heißt *Schiefkörper*, wenn folgendes Axiom erfüllt ist:

• Jedes Element in $K$ ist entweder null oder eine Einheit, das heißt also,

$$K = K^\times \cup \{0\}$$

ist eine disjunkte Vereinigung.

Ein kommutativer Schiefkörper, das heißt ein kommutativer Ring, der ein Schiefkörper ist, heißt *Körper*.

Ein Schiefkörper ist folglich nie der Nullring. Insbesondere gilt immer $0 \neq 1$ in einem Schiefkörper.

In einem Schiefkörper und damit erst recht in einem Körper gilt immer $0 \neq 1$.

*Beispiel 3.7* Die rationalen Zahlen bilden offensichtlich einen Körper. In Bd. 1 haben wir außerdem gezeigt, dass jede algebraische Zahl entweder verschwindet oder invertierbar ist, das heißt, die algebraischen Zahlen $\overline{\mathbf{Q}}$ bilden ebenfalls einen Körper. Ebenso ist jeder Zahlkörper ein Körper[1].

Ein Ring, welcher kein (Schief-)Körper ist, ist zum Beispiel der Ring der ganzen Zahlen $\mathbf{Z}$.

*Beispiel 3.8* Wir wollen noch ein Beispiel für einen Schiefkörper geben, welcher kein Körper ist. Dazu definieren wir

$$K = \left\{ \begin{pmatrix} w & z \\ -\overline{z} & \overline{w} \end{pmatrix} \;\middle|\; w, z \in \overline{\mathbf{Q}} \right\} \subseteq \mathrm{M}_2(\overline{\mathbf{Q}}).$$

Durch Einschränkung der Addition und Multiplikation des Matrizenringes $\mathrm{M}_2(\overline{\mathbf{Q}})$ auf die Teilmenge $K$ (die bezüglich Addition und Multiplikation abgeschlossen ist!) wird $K$ selbst zu einem Ring. Bekanntlich besitzt eine Matrix genau dann eine multiplikative Inverse, wenn ihre Determinante invertierbar ist. Ist $A = \begin{pmatrix} w & z \\ -\overline{z} & \overline{w} \end{pmatrix}$ ein Element aus $K$, so gilt

$$\det A = w\overline{w} + z\overline{z} = |w|^2 + |z|^2.$$

Folglich ist $\det A$ genau dann null, wenn sowohl $w$ als auch $z$ null sind, also genau dann, wenn $A$ die Nullmatrix ist. Andernfalls ist $\det A$ invertierbar, und es zeigt sich, dass die

---

[1] Klassisch bilden auch die reellen Zahlen $\mathbf{R}$ und die komplexen Zahlen $\mathbf{C}$ jeweils einen Körper im Sinne unserer Definition. Konstruktiv ist können wir dies allerdings nicht beweisen, da wir z. B. für eine reelle Zahl im Allgemeinen nicht entscheiden können, ob sie verschwindet oder nicht, und die Menge der reellen Zahlen damit nicht in eine disjunkte Vereinigung von $\{0\}$ und $\mathbf{R} \setminus \{0\}$.

inverse Matrix wieder in $K$ liegt. Der Schiefkörper $K$ ist nichtkommutativ, denn es ist zum Beispiel

$$\begin{pmatrix} i & 0 \\ 0 & -i \end{pmatrix} \cdot \begin{pmatrix} 0 & 1 \\ -1 & 0 \end{pmatrix} - \begin{pmatrix} 0 & 1 \\ -1 & 0 \end{pmatrix} \cdot \begin{pmatrix} i & 0 \\ 0 & -i \end{pmatrix} = \begin{pmatrix} 0 & 2i \\ 2i & 0 \end{pmatrix} \neq 0.$$

Der Schiefkörper $K$ heißt der *Schiefkörper der algebraischen Quaternionen*.

> Die Quaternionen bilden einen Schiefkörper, der kein Körper ist.

Gruppen haben wir vermöge Gruppenhomomorphismen in Beziehung zueinander gesetzt. Das Entsprechende für Ringe sind die Ringhomomorphismen:

**Definition 3.2** Eine Abbildung $\varphi : R \to S$ zwischen zwei Ringen $R$ und $S$ heißt *Ringhomomorphismus*, falls $\varphi$ ein Gruppenhomomorphismus zwischen den additiven Gruppen von $R$ und $S$ ist und zusätzlich $\varphi(1) = 1$ und $\varphi(x \cdot y) = \varphi(x) \cdot \varphi(y)$ für beliebige Ringelemente aus $G$ gelten.

Dass $\varphi$ ein Homomorphismus der additiven Gruppen ist, können wir auch durch $\varphi(0) = 0$ und $\varphi(x + y) = \varphi(x) + \varphi(y)$ ausdrücken. Ist $n$ eine ganze Zahl und $x$ ein Ringelement, so folgt

$$\varphi(x \cdot n) = \varphi(x) \cdot n,$$

wobei $x \cdot n$ wie bei abelschen Gruppen wieder für die $n$-fache Summe von $x$ mit sich selbst steht.

Wie bei Gruppenhomomorphismen gilt analog bei Ringhomomorphismen, dass die Komposition von Ringhomomorphismen wieder ein Ringhomomorphismus ist und dass die identische Abbildung eines Ringes immer ein Ringhomomorphismus ist.

Einen bijektiven Ringhomomorphismus bezeichnen wir als *Ringisomorphismus*. In diesem Falle ist die Umkehrung ebenfalls ein Ringisomorphismus. Zwei Ringe heißen *isomorph*, wenn zwischen ihnen ein Ringisomorphismus existiert. Wie bei Gruppen ist die Isomorphie von Ringen eine Äquivalenzrelation. Je zwei Nullringe sind auf genau eine Art isomorph, sodass wir von *dem Nullring* sprechen können. Diesen symbolisieren wir passenderweise mit dem Symbol 0.

Jeder Ringisomorphismus eines Ringes $R$ auf sich selbst heißt ein *Automorphismus* dieses Ringes. Die Menge Aut$(R)$ der Automorphismen von $R$ bildet mit der Komposition als Gruppenverknüpfung eine Gruppe, die *Automorphismengruppe* des Ringes $R$.

Ein Ringhomomorphismus ist eine strukturerhaltende Abbildung zwischen Ringen. Gleichungen zwischen Ringelementen, die nur durch die Ringoperationen ausgedrückt werden, werden durch Ringhomomorphismen wieder auf Gleichungen abgebildet.

*Beispiel 3.9* Sei $R$ ein beliebiger Ring. Dann existiert genau ein Ringhomomorphismus $\varphi : \mathbf{Z} \to R$. Für diesen muss nämlich $\varphi(1) = 1$ gelten. Für eine ganze Zahl $n \in \mathbf{Z}$ folgt dann

$$\varphi(n) = \varphi(1 \cdot n) = \varphi(1) \cdot n = 1 \cdot n,$$

das heißt, $\varphi$ ist schon vollständig festgelegt. Schreiben wir kurz $n := 1 \cdot n \in R$, so muss $\varphi$ also durch

$$\varphi : \mathbf{Z} \to R, \quad n \mapsto n$$

gegeben sein. (Es sei beachtet, dass mit $n$ auf der linken Seite eine ganze Zahl, mit $n$ auf der rechten Seite ein Element aus $R$ bezeichnet wird.) Es lässt sich leicht nachprüfen, dass ein so definiertes $\varphi$ in der Tat ein Ringhomomorphismus ist.

Der Ring $\mathbf{Z}$ ist der *initiale Ring*, d. h., für jeden weiteren Ring $R$ gibt es einen eindeutig bestimmten Ringhomomorphismus $\mathbf{Z} \to R$.

*Beispiel 3.10* Sei $R$ ein beliebiger Ring. Dann existiert genau ein Ringhomomorphismus $\varphi : R \to 0$: Da der Nullring $0$ nur aus einem einzigen Elemente besteht, gibt es überhaupt nur genau eine Abbildung von $R$ nach $0$. Diese ist trivialerweise ein Ringhomomorphismus.

Der Nullring ist der *terminale Ring*, d. h., für jeden weiteren Ring $R$ gibt es einen eindeutig bestimmten Ringhomomorphismus $R \to 0$.

*Beispiel 3.11* Seien $R$ ein Ring und $n$ eine natürliche Zahl. Dann ist

$$R \to \mathrm{M}_n(R), \quad r \mapsto r \cdot I_n$$

ein Ringhomomorphismus.

Ringhomomorphismus sind mit dem Begriff einer Einheit verträglich: Sei etwa $\varphi : R \to S$ ein Ringhomomorphismus. Ist $x$ eine Einheit in $R$ mit Inversem $y \in R$, so ist $\varphi(x)$ eine Einheit in $S$ mit Inversem $\varphi(y)$, denn

$$\varphi(x) \cdot \varphi(y) = \varphi(xy) = \varphi(1) = 1$$

und analog $\varphi(y) \cdot \varphi(x) = 1$. Wir können dies auch kurz in der Form $\varphi(R^\times) \subseteq S^\times$ schreiben. Eine wichtige Konsequenz dieser Tatsache ist:

**Proposition 3.2** *Sei* $\varphi : K \to R$ *ein Ringhomomorphismus von einem Schiefkörper in einen Ring, der ungleich dem Nullring ist. Dann ist* $\varphi$ *injektiv.*

*Beweis* Der Ringhomomorphismus $\varphi$ ist genau injektiv, wenn der zugrunde liegende Homomorphismus der abelschen Gruppen von $K$ und $R$ injektiv ist, wenn also $\ker \varphi = \{x \in K \mid \varphi(x) = 0\}$ die triviale Gruppe 0 ist. Dazu sei $x \in K$ mit $\varphi(x) = 0$. Zu zeigen ist, dass $x = 0$. Da $0 \neq 1$ in $R$, kann $\varphi(x)$ keine Einheit in $R$ sein. Damit kann aber nach dem Vorhergehenden auch $x$ keine Einheit in $K$ sein. Da $K$ ein Schiefkörper ist, folgt $x = 0$. $\square$

> Ringhomomorphismen von (Schief-)Körpern in nichttriviale Ringe sind immer injektiv. Insbesondere sind Ringhomomorphismen zwischen Körpern immer injektiv. Im letzteren Fall nennt man diese auch Körperhomomorphismen.

Im Falle von Gruppen haben wir gezeigt, dass das Bild eines jeden Gruppenhomomorphismus eine Untergruppe ist. Indem wir den Begriff eines Unterringes geeignet definieren, können wir dasselbe für Ringhomomorphismen zeigen:

**Definition 3.3** Sei $R$ ein Ring. Ein *Unterring* $S$ von $R$ ist eine Untergruppe der additiven Gruppe von $R$ mit $1 \in R$ und $x \cdot y \in R$, wann immer $x, y \in R$.

Ein Unterring ist also eine unter Addition und Multiplikation abgeschlossene Teilmenge von $R$, welche zudem 0 und 1 enthält.

**Proposition 3.3** *Sei* $\varphi : R \to S$ *ein Homomorphismus zwischen Ringen $R$ und $S$. Dann ist sein* Bild

$$\operatorname{im}\varphi = \{\varphi(x) \mid x \in R\} \subseteq S$$

*ein Unterring von R.*

*Beweis* Zunächst ist $\operatorname{im}\varphi$ bekanntlich eine Untergruppe der additiven Gruppe von $S$. Weiter gilt $1 = \varphi(1) \in S$. Sind außerdem $\varphi(x)$ und $\varphi(y) \in S$, so folgt $\varphi(x) \cdot \varphi(y) = \varphi(x \cdot y) \in S$. $\square$

Bilder von Ringhomomorphismen können wir wieder als „typische" Unterringe ansehen: Ein jeder Unterring $S$ eines Ringes $R$ ist nämlich Bild der Inklusionsabbildung

$$\iota : S \to R, \quad x \mapsto x,$$

das heißt, alle Unterringe können als Bilder von Ringhomomorphismen realisiert werden.

> Homomorphe Bilder von Ringen sind Unterringe, und jeder Unterring ist homomorphes Bild eines Ringes.

Eng verknüpft mit dem Begriff des Ringhomomorphismus ist der Begriff der *Algebra*:

**Konzept 10**  Sei $R$ ein kommutativer Ring. Ein Ring $A$ zusammen mit einer Abbildung $\cdot : R \times A \to A$, auch genannt *Wirkung* von $R$ auf $A$), heißt eine *R-Algebra*, falls folgende Axiome erfüllt sind:

1. Die Wirkung $\cdot : R \times A \to A$ ist eine Wirkung des multiplikativen Monoides von $R$ auf $A$, das heißt, für jedes Element $a \in A$ und für Elemente $x, y \in R$ gelten die Gleichheiten:

$$1 \cdot a = a, \quad x \cdot (y \cdot a) = (xy) \cdot a.$$

2. Die Wirkung ist *distributiv* über die Addition, das heißt, für $x, y \in R$ und $a, b \in A$ gelten

$$(x + y) \cdot a = x \cdot a + y \cdot b$$

und

$$x \cdot (a + b) = x \cdot a + x \cdot b.$$

3. Die Wirkung ist bezüglich der Multiplikation auf $A$ *kommutativ*, das heißt, für je zwei Elemente $x, y \in R$ und $a, b \in A$ gilt

$$(x \cdot a) \cdot (y \cdot b) = (x \cdot y) \cdot (a \cdot b).$$

Wir definieren an dieser Stelle gleich den Begriff eines *Homomorphismus* von Algebren mit:

**Definition 3.4**  Sei $R$ ein kommutativer Ring. Ein Ringhomomorphismus $\varphi : S \to S'$ zwischen zwei $R$-Algebren $S$ und $S'$ heißt *Homomorphismus* von $R$-Algebren oder kurz *Algebrenhomomorphismus*, falls $\varphi$ bezüglich der Wirkung von $R$ äquivariant ist, das heißt, falls $\varphi(x \cdot a) = x \cdot \varphi(a)$ für alle $x \in R$ und $a \in S$ gilt.

*Beispiel 3.12*  Seien $R$ ein kommutativer Ring und $n$ eine natürliche Zahl. Vermöge der Wirkung

$$R \times M_n(R) \to M_n(R), \quad A \mapsto r \cdot A,$$

welche durch Multiplikation einer Matrix mit einem Skalar gegeben ist, wird der Matrizenring $M_n(R)$ zu einer $R$-Algebra.

Die quadratischen Matrizen (einer bestimmten Größe) über einem Ring bilden eine Algebra über diesem Ring.

*Beispiel 3.13* Sei $R$ ein kommutativer Unterring eines Ringes $S$. Die Einschränkung der Multiplikation auf $S$ definiert eine Wirkung

$$R \times S \to S, \quad (x, y) \mapsto x \cdot y,$$

vermöge der $S$ zu einer $R$-Algebra wird. In diesem Sinne ist etwa $\mathbf{C}$ eine $\mathbf{R}$-Algebra.

*Beispiel 3.14* Sei $\varphi : R' \to R$ ein Homomorphismus kommutativer Ringe. Ist dann $S$ eine $R$-Algebra, so können wir $S$ vermöge der Wirkung

$$R' \times S \to S, \quad (x', y) \mapsto \varphi(x') \cdot y$$

zu einer $R'$-Algebra machen. Versehen mit dieser Wirkung schreiben wir häufig auch $S^{R'}$ für $S$. (Eigentlich müsste in dieser Bezeichnung auch der Homomorphismus $\varphi$ eingehen; dieser muss sich allerdings aus dem Kontext ergeben.)

Ist $R$ ein kommutativer Ring und ist $S$ eine $R$-Algebra, so können wir die Abbildung

$$\varphi : R \to S, \quad x \mapsto x \cdot 1$$

(wobei 1 auf der rechten Seite für die Eins in $S$ steht) betrachten. Aus den Axiomen für eine Algebra folgt schnell, dass $\varphi$ ein Ringhomomorphismus ist.

Jede $R$-Algebra $S$ kommt also mit einem kanonischen Ringhomomorphismus $R \to S$ daher, den wir den *Strukturhomomorphismus* der $R$-Algebra $S$ nennen. Dieser hat die Eigenschaft, dass sein Bild im *Zentrum* (des multiplikativen Monoides) der Algebra $S$ liegt, das heißt, dass

$$\varphi(a) \cdot b = b \cdot \varphi(a)$$

für alle $a \in R$ und $b \in S$.

Umgekehrt definiert der Strukturhomomorphismus über

$$R \times S \to S, \quad (x, y) \mapsto \varphi(x) \cdot y \tag{3.1}$$

die Wirkung von $R$ auf $S$, denn sind $x \in R$ und $y \in S$, so gilt

$$x \cdot y = (x \cdot 1) \cdot (1 \cdot y) = (x \cdot 1) \cdot (1 \cdot y) = \varphi(x) \cdot y.$$

Ganz allgemein definiert (3.1) für jeden Ringhomomorphismus $\varphi : R \to S$, dessen Bild im Zentrum von $S$ liegt, die Struktur einer $R$-Algebra auf $S$. Wir können also sagen, dass $R$-Algebren nichts anderes als Ringe $S$ zusammen mit Ringhomomorphismen $R \to S$ sind, deren Bilder im Zentrum von $S$ liegen (wir wollen solche Ringhomomorphismen *zentral* nennen).

Sind $S$ und $S'$ zwei $R$-Algebren, so ist ein Algebrenhomomorphismus $\psi : S \to S'$ nichts anderes als ein Ringhomomorphismus, welcher mit den Strukturabbildungen $\varphi : R \to S$ und $\varphi' : R \to S'$ von $S$ bzw. $S'$ kommutiert, das heißt

$$\psi \circ \varphi = \varphi'.$$

Ist $R$ ein kommutativer Ring und $S$ irgendein Ring, so ist eine $R$-Algebrenstruktur auf $S$ gleichbedeutend zu einem Ringhomomorphismus $R \to S$, der im Zentrum von $S$ landet, im Falle, dass $S$ auch kommutativ ist, also zu einem beliebigen Ringhomomorphismus $R \to S$.

*Beispiel 3.15* Wir haben weiter oben gesehen, dass jeder Ring $R$ einen eindeutigen Ringhomomorphismus $\mathbf{Z} \to R$ zulässt. Wir können damit $R$ auf genau eine Art und Weise zu einer $\mathbf{Z}$-Algebra machen. Ringe sind also dasselbe wie $\mathbf{Z}$-Algebren. Die Wirkung einer ganzen Zahl ist natürlich die Vervielfachung.

Eine wichtige Quelle für Algebren sind die schon aus Bd. 1 bekannten Polynomringe, die wir an dieser Stelle für einen beliebigen kommutativen Ring einführen. Dazu überlegen wir uns schnell, dass der Begriff des Polynoms aus Bd. 1 nicht nur für rationale, ganzzahlige, reelle, algebraische oder komplexe Koeffizienten einen Sinn ergibt, sondern dass wir einen beliebigen kommutativen Ring $R$ zugrunde legen können. Addition und Multiplikation von Polynomen mit Koeffizienten in $R$ und Multiplikation von Polynomen mit einer Konstanten aus $R$ werden wie in Bd. 1 definiert. Wir können damit definieren:

**Konzept 11** Sei $R$ ein kommutativer Ring. Der *Polynomring* $R[X]$ über $R$ in der Variablen $X$ (oder auch die *Polynomalgebra*) ist diejenige (kommutative) $R$-Algebra, deren zugrunde liegende Menge die Menge der Polynome mit Koeffizienten aus $R$ ist, deren Null und Eins durch die konstanten Polynome 0 und 1 gegeben sind, deren Addition und Multiplikation durch die Addition und Multiplikation von Polynomen und deren Wirkung von $R$ durch die Multiplikation von Polynomen mit Konstanten gegeben sind.

Wir können in Analogie den Polynomring $R[X, Y]$ in zwei oder auch den Polynomring $R[X_1, \dots, X_n]$ in $n$ Variablen einführen. Wie sich der Leser schnell überlegen mag, besteht eine kanonische Isomorphie zwischen $R[X, Y]$ und dem „Polynomring über dem Polynomring" $R[X][Y]$ und analog zwischen $R[X_1, \dots, X_n]$ und $R[X_1] \cdots [X_n]$.

Polynomringe sind Algebren über dem Koeffizientenring.

In Bd. 1 haben wir für ein Ringelement $x \in R$ und ein Polynom $f(X)$ über $R$ die Einsetzung $f(x)$ definiert. Diese Einsetzung können wir mit unserem Begriff eines Homomorphismus auch wie folgt ausdrücken:

*Beispiel 3.16* Sei $R$ ein kommutativer Ring. Ist dann $S$ eine $R$-Algebra zusammen mit einem ausgezeichneten Element $s \in S$, so gibt es genau einen Homomorphismus $\varphi : R[X] \to S$, welcher $X$ auf $s$ abbildet, nämlich den durch

$$\varphi \left( \sum_i a_i X^n \right) = \sum_i a_i \varphi(X)^n = \sum_i a_i s^n,$$

wobei $a_i \in R$ gelte. Diese Abbildung heißt *Auswertungsabbildung* (in $s$) und wird mit

$$\varphi : R[X] \to S, \quad f(X) \mapsto f(s)$$

notiert.

Wir können die hier beschriebene Tatsache auch so beschreiben, dass die der $R$-Algebra $S$ zugrunde liegende Menge (der Elemente von $S$) in kanonischer Bijektion zu den Homomorphismen $R[X] \to S$ von $R$-Algebren steht.

Solche allgemeinen Auswertungsabbildungen sind zum Beispiel aus der Linearen Algebra aus dem Umfeld des Cayley–Hamiltonschen[2] Satzes bekannt: Ist nämlich $A \in M_n(R)$ eine quadratische Matrix über einem kommutativen Ringe $R$ mit charakteristischem Polynome $\chi_A(X) \in R[X]$, so sagt dieser Satz ja gerade aus, dass $\chi_A(A) = 0 \in M_n(R)$, wobei $\chi_A(A)$ das Bild von $\chi_A(X)$ unter der Auswertungsabbildung

$$R[X] \to M_n(R), \quad f(X) \mapsto f(A)$$

ist.

Wir erinnern an den Begriff *endlich erzeugt,* den wir für abelsche Gruppen definiert haben. Für Algebren über einem kommutativen Ringe $R$ gibt es denselben Begriff, der allerdings nicht mit dem für abelsche Gruppen verwechselt werden sollte, weil er etwas anderes bedeutet. Der Einfachheit halber betrachten wir nur kommutative Algebren:

**Definition 3.5** Eine kommutative $R$-Algebra $S$ heißt *endlich erzeugt,* falls es Elemente $y_1$, ..., $y_n$ von $S$ gibt, sodass jedes Element von $S$ ein polynomieller Ausdruck in den $y_i$ mit Koeffizienten aus $R$ ist. In diesem Falle nennen wir $y_1, ..., y_n$ ein Erzeugendensystem von $S$ und schreiben $S = R[y_1, \ldots, y_n]$.

---

[2] Sir William Rowan Hamilton, 1805–1865, irischer Mathematiker und Physiker.

Dass Elemente $y_1, \ldots, y_n$ ein Erzeugendensystem von $S$ als $R$-Algebra bilden, ist gleichbedeutend damit, dass der Einsetzungshomomorphismus

$$R[X_1, \ldots, X_n] \mapsto S, \quad X_i \mapsto y_i$$

surjektiv ist. Endlich erzeugte kommutative $R$-Algebren sind also nichts anderes als homomorphe Bilder von Polynomalgebren der Form $R[X_1, \ldots, X_n]$. (Dies ist in Analogie zu der Tatsache, dass endlich erzeugte abelsche Gruppen homomorphe Bilder von abelschen Gruppen der Form $\mathbf{Z}^n$ sind.)

> Endlich erzeugte kommutative $R$-Algebren sind homomorphe Bilder von Polynomringen (in endlich vielen Unbestimmten).

*Beispiel 3.17* Ist $K$ ein Zahlkörper, so ist $K$ (als Algebra) endlich erzeugt über $\mathbf{Q}$. Ist $L$ ein Zahlkörper über $K$ (das heißt, $L$ über $K$ ist eine Erweiterung von Koeffizientenbereichen), so ist $L$ endlich erzeugt über $K$.

Am Ende des Abschnitts wollen wir schließlich noch eine weitere Methode vorstellen, aus gegebenen Ringen neue Ringe zu gewinnen:

**Konzept 12** Seien $R$ und $S$ zwei Ringe. Das *direkte Produkt $R \times S$* von $R$ und $S$ ist der Ring, dessen zugrunde liegende additive Gruppe das direkte Produkt $R \times S$ der additiven Gruppen von $R$ und $S$ ist, dessen Eins durch $1 := (1, 1)$ und dessen Multiplikation durch

$$\cdot : (R \times S) \times (R \times S) \to (R \times S), \quad (x, y) \cdot (x', y') \mapsto (xx', yy')$$

gegeben ist.

(Natürlich sollte an dieser Stelle nachgerechnet werden, dass durch das so definierte direkte Produkt zweier Ringe in der Tat alle Ringaxiome erfüllt werden.) Sind $R$ und $S$ zwei kommutative Ringe, so ist auch das direkte Produkt $R \times S$ kommutativ.

   Am direkten Produkte können wir leicht studieren, dass unsere allgemeinen Ringe Eigenschaften haben können, welche wir nicht von unseren Zahlbereichen $\mathbf{Z}$, $\mathbf{Q}$, $\mathbf{R}$, etc. gewohnt sind. (Dieselbe Bemerkung würde aber auch auf Matrixringe zutreffen.)

   Betrachten wir etwa den (kommutativen) Ring $R = \mathbf{Z} \times \mathbf{Z}$ und dessen Elemente $x = (1, 0)$ und $y = (0, 1)$. Dann gilt offensichtlich $x \neq 0$ und $y \neq 0$, aber $x \cdot y = (1 \cdot 0, 0 \cdot 1) = (0, 0)$, das heißt, das Produkt zweier nichtverschwindender Elemente kann sehr wohl verschwinden. In einem allgemeinen (auch kommutativen) Ringe kann daher die Kürzungsregel $x \cdot y = 0 \implies y = 0$, falls $x \neq 0$, nicht gelten. Wegen $x \cdot y = 0$ nennen wir $x$ und $y$ auch *(nichttriviale) Nullteiler* in $R$.

Gilt für ein Element $x$ eines kommutativen Ringes allerdings die Kürzungsregel, also

$$x \cdot y = 0 \implies y = 0,$$

so heißt $x$ *regulär,* andernfalls *singulär.* Ist 0 in einem Ring ein reguläres Element, so folgt aus $0 \cdot 1 = 0$ also $1 = 0$, das heißt, 0 ist nur im Nullring ein reguläres Element.

In unseren Rechnungen in Bd. 1 haben wir viel Gebrauch von der Kürzungsregel in unseren Zahlbereichen gemacht. Bei unserer Verallgemeinerung des Zahlbereichbegriffes auf einen Ring sind wir also gewissermaßen über das Ziel geschossen, da es in allgemeinen Ringen von null verschiedene singuläre Elemente gibt. Wir grenzen die große Klasse beliebiger Ringe daher wieder etwas ein, indem wir ein engeres Konzept definieren:

**Konzept 13** Ein kommutativer Ring $R$ heißt *Integritätsbereich,* falls jedes Element in $R$ entweder null oder regulär ist.

In einem Integritätsbereich ist also $0 \neq 1$, und es gilt

$$x \cdot y = 0 \implies x = 0 \quad \text{oder} \quad y = 0$$

für alle $x, y \in R$ gilt. Wir sagen auch, ein Integritätsbereich ist ein *nullteilerfreier kommutativer Ring.*

In einem Integritätsbereich gilt die Kürzungsregel.

*Beispiel 3.18* Die ganzen Zahlen bilden einen Integritätsbereich.

*Beispiel 3.19* Ein Unterring eines Integritätsbereiches ist wieder ein Integritätsbereich.

In Bd. 1 haben wir schon bewiesen (wenn auch mit anderen Worten und nicht in dieser Allgemeinheit, wobei der Beweis jedesmal derselbe ist):

*Beispiel 3.20* Sei $R$ ein Integritätsbereich. Dann ist auch der Polynomring $R[X]$ ein Integritätsbereich.

Polynomeringe über Integritätsbereichen sind wieder Integritätsbereiche.

*Beispiel 3.21* Sei $K$ ein Körper. Dann ist $K$ ein Integritätsbereich. Gilt nämlich $x \cdot y = 0$ in $K$, so müssen wir $x = 0$ oder $y = 0$ zeigen. Da $K$ ein Körper ist, ist entweder $x = 0$

oder $x$ ist invertierbar. Im ersten Falle sind wir fertig. Im zweiten Falle multiplizieren wir
$x \cdot y = 0$ mit $x^{-1}$ und erhalten $y = 0$.

Körper sind Integritätsbereiche.

Ganz allgemein folgt wie in Beispiel 3.21, dass Einheiten in einem Ring immer regulär sind.

## 3.2    Ideale und Faktorringe

Bei Gruppen haben wir gesehen, dass wir Kerne von Gruppenhomomorphismen nicht als
Untergruppen, sondern als Normalteiler auffassen sollten (auch wenn jeder Normalteiler
eine Untergruppe ist). Ist $\varphi : R \to S$ ein Homomorphismus von Ringen, so können wir uns
entsprechend fragen, welche Eigenschaften der *Kern*

$$\ker \varphi = \{x \in R \mid \varphi(x) = 0\}$$

hat. Nach Definition ist $\ker \varphi$ der Kern des $\varphi$ zugrunde liegenden Homomorphismus zwischen den additiven Gruppen von $R$ und $S$ und ist damit sicherlich eine Untergruppe der
additiven Gruppe von $R$. Wir könnten vermuten, dass der Kern sogar ein Unterring von $R$ ist.
Dann müsste aber insbesondere 1 ein Element des Kernes sein, also würde $0 = \varphi(1) = 1$ in
$S$ gelten, $S$ müsste also der Nullring sein. Wir erhalten damit, dass der Kern eines Ringhomomorphismus im Allgemeinen kein Unterring ist. Der Kern hat aber eine andere Eigenschaft,
die wir in der folgenden Definition beschreiben:

**Definition 3.6**  Sei $R$ ein Ring. Eine Untergruppe $\mathfrak{a} \subseteq R$ der additiven Gruppe von $R$ heißt
*(beidseitiges) Ideal*, wenn $\mathfrak{a}$ abgeschlossen unter Multiplikation mit beliebigen Elementen
aus $R$ ist, wenn also $a \cdot x \in \mathfrak{a}$ und $x \cdot a \in \mathfrak{a}$ für beliebige Elemente $a \in R$ und $x \in \mathfrak{a}$ gelten.

(Das Adjektiv *beidseitig* bezieht sich darauf, dass $\mathfrak{a}$ unter Multiplikation mit beliebigen
Ringelementen von links *und* von rechts abgeschlossen ist.) Ist $x$ ein Element von $\ker \varphi$ und
$a \in R$ ein beliebiges Ringelement, so folgt

$$\varphi(a \cdot x) = \varphi(a) \cdot \varphi(x) = \varphi(a) \cdot 0 = 0,$$

also $a \cdot x \in \ker \varphi$. Analog können wir $x \cdot a \in \ker \varphi$ zeigen, das heißt, der Kern $\ker \varphi$ eines
jeden Ringhomomorphismus $\varphi : R \to S$ ist ein Ideal in $R$.

Vergleichen wir die Situation mit den Gruppen, könnten wir sagen, dass Kerne von Gruppenhomomorphismen nur zufällig Untergruppen sind, bzw. dass Normalteiler nur zufällig
Untergruppen sind.

*Beispiel 3.22*  Jede Untergruppe von **Z** ist automatisch ein Ideal, da Multiplikation mit Elementen aus **Z** einfach nur iterierte Addition (und Negierung) ist.

*Beispiel 3.23*  Sei $a$ eine ganze Zahl. Bezeichnen wir mit $(a)$ die Menge aller ganzzahligen Vielfachen von $a$ in **Z**, so ist $(a)$ ein Ideal im Ringe **Z**.

Das letzte Beispiel können wir verallgemeinern:

*Beispiel 3.24*  Sei $R$ ein kommutativer Ring und $a$ ein Element in $R$. Wir setzen

$$(a) := \{x \cdot a \mid x \in R\}$$

Dann ist $(a)$ ein Ideal in $R$, das von $a$ erzeugte *Hauptideal* von $R$.

Das Hauptideal $(1) = R$ heißt das *Einsideal*, das Hauptideal $(0) = \{0\}$ heißt das *Nullideal* von $R$.

Mithilfe des Hauptidealbegriffs in einem kommutativen Ringe $R$ können wir leicht umformulieren, was es für ein Ringelement $x$ bedeutet, eine Einheit zu sein: Ist $1 \in (x)$, so ist $1 = a \cdot x$ für ein Ringelement $a \in R$, das heißt, $x$ besitzt ein multiplikatives Inverses, nämlich $a$. Besitzt umgekehrt $x$ ein multiplikatives Inverses $a$, so ist $1 = a \cdot x \in (x)$. Da offensichtlich jedes Ideal, in welchem 1 enthalten ist, das Einsideal ist, ist $x \in R$ also genau dann eine Einheit, wenn $(x) = (1)$.

> Ein Ringelement ist genau dann eine Einheit, wenn das von dem Ringelement erzeugte Hauptideal das Einsideal ist.

*Beispiel 3.25*  Sei $R$ ein kommutativer Ring. Sind $a_1, \ldots, a_n$ Elemente von $R$, so bezeichnen wir mit

$$(a_1, \ldots, a_n) := \{x_1 \cdot a_1 + \cdots + x_n \cdot a_n \mid x_1, \ldots, x_n \in R\}$$

die Menge der $R$-Linearkombinationen der Elemente $a_1, \ldots, a_n$ in $R$. Es ist $(a_1, \ldots, a_n)$ ein Ideal, und zwar das kleinste Ideal von $R$, welches $a_1, \ldots, a_n$ enthält. Wir nennen $(a_1, \ldots, a_n)$ das von $a_1, \ldots, a_n$ *erzeugte* Ideal von $R$ und ganz allgemein Ideale dieser Form *endlich erzeugte Ideale*.

In Abschn. 2.7 haben wir gesehen, dass jedes endlich erzeugte Ideal von **Z** schon ein Hauptideal ist. Wesentliche Beweisidee war dabei die Existenz eines größten gemeinsamen Teilers $d$ zweier ganzer Zahlen $x$ und $y$ zusammen mit einer Darstellung der Form $d = px + qy$ mit $p, q \in \mathbf{Z}$. Dasselbe können wir aber auch im Polynomring über **Q** oder $\overline{\mathbf{Q}}$ oder allgemeiner im Polynomring über einem beliebigen Körper $K$ machen. Wir erhalten also: Jedes endlich erzeugte Ideal im Polynomringe $K[X]$ ist ein Hauptideal.

Im Ring der ganzen Zahlen und in Polynomringen über Körpern ist jedes endlich erzeugte Ideal[3] ein Hauptideal.

**Anmerkung 3.1** Für Polynomringe in mehreren Variablen oder über allgemeineren Integritätsbereichen ist dies im Allgemeinen nicht mehr wahr: So lässt sich zum Beispiel zeigen, dass die Ideale $(X, Y) \in K[X, Y]$ oder $(2, X) \in \mathbf{Z}[X]$ nicht von nur einem Element erzeugt werden können.

In Kap. 2 zeigten wir, dass Kerne typische Normalteiler sind, das hieß, dass jeder Normalteiler als Kern eines Gruppenhomomorphismus auftaucht. Die Konstruktion eines solchen Gruppenhomomorphismus gelang mithilfe des Konzepts der Faktorgruppe. Für Ringe können wir etwas ganz Ähnliches machen: Ist $R$ ein Ring und $\mathfrak{a}$ ein Ideal von $R$, so ist $R/\mathfrak{a}$ zunächst als abelsche Gruppe definiert (nämlich als Faktorgruppe der additiven Gruppe von $R$ nach der additiven Gruppe von $\mathfrak{a}$): Elemente von $R/\mathfrak{a}$ werden durch Elemente aus $R$ repräsentiert, wobei zwei Repräsentanten $x$ und $y \in R$ genau dann das gleiche Element in $R/\mathfrak{a}$ definieren, wenn sie durch Addition eines Elementes aus $\mathfrak{a}$ auseinander hervorgehen oder gleichbedeutend, dass ihre Differenz in $\mathfrak{a}$ liegt, also $x - y \in \mathfrak{a}$. Addition der Elemente in $R/\mathfrak{a}$ ist über die Addition ihrer Repräsentanten definiert. Wir können $R/\mathfrak{a}$ zu einem Ringe machen, indem wir die Eins als $1 \in R$ modulo $\mathfrak{a}$ und die Multiplikation als

$$R/\mathfrak{a} \times R/\mathfrak{a} \to R/\mathfrak{a}, \quad (x, y) \mapsto x \cdot y \tag{3.2}$$

definieren. Die Ringaxiome für $R/\mathfrak{a}$ folgen dann sofort aus denen für $R$, sobald wir gezeigt haben, dass die Multiplikation in (3.2) wohldefiniert ist. Dazu nehmen wir an, dass $x$ und $x'$ modulo $\mathfrak{a}$ gleich sind, das heißt, $x = x' + a$ für ein $a \in \mathfrak{a}$. Dann gilt

$$x \cdot y = (x' + a) \cdot y = x' \cdot y + a \cdot y,$$

und folglich ist $x \cdot y = x' \cdot y$ in $R/\mathfrak{a}$, da $a \cdot y \in \mathfrak{a}$, denn $\mathfrak{a}$ ist als Ideal bezüglich Multiplikation mit beliebigen Ringelementen abgeschlossen. Analog folgt, dass $x \cdot y = x \cdot y'$ in $R/\mathfrak{a}$, wenn $y = y'$ in $R/\mathfrak{a}$. Damit haben wir die Wohldefiniertheit von (3.2) gezeigt. Der kanonische Gruppenhomomorphismus

$$R \to R/\mathfrak{a}, \quad x \mapsto x$$

ist nach Definition der Ringstruktur auf $R/\mathfrak{a}$ ein Ringhomomorphismus, dessen Kern gerade $\mathfrak{a}$ ist. Wir haben also insbesondere jedes Ideal als Kern eines Ringhomomorphismus realisiert. Es bleibt, dem Ringe $R/\mathfrak{a}$ einen Namen zu geben:

---

[3] Klassisch lässt sich sogar zeigen, dass jedes Ideal in diesen Ringen endlich erzeugt ist. Die ist konstruktiv nicht der Fall, da wir im Allgemeinen kein endliches Erzeugendensystem explizit angeben können.

**Konzept 14**  Seien $R$ ein Ring und $\mathfrak{a}$ ein Ideal in $R$. Dann heißt der Ring $R/\mathfrak{a}$ der *Faktorring* von $R$ nach $\mathfrak{a}$ (oder auch *Quotientenring* oder *Restklassenring*).

(Die Bezeichnung *Quotientenring* ist etwas unglücklich, da sie im Zusammenhang mit Lokalisierungen auftaucht.)

> Der Kern eines Ringhomomorphismus ist ein Ideal. Umgekehrt ist jedes Ideal der Kern eines Ringhomomorphismus.

*Beispiel 3.26*  Für jede natürliche Zahl $n$ ist $\mathbf{Z}/(n)$ ein kommutativer Ring, mit genau $n$ Elementen.

Der Ring $\mathbf{Z}/(n)$ ist im Allgemeinen nicht nullteilerfrei: Seien dazu $x, y \in \mathbf{Z}$ mit $x \cdot y = 0$ in $\mathbf{Z}/(n)$, das heißt, $x \cdot y$ ist ein Vielfaches von $n$ in $\mathbf{Z}$. Im Falle, dass $n$ eine Primzahl ist, kann dies nur gelten, wenn $x$ oder $y$ ein Vielfaches von $n$ ist, wenn also $x = 0$ oder $y = 0$ in $\mathbf{Z}/(n)$ gilt. Ist $p = n$ also eine Primzahl, so erhalten wir, dass $\mathbf{Z}/(p)$ ein Integritätsbereich ist. Ist dagegen $n$ keine Primzahl, so können wir $n = x \cdot y$ für zwei echte Teiler $x$ und $y$ schreiben. Diese Teiler $x$ und $y$ sind nicht null modulo $n$, allerdings ihr Produkt. Damit ist $\mathbf{Z}/(n)$ kein Integritätsbereich, wenn $n$ keine Primzahl ist. Wir erhalten also

$$n \text{ ist Primzahl} \iff \mathbf{Z}/(n) \text{ ist ein Integritätsbereich.}$$

Das Rechnen in $\mathbf{Z}/(n)$ entspricht genau dem Rechnen modulo $n$, welches wir in Bd. 1 geführt haben. Dort haben wir insbesondere gesehen, dass die ganze Zahl $a$ genau dann eine Einheit modulo $n$ ist, wenn $a$ und $n$ teilerfremd sind. Wir erhalten damit, dass die Mächtigkeit der Einheitengruppe von $\mathbf{Z}/(n)$ gerade $\varphi(n)$ ist. Insbesondere erhalten wir, dass die Integritätsringe $\mathbf{Z}/(p)$ für jede Primzahl $p$ wegen $\varphi(p) = p - 1$ Körper sind (denn es sind dann alle Elemente bis auf eines, nämlich 0, invertierbar). Diese Körper sind so wichtig, dass sie eine eigene Bezeichnung bekommen, und zwar schreiben wir

$$\mathbf{F}_p := \mathbf{Z}/(p),$$

wenn wir $\mathbf{Z}/(p)$ als (endlichen Körper mit $p$ Elementen) auffassen. (Zu Ehren Galois' heißen endliche Körper auch Galois-Körper; $\mathbf{F}_p$ ist also ein Beispiel eines Galois-Körpers.) Es sei beachtet, dass wir nicht definiert haben, was $\mathbf{F}_n$ für eine beliebige ganze Zahl $n$ sein soll. Insbesondere haben wir *nicht* $\mathbf{F}_n = \mathbf{Z}/(n)$, wenn $n$ keine Primzahl ist.

In der additiven Gruppe von $\mathbf{F}_p$ hat das Element 1 die Ordnung $p$, dies drücken wir dadurch aus, dass wir sagen, die *Charakteristik* von $\mathbf{F}_p$ sei $p$. Allgemein wird definiert:

**Definition 3.7** Sei $n$ eine positive natürliche Zahl. Ein Körper $K$ ist von *Charakteristik $n$*, falls das Element 1 in der additiven Gruppe von $K$ die Ordnung $n$ hat, falls also $n$ die kleinste positive natürliche Zahl mit

$$n \cdot 1 = \underbrace{1 + \cdots + 1}_{n} = 0$$

ist.

Ein Körper $K$ ist von *Charakteristik* 0, falls das Element 1 von unendlicher Ordnung ist, falls also für je zwei ganze Zahlen $n$ und $m$ aus $n \cdot 1 = m \cdot 1$ in $K$ schon $n = m$ in $\mathbf{Z}$ folgt.

Im Falle, dass die ganze Zahl $n$ nicht quadratfrei ist – damit ist gemeint, dass $n$ von einem Primquadrat $p^2$ geteilt wird –, hat der Restklassenring $\mathbf{Z}/(n)$ ganz besondere Nullteiler, nämlich von null verschiedene Elemente, deren Potenzen nicht alle nicht verschwinden: Sei etwa $n = p^2 \cdot q$. Dann verschwindet das Element $k := pq$ nicht in $\mathbf{Z}/(n)$, wohl aber sein Quadrat $k^2 = p^2 q^2 = q \cdot n$. Wir sagen, dass $k$ in $\mathbf{Z}/(n)$ *nilpotent* mit *Nilpotenzindex* 2 ist, gemäß der folgenden Definition:

**Definition 3.8** Sei $R$ ein kommutativer Ring. Ein Element $x \in R$ heißt *nilpotent*, falls $x^n = 0$ für eine natürliche Zahl $n \geq 0$.

Nach dieser Definition ist insbesondere 0 in jedem Ring ein nilpotentes Element. Besitzt ein kommutativer Ring außer dem Element 0 keine nilpotenten, so heißt $R$ *reduziert*. Die Menge der nilpotenten Elemente eines kommutativen Ringes schreiben wir $\sqrt{(0)}$.

Allgemeiner schreiben wir

$$\sqrt{\mathfrak{a}} := \left\{ x \in R \mid x^n \in \mathfrak{a} \text{ für ein } n \in \mathbf{N}_0 \right\}$$

für ein Ideal $\mathfrak{a}$ von $R$ und nennen $\sqrt{\mathfrak{a}}$ das *Wurzelideal* zu $\mathfrak{a}$. Diese Bezeichnung legt nahe, dass das Wurzelideal eines Ideals wieder ein Ideal ist. Dies wollen wir zeigen:

Zunächst ist $\sqrt{\mathfrak{a}}$ sicherlich unter Multiplikation mit Ringelementen abgeschlossen: Ist nämlich $x \in \sqrt{\mathfrak{a}}$, etwa $x^n \in \mathfrak{a}$ und $a \in R$, so ist $(ax)^n = a^n x^n \in \mathfrak{a}$. Ebenso offensichtlich ist, dass $0 \in \sqrt{\mathfrak{a}}$ und dass mit $x \in \sqrt{\mathfrak{a}}$ auch $-x \in \sqrt{\mathfrak{a}}$. Es bleibt zu zeigen, dass mit $x$ und $y \in \sqrt{\mathfrak{a}}$ auch $x + y \in \sqrt{\mathfrak{a}}$. Dazu erinnern wir uns an den binomischen Lehrsatz, der sich ohne Weiteres in beliebigen kommutativen Ringen beweisen lässt:

$$(x + y)^n = \sum_{k=0}^{n} \binom{n}{k} x^k y^{n-k}$$

für jede natürliche Zahl $n$. Für hinreichend großes $n$ ist in jedem Summanden auf der rechten Seite entweder die $x$- oder die $y$-Potenz im Ideal $\mathfrak{a}$ enthalten (sind nämlich $x^N$, $y^N \in \mathfrak{a}$, so reicht $n = 2N - 1$), das heißt, wir erhalten $x + y \in \mathfrak{a}$, sodass das Wurzelideal in der Tat ein Ideal ist. Insbesondere bildet also die Menge der nilpotenten Elemente ein Ideal, das *Nilradikal*.

Das Nilradikal eines Ringes ist die Menge der nilpotenten Elemente eines Ringes. Es ist das Wurzelideal des Nullideals und damit ebenfalls ein Ideal. Insbesondere ist die Summe nilpotenter Elemente nilpotent, und Vielfache nilpotenter Elemente sind wieder nilpotent.

Ist $\varphi : R \to S$ ein Ringhomomorphismus mit Kern $\mathfrak{a}$, so wissen wir nach dem Homomorphiesatz, dass $R/\mathfrak{a} \to S, x \mapsto \varphi(x)$ ein wohldefinierter injektiver Gruppenhomomorphismus ist. Nach Definition der Multiplikation auf $R/\mathfrak{a}$ ist dieser Gruppenhomomorphismus sogar ein Homomorphismus von Ringen, sodass wir den Homomorphiesatz und seine Erweiterungen auch für Ringe formulieren können:

**Proposition 3.4** *Sei $\varphi : R \to S$ ein Homomorphismus von Ringen. Sei $\mathfrak{a} \subseteq \ker \varphi$ ein Ideal in $R$. Dann ist*

$$R/\mathfrak{a} \to S, \quad x \mapsto \varphi(x)$$

*ein wohldefinierter Homomorphismus von Ringen, dessen Kern durch $\ker \varphi / \mathfrak{a}$ gegeben ist.*                                                                                                          □

Insbesondere ist also $\varphi : R/\ker \varphi \to \operatorname{im} \varphi, x \mapsto \varphi(x)$ ein wohldefinierter Ringisomorphismus.

Die Konstruktion des Faktorringes hat eine weitere wichtige Anwendung: Dazu erinnern wir an die Definition einer endlich erzeugten kommutativen $R$-Algebra $S$ für einen kommutativen Ring $R$. Diese war dadurch charakterisiert, dass sie einen surjektiven Ringhomomorphismus der Form

$$\varphi : R[X_1, \dots, X_n] \to S$$

zulässt, dessen Bilder der $X_i$ gerade ein Erzeugendensystem von $S$ als $R$-Algebra bilden. Analog zu unserer Definition für abelsche Gruppen, können wir $\ker \varphi$ als das *Relationenideal* von $\varphi(X_1), \dots, \varphi(X_n)$ bezeichnen. (Im Gegensatz zur Theorie abelscher Gruppen sind hier die Relationen allerdings polynomielle (und nichtlineare) Ausdrücke in den Erzeugern.) Dies legt folgende Definition nahe:

**Definition 3.9** Eine kommutative $R$-Algebra $S$ heißt *endlich präsentiert*, wenn es ein endliches Erzeugendensystem $a_1, \dots, a_n$ von $S$ als $R$-Algebra gibt, dessen Relationenideal ein endlich erzeugtes Ideal in $R[X_1, \dots, X_n]$ ist.

Eine kommutative $R$-Algebra $S$ ist also genau dann endlich erzeugt, wenn sie ein Erzeugendensystem $a_1, \dots, a_n$ besitzt und endlich viele Elemente (wieder *Relationen* genannt) $r_1(X_1, \dots, X_n), \dots, r_m(X_1, \dots, X_m) \in R[X_1, \dots, X_n]$ existieren, sodass für alle $j \in \{1, \dots, m\}$ gilt $r_j(a_1, \dots, a_n) = 0$ und dass für jedes $k \in R[X_1, \dots, X_n]$ mit $k(a_1, \dots, a_n) = 0$ Koeffizienten $h_1, \dots, h_m$ aus $R$ mit $k = h_1 r_1 + \cdots + h_m r_m$ existieren. Dass die

Relationenideale zu beliebigen endlichen Erzeugendensystemen einer endlich präsentierten
$R$-Algebra $S$ endlich erzeugt sind, gilt im Allgemeinen nur unter zusätzlichen Annahmen
an $R$, auf die wir an dieser Stelle allerdings nicht eingehen können.

Aufgrund des Homomorphiesatzes ist jede gegebene endlich präsentierte kommutative
$R$-Algebra $S$ isomorph zu einer kommutativen $R$-Algebra der Form

$$S \cong R[X_1, \ldots, X_n]/(r_1, \ldots, r_m).$$

Wir können uns die Wahl der Erzeuger $X_1, \ldots, X_n$ wie die Wahl von Koordinaten vorstellen. Ringe der Form $R[X_1, \ldots, X_n]/(r_1, \ldots, r_m)$ werden in der algebraischen Geometrie
untersucht, also der geometrischen Lehre von Lösungen von Polynomgleichungen in mehreren Variablen. Um dies einzusehen, betrachten wir eine weitere kommutative $R$-Algebra
$T$. Was ist ein Homomorphismus

$$\varphi : S := R[X_1, \ldots, X_n]/(r_1, \ldots, r_m) \to T$$

von $R$-Algebren? Dazu betrachten wir

$$t_1 := \varphi(X_1) \ldots, \qquad t_n := \varphi(X_n).$$

Es gilt $r_j(X_1, \ldots, X_n) = 0$ in $S$ für alle $j \in \{1, \ldots, m\}$. Damit muss aufgrund der Wohldefiniertheit von $\varphi$ auch $r_j(t_1, \ldots, t_n) = 0$ gelten. Wir erhalten also, dass jeder Homomorphismus $\varphi : R[X_1, \ldots, X_n]/(r_1, \ldots, r_m) \to T$ von $R$-Algebren eine Lösung $(t_1, \ldots, t_n)$ in $T$
der Gleichungen $r_j(X_1, \ldots, X_n) = 0$, $j \in \{1, \ldots, m\}$ definiert. Ist umgekehrt $(t_1, \ldots, t_n)$
eine Lösung dieser polynomiellen Gleichungen, so ist

$$R[X_1, \ldots, X_n]/(r_1, \ldots, r_m) \to T, \quad X_i \mapsto t_i$$

ein wohldefinierter Homomorphismus von $R$-Algebren. Homomorphismen endlich präsentierter $R$-Algebren in kommutative $R$-Algebren $T$ sind also nichts anderes als Lösungen
polynomieller Gleichungen in $T$. Die algebraische Geometrie kann damit Lösungsmen-
gen polynomieller Gleichungen mit algebraischen Mitteln untersuchen, nämlich durch die
Untersuchung endlich präsentierter $R$-Algebren.

Endlich präsentierte Algebren sind Quotienten von Polynomringen (in endlich vielen
Variablen) nach endlich erzeugten Idealen.

*Beispiel 3.27* Sei $K$ ein Zahlkörper. Dann ist $K$ eine endlich präsentierte **Q**-Algebra. Dies
lässt sich folgendermaßen einsehen: Zunächst ist nach dem Satz über das primitive Element
$K = \mathbf{Q}[z]$ für eine algebraische Zahl $z$. Ist $f(X)$ das Minimalpolynom von $z$ über **Q** von
einem Grade $n$, so folgt aus der Tatsache, dass $1, z, \ldots, z^{n-1}$ eine Basis von $\mathbf{Q}[z]$ über **Q**
ist, dass der Homomorphismus

$$Q[X]/(f(X)) \to Q[z], \quad X \mapsto z$$

von $Q$-Algebren ein Isomorphismus endlich-dimensionaler Vektorräume ist (denn in $Q[X]/(f(X))$ bilden die Elemente $1, X, \ldots, X^{n-1}$ eine Basis) und damit auch ein Isomorphismus von $Q$-Algebren. Insbesondere ist also jeder Zahlkörper ein zu einer $Q$-Algebra der Form $Q[X]/(f(X))$ isomorpher Körper, wobei $f(X)$ ein normiertes irreduzibles Polynom ist.

Analog wird gezeigt, dass für jede Erweiterung $L$ über $K$ von Zahlkörpern der Zahlkörper $L$ eine endlich präsentierte $K$-Algebra ist.

Zum Schluss des Abschnitts erinnern wir an den chinesischen Restsatz. Für paarweise teilerfremde ganze Zahlen $a_1, \ldots, a_n$ haben wir gesehen, dass

$$\varphi : Z/(a_1 \cdots a_n) \to Z/(a_1) \times \cdots \times Z/(a_n), \quad x \mapsto (x, \ldots, x)$$

ein Isomorphismus abelscher Gruppen ist. Sehen wir die beide Seiten als Ringe an, so folgt, dass $f$ sogar ein Isomorphismus von Ringen ist. Wir wollen den Satz ein wenig umformulieren. Dazu definieren wir für zwei Ideale $\mathfrak{a}$ und $\mathfrak{b}$ eines Ringes $R$ zunächst deren Summe

$$\mathfrak{a} + \mathfrak{b} := \{a + b \mid a \in \mathfrak{a}, b \in \mathfrak{b}\}.$$

Diese ist wieder ein Ideal und zwar das kleinste, welches $\mathfrak{a}$ und $\mathfrak{b}$ umfasst. Ist also etwa $\mathfrak{a} = (a_1, \ldots, a_n)$ und $\mathfrak{b} = (b_1, \ldots, b_m)$, so haben wir $\mathfrak{a} + \mathfrak{b} = (a_1, \ldots, a_n, b_1, \ldots, b_m)$. Im Falle $R = Z$ haben wir insbesondere $(a) + (b) = (d)$, wobei $d$ ein größter gemeinsamer Teiler von $a$ und $b$ ist. Insbesondere ist die Teilfremdheit von $a$ und $b$ gleichbedeutend mit $(a) + (b) = (1)$. Von daher nennen wir in einem allgemeinen Ringe zwei Ideale $\mathfrak{a}$ und $\mathfrak{b}$ *zueinander prim*, falls $\mathfrak{a} + \mathfrak{b} = (1)$. Die Voraussetzung des chinesischen Restsatzes, dass die $a_i$ paarweise teilerfremd sind, können wir also auch so ausdrücken, dass die Ideale $(a_i)$ paarweise zueinander prim sind.

Schließlich überlegen wir uns, dass für (endlich viele) Ideale $\mathfrak{a}_1, \ldots, \mathfrak{a}_n$ eines Ringes $R$ auch ihr Durchschnitt $\mathfrak{a}_1 \cap \cdots \cap \mathfrak{a}_n$ wieder ein Ideal ist. Im Falle paarweise teilerfremder ganzer Zahlen $a_1, \ldots, a_n$ haben wir $(a_1) \cap \cdots \cap (a_n) = (a_1 \cdots a_n)$.

Der Durchschnitt von Idealen ist wieder ein Ideal.

Wir erhalten damit folgende Version des chinesischen Restsatzes, welche in dieser Form für beliebige Ringe richtig ist (und wie im Falle ganzer Zahlen bewiesen wird):

**Proposition 3.5** *Sei R ein Ring mit paarweise zueinander primen Idealen* $\mathfrak{a}_1, \ldots, \mathfrak{a}_n$. *Sei* $\mathfrak{a} = \mathfrak{a}_1 \cap \cdots \cap \mathfrak{a}_n$. *Dann ist*

$$\varphi : R/\mathfrak{a} \to R/\mathfrak{a}_1 \times \cdots \times R/\mathfrak{a}_n, \quad x \mapsto (x, \ldots, x)$$

*ein wohldefinierter Isomorphismus von Ringen.*                                              □

## 3.3 Lokalisierung

Eine der wichtigsten Konstruktionsmethoden für Ringe ist die Konstruktion des Faktorringes nach einem Ideal. In diesem kurzen Abschnitt wollen wir eine nicht weniger wichtige Konstruktionsmethode kennenlernen, die sogenannte *Lokalisierung*. Dazu erinnern wir an die aus der Schule bekannte Konstruktion der rationalen Zahlen aus den ganzen Zahlen: Eine rationale Zahl wird durch einen Bruch $\frac{a}{s}$ dargestellt, dessen Zähler $a$ eine ganze Zahl und dessen Nenner $s$ eine nichtverschwindende ganze Zahl ist. Zwei Brüche $\frac{a}{s}$ und $\frac{b}{t}$ definieren genau dann dieselbe rationale Zahl, falls sie zum selben Bruch erweitert werden können.

Anstelle aller rationalen Zahlen könnten wir auch nur diejenigen rationalen Zahlen betrachten, deren Nenner wir als Zweierpotenz wählen können. Diese bilden einen Unterring $\mathbf{Z}[\frac{1}{2}]$ des Körpers aller rationaler Zahlen. Die Elemente des Ringes $\mathbf{Z}[\frac{1}{2}]$ werden wieder durch Brüche $\frac{a}{s}$ dargestellt. Der Zähler ist wieder eine beliebige ganze Zahl, für den Nenner sind allerdings nur Zweierpotenzen zugelassen (auch bei der Konstruktion aller rationalen Zahlen haben wir schon nur eine Teilmenge aller ganzen Zahlen als Nenner zugelassen). Nennen wir die Teilmenge der zugelassenen Nenner $S$, so muss $S$ sicherlich unter Multiplikation abgeschlossen sein, damit die übliche Definition für Summe und Produkt zweier Brüche weiterhin angewandt werden kann. Damit wir jede ganze Zahl $a$ mit dem Bruch $\frac{a}{1}$ identifizieren können, sollte außerdem 1 ein Element in $S$ sein. Diese Eigenschaft von $S$ verallgemeinern wir auf beliebige kommutative Ringe:

**Definition 3.10** Eine Teilmenge $S$ eines kommutativen Ringes $R$ heißt *multiplikativ abgeschlossen*, wenn $1 \in S$ und $x \cdot y \in S$ für alle $x \in S$ und $y \in S$ gelten, das heißt also, wenn $S$ ein *Untermonoid* des multiplikativen Monoides von $R$ ist.

*Beispiel 3.28* Ist $R$ ein kommutativer Ring, so ist $R$ trivialerweise eine multiplikativ abgeschlossene Teilmenge.

*Beispiel 3.29* Die Teilmenge $S$ der regulären Elemente eines kommutativen Ringes $R$ ist multiplikativ abgeschlossen. Insbesondere ist $R \setminus \{0\}$ für einen Integritätsbereich $R$ multiplikativ abgeschlossen.

*Beispiel 3.30* Sei $f$ ein Element eines kommutativen Ringes $R$. Dann ist

$$\{1, f, f^2, f^3, \dots\}$$

multiplikativ abgeschlossen.

Die letzten beiden Beispiele liefern (für $R = \mathbf{Z}$ und, im letzten Beispiel, $f = 2$) gerade die zugelassenen Nenner für $\mathbf{Q}$ und $\mathbf{Z}[\frac{1}{2}]$.

Für einen allgemeinen kommutativen Ring $R$ und eine multiplikativ abgeschlossene Teilmenge $S$ definieren wir einen *Bruch* (nach $S$) dann als Ausdruck der Form $\frac{a}{s}$, wobei $a \in R$ und $s \in S$ gilt. Die *Summe* zweier Brüche $\frac{a}{s}$ und $\frac{b}{t}$ sei durch

$$\frac{a}{s} + \frac{b}{t} := \frac{at + bs}{st}$$

und ihr *Produkt* durch

$$\frac{a}{s} \cdot \frac{b}{t} = \frac{ab}{st}$$

definiert. Mit $0 := \frac{0}{1}$ bezeichnen wir den *Nullbruch* und mit $1 := \frac{1}{1}$ den *Einsbruch*.

Ist $\frac{a}{s}$ ein Bruch und $u$ ein Element in $S$, so heißt $\frac{au}{su}$ die *Erweiterung* des Bruches mit $u$. Zwei Brüche seien *gleich*, wenn sie durch (endlich viele) Erweiterungen auseinander hervorgehen. Dies können wir umformulieren: So sind $\frac{a}{s}$ und $\frac{b}{t}$ sicherlich genau dann gleich, wenn $\frac{at}{st}$ und $\frac{bs}{st}$ gleich sind. Nach Definition sind diese beiden Brüche gleich, wenn sie durch eine weitere Erweiterung auseinander hervorgehen, wenn also ein $u \in S$ existiert, sodass $uat = ubs$ ist. Zusammengefasst: Zwei Brüche $\frac{a}{s}$ und $\frac{b}{t}$ sind genau dann gleich, wenn ein $u \in S$ mit $u \cdot (at - bs) = 0$ existiert.

Mit dieser Definition von Gleichheit werden Addition und Multiplikation zu wohldefinierten Operationen. Wie im Falle der bekannten rationalen Zahlen erhalten wir auch in diesem allgemeineren Kontext einen kommutativen Ring:

**Konzept 15** Seien $R$ ein kommutativer Ring und $S \subseteq R$ eine multiplikativ abgeschlossene Teilmenge von $R$. Dann ist der kommutative Ring $S^{-1}R$ der Brüche von $R$ nach $S$ die *Lokalisierung* (oder der Bruchring) von $R$ nach $S$.

Die Konstruktion von Brüchen ganzer Zahlen lässt sich auf allgemeine Ringe erweitern. Die Menge der erlaubten Nenner muss dabei multiplikativ abgeschlossen sein.

Ist $S$ die Teilmenge aller regulären Elemente von $R$, so heißt $S^{-1}R$ auch der *totale Quotientenring* von $R$, geschrieben Quot($R$). (An dieser Stelle ist aufzupassen, dass keine Verwechslung mit dem Begriff des Quotientenringes als alternative Bezeichnung des Faktorringes besteht!)

Die Lokalisierung $S^{-1}R$ kommt mit dem kanonischen Ringhomomorphismus

$$R \to S^{-1}R, \quad a \mapsto \frac{a}{1} \tag{3.3}$$

daher. Ist $a$ ein Element von $R$, so sprechen wir auch häufig von dem Element $a$ in $S^{-1}R$, wenn wir sein Bild $\frac{a}{1}$ unter dem Ringhomomorphismus (3.3) meinen.

Jedes Element $s$ aus $S$ wird insbesondere auf eine Einheit in $S^{-1}R$ abgebildet, denn das Inverse zu $\frac{s}{1}$ ist $\frac{1}{s}$ in $S^{-1}R$. Wir sagen daher auch, beim Übergang von $R$ nach $S^{-1}R$ werden die Elemente aus $S$ invertierbar gemacht.

Das erste Beispiel für Konzept 15 ist dasjenige, mit dem wir die Lokalisierung motiviert haben:

*Beispiel 3.31* Die rationalen Zahlen sind der totale Quotientenring der ganzen Zahlen.

*Beispiel 3.32* Sei $R$ ein kommutativer Ring und $S$ eine multiplikativ abgeschlossene Teilmenge von $R$, welche nur aus Einheiten von $R$ besteht. Dann ist der kanonische Ringhomomorphismus

$$R \to S^{-1}R, \quad a \mapsto \frac{a}{1}$$

ein Ringisomorphismus mit Umkehrung $S^{-1}R \to R, \frac{a}{s} \mapsto s^{-1}a$.

(In der Tat ist der kanonische Ringhomomorphismus genau dann ein Isomorphismus, wenn nur nach Einheiten lokalisiert wird.)

Lokalisierung nach Einheiten können wir uns sparen.

*Beispiel 3.33* Seien $R$ ein kommutativer Ring und $f \in R$ ein Element in $R$. Wir betrachten die multiplikativ abgeschlossene Teilmenge $S = \{1, f, f^2, \ldots\}$. Die Lokalisierung

$$R[f^{-1}] := S^{-1}R$$

kennen wir schon in einem anderen Gewande, und zwar ist

$$R[f^{-1}] \to R[X]/(fX - 1), \quad \frac{a}{f^n} \mapsto aX^n$$

ein wohldefinierter Ringisomorphismus mit Umkehrung

$$R[X]/(fX - 1) \to R[f^{-1}], \quad g(X) \mapsto g(f^{-1}).$$

Die Variable $X$ auf der rechten Seite übernimmt also (wegen $fX = 1$) die Rolle der Inversen von $f$, also des Bruches $\frac{1}{f}$.

Diese Lokalisierung $R[f^{-1}]$ heißt auch *Lokalisierung* von $R$ weg von $f$. Wir notieren als Korollar, dass die Lokalisierung einer endlich präsentierten kommutativen Algebra weg von einem Element wieder eine endlich präsentierte kommutative Algebra ist.

An diesem letzten Beispiel können wir auch teilweise erklären, wieso die Lokalisierung *Lokalisierung* heißt: Sei dazu $K$ ein Körper und $R := K[X_1, \ldots, X_n]/(f_1, \ldots, f_m)$ eine endlich präsentierte $K$-Algebra. In der Sichtweise der algebraischen Geometrie, die wir in Abschn. 3.2 skizziert haben, können wir $R$ als diejenige $K$-Algebra ansehen, die den Lösungen $x = (x_1, \ldots, x_n) \in K^n$ der Gleichungen $f_1(x) = \cdots = f_m(x) = 0$ entspricht. Ein Element $f \in R$ ist selbst wieder eine Gleichung (modulo $f_1, \ldots, f_m$). Wir haben nach Beispiel 3.33, dass

$$R' := R[f^{-1}] \cong R[T]/(fT - 1) \cong K[X_1, \ldots, X_n, T]/(f_1, \ldots, f_m, fT - 1).$$

Die endlich präsentierte $K$-Algebra $R'$ steht für die Lösungen $(x, t) = (x_1, \ldots, x_n, t)$ der Gleichungen $f_1(x) = \cdots = f_n(x) = 0$ und $tf(x) = 1$. Damit ist $t$ aber schon eindeutig festgelegt und existiert genau dann, wenn $f(x)$ eine Einheit ist. Der kommutative Ring $R'$ steht also für diejenige Teilmenge der zu $R$ gehörigen Lösungen $x$, für die $f(x)$ eine Einheit ist. Lokalisieren weg von $f$ heißt also das Betrachten von Lösungen außerhalb der Menge, wo $f$ nicht invertierbar ist.

Geometrisch stellen wir uns aus diesen Gründen die Lokalisierung eines kommutativen Ringes $R$ nach einem Element als offene Teilmenge dieses Ringes (bzw. der zu diesem Ringe gehörenden Lösungsmenge von Polynomgleichungen) vor.

*Beispiel 3.34* Sind $f_1, \ldots, f_n$ Elemente eines kommutativen Ringes $R$, so ist

$$R[f_1^{-1}, \ldots, f_n^{-1}] := R[f_1^{-1}][f_2^{-1}] \cdots [f_n^{-1}] = R[f^{-1}], \tag{3.4}$$

wobei $f := f_1 \cdots f_n$ für das Produkt der Elemente steht:
Elemente der rechten Seite von (3.4) sind wegen

$$\frac{a}{f^m} = \frac{\frac{\frac{a}{f_1^m}}{f_2^m}}{\vdots \atop f_n^m}$$

auch Elemente der linken Seite. Umgekehrt ist jedes Element der linken Seiten auch ein Element der rechten Seite, denn

$$\frac{\frac{\frac{a}{f_1^{m_1}}}{f_2^{m_2}}}{\vdots \atop f_n^{m_n}} = \frac{af_1^{m-m_1} \cdots f_n^{m-m_n}}{f^m},$$

wobei $m$ eine natürliche Zahl mit $m \geq m_i$ für alle $i \in \{1, \ldots, n\}$ ist.

Lokalisierungen weg von Produkten entsprechen iterierten Lokalisierungen.

Elemente $s_1$, ..., $s_n$ eines kommutativen Ringes $R$ heißen eine *Zerlegung der Eins*, wenn $s_1 + \cdots + s_n = 1$ gilt. Ist $f \in R$ ein Element aus $R$, so können wir uns das Bild $f_i = \frac{f}{1}$ von $f$ in $R[s_i^{-1}]$ als Einschränkung von $f$ auf den offenen Teil $R[s_i^{-1}]$ von $R$ vorstellen. Für $i, j \in \{1, \ldots, n\}$ stimmen $f_i$ und $f_j$ in $R[s_i^{-1}, s_j^{-1}]$ überein, was anschaulich einfach nur bedeutet, dass zwei Einschränkungen eines Elementes auf dem gemeinsamen Definitionsbereich übereinstimmen. Umgekehrt können wir lokal gegebene Elemente zu einem globalen Element zusammenkleben:

**Proposition 3.6** *Sei $s_1$, ..., $s_n$ eine Zerlegung der Eins eines kommutativen Ringes $R$. Seien weiter Elemente $f_i \in R[s_i^{-1}]$ mit $f_i = f_j \in R[s_i^{-1} s_j^{-1}]$ für alle $i, j \in \{1, \ldots, n\}$ gegeben. Dann existiert genau ein Element $f \in R$, sodass $f = f_i \in R[s_i^{-1}]$.*

*Beweis* Wir schreiben $f_i = \frac{a_i}{s_i^N}$ für $i \in \{1, \ldots, n\}$, wobei $N$ eine ausreichend große natürliche Zahl ist.

Indem wir zum Beispiel die $(n(N-1)+1)$-te Potenz von $1 = s_1 + \cdots + s_n$ bilden und ausmultiplizieren, erkennen wir, dass eine Linearkombination

$$1 = b_1 s_1^N + \cdots + b_n s_n^N$$

mit Elementen $b_1$, ..., $b_n \in R$ existiert.

Nehmen wir als Erstes an, $f$ existiere. Wir müssen dann zeigen, dass $f$ eindeutig ist. In $R[s_i^{-1}]$ gilt $\frac{f}{1} = \frac{a_i}{s_i^N}$, das heißt, $s_i^m(s_i^N f - a_i) = 0$ in $R$ für eine natürliche Zahl $m \geq 0$. Indem wir $N$ anfangs genügend groß gewählt haben (wir ersetzen $N$ durch $m + N$ und multiplizieren $s_i^m$ in die Klammer hinein), dürfen wir $m = 0$ annehmen, das heißt, wir haben $s_i^N f = a_i$. Daraus folgt

$$f = 1 \cdot f = b_1 s_1^N f + \cdots + b_n s_n^N f = b_1 a_1 + \cdots + b_n a_n, \quad (3.5)$$

das heißt, $f$ ist im Falle der Existenz eindeutig, nämlich durch die rechte Seite von (3.5) festgelegt.

Umgekehrt wird durch die rechte Seite von (3.5) eine Lösung konstruiert. Dazu überlegen wir uns zunächst, dass die Gleichheit $f_i = f_j$ in $R[s_i^{-1} s_j^{-1}]$ bedeutet, dass $s_i^p s_j^q (s_j^N a_i - s_j^N a_i) = 0$ in $R$ für gewisse natürliche Zahlen $p$ und $q$. Indem wir $N$ anfangs genügend groß wählen, können wir annehmen, dass $p = q = 0$, das heißt, dass $s_j^N a_i = s_i^N a_j$. Damit gilt in $R[s_i^{-1}]$, dass

$$b_1 a_1 + \cdots + b_n a_n = \frac{b_1 s_i^N a_1 + \cdots + b_n s_i^N a_n}{s_i^N} = \frac{b_1 s_1^N a_i + \cdots + b_n s_n^N a_i}{s_i^N} = \frac{a_i}{s_i^N} = f_i.$$

$\square$

> Lokal gegebene Ringelemente können wir zu einem globalen zusammenkleben, wenn sie auf den paarweisen Durchschnitten jeweils übereinstimmen.

Bilden wir den totalen Quotientenring eines Integritätsbereiches $R$, so lokalisieren wir nach allen Elementen außer der Null. Dies führt dazu, dass alle nichtverschwindene Elemente aus $R$ in $\mathrm{Quot}(R)$ invertierbar werden. Es gilt sogar mehr:

**Proposition 3.7** *Sei $R$ ein Integritätsbereich. Dann ist der totale Quotientenring $\mathrm{Quot}(R)$ von $R$ ein Körper, der* Quotientenkörper *von $R$.*

*Beweis* Sei $\frac{a}{s} \in \mathrm{Quot}(R)$. Dann ist $\frac{a}{s} = 0 = \frac{0}{1}$ genau dann, wenn ein reguläres Element $u \in R$ mit $ua = 0$ existiert. Da $u$ regulär ist, ist dies gleichbedeutend mit $a = 0$. Jeder nichtverschwindene Bruch $\frac{a}{s}$ ist damit eine Einheit mit Inverser $\frac{s}{a}$.

Es bleibt zu zeigen, dass $0$ nicht invertierbar ist, dass also $0 \neq 1$ in $\mathrm{Quot}(R)$. Wäre dieser Fall, hätten wir $\frac{0}{1} = \frac{1}{1}$, also $u = 0$ für ein reguläres Element. Dies ist im Widerspruch dazu, dass $R$ ein Integritätsbereich ist. $\square$

*Beispiel 3.35* Die rationalen Zahlen sind der Quotientenkörper der ganzen Zahlen.

*Beispiel 3.36* Sei $K$ ein Körper. Der Polynomring $K[X_1, \ldots, X_n]$ ist bekanntlich ein Integritätsbereich. Sein Quotientenkörper

$$K(X_1, \ldots, X_n) := \mathrm{Quot}(K[X_1, \ldots, X_n])$$

heißt der *Körper der rationalen Funktionen* in $X_1, \ldots, X_n$ über $K$.

Im Falle des Quotientenkörpers eines Integritätsbereiches $R$ ist der kanonische Homomorphismus $R \to \mathrm{Quot}(R)$, $a \mapsto \frac{a}{1}$ eine injektive Abbildung, wir können also $R$ mit seinem Bild in $\mathrm{Quot}(R)$ identifizieren, einen Integritätsbereich also als Unterring seines Quotientenkörpers ansehen. (Dies hat jeder seit eh und je schon mit den ganzen Zahlen innerhalb der rationalen Zahlen gehandhabt!)

> Der Quotientenkörper ist ein Beispiel einer Lokalisierung für Integritätsbereiche.

Im Allgemeinen besitzt die kanonische Abbildung $R \to S^{-1}R$ jedoch einen Kern, nämlich das Ideal all derjenigen Elemente $a$ aus $R$, die Nullteiler zu einem Element $s$ aus $S$ sind, das heißt, für die $sa = 0$ gilt. Für dieses Ideal schreiben wir

$$(0 : S) := \{a \in R \mid \exists s \in S : sa = 0\}.$$

Lokalisierung ist mit Ringhomomorphismen verträglich. Sei etwa $\varphi : A \to B$ ein Homomorphismus kommutativer Ringe. Seien weiter $S$ und $T$ multiplikative Teilmengen von $A$ bzw. $B$, sodass $S \subseteq \varphi^{-1}(T)$, das heißt also, dass jedes Element von $S$ auf eines von $T$ abgebildet wird. Dann ist

$$S^{-1}A \to T^{-1}B, \quad \frac{a}{s} \mapsto \frac{\varphi(a)}{\varphi(s)}$$

eine wohldefinierter Ringhomomorphismus. Wir können $T$ etwa als Bild von $S$ unter $\varphi$ wählen und erhalten einen Ringhomomorphismus

$$S^{-1}A \to S^{-1}B := \varphi(S)^{-1}B, \quad \frac{a}{s} \mapsto \frac{\varphi(a)}{\varphi(s)}.$$

Liegt insbesondere das Bild von $S$ unter $\varphi$ in den Einheiten von $B$, so haben wir einen induzierten Ringhomomorphismus

$$S^{-1}A \to B, \quad \frac{a}{s} \mapsto \varphi(s)^{-1}a.$$

Am Schluss dieses Abschnittes wollen wir schließlich zeigen, dass wir in gewisserweise jede Lokalisierung auf eine Lokalisierung der Form Beispiel 3.33 zurückführen können. Als motivierendes Beispiel betrachten wir wieder die rationalen Zahlen. Beim Übergang von $\mathbf{Z}$ nach $\mathbf{Q}$ wird zum Beispiel 2 invertierbar gemacht, das heißt, wir können zum Beispiel zunächst $\mathbf{Z}[\frac{1}{2}]$ betrachten. In diesem Ring leben schon einmal alle Brüche, deren Nenner eine Zweierpotenz ist. Um auch Brüche erhalten zu können, deren Nenner den Primfaktor 3 enthält, müssen wir weiter nach 3 lokalisieren, erhalten also $\mathbf{Z}[\frac{1}{2}][\frac{1}{3}]$. Diese Lokalisierung ist wiederum $\mathbf{Z}[\frac{1}{6}]$. Um näher an $\mathbf{Q}$ zu kommen, müssen wir weitere Zahlen invertieren. Wir können uns $\mathbf{Q}$ damit als Grenzwert von Lokalisierungen $\mathbf{Z}[\frac{1}{d}]$ vorstellen, wobei $d$ für größer werdende ganze Zahlen steht (hierbei ist größer in dem Sinne, viele Primfaktoren zu erhalten, zu verstehen). Dieses wollen wir präzise machen.

Dazu benötigen wir das Konzept einer *gerichteten Menge*: Eine gerichtete Menge $I$ ist eine nichtleere Menge zusammen mit einer (teilweisen) Ordnung $\leq$, das heißt mit einer reflexiven und transitiven Relation, sodass je zwei Elemente $i$ und $j$ eine obere Schranke $k$ besitzen, dass also ein Element $k$ mit $i \leq k$ und $j \leq k$ existiert.[4]

---

[4] Anstelle explizit zu fordern, dass die Menge nichtleer ist, können wir auch fordern, dass jede endliche Anzahl von Elementen eine obere Schranke besitzt. In diesem Falle muss nämlich auch die leere Menge eine obere Schranke besitzen, welche einfach irgendein Element der Menge ist.

*Beispiel 3.37* Die natürlichen Zahlen bilden zusammen mit ihrer natürlichen Ordnung eine gerichtete Menge.

*Beispiel 3.38* Sei $S$ eine multiplikativ abgeschlossene Teilmenge eines kommutativen Ringes $R$. Für zwei Elemente $a$ und $b$ von $S$ schreiben wir $a \mid b$, falls $a$ ein Teiler von $b$ ist, falls also $b \in (a)$ oder $(a) \supseteq (b)$. Die Relation $\mid$ ist eine teilweise Ordnung auf $S$, die $S$ zu einer gerichteten Menge macht: Sind nämlich $a$ und $b$ zwei Elemente aus $S$, so ist $ab$ eine obere Schranke von $a$ und von $b$.

> Die Teilbarkeitsrelation lässt sich auch durch Idealrelationen ausdrücken.

Das letzte Beispiel ist für unsere Konstruktion von $\mathbf{Q}$ aus $\mathbf{Z}$ oder allgemeiner von $S^{-1}R$ aus einem kommutativen Ringe $R$ entscheidend: Gilt nämlich $a \mid c$ für Elemente $a$ und $c$ aus $S$, so können wir $c = ra$ für ein $r \in R$ schreiben. Damit können wir den kanonischen Ringhomomorphismus

$$R[a^{-1}] \to R[c^{-1}], \quad \frac{x}{a} \mapsto \frac{x}{a} = \frac{rx}{c}$$

definieren. Vermöge dieses Ringhomomorphismus (der im Allgemeinen jedoch nicht injektiv ist) können wir Elemente aus $R[a^{-1}]$ auch als Elemente in $R[c^{-1}]$ auffassen. Ist $b$ ein weiteres Element aus $S$, so können wir Elemente in $R[a^{-1}]$ mit Elementen in $R[b^{-1}]$ als Elemente in $R[c^{-1}]$ vergleichen, wenn $c$ eine gemeinsame obere Schranke von $a$ und $b$ ist.

Wir können dies ausnutzen, um folgende Beschreibung der Lokalisierung $S^{-1}R$ zu erhalten: Für jedes Element $s \in S$ gibt es einen kanonischen Ringhomomorphismus $R[s^{-1}] \to S^{-1}R$. Ist $x$ ein Element von $S^{-1}R$, so existiert ein $s \in S$, sodass $x$ das Bild in $S^{-1}R$ eines Elementes in $R[s^{-1}]$ ist. Schließlich sind Elemente in $R[s^{-1}]$ bzw. $R[t^{-1}]$ (für $s, t \in S$) genau dann gleich in $S^{-1}R$, wenn eine gemeinsame obere Schranke $u$ von $s$ und $t$ in $S$ existiert, sodass die Elemente in $R[u^{-1}]$ gleich sind. Wir fassen dies kurz in der Formel

$$S^{-1}R = \varinjlim_{s \in S} R[s^{-1}]$$

zusammen und sagen, $S^{-1}R$ sei der *gerichtete Limes* der einfachen Lokalisierungen $R[s^{-1}]$ für alle $s \in S$.

Dieser Begriffsbildung liegen folgende allgemeine Konzepte zugrunde:

**Konzept 16** Sei $I$ eine gerichtete Menge. Ein *gerichtetes System* $(R_i)_{i \in I}$ von Ringen ist eine Familie von Ringen $(R_i)_{i \in I}$ zusammen mit Ringhomomorphismen $\varphi_{ij} : R_i \to R_j$ für alle Paare von Elementen $i$ und $j$ aus $I$ mit $i \leq j$, sodass für $i \leq j$ und $j \leq k$ folgt, dass $\varphi_{ik} = \varphi_{jk} \circ \varphi_{ij}$.

Die Ringhomomorphismen $\varphi_{ij}$ heißen die *Strukturhomomorphismen* des gerichteten Systems.

*Beispiel 3.39* Sind $R$ ein kommutativer Ring und $S$ eine multiplikativ abgeschlossene Teilmenge von $R$, die vermöge der Teilbarkeitsrelation als gerichtete Menge aufgefasst wird, so ist $(R[s^{-1}])_{s \in S}$ ein gerichtetes System, wobei der Ringhomomorphismus $R[s^{-1}] \to R[t^{-1}]$ für $s \mid t$ der kanonische ist.

Ist $I$ eine gerichtete Menge und $(R_i)_{i \in I}$ ein gerichtetes System von Ringen, so können wir einen Ring $R = \varinjlim_{i \in I} R_i$ wie folgt konstruieren: Elemente in $R$ werden durch Elemente in den $R_i$ repräsentiert. Ist $x \in R_i$ und $y \in R_j$, so sind $x$ und $y$ in $R$ genau dann gleich, wenn eine obere Schranke $k$ von $i$ und $j$ existiert, sodass $x$ und $y$ dieselben Elemente in $R_k$ sind (das heißt, unter den Strukturhomomorphismen auf dasselbe Element in $R_k$ abgebildet werden). Die Null bzw. die Eins in $R$ wird durch die Null bzw. die Eins in einem beliebigen $R_i$ dargestellt, die Addition beziehungsweise Multiplikation zweier Elemente $x \in R_i$ und $y \in R_j$, wird durch die Summe $x + y \in R_k$ bzw. das Produkt $x \cdot y \in R_k$ dargestellt, wenn $k$ eine gemeinsame obere Schranke von $i$ und $j$ ist. Es sei dem Leser überlassen zu zeigen, dass so in der Tat ein Ring definiert wird. Der Ring

$$\varinjlim_{i \in I} R_i$$

heißt der *gerichtete (oder direkte) Limes* der $R_i$.

*Beispiel 3.40* Sei $S$ eine multiplikativ abgeschlossene Teilmenge eines kommutativen Ringes $R$. Dann ist die Lokalisierung $S^{-1}R$ ein gerichteter Limes endlich präsentierter $R$-Algebren.

*Beispiel 3.41* Sei $R$ ein kommutativer Ring. Der *Polynomring in abzählbar unendlich vielen Unbestimmten* über $R$ ist der gerichtete Limes

$$R[X_1, X_2, X_3, \dots] = \varinjlim_{n \in \mathbf{N}_0} R[X_1, X_2, \dots, X_n].$$

## 3.4 Faktorielle Ringe

In diesem Abschnitt wollen wir die elementare Zahlentheorie (das ist zum Beispiel das Studium von Primzahlen und Primfaktorzerlegungen) von den ganzen Zahlen auf beliebige Integritätsbereiche ausdehnen. Eine solche Verallgemeinerung hatten wir schon in Bd. 1 gesehen: Wir hatten festgestellt, dass sich Polynome über einem Zahlkörper $K$ im Wesentlichen in eindeutiger Weise in irreduzible Polynome zerlegen lassen. Dabei haben wir ein normiertes Polynom *irreduzibel* genannt, wenn jegliche Zerlegung in Faktoren trivial ist, eine Eigenschaft, die auch auf Primzahlen zutrifft, jedenfalls wenn wir triviale Zerlegung richtig definieren: Dazu betrachten wir die Zerlegung

$$p = (-1) \cdot (-p).$$

Diese wollen wir trivial nennen, da der Faktor $p$ auf der rechten Seite wieder auftaucht, zumindest bis auf Vorzeichen. Bis auf Vorzeichen heißt in den ganzen Zahlen aber bis auf Multiplikation mit einer Einheit. Für beliebige Integritätsbereiche $R$ definieren wir damit:

**Definition 3.11** Sind $x$ und $y$ zwei Elemente in $R$, sodass eine Einheit $u \in R^\times$ mit $x = uy$ existiert, so heißen $x$ und $y$ assoziiert.

Sind $x$ und $y$ assoziiert, so folgt die Idealgleichheit $(x) = (y)$. Sind umgekehrt die beiden Hauptideale $(x) = (y)$ gleich, so existieren Ringelemente $u$ und $v$ mit $x = uy$ und $y = vx$, insbesondere also $x = uvx$ und aufgrund der Nullteilerfreiheit von $R$ daher $uv = 1$, also $u, v \in R^\times$. Damit ist die Assoziiertheit zweier Elemente in $R$ gleichbedeutend damit, dass die von ihnen erzeugten Hauptideale übereinstimmen, dass sie sich also gegenseitig teilen.

> Zwei Elemente in einem Integritätsbereich heißen assoziiert, wenn sie sich nur um eine Einheit unterscheiden, d. h. die gleichen Hauptideal bilden, d. h. sich gegenseitig teilen.

*Beispiel 3.42* Ist $K$ Körper, so ist jedes reguläre Element zu 1 assoziiert.

**Definition 3.12** Ein reguläres Element $x$ von $R$ heißt *irreduzibel*, falls gilt: Ist $x$ assoziiert zu einem Produkt $x_1 \cdots x_n$, so ist einer der Faktoren $x_1, \dots, x_n$ schon assoziiert zu $x$.

(Da $R$ ein Integritätsbereich ist, heißt regulär natürlich nichts anderes als von null verschieden.) Da eine Einheit insbesondere zu einem leeren Produkte (welches per definitionem die Ringeins ist) assoziiert ist, sind Einheiten nie irreduzibel. Wissen wir schon, dass $x$ keine Einheit ist, reicht es, für die Irreduzibilität nur den Fall $x = x_1 x_2$ zweier Faktoren zu betrachten.

> Eine Nichteinheit $x \neq 0$ in einem Integritätsbereich ist irreduzibel, wenn aus $x = x_1 \cdot x_2$ schon folgt, dass $x$ zu $x_1$ oder $x_2$ assoziiert ist.

Diese Definition subsumiert die Definition für normierte Polynome (denn zwei normierte Polynome sind genau dann zueinander assoziiert, wenn sie gleich sind). Außerdem haben wir:

*Beispiel 3.43* Die irreduziblen Elemente in $\mathbf{Z}$ sind gerade die Primzahlen 2, 3, 5, …und ihre Negationen $-2, -3, -5, \ldots$.

*Beispiel 3.44* Wir wollen zeigen, dass $2 + i$ im Ring $\mathbf{Z}[i] = \mathcal{O}_{\mathbf{Q}(i)}$ der gaußschen Zahlen irreduzibel ist. Dazu überlegen wir zunächst, dass $2 + i$ keine Einheit ist. Dazu führen wir die sogenannte *Normabbildung*

$$N : \mathbf{Z}[i] \to \mathbf{Z}, \quad a + b\,i \mapsto a^2 + b^2$$

ein (hierbei stehen $a$ und $b$ für ganze Zahlen), welche nichts anderes als die Einschränkung des komplexen Betragsquadrates ist. Diese ist multiplikativ, das heißt, dass $N(1) = 1$ und $N(x \cdot y) = N(x) \cdot N(y)$ für $x, y \in \mathbf{Z}[i]$. Damit muss eine Einheit von $\mathbf{Z}[i]$ durch $N$ auf eine Einheit in $\mathbf{Z}$ abgebildet werden. Die einzige positive Einheit in $\mathbf{Z}$ ist jedoch 1. Wegen $N(2 + i) = 2^2 + 1^2 = 5 \neq 1$ folgt also, dass $2 + i$ keine Einheit im Ringe der ganzen gaußschen Zahlen ist.

Mit demselben Trick können wir zeigen, dass $2 + i$ irreduzibel ist: Ist nämlich $2 + i = x \cdot y$ für $x, y \in \mathbf{Z}[i]$, so folgt $5 = N(x) \cdot N(y)$. Da 5 ein Primzahl ist, können wir ohne Einschränkung davon ausgehen, dass $N(y) = 1$. Schreiben wir $y = a + bi$ für zwei ganze Zahlen $a$ und $b$, so folgt $a^2 + b^2 = 1$, also $a = \pm 1$ und $b = 0$ oder $a = 0$ und $b = \pm 1$. In allen vier Fällen ist $y$ in $\mathbf{Z}[i]$ invertierbar. Folglich ist $2 + i$ assoziiert zu $x$, und damit haben wir gezeigt, dass $2 + i$ ein irreduzibles Element im Ring der ganzen gaußschen Zahlen ist.

Im Zusammenhang mit Polynomen haben wir festgestellt, dass irreduzible Polynome im folgenden Sinne *prim* sind: Teilt ein irreduzibles normiertes Polynom aus $K[X]$ ein Produkt normierter Polynome, so teilt es auch schon mindestens einen Faktor. Diese Eigenschaft können wir für beliebige Integritätsbereiche $R$ verallgemeinern:

**Definition 3.13** Ein Element $x$ von $R$ heißt ein *Primelement* (oder einfach *prim*), falls gilt: Teilt $x$ ein Produkt $x_1 \cdots x_n$ von Ringelementen, so teilt $x$ schon einen der Faktoren $x_1$, …, $x_n$.

Da eine Einheit insbesondere das leere Produkt teilt, sind Einheiten nie prim. Wissen wir schon, dass $x$ keine Einheit ist, reicht es, für die Primalität nur den Fall $x \mid x_1 x_2$ zweier Faktoren zu betrachten.

> Eine Nichteinheit $x$ in einem Integritätsbereich ist prim, wenn aus $x \mid x_1 \cdot x_2$ schon folgt, dass $x \mid x_1$ oder $x \mid x_2$.

*Beispiel 3.45*  Eine nichtverschwindende ganze Zahl ist genau dann prim, wenn sie eine Primzahl oder Negation einer Primzahl ist, das heißt, wenn sie irreduzibel ist.

In Bd. 1 konnten wir außerdem mithilfe des euklidischen Algorithmus für Polynome mit rationalen Koeffizienten nachweisen, dass irreduzible Polynome über den rationalen Zahlen automatisch prim sind. Da der euklidische Algorithmus in einer Version für jeden Körper daherkommt, können wir analog schließen:

*Beispiel 3.46*  Sei $K$ ein Körper. Ein nichtverschwindendes Polynom aus $K[X]$ ist genau dann prim, wenn es irreduzibel ist.

Für einen allgemeinen Integritätsbereich $R$ ist jedenfalls richtig:

**Proposition 3.8**  *Ist $x$ ein reguläres Primelement von $R$, so ist $x$ irreduzibel.*

*Beweis*  Diese Richtung folgt genauso, wie wir es schon für Polynome in Bd. 1 nachgerechnet haben. □

Die andere Richtung gilt für beliebige Integritätsbereiche allerdings nicht:

*Beispiel 3.47*  Wir betrachten den Integritätsbereich

$$\mathcal{O}_{\mathbf{Q}(\sqrt{-5})} = \mathbf{Z}[\sqrt{-5}] = \left\{ a + b\sqrt{-5} \mid a, b \in \mathbf{Z} \right\}.$$

Wir wollen zeigen, dass $2 \in \mathbf{Z}[\sqrt{-5}]$ ein irreduzibles Element ist. Dazu führen wir wieder die multiplikative Normfunktion

$$N : \mathbf{Z}[\sqrt{-5}] \to \mathbf{Z}, \quad a + b\sqrt{-5} \mapsto a^2 + 5b^2$$

$(a, b \in \mathbf{Z})$ ein. Einheiten in $\mathbf{Z}[\sqrt{-5}]$ sind wegen der Multiplikativität von $N$ höchstens die Elemente $x = a + b\sqrt{-5}$ mit $N(x) = 1$, also $a^2 + 5b^2 = 1$. Es folgt, dass $1$ und $-1$ die einzigen Einheiten in $\mathbf{Z}[\sqrt{-5}]$ sind. Wie in Beispiel 3.44 lässt sich dann zeigen, dass $2$ irreduzibel ist.

Es ist $2$ jedoch kein Primelement: Denn $2$ teilt $6 = (1 + \sqrt{-5}) \cdot (1 - \sqrt{-5})$ im Ring $\mathbf{Z}[\sqrt{-5}]$. Auf der anderen Seite teilt $2$ aber weder $1 + \sqrt{-5}$ noch $1 - \sqrt{-5}$.

---

Ist ein Element $x \neq 0$ eines Integritätsbereiches prim, so ist es auch irreduzibel. Die Umkehrung gilt für beliebige Integritätsbereiche aber nicht, sodass wir beide Eigenschaften auseinanderhalten müssen.

An dieser Stelle haben wir alle nötigen Begriffe beisammen, um Primfaktorzerlegungen für beliebige Integritätsbereiche $R$ definieren zu können:

**Definition 3.14** Ein reguläres Element $a \in R$ besitzt eine *eindeutige Primfaktorzerlegung*, wenn $a$ assoziiert zu einem Produkt irreduzibler Elemente von $R$ ist, das heißt also, wenn es irreduzible Elemente $p_1, \ldots, p_r$ gibt, sodass

$$(a) = (p_1 \cdots p_r), \tag{3.6}$$

und wenn je zwei solcher Zerlegungen bis auf Reihenfolge und Assoziiertheit übereinstimmen, wenn also für weitere irreduzible Elemente $q_1, \ldots, q_s$ mit

$$(a) = (p_1 \cdots p_r) = (q_1 \cdots q_s)$$

eine Bijektion $\sigma : \{1, \ldots, r\} \to \{1, \ldots, s\}$ mit $(p_i) = (q_{\sigma(i)})$ existiert.

Im Falle von (3.6) nennen wir $p_1 \cdots p_r$ die *Primfaktorzerlegung* von $a$.

Es mag ein wenig verwundern, warum wir hier von einer Primfaktorzerlegung (in Analogie zu den ganzen Zahlen) sprechen, obwohl wir eine Zerlegung in irreduzible Elemente und nicht in Primelemente meinen. Es ist nun so, dass in den Ringen, in denen uns die Primfaktorzerlegung interessiert, irreduzible Elemente immer prim sind. Um das genauer zu formulieren, müssen wir ein wenig ausholen:

Ist $x$ ein Element in einem Integritätsbereich $R$, so heißt ein Element $d$ bekanntlich Teiler von $x$, geschrieben $d \mid d'$, wenn $x = q\,d$ für ein Element $q \in R$.

Sind $x$ und $y$ zwei Elemente in einem Integritätsbereich $R$, so können wir einen größten gemeinsamen Teiler $d \in R$ sinnvollerweise als ein solches Element definieren, welches Teiler von $x$ und $y$ ist und sodass jeder weitere gemeinsame Teiler von $x$ und $y$ auch ein Teiler von $d$ sein muss. Ist $d'$ neben $d$ ein solcher größter gemeinsamer Teiler, so folgt insbesondere $d' \mid d$, aber auch $d \mid d'$, das heißt, alle größten gemeinsamen Teiler sind zueinander assoziiert. Es ist leicht, den Begriff des größten gemeinsamen Teilers zweier Elemente auf den Begriff des größten gemeinsamen Teilers einer endlichen Anzahl von Elementen auszudehnen.

Sind $d$ und $d'$ zwei Teiler eines Ringelementes, so sagen wir, dass $d'$ der größere Teiler ist, wenn $d \mid d'$.

Damit können wir allgemein formulieren:

**Konzept 17** Ein *Ring mit größten gemeinsamen Teilern* ist ein Integritätsbereich, in dem je zwei Elemente einen größten gemeinsamen Teiler besitzen.

Sind $x_1$, ..., $x_n$ beliebig viele Elemente (nicht unbedingt zwei) in einem solchen Ring, so gibt es auch einen gemeinsamen größten Teiler dieser Elemente. Diesen erhalten wir induktiv, denn ein größter gemeinsamer Teiler von $x_1$, ..., $x_n$ ist ein größter gemeinsamer Teiler von $x_n$ und einem größten gemeinsamen Teiler von $x_1$, ..., $x_{n-1}$. Im Falle von einem Element, ist das Element ein größter gemeinsamer Teiler von sich selbst. Im Falle von keinem Element ist 0 ein größter gemeinsamer Teiler, denn 0 ist das größte Element bezüglich der Teilbarkeitsrelation in einem Integritätsbereich.

Für größte gemeinsame Teiler gilt eine Art Distributivgesetz:

**Lemma 3.1** *Seien a, b zwei Elemente in einem Ring R mit größten gemeinsamen Teilern. Sei weiter r ein reguläres Element. Ist dann d ein größter gemeinsamer Teiler von a und b, so ist rd ein größter gemeinsamer Teiler von ra und rb, und ist umgekehrt ein Produkt rd ein größter gemeinsamer Teiler von ra und rb, so ist d ein größter gemeinsamer Teiler von a und b.*

*Beweis* Sei zunächst $d$ ein größter gemeinsamer Teiler von $a$ und $b$, also $d \mid a$ und $d \mid b$. Durch Multiplikation mit $r$ ergibt sich $rd \mid ra$ und $rd \mid rb$. Damit ist $rd$ ein gemeinsamer Teiler von $ra$ und $rb$. Ist umgekehrt $e$ ein größter gemeinsamer Teiler von $ra$ und $rb$, so ist jedenfalls $r \mid e$, denn jedenfalls ist $r$ ist ebenfalls ein gemeinsamer Teiler von $ra$ und $rb$. Wir können also $e = rd$ für ein Element $d$ schreiben. Aus $rd \mid ra$ und $rd \mid rb$ folgt aufgrund der Regularität von $r$ (Kürzungsregel!), dass $d \mid a$ und $d \mid b$. Damit ist also $d$ ein gemeinsamer Teiler von $a$ und $b$.

Wir haben damit gezeigt, dass die Abbildung $d \mapsto rd$ größte gemeinsame Teiler von $a$ und $b$ auf gemeinsame Teiler von $ra$ und $rb$ abbildet und ihre Umkehrung größte gemeinsame Teiler von $ra$ und $rb$ auf gemeinsame Teiler von $a$ und $b$ abbildet. Da diese Abbildung monoton bezüglich der Teilbarkeitsrelation ist, folgt schließlich, dass sie eine Bijektion zwischen den größten gemeinsamen Teilern von $a$ und $b$ und den größten gemeinsamen Teilern von $ra$ und $rb$ vermittelt. □

So bewaffnet, können wir folgende wesentliche Aussage zeigen: In jedem Ring mit größten gemeinsamen Teilern gilt die Umkehrung von Proposition 3.8:

**Proposition 3.9** *Ein irreduzibles Element in einem Ringe R mit größten gemeinsamen Teilern ist ein Primelement.*

Diese Proposition wird auch euklidisches Lemma genannt, auch wenn Euklid sie natürlich nur für die ganzen Zahlen formuliert hat.

*Beweis* Sei $f$ ein irreduzibles Element. Nach Definition ist dieses keine Einheit. Teilt $f$ ein Produkt $ab$ in $R$, so müssen wir also nur noch zeigen, dass $f$ dann $a$ oder $b$ teilt. Da $f$ ein irreduzibles Element ist, ist jeder Teiler von $f$ entweder eine Einheit oder assoziiert zu

$f$, bis auf Assoziiertheit also entweder 1 oder $f$. Insbesondere ist ein größter gemeinsamer Teiler von $f$ und $a$ bis auf Assoziiertheit entweder 1 oder $f$. Im letzteren Falle ist $f$ ein Teiler von $a$, und wir sind fertig.

Nehmen wir im Folgenden also an, dass 1 ein größter gemeinsamer Teiler von $f$ und $a$ ist. Nach Lemma 3.1 folgt, dass $b$ ein größter gemeinsamer Teiler von $bf$ und $ab$ ist. Nun teilt aber $f$ trivialerweise $bf$ und, nach Voraussetzung auch $ab$, ist also auch ein gemeinsamer Teiler. Es folgt, dass $f$ damit den größten gemeinsamen Teiler $b$ teilt. □

In Integritätsbereichen mit größten gemeinsamen Teilern fallen irreduzible Elemente und Primelemente zusammen.

Wegen Beispiel 3.47 haben wir daher ein Beispiel für einen Integritätsbereich, der kein Ring mit größten gemeinsamen Teilern ist:

*Beispiel 3.48* Der Integritätsbereich $\mathbf{Z}[\sqrt{-5}]$ ist kein Ring mit größten gemeinsamen Teilern.

Schließlich können wir definieren:

**Konzept 18** Ein *Ring mit eindeutiger Primfaktorzerlegung* ist ein Integritätsbereich mit größten gemeinsamen Teilern, in dem jedes reguläre Element eine Primfaktorzerlegung besitzt.

Der aufmerksame Leser wird bemerkt haben, dass wir von einem Ring mit *eindeutiger* Primfaktorzerlegung sprechen wollen, aber nur fordern, dass überhaupt Primfaktorzerlegungen existieren. In der Tat ist es aber so, dass in Ringen mit größten gemeinsamen Teilern Primfaktorzerlegungen automatisch eindeutig sind:

**Proposition 3.10** *Seien $p_1, \ldots, p_r$ und $q_1, \ldots, q_s$ irreduzible Elemente in einem Integritätsbereich mit größten gemeinsamen Teilern, sodass*

$$(p_1 \cdots p_r) = (q_1 \cdots q_s).$$

*Dann existiert eine Bijektion $\sigma : \{1, \ldots, r\} \to \{1, \ldots, s\}$ mit $(p_i) = (q_{\sigma(i)})$.*

*Beweis* Es teilt $p_1$ offensichtlich $q_1 \cdots q_s$. Da $p_1$ als irreduzibles Element in einem Ring mit größten gemeinsamen Teilern auch prim ist, folgt damit, dass $p_1$ auch einen Faktor von $q_1 \cdots q_s$ teilt, ohne Einschränkung $q_1$. Da $q_1$ irreduzibel ist und damit bis auf Einheiten nur

1 oder $q_1$ als Teiler zulässt, haben wir $(p_1) = (q_1)$. Da $p_1$ (und gleichbedeutend $q_1$) als irreduzible Elemente regulär sind, können wir die Kürzungsregel anwenden und erhalten

$$(p_2 \cdots p_r) = (q_2 \cdots q_s).$$

Wir können dann mit $p_2$ anstelle von $p_1$ weitermachen. Formal erhalten wir offensichtlich mit Induktion über $r$ die Aussage der Proposition. □

*Beispiel 3.49* Da $\mathbf{Z}[\sqrt{-5}]$ ist kein Ring mit größten gemeinsamen Teilern ist, können wir auch nicht folgern, dass Primfaktorzerlegungen in diesem Ring eindeutig sind.

Und in der Tat sind

$$6 = 2 \cdot 3 = (1 + \sqrt{-5}) \cdot (1 - \sqrt{-5})$$

zwei wesentlich verschiedene Zerlegungen von 6 in irreduzible Elemente.

War das letzte Beispiel eines aus der Zahlentheorie, ist das folgende für die algebraische Geometrie relevant:

*Beispiel 3.50* Sei $K$ ein Körper. Die $K$-Algebra

$$R = K[X, Y]/(X^3 - Y^2)$$

ist kein Ring mit eindeutiger Primfaktorzerlegung: Das Element $X$ ist irreduzibel, aber kein Primelement, denn es teilt zwar $Y^2 = X^3$, aber nicht $Y$.

Unser Schulwissen über die Primfaktorzerlegung ganzer Zahlen und unsere Ergebnisse aus Bd. 1 lassen sich wie folgt formulieren:

*Beispiel 3.51* Die ganzen Zahlen bilden einen Ring mit eindeutiger Primfaktorzerlegung.

*Beispiel 3.52* Sei $K$ ein Zahlkörper. Dann ist $K[X]$ ein Ring mit eindeutiger Primfaktorzerlegung.

Da in einem Körper alle regulären Elemente Einheiten sind, haben wir trivialerweise:

*Beispiel 3.53* Jeder Körper ist ein Ring mit eindeutiger Primfaktorzerlegung.

In einem Ring mit eindeutiger Primfaktorzerlegung können wir leicht feststellen, ob ein reguläres Element eine Einheit ist: Entweder besitzt die eindeutige Primfaktorzerlegung mindestens einen Faktor – dann ist das Element keine Einheit –, oder sie besitzt keinen Faktor – dann ist das Element eine Einheit. Ebenso leicht können wir feststellen, ob sich zwei Elemente $p$ und $q$ in einem Ring mit eindeutiger Primfaktorzerlegung teilen oder nicht:

Dazu bestimmen wir einen größten gemeinsamen Teiler $d$ von $p$ und $q$. Ist dann $p/d$ eine Einheit, so teilt $p$ das Element $q$. Ist $p/d$ keine Einheit, so teilt $p$ das Element $q$ nicht. Aus diesem Teilbarkeitstest lässt sich offensichtlich ein Test für Assoziiertheit ableiten.

Sind $n$ und $m$ zwei ganze Zahlen, so ist neben dem euklidischen Algorithmus die Primfaktorzerlegung ein Verfahren, einen größten gemeinsamen Teiler von $n$ und $m$ zu finden: Sind nämlich $n = \pm p_1^{e_1} \cdots p_r^{e_r}$ und $m = \pm p_1^{f_1} \cdots p_r^{f_r}$ Primfaktorzerlegungen von $n$ und $m$ mit paarweise nicht assoziierten Primelementen $p_1, \ldots, p_r$ und Exponenten $e_i, f_i \geq 0$, so ist ein größter gemeinsamer Teiler durch

$$d = p_1^{\min(e_1, f_1)} \cdots p_r^{\min(e_r, f_r)}$$

gegeben. (Im Falle von $n = 0$ bzw. $m = 0$ ist der größte gemeinsame Teiler immer $m$ bzw. $n$.)

Die Bedingung an einen Ring mit eindeutiger Primfaktorzerlegung, dass je zwei Elemente einen größten gemeinsamen Teiler haben, ist also keineswegs unabhängig von der Bedingung, dass für jedes reguläre Elemente eine eindeutige Primfaktorzerlegung existiert, vielmehr hätte es zu fordern gereicht, dass für je zwei Primelemente festgestellt werden kann, ob sie assoziiert sind oder nicht.[5]

> In einem Ring mit eindeutiger Primfaktorzerlegung können wir größte gemeinsame Teiler mithilfe von Primfaktorzerlegungen bestimmen.

Wir erinnern an den Begriff des *Inhaltes* aus Bd. 1: Wir haben den Inhalt eines Polynoms $f(X) \in \mathbf{Z}[X]$ als den größten gemeinsamen Teiler seiner Koeffizienten definiert. Diese Definition können wir offensichtlich auf Polynome $f(X) \in R[X]$ über beliebigen Ringen mit eindeutiger Primfaktorzerlegung ausdehnen: Der Inhalt des Polynomes $f(X)$ ist ein größter gemeinsamer Teiler seiner Koeffizienten. (Der Inhalt ist offensichtlich bis auf Assoziiertheit definiert, entspricht also einem Hauptideal.) Ist der Inhalt von $f(X)$ gleich eins (bzw. assoziiert dazu), so nennen wir $f(X)$ *primitiv*.

Der Beweis des gaußschen Lemmas aus Bd. 1 überträgt sich eins zu eins auf diesen allgemeineren Fall:

**Lemma 3.2** *Seien $g(X)$ und $h(X) \in R[X]$ zwei Polynome über einem Ring mit eindeutiger Primfaktorzerlegung. Dann ist der Inhalt des Produktes $g(X) \cdot h(X)$ der Polynome das Produkt der Inhalte der Polynome $g(X)$ und $h(X)$.*  □

---

[5] In klassischer Logik fragen wir nicht danach, ob wir dies effektiv feststellen können. Damit folgt, dass in der klassischen Theorie jeder Integritätsbereich, in dem jedes reguläre Elemente eine eindeutige Primfaktorzerlegung besitzt, automatisch ein Ring mit größten gemeinsamen Teilern ist.

Insbesondere ist also das Produkt primitiver Polynome wieder primitiv, und ist das Produkt zweier Polynome primitiv, so müssen auch die Faktoren primitiv sein.

Wir können damit auch das Korollar des gaußschen Lemmas aus Bd. 1 auf beliebige Ringe mit eindeutiger Primfaktorzerlegung verallgemeinern. Der Beweis überträgt sich mutatis mutandis.

**Korollar 3.1** *Ein primitives Polynom über einem Ring $R$ mit eindeutiger Primfaktorzerlegung ist genau dann irreduzibel, wenn es als Polynom über dem Quotientenkörper $K$ von $R$ irreduzibel ist.* □

Das gaußsche Lemma gilt für alle Ringe mit eindeutiger Primfaktorzerlegung. Für primitive Polynome macht es also keinen Unterschied, wenn wir die Irreduzibilität über dem Ring oder seinem Quotientenkörper betrachten.

Wir können daraus folgern, dass über einem Ring $R$ mit eindeutiger Primfaktorzerlegung jedes irreduzible Polynom $f(X) \in R[X]$ ein Primelement ist: Dazu überlegen wir zunächst, dass $f(X)$ primitiv sein muss (denn sonst wäre sein Inhalt ein echter Teiler in $R[X]$). Nach Korollar 3.1 ist dann $f(X)$ auch über $K[X]$ irreduzibel. Über Körpern wissen wir schon, dass irreduzible Polynome Primelemente sind. Ist also $f(X)$ insbesondere ein Teiler eines Produktes $g(X) \cdot h(X)$ zweier Polynome aus $K[X]$, so teilt $f(X)$ einen der beiden Faktoren, etwa $f(X) \cdot d(X) = g(X)$. Ist speziell $g(X) \in R[X]$, so folgt aus der Primitivität von $f(X)$ dann auch $d(X) \in R[X]$. (Ist etwa $c$ ein Hauptnenner der Koeffizienten von $d(X)$, sodass $cd(X) \in R[X]$, so ist der Inhalt von $cd(X)$ gleich dem Inhalt von $cg(X)$, also durch $c$ teilbar. Damit muss aber $d(X)$ schon Koeffizienten aus $R$ gehabt haben.)

Im Beweis von Proposition 3.10 haben wir nur benutzt, dass alle irreduziblen Elemente prim sind, um die Eindeutigkeit einer Primfaktorzerlegung nachzuweisen. Wir können also als Folgerung über $R[X]$ notieren:

**Lemma 3.3** *Sei $R$ ein Ring mit eindeutiger Primfaktorzerlegung. Sei $f(X)$ ein Polynom über $R$. Besitzt $f(X)$ in $R[X]$ eine Primfaktorzerlegung, so ist diese eindeutig (das heißt eindeutig bis auf Reihenfolge und Assoziiertheit).* □

Man beachte, dass wir hier nicht die Existenz einer Primfaktorzerlegung in $R[X]$ gezeigt haben.

Wie sieht es mit der Existenz von Primfaktorzerlegungen in Polynomringen aus? Weiter oben haben wir gezeigt, dass jeder Polynomring über einem Zahlkörper ein Ring mit eindeutiger Primfaktorzerlegung ist. Wie sieht es mit Polynomringen über anderen Körpern, wie etwa den endlichen aus? Wie mit Polynomringen über allgemeinen Integritätsbereichen? Um diese Fragen zu studieren, definieren wir:

**Konzept 19** Ein *faktorieller Ring* ist ein Integritätsbereich $R$, sodass der Polynomring $R[X]$ ein Ring mit eindeutiger Primfaktorzerlegung ist.

Da eine Primfaktorzerlegung eines konstanten Polynoms $a$ in $R[X]$ nichts anderes als eine Primfaktorzerlegung von $a$ in $R$ ist und ein größter gemeinsamer Teiler zweier konstanter Polynome in $R[X]$ auch ein größter gemeinsamer Teiler in $R$ ist, können wir folgern, dass jeder faktorielle Ring insbesondere ein Ring mit eindeutiger Primfaktorzerlegung ist.[6]

Beispiele faktorieller Ringe sind Polynomringe in endlich vielen Variablen über faktoriellen Ringen, was aus folgender Proposition per Induktion gefolgert werden kann:

**Proposition 3.11** *Ist $R$ ein faktorieller Ring, so ist auch $R[X]$ ein faktorieller Ring.*

*Beweis* Es ist zunächst zu zeigen, dass der Integritätsbereich $R[X, Y]$ eindeutige Primfaktorzerlgungen seiner regulären Elemente zulässt. Da die Einheiten von $R[X, Y]$ gerade die Einheiten $R^\times$ von $R$ sind und es bei der Primfaktorzerlegung nur bis auf Einheiten ankommt, rechnen wir in allen folgenden $R$-Algebren $S$ modulo $R^\times$, das heißt, wir identifizieren zwei Elemente in einer $R$-Algebra $S$, wenn sie durch Multiplikation mit einer Einheit aus $R$ auseinander hervorgehen.

Sei $N$ eine natürliche Zahl. Sei

$$R[X, Y]_N := \left\{ g_0(Y) + g_1(Y)X + \cdots + g_{N-1}(Y)X^{N-1} \mid g_i(Y) \in R[Y] \right\}$$

diejenige Teilmenge von Polynomen (modulo $R^\times$!), deren Grad in $X$ kleiner ist als $N$. Es ist $R[X, Y]_N$ zwar nicht abgeschlossen unter der Multiplikation in $R[X, Y]$, aber abgeschlossen unter dem Bilden von Zerlegungen (das heißt, die Faktoren einer Zerlegung in $R[X, Y]_N$ sind wieder in $R[X, Y]_N$). Um daher zu zeigen, dass ein reguläres Polynom $f(X, Y) \in R[X, Y]_N$ eine eindeutige Primfaktorzerlegung in $R[X, Y]$ besitzt, reicht es, Zerlegungen in $R[X, Y]_N$ zu betrachten. Die Abbildung

$$\varphi : R[X, Y]_N \to R[X], \quad g(X, Y) \mapsto g(X, X^N)$$

ist aufgrund der Wahl von $N$ injektiv und mit Zerlegungen in Faktoren verträglich (das heißt, sie bildet eine Zerlegung in Faktoren auf eine Zerlegung in Faktoren ab). Ist also $g$ ein Faktor von $f \in R[X, Y]_N$, so ist $\varphi(g)$ ein Faktor von $\varphi(f)$ in $R[X]$. Da $R[X]$ nach Voraussetzung ein Ring mit eindeutiger Primfaktorzerlegung ist, besitzt $\varphi(f)$ nur endlich viele Faktoren $g_1, ..., g_m$. Damit sind alle Faktoren von $f$ Polynome $f_j$, sodass $\varphi(f_j) = g_i$ für ein $i \in \{1, ..., m\}$. Damit besitzt $f$ nur endlich viele Faktoren. Insbesondere können wir $f$ in $R[X, Y]_N$ irreduzible Elemente zerlegen.

---

[6] In klassischer Logik lässt sich zeigen, dass der Polynomring über einem Ring mit eindeutiger Primfaktorzerlegung wieder ein Ring mit eindeutiger Primfaktorzerlegung ist. Hier fallen die Begriffe faktorieller Ring und Ring mit eindeutiger Primfaktorzerlegung offensichtlich zusammen.

Die Eindeutigkeit der Primfaktorzerlegung von $f$ ist gerade Lemma 3.3.

Es bleibt, einen Test anzugeben, mit dem festgestellt werden kann, ob zwei Polynome $f$ und $g$ in $R[X, Y]$ sich gegenseitig teilen. Dazu reicht es, dies in $R[X, Y]_N$ für genügend großes $N$ zu überprüfen. Dort können wir aber nach dem obigen Algorithmus entscheiden, ob $g$ als Vielfaches von $f$ geschrieben werden kann. $\qquad\qquad\square$

> Ein Integritätsbereich $R$ ist genau dann ein faktorieller Ring, wenn $R$, $R[X]$, $R[X_1, X_2]$ und alle weiteren Polynomringe in endlich vielen Unbestimmten über $R$ jeweils Ringe mit eindeutiger Primfaktorzerlegung sind.

*Beispiel 3.54* Da $\mathbf{Q}[X]$ ein Ring mit eindeutiger Primfaktorzerlegung ist, ist $\mathbf{Q}$ faktoriell. Damit ist auch $\mathbf{Q}[X, Y]$ ein Ring mit eindeutiger Primfaktorzerlegung. Wir wollen die Primfaktorzerlegung von

$$f(X, Y) := X^3 - X^2 Y + XY - Y^2$$

bestimmen. Die höchste auftauchende Potenz in $X$ ist $X^3$, wir können damit $N = 4$ im Sinne des Beweises von Proposition 3.11 wählen. Sei daher $\varphi(g(X, Y)) = g(X, X^4)$. Insbesondere haben wir

$$\varphi(f(X, Y)) = f(X, X^4) = -X^8 - X^6 + X^5 + X^3 \in \mathbf{Q}[X].$$

Auf das Polynom auf der rechten Seite können wir unsere Faktorisierungsmethoden aus Bd. 1 anwenden und erhalten

$$g(X) := -X^8 - X^6 + X^5 + X^3 = -X^3 \cdot (X - 1) \cdot (X^2 + 1) \cdot (X^2 + X + 1).$$

Auf der linken Seite stehen insgesamt 6 Faktoren. Diese lassen sich auf höchstens $2^6 = 64$ Arten und Weisen zu genau zwei Faktoren $g_1(X) \cdot g_2(X)$ zusammenfassen. Für jede einzelne dieser Zerlegungen überprüfen wir, ob sie Bild einer Zerlegung von $f(X, Y)$ ist: Wir schreiben $g_i(X) = \varphi(f_i(X, Y))$ (wir erhalten $f_i(X, Y) \in \mathbf{Q}[X, Y]$, indem wir in $g_i(X)$ Monome $X^n$ durch $X^r Y^q$ ersetzen, wobei $q$ der Quotient und $r$ der Rest der Division von $n$ durch $N = 4$ ist) und überprüfen dann, ob $f(X) = f_1(X, Y) f_2(X, Y)$. Die positiven Resultate ergeben dann alle möglichen Zerlegungen von $f(X)$ in zwei Faktoren. Das Ganze lassen wir am besten durch einen Computer machen. Es ergibt sich, dass

$$g(X) = -\left[ X \cdot (X - 1) \cdot (X^2 + X + 1) \right] \cdot \left[ X \cdot X \cdot (X^2 + 1) \right]$$

die einzige nichttriviale Faktorisierung von $g(X)$ ist, welche von einer Faktorisierung von $f(X)$ kommt, nämlich

$$f(X, Y) = -[Y - X] \cdot [Y + X^2].$$

Die Primfaktoren von $f(X, Y)$ in $R[X, Y]$ sind damit $X - Y$ und $X^2 + Y$.

> Der Ring $\mathbf{Q}$ der rationalen Zahlen ist ein faktorieller Ring. Wir können insbesondere Polynome in endlich vielen Unbestimmten über $\mathbf{Q}$ eindeutig als Produkt irreduzibler Polynome schreiben.

## 3.5    Hauptidealbereiche

Die ganzen Zahlen oder der Ring der Polynome über einem Zahlkörper bilden einen Ring mit eindeutiger Primfaktorzerlegung, das heißt, es gibt einen theoretisch durchführbaren Algorithmus, eine Zahl oder ein solches Polynom in irreduzible Faktoren zu zerlegen. Dies heißt aber nicht, dass dieser Algorithmus besonders einfach oder schnell durchzuführen wäre. So ist die Zahl

$$41202343698665954385553136533257594817981169984432798284545562\,64$$
$$3387644556524842619809887042316184187926142024718886949256093177$$
$$6375033421130982397485150944909106910269861031862704114880866970$$
$$5649029036536588674337317208131041051908642547932826013912576240$$
$$33946373269391$$

keine Primzahl, ihre Faktorisierung ist zur Zeit (November 2020) aber auch nicht bekannt.[7]

Viel einfacher ist aber folgendes Problem zu lösen: Sei $x_1, \ldots, x_n$ eine endliche Anzahl nichtverschwindender ganzer Zahlen. Finde paarweise teilerfremde ganze Zahlen $p_1, \ldots,$ $p_m$, sodass jede der Zahlen $x_i$ assoziiert zu einem Produkt der Form $p_1^{e_1} \cdots p_m^{e_r}$ mit $e_j \geq 0$ ist. Eine solche Faktorisierung wollen wir als eine *teilweise Faktorisierung* von $x_1, \ldots, x_n$ bezeichnen.

Sei etwa $x_1 = 60$ und $x_2 = 200$. Im ersten Schritt überprüfen wir, ob wir $p_1 = x_1$ und $p_2 = x_2$ wählen können (denn dann wäre klar, dass wir $x_1$ und $x_2$ als Produkte $p_1^1 p_2$ und $p_1^0 p_2$ darstellen können). Offensichtlich geht dies nicht, denn der größte gemeinsame Teiler von $x_1$ und $x_2$ ist 20 und damit wären $p_1$ und $p_2$ nicht teilerfremd. Da wir $x_1$ und $x_2$ als Produkte von 20, $3 = \frac{60}{20}$ und $10 = \frac{200}{20}$ schreiben können, reicht es offensichtlich aus, das ursprüngliche Problem für $n = 3$ und 20, 3 und 10 anstelle von $x_1$ und $x_2$ lösen zu wollen. Dazu suchen wir ein Pärchen aus 20, 3 und 10, welches einen nichttrivialen Teiler hat. In diesem Falle ist 10 größter gemeinsamer Teiler von 20 und 10. Damit lassen sich 20, 3 und 10 als Produkte von 10, $2 = \frac{20}{10}$, 3 und $1 = \frac{10}{10}$ darstellen. Folglich haben wir unser

---

[7] Genau genommen ist sie den RSA Laboratories bekannt, die diese Zahl durch Multiplikation zweier Primzahlen gewonnen haben. Zur Förderung der rechnerorientierten Zahlentheorie war von den RSA Laboratories bis 2007 ein Preis von 75.000 \$ für die Faktorisierung dieser Zahl ausgesetzt worden.

ursprüngliches Problem weiter reduziert. Es reicht, es jetzt für die Faktoren 10, 2, 3 und 1 zu lösen. Zwischen diesen vier Zahlen gibt es nur einen nichttrivialen größten gemeinsamen Teiler, nämlich zwischen 10 und 2, also 2. Abdividieren liefert die fünf Zahlen $p_1 = 2$, $p_2 = 5 = \frac{10}{2}$, $p_3 = 1 = \frac{2}{2}$, $p_4 = 3$ und $p_5 = 1$. Diese sind alle paarweise teilerfremd und lösen damit unser teilweises Faktorisierungsproblem.

> Eine Faktorisierung in paarweise teilerfremde Zahlen ist viel einfacher als eine Faktorisierung in irreduzible Elemente.

Aus dem Beispiel sollte klar geworden sein, wie ein Verfahren zur teilweisen Faktorisierung schrittweise funktioniert: Wir starten mit einer Reihe von nichtverschwindenden Zahlen $x_1$, $\ldots$, $x_n$, deren Produkt wir für den Moment mit $x$ bezeichnen wollen. Wir bestimmen dann den größten gemeinsamen Teiler $d_{12}$ von $x_1$ und $x_2$ und ersetzen $x_1$ und $x_2$ durch ihre Quotienten nach $d_{12}$. Als Nächstes bestimmen wir den größten gemeinsamen Teiler $d_{13}$ vom neuen Wert von $x_1$ und $x_3$ und dividieren diesen wieder von $x_1$ und $x_3$ ab. Dies machen wir mit dem neuen Wert von $x_1$ und $x_4$, usw. bis zum Paar $x_1$ und $x_n$. Dann bestimmen wir den größten gemeinsamen Teiler $d_{23}$ der neuen Werte von $x_2$ und $x_3$, dividieren diesen ab, usw. bis zum Paar $x_{n-1}$ und $x_n$. Sei $y_1$, $\ldots$, $y_m$ die Reihe aus den neuen Werten der $x_i$ zusammen mit den $d_{11}$, $\ldots$, $d_{(n-1)n}$. Das Produkt der $y_j$ sei $y$. Dann setzen wir das Verfahren mit den $y_j$ anstelle der $x_i$ fort. Warum können wir irgendwann aufhören, also irgendwann $p_1 = y_1$, $\ldots$, $p_m = y_m$ setzen? Die Antwort ist folgende: Nach jedem Schritte ist $y$ ein Teiler von $x$. Es ist $y$ genau dann ein echter Teiler von $x$, wenn mindestens ein $d_{ij}$ keine Einheit gewesen ist. Da wir jedoch eine absteigende Kette von Teilern produzieren, muss irgendwann ein Punkt erreicht sein, an dem sowohl $y$ ein Teiler von $x$ aber auch $x$ ein Teiler von $y$ ist. Dann sind $x_1$, $\ldots$, $x_n$ aber schon paarweise teilerfremd (sonst gäbe es ja irgendeinen nichttrivialen größten gemeinsamen Teiler), das heißt, wir sind fertig.

Wir können uns die Frage stellen, in welchen anderen Integritätsbereichen die teilweise Faktorisierung noch gilt, das heißt, für welche Integritätsbereiche $R$ gilt: Ist $x_1$, $\ldots$, $x_n$ eine endliche Familie regulärer Elemente aus $R$, so existieren paarweise teilerfremde Elemente $p_1$, $\ldots$, $p_m$ aus $R$, sodass jedes $x_i$ jeweils assoziiert zu einem Produkt aus Potenzen der $p_j$ ist. (Dabei heißen Elemente $x$ und $y$ eines Integritätsbereiches *teilerfremd*, wenn jeder gemeinsame Teiler eine Einheit ist.) Für welche Integritätsbereiche $R$ können wir das obige Verfahren umsetzen, welches im Rahmen der ganzen Zahlen funktioniert hat? Zunächst einmal müssen je zwei Elemente in $R$ einen größten gemeinsamen Teiler besitzen. Integritätsbereiche, in denen dies gilt, haben wir Ringe mit größten gemeinsamen Teilern genannt.

*Beispiel 3.55* Ein triviales Beispiel für einen Ring mit größten gemeinsamen Teilern ist ein Körper, der bis auf Assoziiertheit nur die Elemente 0 und 1 hat.

Ein interessanteres Beispiel für einen Ring mit größten gemeinsamen Teilern ist natürlich der Ring der ganzen Zahlen. Dort haben wir, dass jedes endlich erzeugte Ideal ein Hauptideal ist, also nur von einem Element erzeugt wird. Sind also $x$ und $y$ zwei ganze Zahlen, so existiert eine ganze Zahl $d$ mit $(x, y) = (d)$. Aus dieser Tatsache folgt schon, dass $d$ ein größter gemeinsamer Teiler von $x$ und $y$ ist.

Wir formulieren dieses Konzept für beliebige Integritätsbereiche und erhalten:

**Konzept 20**  Ein *bézoutscher*[8] *Bereich* ist ein Integritätsbereich, in dem jedes endlich erzeugte Ideal ein Hauptideal ist.

Da der Erzeuger des Hauptideales größter gemeinsamer Teiler der Erzeuger des endlich erzeugten Ideales ist, erhalten wir analog zum Fall der ganzen Zahlen

*Beispiel 3.56*  Jeder bézoutsche Bereich ist ein Ring mit größten gemeinsamen Teilern.

Neben den ganzen Zahlen sind die Polynomringe in einer Variablen über einem Körper bézoutsche Ringe und damit Ringe mit größten gemeinsamen Teilern, denn endlich erzeugte Ideale von Polynomen werden wieder von einem Polynom erzeugt.

Es gibt aber auch Ringe mit größten gemeinsamen Teilern, welche keine bézoutschen Bereiche sind. Ist etwa $K$ ein Körper, so ist der Polynomring $K[X, Y]$ in zwei Variablen über $K$ kein bézoutscher Bereich: So wird das Ideal $(X, Y)$ nicht von einem Elemente erzeugt. Wir können aber zeigen, dass $K[X, Y]$ ein Ring mit größten gemeinsamen Teilern ist. Wir zeigen nämlich allgemeiner:

**Proposition 3.12**  *Sei $R$ ein Ring mit größten gemeinsamen Teilern. Dann ist auch $R[X]$ ein Ring mit größten gemeinsamen Teilern.*

(Den Polynomring $K[X, Y]$ erhalten wir zum Beispiel durch zweimalige Anwendung der Proposition, wenn wir mit dem Ring $R = K$ starten, welcher offensichtlich ein Ring mit größten gemeinsamen Teilern ist.)

Für den Beweis wiederholen wir uns kurz, dass der Inhaltsbegriff von Polynomen genau für Ringe mit größten gemeinsamen Teilern Sinn ergibt. Der Beweis des gaußschen Lemmas benötigt keine weiteren Voraussetzungen an den Ring, sodass Lemma 3.2 auch für beliebige Ringe $R$ mit größten gemeinsamen Teilern gilt. Nach dieser Vorüberlegung kommen wir zum Beweis von Proposition 3.12:

*Beweis*  Sei $K$ der Quotientenkörper von $R$. Als bézoutscher Bereich ist $K[X]$ ein Ring mit größten gemeinsamen Teilern. Wir wollen daraus folgern, dass auch $R[X]$ ein Ring mit größten gemeinsamen Teilern ist. Seien dazu $f$ und $g$ zwei Polynome aus $R[X]$, von denen

---

[8] Étienne Bézout, 1730–1783, französischer Mathematiker.

wir annehmen dürfen, dass beide nicht verschwinden. Diese können wir in der Form $f = c\tilde{f}$ und $g = d\tilde{g}$ schreiben, wobei $c$ und $d$ Elemente aus $R$ und $\tilde{f}$ und $\tilde{g}$ zwei primitive Polynome aus $R[X]$ sind. Zu diesen zwei primitiven Polynomen gibt es einen größten gemeinsamen Teiler $\tilde{h}$ im Ringe $K[X]$. Indem wir $\tilde{h}$ gegebenenfalls mit einer Einheit in $K$ multiplizieren, können wir ohne Einschränkung davon ausgehen, dass $\tilde{h}$ ein primitives Polynom in $R[X]$ ist. Aufgrund von Lemma 3.2 ist $\tilde{h}$ dann auch ein Teiler von $\tilde{f}$ und $\tilde{g}$ in $R[X]$.

Sei $e$ ein größter gemeinsamer Teiler von $c$ und $d$ im Ringe $R$. Wir behaupten, dass $h(X) = e\tilde{h}(X)$ ein größter gemeinsamer Teiler von $f(X)$ und $g(X)$ ist. Nach Konstruktion ist klar, dass $h(X)$ zumindest ein Teiler von $f(X)$ und $g(X)$ ist. Ist $r(X)$ ein weiterer gemeinsamer Teiler von $f(X)$ und $g(X)$, so müssen wir schließlich zeigen, dass $r(X)$ das Polynom $h(X)$ teilt. Dazu schreiben wir $r(X) = a\tilde{r}(X)$ für ein Element $a$ in $R$ und ein primitives Polynom $\tilde{r}(X)$. Es folgt, dass $\tilde{r}(X)$ die Polynome $\tilde{f}(X)$ und $\tilde{g}(X)$ in $K[X]$ teilt und damit auch das Polynom $\tilde{h}(X)$ in $K[X]$. Aufgrund der Primitivität der beteiligten Polynome gilt diese Teilbarkeitsrelation auch schon in $R[X]$.

Da der Inhalt nach Lemma 3.2 multiplikativ ist, muss der Inhalt $a$ von $f(X)$ die Inhalte $c$ und $d$ von $f(X)$ bzw. $g(X)$ teilen. Es folgt, dass $a$ ein Teiler von $e$ in $R$ ist. Zusammengefasst ist also $r(X)$ ein Teiler von $h(X)$.  □

Die Eigenschaft, ein Ring mit größten gemeinsamen Teilern zu sein, überträgt sich von einem Ring auf seinen Polynomring in einer Unbestimmten. Im Gegensatz dazu überträgt sich die Eigenschaft, ein bézoutscher Bereich zu sein, im Allgemeinen nicht von einem Ring auf den Polynomring in einer Variablen über diesem.

Wir sind auf das Konzept eines Ringes mit größten gemeinsamen Teilern gestoßen, als wir untersucht haben, inwiefern der Algorithmus der teilweisen Faktorisierung ganzer Zahlen auf weitere Integritätsbereiche anwendbar ist. Im obigen Algorithmus haben wir aber eine weitere Eigenschaft ganzer Zahlen verwendet, die so in allgemeinen Ringen mit größten gemeinsamen Teilern nicht gelten muss. Und zwar hatten wir geschlossen: Produziert ein Algorithmus ganze Zahlen $x_0, x_1, x_2$, sodass jeweils $x_{i+1}$ ein Teiler von $x_i$ ist, so produziert der Algorithmus irgendwann ein $x_{n+1}$, sodass $x_n$ und $x_{n+1}$ zueinander assoziiert sind. Dies liegt allein daran, dass die Folge der Beträge der $x_i$ monoton fallend sein muss. Dass $x_{i+1}$ ein Teiler von $x_i$ ist, können wir auch so umformulieren, dass das von $x_i$ erzeugte Hauptideal im von $x_{i+1}$ erzeugten Hauptideal liegt.

Für allgemeine Integritätsbereiche können wir dann formulieren:

**Konzept 21** Ein *Integritätsbereich, der die aufsteigende Kettenbedingung für Hauptideale erfüllt*, ist ein Integritätsbereich $R$, sodass jeder (nicht unbedingt deterministische) Algorithmus, der Hauptideale

$$\mathfrak{a}_0 \subseteq \mathfrak{a}_1 \subseteq \mathfrak{a}_2 \subseteq \cdots$$

in $R$ produziert, irgendwann ein $\mathfrak{a}_{n+1}$ mit $\mathfrak{a}_n = \mathfrak{a}_{n+1}$ produziert.

Wenn wir von dem Algorithmus fordern, dass er abbricht, sobald er ein $\mathfrak{a}_{n+1}$ mit $\mathfrak{a}_n = \mathfrak{a}_{n+1}$ produziert hat, so können wir die Bedingung auch so formulieren, dass jeder derartige Algorithmus terminiert.

Nach unseren Vorüberlegungen haben wir dann:

**Proposition 3.13** *Sei $R$ ein Ring mit größten gemeinsamen Teilern, welcher die aufsteigende Kettenbedingung für Hauptideale erfüllt. Dann besitzt jede endliche Familie $x_1$, ..., $x_n$ von Elementen in $R$ eine teilweise Faktorisierung, das heißt, es existieren paarweise teilerfremde Elemente $p_1$, ..., $p_m$ von $R$, sodass sich jedes $x_i$ als Produkt von Potenzen der $p_i$ schreiben lässt.* $\square$

Der Begriff *Ring mit größten gemeinsamen Teilern, welcher die aufsteigende Kettenbedingung für Hauptideale erfüllt*, ist ziemlich lang. Glücklicherweise gibt es für bézoutsche Bereiche eine kürzere Bezeichnung:

**Konzept 22** Ein *Hauptidealbereich $R$* ist ein bézoutscher Bereich, in dem die aufsteigende Kettenbedingung für Hauptideale gilt.[9]

> In Hauptidealbereichen ist teilweise Faktorisierung endlicher Familien von Elementen immer möglich.

Da in einem bézoutschen Bereich $R$ jedes endlich erzeugte Ideal ein Hauptideal ist, erfüllt $R$ die aufsteigende Kettenbedingung allgemein für endlich erzeugte Ideale. Ringe, in denen diese allgemeinere Kettenbedingung gilt, heißen *noethersch*[10].

Der Prototyp eines Beispiels für einen Hauptidealbereich sind die ganzen Zahlen. In einen Hauptidealbereich lassen sich nach Proposition 3.13 endliche Familien von Zahlen teilweise faktorisieren. In dieser Hinsicht überträgt sich die Theorie von den ganzen Zahlen auf Hauptidealbereiche also eins zu eins. Auch die Theorie der smithschen Normalform funktioniert für beliebige Hauptidealbereiche: Schauen wir in den Beweis von Theorem 2.5 noch einmal hinein, so erkennen wir, dass wir an Eigenschaften der ganzen Zahlen nur

---

[9] In klassischer Logik können wir einen Hauptidealbereich als einen Integritätsbereich definieren, in dem jedes Ideal durch ein Element erzeugt wird.

[10] Amalie Emmy Noether, 1882–1935, deutsche Mathematikerin.

gebraucht haben, dass sie einen bézoutschen Bereich bilden und dass sie die aufsteigende Kettenbedingung für Hauptideale erfüllen. Wir erhalten damit:

**Theorem 3.1** *Sei R ein Hauptidealbereich. Seien n, m $\in \mathbf{N}_0$. Sei A eine (n × m)-Matrix mit Einträgen aus R. Dann ist A zu einer Matrix der Form*

$$
D = \begin{pmatrix} d_1 & 0 & \cdots & & & \\ 0 & d_2 & \ddots & & & \\ \vdots & \ddots & \ddots & \ddots & & \\ & & & d_r & & \\ & & & & 0 & \\ & & & & & \ddots \end{pmatrix}
$$

*(alle Einträge außerhalb der Diagonalen sind null) ähnlich, wobei wir die $d_i \in R$ so wählen können, dass $d_i$ jeweils ein Teiler von $d_{i+1}$ ist. Die Kette $(d_1) \supseteq (d_2) \supseteq (d_3) \supseteq \cdots$ ist eindeutig bestimmt.* □

> Die smithsche Normalform für Matrizen existiert über allen Hauptidealbereichen, insbesondere also für ganzzahlige Matrizen und für Matrizen über einem Polynomring in einer Unbestimmten über einem Körper.

Ein weiteres Beispiel für einen Hauptidealring ist der Polynomring über einem Körper. Wie im Falle der ganzen Zahlen basierte unser Beweis auf dem euklidischen Algorithmus in einer Version für Polynome. Dies wollen wir verallgemeinern und definieren:

**Konzept 23** Ein *euklidischer Ring* ist ein Integritätsbereich $R$ zusammen mit einer Abbildung $N$, der *Norm*, von der Menge der regulären Elemente von $R$ in die natürlichen Zahlen $\mathbf{N}_0$, sodass gilt:

- Sind $a$ und $b$ zwei Elemente aus $R$ und ist $b$ regulär, so ist entweder $b$ ein Teiler von $a$, oder es existiert ein reguläres Element $r$, sodass $b$ ein Teiler von $a - r$ ist und $N(r) < N(b)$.

Das Element $r$ in der Bedingung heißt ein *Rest* der Division von $a$ nach $b$. Ein euklidischer Ring ist gewissermaßen ein solcher, in dem Division mit Rest möglich ist. Die Norm eines euklidischen Ringes ist ein Maß dafür, die Größe des Restes gegenüber dem Divisor abzuschätzen.

In einem euklidischen Ring ist die Division mit Rest möglich. Der Rest ist bezüglich der Normabbildung kleiner als der Divisor.

*Beispiel 3.57* Der Ring der ganzen Zahlen ist ein euklidischer Ring, dessen Normabbildung der Absolutbetrag ist.

*Beispiel 3.58* Sei $K$ ein Körper. Der Polynomring $K[X]$ der Polynome in einer Variablen über $K$ ist ein euklidischer Ring, dessen Normabbildung durch den Grad von Polynomen gegeben ist.

Der Ring der ganzen Zahlen und Polynomringe in einer Unbestimmten über Körpern sind Beispiele für euklidische Ringe.

*Beispiel 3.59* Ein vielleicht weniger erwartetes Beispiel ist: Die Abbildung

$$N : \mathbf{Z}[\mathrm{i}] \to \mathbf{N}_0, \quad a + b\,\mathrm{i} \mapsto a^2 + b^2,$$

wobei $a, b \in \mathbf{Z}$ sind, macht als Normabbildung den Ring $\mathbf{Z}[\mathrm{i}]$ der ganzen gaußschen Zahlen zu einem euklidischen Ring. Dies lässt sich wie folgt einsehen, wobei wir beachten, dass die Normabbildung einfach das Abstandsquadrat zum Ursprung ist:

Sei $x$ eine nichtverschwindende ganze gaußsche Zahl. Diese schreiben wir in der Form $x = \ell e^{\mathrm{im}\,\varphi}$, wobei $\ell = \sqrt{N(x)}$ und $\varphi$ ein Argument von $x$ ist. Alle Vielfachen $qx$ mit $q \in \mathbf{Z}[\mathrm{i}]$ erhalten wir, indem wir das Einheitsgitter $\mathbf{Z} + \mathrm{i}\mathbf{Z}$ in $\mathbf{C}$ um den Winkel $\varphi$ drehen und um den Faktor $\ell$ strecken. Jede komplexe Zahl ist nicht weiter als $\frac{\sqrt{2}}{2}$ von einem Gitterpunkt des Einheitsgitters entfernt, also nicht weiter als $\sqrt{\frac{N(x)}{2}} < \sqrt{N(x)}$ zu einem Vielfachen von $x$. Folglich finden wir zu jedem $y \in \mathbf{Z}[\mathrm{i}]$ ein $q \in \mathbf{Z}[\mathrm{i}]$, sodass $y = qx + r$ mit $N(r) < N(x)$.

Auch wenn die Normabbildung in allen diesen drei Beispielen eine multiplikative Abbildung ist (das heißt, Produkte gehen auf Produkte), ist dies für einen beliebigen euklidischen Ring im Allgemeinen nicht der Fall.

Euklidische Ringe $R$ erfüllen automatisch die oben definierte aufsteigende Kettenbedingung für Hauptideale. Dies folgt sofort aus folgendem Lemma:

**Lemma 3.4** *Seien $x$ und $y$ zwei reguläre Elemente von $R$, sodass $y$ ein Teiler von $x$ ist. Dann sind $x$ und $y$ zueinander assoziiert, oder es existiert ein zu $y$ assoziiertes Element $\tilde{y}$ mit $N(\tilde{y}) < N(x)$, wobei $N$ die Normabbildung von $R$ ist.*

Ist nämlich

$$(x_0) \subseteq (x_1) \subseteq (x_2) \subseteq \cdots$$

eine aufsteigende Kette von (nichttrivialen) Hauptidealen, so ändert sich diese nicht, wenn wir ein $x_i$ durch ein dazu assoziiertes Element ersetzen. Nach Lemma 3.4 können wir daher in jedem Schritt erreichen, dass $x_{i+1}$ zu $x_i$ assoziiert ist oder dass $N(x_{i+1}) < N(x_i)$. Da die Norm per definitionem Werte in den natürlichen Zahlen annimmt und jede monoton fallende Folge dort irgendwann stabilisiert, muss es ein $x_{i+1}$ geben, welches zu $x_i$ assoziiert ist, was zu zeigen war, um die aufsteigende Kettenbedingung für euklidische Ringe nachzurechnen.

*Beweis* Wir führen den Beweis per Induktion über $N(x)$. Sind $x$ und $y$ nicht zueinander assoziiert, finden wir ein reguläres Element $r$, sodass $x$ ein Teiler von $y - r$ ist und dass $N(r) < N(x)$. Da $y$ das Element $x$ teilt, folgt, dass $y$ auch $r$ teilen muss. Nach Induktionsvoraussetzung ist dann $y$ assoziiert zu $r$, sodass wir $\tilde{y} = r$ setzen können, oder es existiert ein zu $y$ assoziiertes Element $\tilde{y}$ mit $N(\tilde{y}) < N(r) < N(x)$. □

Alles, war wir für die Herleitung des euklidischen Algorithmus (der im Wesentlichen aussagt, dass Polynomringe über Körpern bézoutsche Bereiche sind) in Bd. 1 gebraucht haben, war, dass der Polynomring ein euklidischer Ring ist. Zusammen mit der schon nachgewiesenen aufsteigenden Kettenbedingung können wir also verallgemeinern:

**Proposition 3.14** *Sei R ein euklidischer Ring. Dann ist R ein Hauptidealbereich.*

> Euklidische Ringe sind immer auch Hauptidealbereiche.

*Beispiel 3.60* Wir können als neue Erkenntnis also notieren: Der Ring $\mathbf{Z}[i]$ der ganzen gaußschen Zahlen ist ein Hauptidealbereich und damit insbesondere ein Ring, in dem wir teilweise faktorisieren können.

## 3.6  Dedekindsche Bereiche

Wir haben im vorletzten Abschnitt gesehen, dass der Ring $\mathbf{Z}[\sqrt{-5}]$ kein Ring mit eindeutiger Primfaktorzerlegung sein kann, weil zum Beispiel

$$2 \cdot 3 = (1 + \sqrt{-5}) \cdot (1 - \sqrt{-5})$$

zwei verschiedene Zerlegungen von 6 in irreduzible Elemente sind. Dies unterscheidet diesen Ring zum Beispiel von den ganz ähnlich definierten ganzen gaußschen Zahlen $\mathbf{Z}[i]$. Der Unterschied verschwindet allerdings, wenn wir den Begriff der Zerlegung in Primfaktoren etwas allgemeiner fassen, indem wir von Elementen zu Idealen übergehen. Dies wollen wir im Folgenden erläutern:

Bei allen unseren Untersuchungen bezüglich Teilbarkeit und Faktorzerlegungen ist es uns nur bis auf Assoziiertheit angekommen. Eine Ringelement $x$ bis auf Assoziiertheit ist aber nichts anderes als das Hauptideal $(x)$. Von daher ist es vielleicht richtiger, von vornherein für alle diese Fragen nicht Ringelemente, sondern Hauptideale zu betrachten. Dann müssen wir aber Eigenschaften für Elemente wie *Primalität* und *Irreduzibilität* für (Haupt-)Ideale umschreiben.

Elemente bis auf Assoziiertheit entsprechen den Hauptidealen.

Eine Nichteinheit $p$ eines Integritätsbereiches ist nach Definition genau dann prim, wenn aus einer Teilbarkeitsrelation $p \mid xy$ schon $p \mid x$ oder $p \mid y$ folgt. In Idealsprache heißt dies, dass aus $xy \in (p)$ schon $x \in (p)$ oder $y \in (p)$ folgt. Ersetzen wir jetzt $(p)$ durch ein beliebiges Ideal, kommen wir natürlicherweise zur folgenden Definition:

**Definition 3.15** Sei $R$ ein kommutativer Ring. Ein Ideal $\mathfrak{p}$ von $R$ heißt ein *Primideal*, falls es ungleich dem Einsideal ist und für je zwei Ringelemente $x$ und $y \in R$ mit $xy \in \mathfrak{p}$ schon $x \in \mathfrak{p}$ oder $y \in \mathfrak{p}$ folgt.

Diese Definition ist also genau so gemacht, dass ein Hauptideal $(p)$ in einem Integritätsbereich genau dann ein Primideal ist, wenn $p$ ein Primelement ist.

Primideale verallgemeinern Primelemente bis auf Assoziiertheit.

*Beispiel 3.61* Die endlich erzeugten Primideale von $\mathbf{Z}$ sind

$$(2), (3), (5), (7), (11), \ldots, (0).$$

*Beispiel 3.62* Sei $K$ ein Körper. Die endlich erzeugten Primideale von $K[X]$ sind $(0)$ und alle Ideale der Form $(f(X))$, wobei $f(X)$ ein irreduzibles normiertes Polynom über $K$ ist.

*Beispiel 3.63* Wir behaupten, dass $\mathfrak{p} = (2, 1 + \sqrt{-5})$ ein Primideal in $R = \mathbf{Z}[\sqrt{-5}]$ ist, welches kein Hauptideal ist. Dazu betrachten wir den Faktorring

$$S = \mathbf{Z}[\sqrt{-5}]/(2, 1 + \sqrt{-5}) = \mathbf{Z}/(2)$$

(in ihm gilt die Relation $1 + \sqrt{-5} = 0$, sodass wir überall $\sqrt{-5}$ durch $-1$ ersetzen können). Dieser ist Integritätsbereich (sogar ein Körper, nämlich $\mathbf{F}_2$). Daraus können wir folgern, dass

$\mathfrak{p}$ ein Primideal ist: Ein Ringelement von $R$ liegt genau dann in $\mathfrak{p}$, wenn es in $S$ (also modulo $\mathfrak{p}$) verschwindet. Da $S$ ein Integritätsbereich ist, verschwindet ein Produkt in $S$ genau dann, wenn einer der Faktoren in $S$ verschwindet, als Element in $R$ also in $\mathfrak{p}$ liegt.

Es bleibt zu zeigen, dass $(2, 1 + \sqrt{-5})$ kein Hauptideal ist, also nicht in der Form $(d)$ für ein $d \in \mathbf{Z}[\sqrt{-5}]$ geschrieben werden kann. Dies folgt aber aus der Tatsache, dass 2 und $1 + \sqrt{-5}$ in $\mathbf{Z}[\sqrt{-5}]$ irreduzibel sind, also keine echten Teiler zulassen, wie $d$ einer wäre.

*Beispiel 3.64* Ein *maximales Ideal* $\mathfrak{m}$ in einem kommutativen Ring $R$ ist ein Primideal $\mathfrak{m}$, welches in folgendem Sinne maximal ist: Ist $x \in R \setminus \mathfrak{m}$, so ist schon $x \in R^\times$.

Wir können also insbesondere kein Element zu $\mathfrak{m}$ hinzufügen, sodass es weiterhin ein echtes Ideal (und insbesondere ein Primideal bleibt).

Die endlich erzeugten maximalen Ideale in $\mathbf{Z}$ sind die Ideale

$$(2), (3), (5), (7), (11), \ldots .$$

Maximale Ideale sind Primideale, die maximal bezüglich der Inklusionsrelation sind.

Wir haben also den Begriff eines Primelementes auf Ideale verallgemeinert. Im nächsten Schritt wollen wir den Begriff des Produktes von Elementen auf Ideale verallgemeinern (sonst könnten wir ja auch nicht von einer Zerlegung in Ideale sprechen):

**Definition 3.16** Seien $\mathfrak{a}$ und $\mathfrak{b}$ zwei Ideale eines kommutativen Ringes $R$. Dann heißt das von allen Produkten der Form $ab$ mit $a \in \mathfrak{a}$ und $b \in \mathfrak{b}$ erzeugte Ideal das *Produkt* $\mathfrak{a}\mathfrak{b}$ der Ideale $\mathfrak{a}$ und $\mathfrak{b}$.

Diese Definition stimmt mit dem gewöhnlichen Produkt von Ringelementen überein, denn sind $x$ und $y$ zwei Ringelemente, so gilt

$$(x) \cdot (y) = (xy)$$

für das Produkt der von ihnen erzeugten Hauptideale. Neben dem Produkt $\mathfrak{a}\mathfrak{b}$ hatten wir noch zwei weitere Konstruktionen kennengelernt, aus zwei Idealen eins zu machen, nämlich den Schnitt $\mathfrak{a} \cap \mathfrak{b}$ und die Summe $\mathfrak{a} + \mathfrak{b}$. Es gilt die Idealkette

$$\mathfrak{a}\mathfrak{b} \subseteq \mathfrak{a} \cap \mathfrak{b} \subseteq \mathfrak{a}, \mathfrak{b} \subseteq \mathfrak{a} + \mathfrak{b}.$$

Alle diese Inklusionen sind im Allgemeinen echte. Ein Beispiel wird etwa durch $\mathfrak{a} = (6)$ und $\mathfrak{b} = (10)$ im Ringe $\mathbf{Z}$ gegeben.

In der Definition eines Primideals tauchen noch Elemente auf. Mithilfe des Produktbegriffes von Idealen, können wir Primideale vollständig durch Idealoperationen charakterisieren:

Und zwar ist ein echtes Ideal $\mathfrak{p}$ in einem kommutativen Ringe $R$ genau dann prim, wenn für alle endlich erzeugten Ideale $\mathfrak{a}$ und $\mathfrak{b}$ von $R$ gilt:

$$\mathfrak{a}\mathfrak{b} \subseteq \mathfrak{p} \implies \mathfrak{a} \subseteq \mathfrak{p} \quad \text{oder} \quad \mathfrak{b} \subseteq \mathfrak{p} \tag{3.7}$$

Zunächst scheint die Bedingung (3.7) allgemeiner zu sein, denn die Bedingung aus Definition 3.15 bekommen wir zurück, indem wir $\mathfrak{a} = (x)$ und $\mathfrak{b} = (y)$ setzen. Auf der anderen Seite folgt aus der Tatsache, dass ein Ideal $\mathfrak{p}$ ein Primideal gemäß Definition 3.15 ist, die Bedingung (3.7). Sei dazu $\mathfrak{a} = (a_1, \ldots, a_n)$ und $\mathfrak{b} = (b_1, \ldots, b_m)$. Aus $\mathfrak{a}\mathfrak{b} \subseteq \mathfrak{p}$ folgt dann $a_i b_j \in \mathfrak{p}$ für alle $i \in \{1, \ldots, n\}$ und $j \in \{1, \ldots, m\}$. Für festes $i$ gilt dann, dass $a_i \in \mathfrak{p}$ oder dass $b_1, \ldots, b_m \in \mathfrak{p}$. Im zweiten Falle ist $\mathfrak{b} \subseteq \mathfrak{p}$, und wir sind fertig. Andernfalls können wir davon ausgehen, dass für alle $i \in \{1, \ldots, n\}$ gilt, dass $a_i \in \mathfrak{p}$. Auch in diesem Falle sind wir fertig, denn dann ist $\mathfrak{a} \subseteq \mathfrak{p}$.

An dieser Stelle können wir die Primfaktorzerlegung auf Ideale verallgemeinern: Eine *Primidealzerlegung* eines endlich erzeugten Ideals $\mathfrak{a}$ in einem kommutativen Ring $R$ ist eine Darstellung der Form

$$\mathfrak{a} = \mathfrak{p}_1\mathfrak{p}_2 \cdots \mathfrak{p}_r,$$

wobei die $\mathfrak{p}_i$ allesamt endlich erzeugte Primideale von $R$ sind.

Eine Primidealzerlegung eines Ideals ist eine Zerlegung dieses Ideals als Produkt endlich vieler Primideale.

*Beispiel 3.65* Wir kommen wieder auf unser Beispiel $R = \mathbf{Z}[\sqrt{-5}]$ zurück. Wir hatten gezeigt, dass $(2, 1 + \sqrt{-5})$ ein Primideal in $R$ ist. Genauso lässt sich zeigen, dass $(2, 1 - \sqrt{-5})$, $(3, 1 + \sqrt{-5})$ und $(3, 1 - \sqrt{-5})$ Primideale sind. Weiter zeigt sich, dass

$$(2, 1 + \sqrt{-5}) \cdot (2, 1 - \sqrt{-5}) = (4, 2 + 2\sqrt{-5}, 2 - 2\sqrt{-5}, 6)$$
$$= (2) \cdot (2, 1 + \sqrt{-5}, 1 - \sqrt{-5}, 3)$$
$$= (2).$$

Ebenso zeigt sich $(3, 1 + \sqrt{-5}) \cdot (3, 1 - \sqrt{-5}) = (3)$. Folglich ist

$$(6) = (2, 1 + \sqrt{-5}) \cdot (2, 1 - \sqrt{-5}) \cdot (3, 1 - \sqrt{-5}) \cdot (3, 1 - \sqrt{-5})$$

eine Primidealzerlegung von (6) im Ringe $\mathbf{Z}[\sqrt{-5}]$.

Wir könnten wie im Falle von Elementen eines Ringes untersuchen, unter welchen Umständen sich jedes nichttriviale endlich erzeugte Ideal bis auf Reihenfolge eindeutig als Produkt von Primidealen schreiben lässt. Wir wollen uns hier aber der einfacheren Frage zuwenden, nämlich derjenigen, ob jede endliche Familie $\mathfrak{a}_1, \ldots, \mathfrak{a}_n$ nichttrivialer endlich erzeugter

Ideale eine Familie $\mathfrak{p}_1, \ldots, \mathfrak{p}_m$ paarweise koprimer endlich erzeugter Ideale zulässt, sodass sich jedes Ideal $\mathfrak{a}_i$ als Produkt von Potenzen der $\mathfrak{p}_j$ darstellen lässt. Wir nennen die Darstellungen dann eine *teilweise Faktorierung der Ideale* $\mathfrak{a}_1, \ldots, \mathfrak{a}_n$. (Zur Erinnerung: Zwei Ideale $\mathfrak{a}$ und $\mathfrak{b}$ heißen *koprim*, wenn $\mathfrak{a} + \mathfrak{b} = (1)$. Für Hauptideale ist dies gleichbedeutend damit, dass 1 ein größter gemeinsamer Teiler ist.)

Ein Ansatz, eine solche teilweise Idealfaktorisierung von $\mathfrak{a}_1, \ldots, \mathfrak{a}_n$ in einem Integritätsbereiche $R$ zu erhalten, ist natürlich, das Konstruktionsverfahren für teilweise Faktorisierungen von Elementen in Ringen mit größten gemeinsamen Teilern, welche die aufsteigende Kettenbedingung für Ideale erfüllen, nachzubilden. Im ersten Schritte haben wir dort größte gemeinsame Teiler gebildet. Dies entspricht der Summe von Idealen. Sei etwa $n = 2$ und $\mathfrak{a} = \mathfrak{a}_1$ und $\mathfrak{b} = \mathfrak{a}_2$. In diesem Falle bilden wir also $\mathfrak{d} := \mathfrak{a} + \mathfrak{b}$.

Im Falle einer teilweisen Faktorisierung von Elementen $a$ und $b$ haben wir dann die Quotienten $\frac{a}{d}$ und $\frac{b}{d}$ nach dem größten gemeinsamen Teiler $d$ bestimmt. Für allgemeine Ideale sind dies *Idealquotienten*.

Und zwar definieren wir
$$\mathfrak{a} : \mathfrak{b} := \{x \in R \mid x\mathfrak{b} \subseteq \mathfrak{a}\},$$

wobei $x\mathfrak{b}$ eine Abkürzung für $(x) \cdot \mathfrak{b}$ ist. Es ist $\mathfrak{a} : \mathfrak{b}$ also das größte Ideal mit der Eigenschaft, dass
$$(\mathfrak{a} : \mathfrak{b}) \cdot \mathfrak{b} \subseteq \mathfrak{a}$$

gilt.

> Wir können Ideale nicht nur addieren und multiplizieren, sondern auch den Idealquotienten bilden.

Um völlige Analogie zur teilweisen Faktorisierung von Zahlen zu haben, müssten wir dann vier Dinge nachweisen: Die Ideale $\mathfrak{a} : \mathfrak{b}$ und $\mathfrak{b} : \mathfrak{a}$ sind wieder endlich erzeugt, die Ideale $\mathfrak{a} : \mathfrak{b}$ und $\mathfrak{b} : \mathfrak{a}$ sind koprim, es gilt $\mathfrak{a} = (\mathfrak{a} : \mathfrak{b}) \cdot (\mathfrak{a} + \mathfrak{b})$, und es gilt $\mathfrak{b} = (\mathfrak{b} : \mathfrak{a}) \cdot (\mathfrak{a} + \mathfrak{b})$.

Für einen allgemeinen Integritätsbereich wird dies nicht gelten. Wir werden aber eine geeignete Klasse von Integritätsbereichen vorstellen. Dazu benötigen wir vorab die Überlegung, dass wir jedes Ideal $\mathfrak{a}$ eines kommutativen Ringes $R$ auch als Ideal
$$\mathfrak{a}[s^{-1}] = \left\{ \frac{a}{s^N} \mid a \in \mathfrak{a}, N \in \mathbf{N}_0 \right\}$$

in einer Lokalisierung $R[s^{-1}]$ von $R$ auffassen können.

Die geeignete Klasse von Integritätsbereichen wird dann durch Konzept 24 definiert, wo das Konzept des bézoutschen Bereiches auf sehr sinnvolle Art und Weise verallgemeinert wird:

**Konzept 24** Ein *prüferscher*[11] *Bereich* ist ein Integritätsbereich $R$, in dem jedes endlich erzeugte Ideal lokal ein Hauptideal ist, das heißt, für jedes endlich erzeugte Ideal $\mathfrak{a}$ existiert eine Zerlegung $s_1, \ldots, s_n$ der Eins von $R$, sodass für alle $i \in \{1, \ldots, n\}$ das Ideal $\mathfrak{a}[s_i^{-1}]$ in $R[s_i^{-1}]$ ein Hauptideal ist.

Aus geometrischer Sicht ist die Bedingung für einen prüferschen Bereich besser als für einen bézoutschen Bereich, da sie *lokal* ist: Ein Integritätsbereich erfüllt sie genau dann, wenn er sie lokal erfüllt. Dagegen ist die Eigenschaft, bézoutsch zu sein, weder lokal noch im eigentlichen Sinne global. (Genau genommen ist diese Philosophie allerdings nicht vollständig durchgezogen – so ist der Begriff des Integritätsbereiches selbst nicht lokal.)

In einem prüferschen Bereich gelten die Aussagen, die wir oben benötigen:

**Lemma 3.5** *Sei $R$ ein prüferscher Bereich. Seien $\mathfrak{a}$ und $\mathfrak{b}$ zwei endlich erzeugte Ideale. Dann ist $\mathfrak{a} : \mathfrak{b}$ wieder endlich erzeugt.*

*Beweis* Um diesen Hilfssatz zu beweisen, überlegen wir uns zunächst, dass die Bildung eines Idealquotienten mit Lokalisierung verträglich ist. Damit meinen wir, dass

$$(\mathfrak{a} : \mathfrak{b})[s^{-1}] = \mathfrak{a}[s^{-1}] : \mathfrak{b}[s^{-1}].$$

(Den einfachen Nachweis dieser Tatsache überlassen wir an dieser Stelle dem Leser.)

Da in unserem Falle $R$ ein prüferscher Bereich ist, finden wir eine Zerlegung $s_1, \ldots, s_n$ der Eins, sodass in den $R[s_i^{-1}]$ die Ideale $\mathfrak{a}$ und $\mathfrak{b}$ und $\mathfrak{a} + \mathfrak{b}$ jeweils Hauptideale sind. Für den Idealquotienten zweier Hauptideale gilt aber

$$(x) : (y) = \left(\frac{x}{d}\right),$$

wenn $(d) = (x, y)$. Mit anderen Worten ist in bézoutschen Ringen der Idealquotient endlich erzeugter Ideale wieder endlich erzeugt. Der Rest folgt dann aus nachstehendem Hilfssatz.                                                                                         $\square$

**Lemma 3.6** *Sei $R$ ein kommutativer Ring. Sei $\mathfrak{a}$ ein Ideal in $R$. Existiert in $R$ dann eine Zerlegung $s_1, \ldots, s_n$ der Eins, so dass $\mathfrak{a}[s_i^{-1}]$ für alle $i \in \{1, \ldots, n\}$ ein endlich erzeugtes Ideal ist, so ist $\mathfrak{a}$ ein endlich erzeugtes Ideal.*

Die Eigenschaft, endlich erzeugt zu sein, ist also eine lokale Eigenschaft.

*Beweis* Da in den $R[s_i^{-1}]$ das Element $s_i$ invertierbar ist, können wir für alle $i \in \{1, \ldots, n\}$ endlich viele Erzeuger von $\mathfrak{a}[s_i^{-1}]$ so wählen, dass sie schon durch Elemente $a_{ij}$ aus $\mathfrak{a}$ dargestellt werden. Wir behaupten, dass die $a_{ij}$ Erzeuger von $\mathfrak{a}$ als Ideal in $R$ sind. Sei

---

[11] Ernst Paul Heinz Prüfer, 1896–1934, deutscher Mathematiker.

dazu ein $x \in \mathfrak{a}$ gegeben. In jedem $R[s_i^{-1}]$ ist $x$ eine Linearkombination der $a_{ij}$, deren Koeffizienten Brüche sind, deren Nenner jeweils Potenzen der $s_i$ sind. Wir können eine genügend große natürliche Zahl $N$ wählen, sodass für alle $i \in \{1, \ldots, n\}$ das Element $s_i^N x$ eine $R$-Linearkombination der $a_{ij}$ ist. Wir haben weiter oben schon gesehen, dass Elemente $b_i$ aus $R$ existieren, sodass $1 = b_1 s_1^N + \cdots + b_n s_n^N$ gilt. Damit können wir also

$$x = 1 \cdot x = b_1 s_1^N x + \cdots + b_n s_n^N x$$

schreiben, und die rechte Seite liegt im von den $x_{ij}$ erzeugten Ideal.                                                      □

Kommen wir zu den übrigen Eigenschaften des Idealquotienten, die wir brauchen:

**Lemma 3.7** *Sind $\mathfrak{a}$ und $\mathfrak{b}$ zwei endlich erzeugte Ideale in einem prüferschen Bereich, so sind $\mathfrak{a} : \mathfrak{b}$ und $\mathfrak{b} : \mathfrak{a}$ koprim, und es gilt*

$$\mathfrak{a} = (\mathfrak{a} : \mathfrak{b}) \cdot (\mathfrak{a} + \mathfrak{b}). \tag{3.8}$$

*Beweis* Es ist neben (3.8) also zu zeigen, dass

$$\mathfrak{a} : \mathfrak{b} + \mathfrak{b} : \mathfrak{a} = (1).$$

Wir können uns mit dem Beweis kurzfassen: Das Bilden von Idealquotienten, Produkten und Summen von Idealen ist mit Lokalisieren verträglich, die behaupteten Idealgleichheiten stimmen für Hauptideale, und ein Ideal in $R$ ist genau dann das Einsideal, wenn es lokal das Einsideal ist.                                                                                              □

---

In prüferschen Bereichen verhalten sich Idealquotienten und Idealsummen so, wie wir es von Quotienten und größten gemeinsamen Teilern von Zahlen gewohnt sind.

---

Damit haben wir alles beisammen, damit unser oben skizzierter Algorithmus für die teilweise Idealzerlegung in paarweise koprime Ideale starten kann. Es stellt sich allerdings dieselbe Frage wie bei der teilweisen Faktorisierung von Ringelementen in Ringen mit größten gemeinsamen Teilern: Bricht der Algorithmus irgendwann ab? Die Antwort ist wieder ganz ähnlich: Multiplizieren wir alle Ideale, die wir nach jedem Schritt jeweils erhalten, produzieren wir eine aufsteigende Kette

$$\mathfrak{r}_0 \subseteq \mathfrak{r}_1 \subseteq \mathfrak{r}_2 \subseteq \cdots$$

endlich erzeugter Ideale. Sobald wir wissen, dass ein Index $i$ mit $\mathfrak{r}_{i+1} = \mathfrak{r}_i$ existiert, sind wir fertig. Diese Bedingung an aufsteigende Ketten endlich erzeugter Ideale haben wir weiter oben *noethersch* genannt.

**Konzept 25** Ein *dedekindscher Bereich* ist ein noetherscher prüferscher Bereich.

Mit obigen Überlegungen erhalten wir also, dass eine teilweise Idealfaktorisierung in paarweise teilerfremde Ideale in dedekindschen Bereichen immer möglich ist.

> In dedekindschen Bereichen können wir endliche Familien von Idealen simultan in paarweise teilerfremde Ideale faktorisieren.

Interessant ist die hier entwickelte Theorie deswegen, weil beliebige Ringe ganzer Zahlen zwar im Allgemeinen keine Hauptidealbereiche sind, dafür aber immer dedekindsche Bereiche, das heißt, die teilweise Idealfaktorisierung ist in Ringen ganzer Zahlen wie auch $\mathbf{Z}[\sqrt{-5}]$ immer möglich. Um dies zu beweisen, müssen wir allerdings etwas ausholen.

Zunächst wollen wir zeigen, dass Ringe ganzer Zahlen prüfersche Bereiche sind. Dazu benötigen wir zunächst eine andere Charakterisierung eines Ideals, welches lokal ein Hauptideal ist. Dazu nennen wir ein Ideal $\mathfrak{a}$ in einem Integritätsbereich $R$ *invertierbar*, wenn ein Ideal $\mathfrak{b}$ in $R$ existiert, sodass das Produkt $\mathfrak{ab}$ ein von einem regulären Element $x$ aufgespanntes Hauptideal ist. Wir nennen dann $\frac{1}{x}\mathfrak{b} \subseteq K$, wobei $K$ der Quotientenkörper von $R$ ist, das *Inverse* von $\mathfrak{a}$. Wir nennen ein „Ideal" der Form $\frac{1}{x}\mathfrak{b}$, auch ein *gebrochenes Ideal* von $R$.

Invertierbare Ideale sind immer endlich erzeugt: Mit den obigen Bezeichnungen existieren $a_1, \ldots, a_n \in \mathfrak{a}$ und $b_1, \ldots, b_n \in \mathfrak{b}$, sodass $x = a_1 b_1 + \cdots + a_n b_n$. Seien $\tilde{\mathfrak{a}}$ das von $a_1, \ldots, a_n$, und $\tilde{\mathfrak{b}}$ das von $b_1, \ldots, b_n$ erzeugte Unterideal von $\mathfrak{a}$ bzw. $\mathfrak{b}$. Dann gilt

$$(x) \subseteq \tilde{\mathfrak{a}}\tilde{\mathfrak{b}} \subseteq \mathfrak{ab} = (x),$$

das heißt, $\tilde{\mathfrak{a}}\tilde{\mathfrak{b}} = \mathfrak{ab}$ und damit auch

$$(x)\tilde{\mathfrak{b}} = \tilde{\mathfrak{a}}\mathfrak{b}\tilde{\mathfrak{b}} = (x)\mathfrak{b}.$$

Da $x$ regulär ist, folgt aus der Kürzungsregel, dass $\tilde{\mathfrak{b}} = \mathfrak{b}$, das heißt, $\mathfrak{b}$ ist endlich erzeugt. Analog zeigt sich, dass $\mathfrak{a}$ endlich erzeugt ist.

*Beispiel 3.66* Sei $\ell$ ein reguläres Element von $R$. Dann ist $\mathfrak{a}$ genau dann ein invertierbares Ideal, wenn $\ell\mathfrak{a} = (\ell) \cdot \mathfrak{a}$ ein invertierbares Ideal ist.

Wir behaupten jetzt:

**Proposition 3.15** *Ein Ideal $\mathfrak{a}$ ist genau dann invertierbar, wenn es lokal ein Hauptideal ist und ein reguläres Element enthält.*

*Beweis* Sei zunächst $\mathfrak{a}$ invertierbar. Wir übernehmen die Bezeichnungen $x, \mathfrak{b}, a_1, \ldots, a_n$ und $b_1, \ldots, b_n$ aus der Vorüberlegung, dass jedes invertierbare Ideal endlich erzeugt ist. Dann existieren $c_{ij}$ mit $a_i b_j = c_{ij} x$. Es folgt, $x = x \cdot \sum\limits_{i=1}^{n} c_{ii}$, wegen der Regularität von $x$, also, dass $c_{11}, \dots, c_{nn}$ eine Zerlegung der Eins von $R$ ist. Weiter gilt $x c_{ij} a_k = a_i b_j a_k = x c_{kj} a_i$, also $c_{ij} a_k = c_{kj} a_i$. Setzen wir $i = j$, folgt $c_{ii} a_k = c_{ki} a_i$ für alle $k$, das heißt, $a_i$ erzeugt das Ideal $\mathfrak{a}$ in $R[c_{ii}^{-1}]$. Es ist $\mathfrak{a}$ also lokal ein Hauptideal.

Für die umgekehrte Richtung betrachten wir ein Ideal $\mathfrak{a}$, welches lokal ein Hauptideal ist und welches ein reguläres Element $x$ enthält. Sei $s_1, \dots, s_n$ eine Zerlegung der 1, sodass für alle $i \in I$ das Ideal $\mathfrak{a}[s_i^{-1}]$ von einem Elemente $a_i \in \mathfrak{a}$ erzeugt wird. Wir wählen dann $N$ groß genug, sodass $c_1, \dots, c_n$ mit $s_i^N x = c_i a_i$ existieren. Es existieren $y_1, \dots, y_n$ mit $y_1 s_1^N + \cdots + y_n s_n^N$, das heißt, mit $b_i := y_i c_i$ haben wir $x = a_1 b_1 + \cdots + a_n b_n$. Mit $\mathfrak{b} := (b_1, \dots, b_n)$ haben wir folglich $x \in \mathfrak{a} \mathfrak{b}$. Wir wollen umgekehrt $\mathfrak{a} \mathfrak{b} \subseteq (x)$ nachweisen, das heißt, $a_j b_i \in (x)$ für alle $i, j$. Ist $N$ groß genug gewählt, können wir $y_i s_i^N a_j = u a_i$ für ein $u \in R$ schreiben, da $a_i$ das Ideal $\mathfrak{a}$ in $R[s_i^{-1}]$ erzeugt. Es folgt $y_i s_i^N a_j b_i = u a_i b_i = y_i s_i^N u x$. Ohne Einschränkung können wir davon ausgehen, dass $y_i s_i^N$ regulär ist, wir haben damit $a_j b_i = u x$. $\qquad\square$

Invertierbare Ideale sind lokal Hauptideale.

Weiter benötigen wir folgenden Satz Kroneckers:

**Lemma 3.8** *Sei $R$ ein kommutativer Ring. Seien*

$$f(X) = f_n X^n + f_{n-1} X^{n-1} + \cdots + f_1 X + f_0$$

*und*

$$g(X) = f_m X^m + g_{m-1} X^{m-1} + \cdots + g_1 X + g_0$$

*zwei Polynome mit Koeffizienten in $R$ und $h(X) := f(X)g(X)$ ihr Produkt. Sei $R_0$ der von den Koeffizienten von $h(X)$ in $R$ erzeugte Unterring und $\mathfrak{h}$ das von den Koeffizienten von $h(X)$ in $R_0$ erzeugte Ideal. Dann sind alle Produkte $f_i g_j$ ganz über $\mathfrak{h}$.*

Wir müssen erklären, was *ganz* in Lemma 3.8 bedeutet: Ist $R_0 \subseteq R$ eine Ringerweiterung und $\mathfrak{h}$ ein Ideal in $R_0$, so heißt ein Element $x \in R$ *ganz* über $\mathfrak{h}$, falls $x$ eine Gleichung der Form $x^k + c_1 x^{k-1} + \cdots + c_{k-1} x + c_k = 0$ in $R$ mit $c_i \in \mathfrak{h}^i$ erfüllt. Im Falle von $\mathfrak{h} = (1)$ sagen wir auch kurz, dass $x$ ganz über $R_0$ ist. (In diesem Sinne ist eine ganze algebraische Zahl also eine algebraische Zahl, welche ganz über $\mathbf{Z}$ ist.)

*Beweis* Wir zeigen zunächst eine Teilaussage: Sind $f(X)$ als auch $g(X)$ normierte Polynome, so sind die Koeffizienten $f_i$ und $g_j$ ganz über $R_0$.

Dazu nehmen an, dass $R = \mathbf{Z}[f_0, \ldots, f_{n-1}, g_0, \ldots, g_{m-1}]$ ein Polynomring ist. Der Ringhomomorphismus

$$R \to R' := R[X_1, \ldots, X_n, Y_1, \ldots, Y_m],$$

$$f_i \mapsto (-1)^{n-i} e_{n-i}(X_1, \ldots, X_n),$$

$$g_j \mapsto (-1)^{m-j} e_{m-j}(Y_1, \ldots, Y_m)$$

ist aufgrund der algebraischen Unabhängigkeit der elementarsymmetrischen Funktionen eine Injektion, sodass wir $R$ als Unterring von $R'$ auffassen können.

Nach dem vietaschen Satze zerfallen $f(X)$ und $g(X)$ in $R'$ in Linearfaktoren, genauer haben wir $f(X) = \prod_i (X - X_i)$ und $g(X) = \prod_j (X - Y_j)$. In $R'$ gilt dann sicherlich $h(X_i) = 0$ und $h(Y_j) = 0$, das heißt, $X_i$ und $Y_j$ sind ganz über $R_0$. Analog zum entsprechenden Beweis in Bd. 1 zeigt sich, dass dann auch $f_i$ und $g_j$ als polynomielle Ausdrücke in $X_i$ und $Y_j$ ganz über $R$ sind. Damit ist die Teilaussage bewiesen für den speziellen Ring $R$ gezeigt. Die Aussage für allgemeines $R$ folgt aus Spezialisierung der Unbestimmten $f_i$ und $g_j$ auf die gegebenen Werte.

Für den Beweis der vollen Aussage von Lemma 3.8 können wir analog annehmen, dass $R = \mathbf{Z}[f_0, \ldots, f_n, g_0, \ldots, g_m]$ ein Polynomring ist. Sei

$$h(X) = h_{n+m} X^{n+m} + \cdots + h_1 X + h_0.$$

Dann ist also $R_0 = \mathbf{Z}[h_0, \ldots, h_{n+m}]$. Es reicht nachzuweisen, dass $f_i g_j$ ganz über $R_0$ ist. Dass $f_i g_j$ dann sogar ganz über $\mathfrak{h} = (h_0, \ldots, h_{n+m})$ ist, folgt durch einfaches Betrachten der Grade in $f_i$ und $g_j$ in einer Ganzheitsbeziehung von $f_i g_j$ über $R_0$.

Der Ring $R_0$ ist ein Polynomring über $\mathbf{Z}$; genauer sind die $h_k$ über $\mathbf{Z}$ algebraisch unabhängig. Dies folgt aus dem unten stehenden Lemma 3.9.

Indem wir von $R$ zu seinem Quotientenkörper übergehen, folgt aus der oben bewiesenen Teilaussage, dass die Quotienten $\frac{f_i g_j}{f_n g_m}$ ganz über dem von den $\frac{h_k}{h_{m+n}}$ erzeugten Unterring sind. Durch Hochmultiplizieren der Nenner erreichen wir also, dass ein Polynom $P(X) \in R_0[X]$ mit $P(f_i g_j) = 0$ existiert, dessen führender Koeffizient eine Potenz von $h_{n+m}$ ist. Aus Symmetriegründen (ersetze $i$ durch $n - i$ und $j$ durch $m - j$) gibt es ebenfalls ein Polynom $Q(X) \in R_0[X]$ mit $Q(f_i g_j) = 0$ und dessen führender Koeffizient eine Potenz von $h_0$ ist. Da $R_0$ als Polynomring ein faktorieller Ring ist, können wir einen größten gemeinsamen Teiler $S(X)$ von $P(X)$ und $Q(X)$ in $R_0[X]$ bilden. Dieser ist ebenfalls ein größter gemeinsamer Teiler in $K[X]$, wobei wir den Quotientenkörper von $R_0$ mit $K$ bezeichnet haben. Als Linearkombination von $P(X)$ und $Q(X)$ in $K[X]$ hat $S(X)$ das Element $f_i g_j$ ebenfalls als Nullstelle. Da der höchste Koeffizient von $S(X)$ sowohl ein Teiler einer Potenz von $h_0$ als auch von $h_{n+m}$ sein muss, bleibt für diesen höchsten Koeffizienten nur die Möglichkeit $\pm 1$. Damit ist $\pm S(f_i g_j) = 0$ eine Ganzheitsrelation von $f_i g_j$ über $R_0$. $\qquad\square$

**Lemma 3.9** *Im Polynomring* $\mathbf{Z}[F_0, \ldots, F_n, G_0, \ldots, G_m]$ *sind die Elemente*

$$H_k := \sum_{i+j=k} F_i \cdot G_j,$$

*wobei* $k$ *von* $0$ *bis* $n + m$ *läuft, algebraisch unabhängig.*

*Beweis* Den Beweis führen wir per Induktion über $m$. Sei $P = P(T_0, \ldots, T_{n+m}) \in \mathbf{Z}[T_0, \ldots, T_{n+m}]$ ein Polynom mit $P(H_0, \ldots, H_{n+m}) = 0$, von dem wir zeigen wollen, dass es notwendigerweise das Nullpolynom ist. Ohne Einschränkung können wir aufgrund der Faktorialität von $\mathbf{Z}$ annehmen, dass $P$ verschwindet oder irreduzibel ist. Werten wir die Unbestimmte $G_m$ in $0$ aus, so erhalten wir nach Induktionsvoraussetzung, dass $P(T_0, \ldots, T_{n+m-1}, 0)$ das Nullpolynom ist. Damit ist $P$ ein (nichttriviales) Vielfaches des Polynoms $T_{n+m}$. Damit kann $P$ nicht irreduzibel sein, also ist $P = 0$. $\qquad\square$

Wir können mit Lemma 3.8 schließlich zeigen:

**Theorem 3.2** *Sei $R$ ein prüferscher Bereich mit Quotientenkörper $K$. Sei $L$ eine Körpererweiterung von $K$ (das heißt, $L$ ist ein Körper mit Unterkörper $K$), sodass jedes Element von $L$ ganz über $K$ ist. Ist dann $S$ der Ring der über $R$ ganzen Elemente von $L$, so ist $S$ wieder ein prüferscher Bereich.*

(Dass die über $R$ ganzen Elemente von $L$ wieder einen Ring $S$ bilden, also unter Addition und Multiplikation abgeschlossen sind, lässt sich genauso zeigen, wie wir in Bd. 1 gezeigt haben, dass die Menge der ganzen algebraischen Zahlen unter Addition und Multiplikation abgeschlossen ist.)

*Beweis* Es reicht zu zeigen, dass ein Ideal von $S$ der Form $\mathfrak{a} = (a, b)$ lokal von einem Element erzeugt wird. Weiter können wir annehmen, dass $a \neq 0$. Wir müssen also zeigen, dass $\mathfrak{a} = (a, b)$ in $S$ invertierbar ist. Es erfüllt $a$ eine algebraische Relation der Form

$$a^n + f_1 a^{n-1} + \cdots + f_{n-1}a + f_0 = 0$$

mit $f_i \in R$. Wir können annehmen, dass $f_0 \neq 0$ gilt. Dann erhalten wir

$$a(f_1 a^{n-1} + \cdots + f_{n-1}) = -f_0,$$

das heißt, es existiert ein $\ell \in S$ mit $\ell a \in R \setminus \{0\}$. Es reicht zu zeigen, dass $(\ell a, \ell b)$ invertierbar ist. Wir können also im Folgenden ohne Einschränkung annehmen, dass $a \in R$ gilt.

Sei $P(X) \in R[X]$ ein normiertes Polynom mit $P(b) = 0$. Wir können damit $P(X) = (X - b) \cdot Q(X)$ schreiben, wobei $Q(X) \in S[X]$ ein normiertes Polynom ist. Es folgt $P(aX) = (aX - b) \cdot Q(aX)$. Mit $\mathfrak{p}$ bezeichnen wir den Inhalt von $P(aX)$ in $R$, das ist das von den Koeffizienten von $P(aX)$ in $R$ aufgespannte Ideal. Weiter bezeichnen wir mit $\mathfrak{q}$

den Inhalt von $Q(aX)$ in $S$, das ist das von den Koeffizienten von $Q(aX)$ in $S$ aufgespannte Ideal. Bezeichnen wir mit $S\mathfrak{p}$ das von $\mathfrak{p}$ in $S$ aufgespannte Ideal, so gilt $S\mathfrak{p} \subseteq \mathfrak{aq}$.

Da $R$ prüfersch ist und $\mathfrak{p}$ ein reguläres Element (nämlich $a$) enthält, ist $\mathfrak{p}$ in $R$ invertierbar, das heißt, es existiert ein gebrochenes Ideal $\mathfrak{r}$ mit $\mathfrak{pr} = R$. Damit gilt $S = S\mathfrak{pr} \subseteq S\mathfrak{aqr}$.

Sei $r \in \mathfrak{r}$. Wegen $P(aX)\,r = (aX - b)\,Q(aX)\,r$ folgt nach Lemma 3.8, dass die Elemente von $\mathfrak{aq}(r)$ ganz über $\mathfrak{p}(r) \subseteq R$ liegen. Da $S$ alle über $R$ ganzen Elemente (in $L$) umfasst, haben wir folglich $\mathfrak{aq}(r) \subseteq S$, also $S\mathfrak{aqr} \subseteq S$. Damit ist $S\mathfrak{aqr} = S$, also ist $\mathfrak{a}$ in $S$ invertierbar.                                                                                 □

*Beispiel 3.67* Sei $K$ ein Zahlkörper. Dann ist $\mathcal{O}_K$ ein prüferscher Bereich. Dies folgt aus Theorem 3.2 aufgrund der Tatsachen, dass $K$ über $\mathbf{Q}$ eine Körpererweiterung ist, für die jedes Element ganz über $\mathbf{Q}$ ist, dass $\mathcal{O}_K$ gerade der Ring der über $\mathbf{Z}$ ganzen Elemente von $K$ ist und dass $\mathbf{Z}$ als Hauptidealbereich insbesondere ein prüferscher Bereich ist.

> Ringe ganzer Zahlen in Zahlkörpern sind prüfersche Bereiche.

Oben haben wir gesagt, dass der Ring ganzer Zahlen $\mathcal{O}_K$ in einem Zahlkörper $K$ sogar ein dedekindscher Bereich ist, das heißt, es fehlt noch der Nachweis, dass $\mathcal{O}_K$ ein noetherscher Bereich ist. Dazu zeigen wir zunächst, dass $\mathcal{O}_K$ als abelsche Gruppe isomorph zu $\mathbf{Z}^n$ ist, wobei wir $n := [K : \mathbf{Q}]$ setzen. Dazu geben wir vorab zwei Beispiele: Sei $p$ eine Primzahl. Mit $\zeta_p$ bezeichnen wir wieder eine primitive $p$-te Einheitswurzel. Dann ist $\mathcal{O}_{\mathbf{Q}(\zeta_p)} = \mathbf{Z}[\zeta_p]$, das heißt, der Ring ganzer Zahlen besitzt eine $\mathbf{Z}$-Basis $1, \zeta_p, \ldots, \zeta_p^{p-2}$, jedes Element von $\mathbf{Z}[\zeta_p]$ ist also eine eindeutige $\mathbf{Z}$-Linearkombination dieser $p - 1$ Elemente.

In diesem Falle besteht die $\mathbf{Z}$-Basis aus Potenzen eines Elementes. Dies muss aber nicht immer der Fall sein, und zwar hat Richard Dedekind folgendes Beispiel gegeben, was wir hier ohne Beweis zitieren: Das Polynom

$$f(X) = X^3 - X^2 - 2X - 8$$

ist irreduzibel über den rationalen Zahlen. Sei $x$ eine Nullstelle dieses Polynoms über den rationalen Zahlen. Dann besitzt $\mathcal{O}_{\mathbf{Q}(x)}$, der Ring der ganzen algebraischen Zahlen in $\mathbf{Q}(x)$, eine $\mathbf{Z}$-Basis mit drei Elementen (entsprechend $\deg f(X) = 3$), nämlich zum Beispiel $1, x, \frac{1}{2}x^2 + \frac{1}{2}x$. Es lässt sich zeigen, dass keine Basis aus Potenzen eines Elementes existiert.

Sei allgemein $K$ ein Zahlkörper vom Grad $n$ über $\mathbf{Q}$. Dann existiert bekanntlich eine Basis $b_1, \ldots, b_n$ von $K$ als $\mathbf{Q}$-Vektorraum, das heißt, jedes Element aus $K$ ist eine eindeutige rationale Linearkombination der Elemente $b_1, \ldots, b_n$. Sei $b$ ein beliebiges Element von $K$. Dieses definiert durch Linksmultiplikation einen Endomorphismus

$$b : K \to K, \quad x \mapsto b \cdot x$$

des endlich-dimensionalen $\mathbf{Q}$-Vektorraumes $K$. Also wird sie durch eine Matrix bezüglich der Basis $b_1, \ldots, b_n$ dargestellt und besitzt eine (von der Basis unabhängige) Spur, die wir mit $\mathrm{tr}_{K/\mathbf{Q}}(b)$ bezeichnen wollen. Dieses Element im Grundkörper $\mathbf{Q}$ heißt die *Spur* von $b$ in $K$ über $\mathbf{Q}$. Wir wollen angeben, wie sich die Spur berechnen lässt. Dazu schreiben wir $K = \mathbf{Q}(z)$ für eine algebraische Zahl $z$ vom Grad $n$ über $K$ nach dem Satz über das primitive Element. Es existiert ein Polynom $B(X) \in \mathbf{Q}[X]$ mit $b = B(z)$. Seien $z_1 = z, z_2, \ldots, z_n$ die galoissch Konjugierten zu $z$. Wir behaupten, dass

$$\mathrm{tr}_{K/\mathbf{Q}}(b) = B(z_1) + \cdots + B(z_n). \tag{3.9}$$

Um dies zu zeigen, bemerken wir, dass die Spur linear über $\mathbf{Q}$ ist, das heißt, wir haben

$$\mathrm{tr}_{K/\mathbf{Q}}(c \cdot b + c' \cdot b') = c\, \mathrm{tr}_{K/\mathbf{Q}}(b) + c'\, \mathrm{tr}_{K/\mathbf{Q}}(b')$$

für zwei Elemente $b, b' \in K$ und $c, c' \in \mathbf{Q}$. Folglich reicht es, die Formel (3.9) nur für Elemente der Form $b = z^k$ mit $k \in \mathbf{N}_0$ nachzurechnen. Dies lässt sich durch Einführen einer formalen Variablen $\lambda$ elegant lösen. Es ist

$$\log(1 - \lambda z) = -\lambda z - \lambda^2 \frac{z^2}{2} - \lambda^3 \frac{z^3}{3} - \cdots,$$

womit sich die allgemeine Formel dann aus Koeffizientenvergleich ergibt, sobald wir

$$\mathrm{tr}_{K/\mathbf{Q}} \log(1 - \lambda z) = \sum_{i=1}^{n} \log(1 - \lambda z_i)$$

gezeigt haben. Aus der Linearen Algebra wissen wir, dass die Spur eines Logarithmus der Logarithmus der Determinanten ist, das heißt, $\mathrm{tr}_{K/\mathbf{Q}} \log(1 - \lambda z) = \log \det(1 - \lambda z)$, wobei wir $1 - \lambda z$ auf der rechten Seite als lineare Abbildung über $\mathbf{Q}$ von $K$ nach $K$ auffassen. Wir können $\det(\lambda^{-1} - z)$ als normiertes Polynom vom Grade $n$ in $\lambda^{-1}$ auffassen. Dieses Polynom hat nach dem Cayley–Hamiltonschen Satz das Element $z$ und damit auch alle seine Konjugierten als Nullstelle. Folglich ist $\det(\lambda^{-1} - z) = (\lambda^{-1} - z_1) \cdots (\lambda^{-1} - z_n)$. Es folgt $\det(1 - \lambda z) = (1 - \lambda z_1) \cdots (1 - \lambda z_n)$. Damit haben wir

$$\mathrm{tr}_{K/\mathbf{Q}} = \log \det(1 - \lambda z) = \log \prod_i (1 - \lambda z_i) = \sum_i \log(1 - \lambda z_i),$$

was zu zeigen war.

Als Folgerung können wir notieren: Ist $b$ ein Element aus $\mathcal{O}_K$, also eine ganze algebraische Zahl, so sind seine galoissch Konjugierten also auch ganze algebraische Zahlen. Damit ist $\mathrm{tr}_{K/\mathbf{Q}} b$ wieder eine ganze algebraische Zahl. Da die Spur aber auch rational ist und eine rationale Zahl genau dann ganz algebraisch ist, wenn sie eine ganze Zahl ist, folgt, dass $\mathrm{tr}_{K/\mathbf{Q}} b \in \mathbf{Z}$, dass also die Spur ganzer algebraischer Zahlen eine ganze Zahl ist.

Die Spur von ganzen algebraischen Zahlen in Zahlkörpern ist immer eine ganze Zahl.

*Beispiel 3.68* Wir wollen die Spur der ganzen algebraischen Zahl $\varphi = \frac{1+\sqrt{5}}{2}$ in $\mathbf{Q}(\sqrt{5})$ über $\mathbf{Q}$ bestimmen. Da $\sqrt{5}$ und $-\sqrt{5}$ die beiden galoissch Konjugierten von $\sqrt{5}$ sind, ist die Spur nach (3.9) durch

$$\mathrm{tr}_{K/\mathbf{Q}}\,\varphi = \frac{1+\sqrt{5}}{2} + \frac{1-\sqrt{5}}{2} = 1$$

gegeben.

Sei $(\mathrm{tr}_{K/\mathbf{Q}}(b_i b_j))$ diejenige quadratische Matrix über $\mathbf{Q}$, deren Eintrag in der $i$-ten Zeile und $j$-ten Spalte gerade die Spur des Produktes $b_i b_j$ in $K$ über $\mathbf{Q}$ ist. Dann heißt die rationale Zahl

$$D(b_1, \dots, b_n) := \det B$$

die *Diskrimante* von $K$ über $\mathbf{Q}$ zur Basis $b_1, \dots, b_n$. (Im Falle, dass die $b_i$ alle ganz algebraisch sind, ist die Diskriminante nach unseren Vorüberlegungen offensichtlich eine ganze Zahl.)

Wir benötigen für das Folgende noch eine andere Darstellung der Diskriminanten. Sei dazu $B_i(X) \in \mathbf{Q}[X]$ ein Polynom mit $b_i = B_i(z)$. Mit $(B_i(z_k))$ bezeichnen wir diejenige Matrix, deren Eintrag in der $i$-ten Zeile und $k$-ten Spalte gerade durch $B_i(z_k)$ gegeben ist. Wir behaupten, dass

$$D(b_1, \dots, b_n) = \det(B_i(z_k))^2. \tag{3.10}$$

Dies folgt aus

$$\begin{aligned} D(b_1, \dots, b_n) &= \det(\mathrm{tr}_{K/\mathbf{Q}}(b_i b_j)) \\ &= \det\left(\sum_k B_i(z_k) B_j(z_k)\right) \\ &= \det((B_i(z_k)) \cdot \det(B_j(z_k)). \end{aligned}$$

*Beispiel 3.69* Wir wollen die Diskriminante der Basis 1, $\sqrt{-3}$ von $K = \mathbf{Q}[\sqrt{-3}]$ über $\mathbf{Q}$ bestimmen. Dazu betrachten wir das primitive Element $z = \sqrt{-3}$ von $K$ mit seinem galoissch Konjugierten $-z$. Damit ist

$$D(1, \sqrt{-3}) = \det\begin{pmatrix} 1 & 1 \\ z & -z \end{pmatrix}^2 = (-2z)^2 = -12.$$

Über die Diskriminante können wir weiterhin zeigen, dass sie nie verschwindet. Dazu überlegen wir uns kurz, wie sie sich unter Basiswechsel verträgt: Ist $b_1', \dots, b_n'$ eine weitere Basis von $K$ über $\mathbf{Q}$, so existiert eine invertierbare Matrix $A = (a_{ij})$ mit rationalen Einträgen, sodass $b_i' = \sum_j a_{ij} b_j$. Folglich ist

$$D(b'_1, \ldots, b'_n) = \det(\sum_j a_{ij}(B_j(z_k)))^2_{ik} = (\det A)^2 \cdot \det(B_j(z_k))_{jk}$$

$$= (\det A)^2 D(b_1, \ldots, b_n).$$

Damit reicht es aus, das Nichtverschwinden für eine ganz bestimmte Basis nachzurechnen. Wir nehmen die Basis $1, z, z^2, \ldots$. Nach (3.10) ist $D(z_1, \ldots, z_n)$ bis auf Vorzeichen das Quadrat der Vandermondeschen von $1, z_1, \ldots, z_n$ und wegen $z_i \neq z_j$ für $i \neq j$ damit ungleich null.

Wir notieren an dieser Stelle außerdem, dass die Diskriminante bis auf Quadrate in $\mathbf{Q}$ unabhängig von der gewählten Basis ist. Wir schreiben deswegen

$$\mathrm{disc}_{K/\mathbf{Q}} \in \mathbf{Q}^\times / (\mathbf{Q}^\times)^2$$

für $D(b_1, \ldots, b_n)$ für eine beliebige Basis $b_1, \ldots, b_n$ von $K$ über $\mathbf{Q}$.

> Die Diskriminante eines Zahlkörpers verschwindet nicht und ist bis auf Quadrate eindeutig definiert.

Jedes $b = b_i$ erfüllt eine algebraische Beziehung der Form

$$b^n + a_{n-1}b^{n-1} + \cdots + a_1 b + a_0 = 0,$$

wobei $a_0, \ldots, a_{n-1}$ Elemente aus $\mathbf{Q}$ sind. Ist $d$ ein gemeinsamer Nenner dieser Elemente, so erhalten wir die Beziehung

$$(db)^n + d a_{n-1}(db)^{n-1} + \cdots + d^{n-1}a_1(db) + d^n a_0 = 0,$$

das heißt, $db$ ist eine ganze algebraische Zahl. Indem wir also die Basis $b_1, \ldots, b_n$ gegebenenfalls mit einer ganzen Zahl $d$ durchmultiplizieren, können wir ohne Einschränkung annehmen, dass $b_1, \ldots, b_n$ eine Basis von $K$ als $\mathbf{Q}$-Vektorraum ist, deren Mitglieder allesamt aus $\mathcal{O}_K$ stammen. Die Produkte $b_i b_j$ sind natürlich wieder Elemente aus $\mathcal{O}_K$.

**Lemma 3.10** *Es gilt*

$$\mathbf{Z}b_1 + \cdots + \mathbf{Z}b_n \subseteq \mathcal{O}_K \subseteq \mathbf{Z}\frac{1}{d}b_1 + \cdots + \mathbf{Z}\frac{1}{d}b_n,$$

*wobei* $d = D(b_1, \ldots, b_n)$.

Hierbei steht zum Beispiel $\mathbf{Z}b_1 + \cdots + \mathbf{Z}b_n$ für die Gruppe der ganzzahligen Linearkombinationen von $b_1, \ldots, b_n$. Da danach $b_1, \ldots, b_n$ Elemente der rechten Seite sind, folgt aus ihrer linearen Unabhängigkeit, dass die Diskriminante $d$ immer eine ganze Zahl ist.

*Beweis* Die erste Inklusion ist nach Wahl der $b_i$ als Elemente aus $\mathcal{O}_K$ klar. Es bleibt, die rechte Inklusion zu zeigen. Dazu sei $b$ ein Element aus $\mathcal{O}_K$. Da $b \in K$, können wir

$$b = x_1 b_1 + \cdots + x_n b_n$$

für gewisse $x_1, \dots, x_n \in \mathbf{Q}$ schreiben.

Wir übernehmen die Bezeichnungen $z$, $B$, $B_i(X)$, $z_1, z_2, \dots$, etc. von oben. Dann gelten die Gleichungen

$$B(z_k) = x_1 B_1(z_k) + \cdots + x_n B_n(z_k)$$

für alle $i \in \{1, \dots, b\}$, die wir als lineares Gleichungssystem für $x_1, \dots, x_n$ auffassen können. Nach der cramerschen Regel ist damit

$$x_i = \frac{\gamma_i}{\delta} = \frac{\gamma_i \delta^2}{\delta} = \frac{\gamma_i \delta}{d},$$

wobei $\delta = \det(B_i(z_k)) \neq 0$ und $\gamma_i$ die Determinante derjenigen Matrix, die sich aus $(B_i(z_k))$ durch Ersetzen der Einträge der $i$-ten Zeile durch $B(z_1), \dots, B(z_k)$ ergibt. Der Zähler $\gamma_i \delta$ ist formal invariant unter Vertauschungen der $z_i$ und damit ein Element aus $\mathbf{Q}$. Da $\gamma_i \delta$ gleichzeitig ganz algebraisch ist, folgt $\gamma_i \delta \in \mathbf{Z}$, also $x_i \in \frac{1}{d}\mathbf{Z}$. $\qquad\square$

Damit können wir zeigen:

**Theorem 3.3** *Sei $K$ ein Zahlkörper vom Grad n. Dann besitzt der Ring der ganzen Zahlen $\mathcal{O}_K$ in $K$ eine Basis $x_1, \dots, x_n$ über $\mathbf{Z}$.*

Eine solche Basis heißt *Ganzheitsbasis* von $\mathcal{O}_K$.

*Beweis* Wir müssen zeigen, dass ein Isomorphismus $\mathcal{O}_K \cong \mathbf{Z}^n$ abelscher Gruppen existiert. Seien dazu $b_1, \dots, b_n$ Zahlen aus $\mathcal{O}_K$, die eine Basis von $K$ über $\mathbf{Q}$ bilden. Dann haben wir nach Lemma 3.10, dass

$$M := \mathbf{Z}b_1 + \cdots + \mathbf{Z}b_n \subseteq \mathcal{O}_K \subseteq \mathbf{Z}\frac{1}{d}b_1 + \cdots + \mathbf{Z}_b \frac{1}{d}b_n =: L.$$

Es ist $[L : M] = d^n$, das heißt, $M$ hat in $L$ insgesamt $d^n$ Restklassen. Ist $c$ ein Element einer solchen Restklasse $c + M$ und ist $c \in \mathcal{O}_K$, so sind wegen $M \subseteq \mathcal{O}_K$ alle Elemente der Restklasse $c + M$ in $\mathcal{O}_K$. Ist $c \notin \mathcal{O}_K$, so ist aus demselben Grunde kein Element der Restklasse $c + M$ in $\mathcal{O}_K$. Sind daher $c_1, \dots, c_m \in L$ diejenigen Elemente eines $d^n$ Elemente umfassenden Repräsentantensystems der Restklassen von $L$ in $M$, die in $\mathcal{O}_K$ liegen, also eine ganze algebraische Zahl sind, so sind $b_1, \dots, b_n, c_1, \dots, c_m$ Erzeuger der abelschen Gruppe von $\mathcal{O}_K$, das heißt, wir haben schon einmal, dass $\mathcal{O}_K$ endlich erzeugt als abelsche Gruppe ist.

Diese Gruppe besitzt sogar eine endliche Präsentation: Die $dc_j$ sind nämlich allesamt ganzzahlige Linearkombinationen der $b_i$, das heißt, wir haben endlich viele Relationen der Form

$$dc_j - a_{j1}b_1 - \cdots - a_{jn}b_n = 0$$

mit ganzen Zahlen $a_{ji}$ als Koeffizienten. Diese Relationen erzeugen alle Relationen zwischen den $b_1, \ldots, b_n$ und den $c_1, \ldots, c_m$. Nach dem Hauptsatz über endlich erzeugte abelsche Gruppen finden wir daher einen Isomorphismus der Form

$$\mathcal{O}_K \cong \mathbf{Z}^r \times A,$$

wobei $A$ eine endliche abelsche Gruppe ist. Jedes Element in $A$ hat die Eigenschaft, dass ein Vielfaches von ihm verschwindet – wir sagen, $A$ ist als endliche abelsche Gruppe eine *Torsionsgruppe*. Da aber $\mathcal{O}_K \subset L$ und in $L$ das einzige Torsionselement (also das einzige Element $y$ mit $ny = 0$ für ein $n \in \mathbf{N}$) nur die Null ist, folgt $A = 0$, also $\mathcal{O}_K \cong \mathbf{Z}^r$.

Es bleibt zu zeigen, dass $r = n$. Dazu stellen wir fest, dass die Inklusionen $M \subseteq \mathcal{O}_K \subseteq L$ abstrakt lineare Abbildungen

$$\mathbf{Z}^n \to \mathbf{Z}^r \to \mathbf{Z}^n$$

definieren. Diese Abbildungen werden durch Matrizen beschrieben, sodass wir diese Abbildungen auch als lineare Abbildungen

$$\mathbf{Q}^n \to \mathbf{Q}^r \to \mathbf{Q}^n$$

auffassen können. Da die Komposition $\mathbf{Q}^n \to \mathbf{Q}^n$ aber invertierbar ist (dies folgt aus der Invertierbarkeit von $d$ in $\mathbf{Q}$), müssen alle Abbildungen Isomorphismen von $\mathbf{Q}$-Vektorräumen sein, das heißt, wir haben $n = r$. ◻

> Der Ring ganzer Zahlen eines Zahlkörpers vom Grad $n$ ist ein freier $\mathbf{Z}$-Modul vom Rang $n$.

Da $\mathcal{O}_K$ eine Basis über $\mathbf{Z}$ besitzt, ist $\mathcal{O}_K$ ein Beispiel für eine *endliche* Algebra gemäß folgender Definition:

**Konzept 26** Eine endliche Algebra über einem kommutativen Ringe $R$ ist eine $R$-Algebra $S$, sodass endlich viele Elemente $s_1, \ldots, s_n$ von $S$ existieren, sodass jedes Element $x$ von $S$ eine $R$-Linearkombination von $s_1, \ldots, s_n$ ist, dass also $x = r_1 s_1 + \cdots + r_n s_n$ für $r_1, \ldots, r_n \in R$.

*Beispiel 3.70* Ein Ring $R$ ist als $\mathbf{Z}$-Algebra genau dann endlich, wenn seine abelsche Gruppe endlich erzeugt ist.

*Beispiel 3.71* Der Polynomring $K[X]$ über einem Körper $K$ ist nicht endlich.

Wir haben schließlich:

**Theorem 3.4** *Sei $K$ ein Zahlkörper. Dann ist der Ring $\mathcal{O}_K$ der ganzen Zahlen in $K$ ein dedekindscher Bereich.*

Insbesondere können wir in Zahlringen, also Ringen ganzer Zahlen in Zahlkörpern, nach dem oben angegebenen Verfahren teilweise nach Idealen faktorisieren.

*Beweis* Es ist nur noch zu zeigen, dass $\mathcal{O}_K$ noethersch ist. Durch Wahl einer Ganzheitsbasis $b_1, \ldots, b_n$ fixieren wir einen Isomorphismus $\mathcal{O}_K \cong \mathbf{Z}^n$. Wir überlegen, dass die additive Gruppe eines jeden endlich erzeugten Ideals $\mathfrak{a}$ von $\mathcal{O}_K$ eine endlich erzeugte Untergruppe von $\mathbf{Z}^n$ ist: Sind nämlich $a_1, \ldots, a_m$ Idealerzeuger von $\mathfrak{a}$, so sind die $a_j b_i$ Erzeuger der abelschen Gruppe von $\mathbf{Z}^n$. Damit folgt die Behauptung aus nachstehendem Hilfssatz:  □

**Lemma 3.11** *Produziert ein Algorithmus eine aufsteigende Folge $A_0 \subseteq A_1 \subseteq A_2 \subseteq \cdots$ endlich erzeugter Untergruppen von $\mathbf{Z}^n$, so produziert er irgendwann ein $A_{n+1}$ mit $A_n = A_{n+1}$.*

*Beweis* Wir führen den Beweis per Induktion über $n$. Im Falle $n = 0$ ist sicherlich nichts zu zeigen. Seien

$$i : \mathbf{Z} \to \mathbf{Z}^n, \quad n \mapsto (n, 0, \ldots, 0)$$

und

$$p : \mathbf{Z}^n \to \mathbf{Z}^{n-1}, (a_1, \ldots, a_n) \mapsto (a_2, \ldots, a_n).$$

Wir überlegen uns zunächst: Sind $A \subseteq B$ zwei Untergruppen von $\mathbf{Z}^n$ und sind $i^{-1}(A) = i^{-1}(B)$ und $p(A) = p(B)$, so folgt $A = B$: Sei etwa $(a_1, \ldots, a_n) \in B$. Dann ist wegen $p(A) = p(B)$ ein Element der Form $(x, a_2, \ldots, a_n)$ in $A \subseteq B$. Folglich ist $a_1 - x, 0, \ldots, 0$ in $B$, also auch in $A$ wegen $i^{-1}(A) = i^{-1}(B)$. Damit ist aber auch $(a_1, a_2, \ldots, a_n)$ in $A$.

Da $\mathbf{Z}$ ein Hauptidealbereich und damit noethersch ist, gibt es einen Algorithmus, der eine streng monotone Folge $(n_i)$ produziert, sodass $i^{-1}(A_{n(i)+1}) = i^{-1}(A_{n(i)})$ für alle $i \in \mathbf{N}_0$.

Wir betrachten dann die Folge $p(A_{n(0)}) \subseteq p(A_{n(1)}) \subseteq p(A_{n(2)}) \subseteq \cdots$. Nach Induktionsvoraussetzung gibt es dann ein $k$, sodass $p(A_{n(k)}) = p(A_{n(k+1)})$, also auch $p(A_{n(k)}) = p(A_{n(k)+1})$. Nach unserer Vorüberlegung können wir dann $n = n(k)$ wählen.  □

Der $\mathbf{Z}$-Modul $\mathbf{Z}^n$ ist noethersch.

## Zusammenfassung

- Ein **Ring** ist ein c eines Rechenbereiches konkretisiert, in dem Addition und Multiplikation definiert ist. Gilt für die Multiplikation das Kommutativgesetz, so sprechen wir von einem **kommutativen Ring.** Die strukturerhaltenden Abbildungen zwischen Ringen heißen *Ringhomomorphismen.*
- **Schiefkörper** sind Ringe, in denen ein Element entweder null ist oder (multiplikativ) invertierbar. Ein **Körper** ist ein kommutativer Schiefkörper.
- **Unterringe** sind genau die Bilder von Ringhomomorphismen.
- **Ideale** sind genau die Kerne von Ringhomomorphismen. Wir können **Faktorringe** nach Idealen bilden.
- Ist $S$ eine **multiplikativ abgeschlossene Teilmenge** eines Ringes $R$, so können wir die **Lokalisierung** des Ringes nach $S$ betrachten, dessen Elemente durch **Brüche,** deren Nenner aus $S$ kommen, repräsentiert werden.
- Ein Element eines Ringes heißt **regulär,** wenn wir dieses Element in Gleichungen (multiplikativ) kürzen können. In einem **Integritätsbereich** ist ein Element entweder null oder regulär. Die Lokalisierung eines Integritätsbereiches nach allen regulären Elementen ist ein Körper, der **Quotientenkörper** des Integritätsbereiches.
- **Irreduzible Elemente** in Integritätsbereichen sind reguläre Elemente, die sich nicht weiter in nichttriviale Produkte zerlegen lassen. **Primelemente** sind Elemente, die mindestens einen Faktor eines Produktes teilen, wenn sie das Produkt teilen.
- Reguläre Primelemente sind irreduzibel. In **Ringen mit größten gemeinsamen Teilern** gilt auch die Umkehrung.
- Für einen **faktoriellen Ring** $R$ sind alle Polynomringe über $R$ in endlich vielen Unbestimmten **Ringe mit eindeutiger Primfaktorzerlegung.**
- Der Ring ganzer Zahlen, Polynomringe in einer Variablen über Körpern und allgemeiner **euklidische Ringe** sind Beispiele für **Hauptidealbereiche.** In Hauptidealbereichen existieren immer simultane Zerlegungen von Elementen in relativ teilerfremde Faktoren.
- In **dedekindschen Bereichen** existieren immer simultane Zerlegungen von Idealen in relativ teilerfremde Faktoren.
- **Ringe ganzer Zahlen** in Zahlkörpern sind dedekindsche Bereiche.

**Aufgaben**

*Ringe und Ringhomomorphismen*

**3.1** Sei $R$ ein kommutativer Ring, welcher nicht der Nullring ist. Sei $n \geq 1$ eine natürliche Zahl. Zeige, dass $M_n(R)$ genau für $n = 1$ ein kommutativer Ring ist.

**3.2** Mit $\mathbf{R}^{\mathbf{R}}$ bezeichnen wir die Menge aller Funktionen von $\mathbf{R}$ nach $\mathbf{R}$. Zeige, dass $\mathbf{R}^{\mathbf{R}}$ zu einem Ring wird, wenn wir die Addition und Multiplikation durch die übliche Addition und Multiplikation von Funktionen definieren, das heißt, durch

$$f + g : x \mapsto f(x) + g(x),$$
$$f \cdot g : x \mapsto f(x) \cdot g(x)$$

definieren.

**3.3** Zeige, dass $\mathcal{O}_{\mathbf{Q}(i)} = \mathbf{Z}[i]$.

**3.4** Zeige, dass $\mathcal{O}_{\mathbf{Q}(\sqrt{-3})} = \mathbf{Z}[\zeta_3]$.

**3.5** Sei $n \geq 1$. Sei $\zeta$ eine primitive $n$-te Einheitswurzel. Zeige, dass

$$\mathcal{O}_{\mathbf{Q}(\zeta)} = \mathbf{Z}[\zeta] = \left\{ a_0 + a_1 \zeta + \cdots + a_{n-1} \zeta^{n-1} \mid a_0, \ldots, a_{n-1} \in \mathbf{Z} \right\}.$$

**3.6** Sei $p$ eine Primzahl und $\mathbf{Z}_p$ die Menge all derjenigen rationalen Zahlen, in deren vollständig gekürzter Bruchdarstellung der Nenner nicht durch $p$ teilbar ist. Zeige, dass $\mathbf{Z}_p$ ein Unterring von $\mathbf{Q}$ ist und bestimme seine Einheitengruppe.

**3.7** Bestimme die Einheiten der ganzen gaußschen Zahlen $\mathbf{Z}[i]$.

**3.8** Sei $R$ ein kommutativer Ring. Sei $S$ eine $R$-Algebra. Zeige, dass

$$\varphi : R \to S, \quad x \mapsto x \cdot 1$$

ein Ringhomomorphismus ist.

**3.9** Sei $R$ ein Ring. Zeige, dass das direkte Produkt $R \times 0$ von $R$ mit dem Nullring als Ring kanonisch isomorph zum Ring $R$ selbst ist.

**3.10** Sei $R$ ein kommutativer Ring. Gibt es einen kanonischen Isomorphismus von Ringen zwischen $R[X, Y]$ und $R[X] \times R[Y]$?

**3.11** Sei $R$ ein kommutativer Ring. Zeige, dass folgende Aussagen äquivalent sind:

1. Es existieren nichtverschwindende Elemente $e$, $f$ in $R$ mit $ef = 0$, $e^2 = e$, $f^2 = f$ und $e + f = 1$.
2. Der Ring $R$ ist als Ring isomorph zu einem Produkte $S \times T$ kommutativer Ringe $S$ und $T$, die jeweils nicht der Nullring sind.

**3.12** Seien $R$ ein kommutativer Ring und $n$ eine natürliche Zahl. Zeige, dass die Diagonalmatrizen einen Unterring von $M_n(R)$ bilden, welcher als Ring isomorph zum direkten Produkte $R^n = \underbrace{R \times \cdots \times R}_{n}$ ist.

**3.13** Sei $R$ ein Integritätsbereich. Seien $x_1, \ldots, x_n$ Elemente von $R$ mit $x_1 \cdots x_n = 0$. Zeige, dass ein $k \in \{1, \ldots, n\}$ mit $x_k = 0$ existiert. Was ist mit dem Falle $n = 0$?

**3.14** Sei $\mathbf{Q}[\sin x, \cos x]$ der kleinste Unterring von $\mathbf{R}^{\mathbf{R}}$, welcher die Funktionen $\sin x$ und $\cos x$ und die rationalen Zahlen (aufgefasst als konstante Funktionen) enthält. Zeige, dass $\mathbf{Q}[\sin x, \cos x]$ genau aus den Funktionen $f \in \mathbf{R}^{\mathbf{R}}$ besteht, welche in der Form

$$f(x) = a_0 + \sum_{m=1}^{n} (a_m \cos(mx) + b_m \sin(mx))$$

geschrieben werden können, wobei $a_0, a_1, a_2, \ldots$ und $b_1, b_2, \ldots$ rationale Zahlen sind.

**3.15** Zeige, dass für jedes von null verschiedene $f \in \mathbf{Q}[\sin x, \cos x]$ eine eindeutig definierte natürliche Zahl $\deg f = n$ existiert, sodass

$$f(x) = a_0 + \sum_{m=1}^{n} (a_m \cos(mx) + b_m \sin(mx))$$

mit $a_n \neq 0$ oder $b_n \neq 0$.

**3.16** Seien $f$, $g \in \mathbf{Q}[\sin x, \cos x]$. Zeige, dass $\deg(f \cdot g) = (\deg f) + (\deg g)$, wenn wir zusätzlich $\deg 0 = -\infty$ setzen.

**3.17** Zeige, dass $\mathbf{Q}[\sin x, \cos x]$ ein Integritätsbereich ist.

### Ideale und Faktorringe

**3.18** Sei $R$ ein kommutativer Ring, der genau zwei endlich erzeugte Ideale besitzt. Zeige, dass $R$ ein Körper ist.

**3.19** Schreibe das Ideal $(3, 8, 9)$ in $\mathbf{Z}$ als Hauptideal.

**3.20** Sei $p$ eine Primzahl. Bestimme alle endlich erzeugten Ideale von $\mathbf{Z}_{(p)}$.

**3.21** Zeige, dass der Restklassenring $\mathbf{Z}[\mathrm{i}]/(2)$ genau vier Elemente hat. Welche Elemente davon sind regulär?

**3.22** Sei $K$ ein Körper. Zeige, dass $K$ genau dann von Charakteristik 0 ist, wenn der Kern des (einzigen) Ringhomomorphismus' $\mathbf{Z} \to K$ durch das Nullideal (0) gegeben ist.

**3.23** Sei $K$ ein Körper. Sei $n$ eine positive natürliche Zahl. Zeige, dass $K$ genau dann von Charakteristik $n$ ist, wenn der Kern des (einzigen) Ringhomomorphismus' $\mathbf{Z} \to K$ durch das Hauptideal $(n)$ gegeben ist.

**3.24** Zeige, dass der Restklassenring $\mathbf{F}_3[X]/(X^2 + 1)$ ein Körper mit 9 Elementen ist.

**3.25** Sei $\varphi : R \to S$ ein Homomorphismus von Ringen. Sei $\mathfrak{b}$ ein Ideal von $S$. Zeige, dass $\varphi^{-1}\mathfrak{b}$ ein Ideal von $R$ ist. Für dieses Ideal schreiben wir auch häufig $R \cap \mathfrak{b}$, wenn der Homomorphismus $\varphi$ aus dem Zusammenhange hervorgeht.

**3.26** Sei $\varphi : R \to S$ ein Homomorphismus von Ringen. Zeige, dass das Bild eines Ideales $\mathfrak{a}$ von $R$ unter $\varphi$ im Allgemeinen kein Ideal von $S$ ist.

**3.27** Bestimme die Nilradikale der kommutativen Ringe $\mathbf{Z}/(n)$, $n \in \mathbf{N}_0$ als Hauptideal.

*Lokalisierung*

**3.28** Sei $R$ ein kommutativer Ring. Gib für eine Einheit $f \in R$ einen kanonischen Ringisomorphismus zwischen $R$ und $R[f^{-1}]$ an.

**3.29** Sei $R$ ein kommutativer Ring. Zeige für ein Element $f \in R$, dass $R[f^{-1}]$ genau dann der Nullring ist, wenn $f$ in $R$ nilpotent ist.

**3.30** Sei $R$ ein kommutativer Ring. Seien $f$ ein Element in $R$ und $n$ eine positive natürliche Zahl. Zeige, dass $R[f^{-1}]$ und $R[f^{-n}] = R[(f^n)^{-1}]$ kanonisch isomorph sind.

**3.31** Sei $s_1, \ldots, s_n$ eine Zerlegung der Eins eines kommutativen Ringes $R$. Zeige, dass zwei Elemente $f$ und $g$ von $R$ genau dann gleich sind, wenn sie *lokal gleich* sind, das heißt, wenn $f = g$ in $R[s_i^{-1}]$ für alle $i \in \{1, \ldots, n\}$ gilt.

**3.32** Sei $s_1, \ldots, s_n$ eine Zerlegung der Eins eines kommutativen Ringes $R$. Zeige, dass ein Element $f$ in $R$ genau dann invertierbar ist, wenn es *lokal invertierbar* ist, das heißt, wenn $f$ in $R[s_i^{-1}]$ für alle $i \in \{1, \ldots, n\}$ invertierbar ist.

**3.33** Sei $R$ ein kommutativer Ring und $S$ eine multiplikativ abgeschlossene Teilmenge von $R$. Wo gibt es Probleme, wenn die Gleichheit zweier Brüche $\frac{a}{s}$ und $\frac{b}{t}$ nach $S$ einfach durch $at = bs$ definiert wird?

**3.34** Warum ist es nicht so einfach, Lokalisierungen nichtkommutativer Ringe zu definieren?

**3.35** Zeige, dass eine Menge $X$ zusammen mit einer Ordnung genau dann gerichtet ist, wenn jede endliche Teilmenge von $X$ eine obere Schranke in $X$ besitzt.

**3.36** Sei $(R_i)_{i \in I}$ ein gerichtetes System von Ringen mit Limes $R = \varinjlim_{i \in I} R_i$. Zeige, dass ein $x \in R_i$ genau dann in $R$ invertierbar ist, wenn ein $j \geq i$ existiert, sodass $x$ in $R_j$ invertierbar ist.

**3.37** Zeige, dass jeder Ring gerichteter Limes endlich erzeugter **Z**-Algebren ist.

**3.38** Sei $R$ ein kommutativer Ring. Definiere den Begriff eines gerichteten Systems von $R$-Algebren und den gerichteten Limes eines solchen Systems als $R$-Algebra.

**3.39** Sei $R$ ein kommutativer Ring. Sei $A \in \mathrm{M}_{n,m}(R)$ eine Matrix über $R$. Mit $(\Lambda^k(A))$ bezeichnen wir das von den $k$-Minoren von $A$ (das heißt den Determinanten von $(k \times k)$-Untermatrizen) erzeugte Ideal in $R$.

Zeige, dass sich $(\Lambda^k(A))$ nicht ändert, wenn $A$ durch eine zu $A$ ähnliche Matrix ersetzt wird.

**3.40** Sei $K$ ein Körper. Sei $A \in \mathrm{M}_{n,m}(K)$ eine Matrix über $K$. Zeige, dass $A$ genau dann Rang $r$ hat, wenn $(\Lambda^r(A)) = (1)$ und $(\Lambda^{r+1}(A)) = (0)$ gilt.

**3.41** Sei $R$ ein kommutativer Ring. Wir sagen für eine natürliche Zahl $r$, dass eine Matrix $A \in \mathrm{M}_{n,m}(R)$ *Rang $r$* habe, wenn $(\Lambda^r(A)) = (1)$ und $(\Lambda^{r+1}(A)) = (0)$ gelten.

Habe eine Matrix $A \in \mathrm{M}_{n,m}(R)$ Rang $r$. Zeige dann, dass eine Zerlegung $f_1, \ldots, f_N$ der Eins von $R$ existiert, sodass für alle $i \in \{1, \ldots, N\}$ die Matrix $A$ über $R[f_i^{-1}]$ (damit meinen wir das kanonische Bild von $A$ in $\mathrm{M}_{n,m}(R[f_i^{-1}])$) ähnlich zu folgender Diagonalmatrix ist:

$$
\begin{pmatrix}
1 & 0 & \cdots & & \\
0 & 1 & \ddots & & \\
\vdots & \ddots & \ddots & & \\
& & & 1 & \\
& & & & 0 \\
& & & & & \ddots
\end{pmatrix}
\in \mathrm{M}_{n,m}(R[f_i^{-1}]).
$$

Hierbei stehen auf der Diagonalen genau $r$ Stück Einsen.

Wir können also über jedem Ring jede Matrix zumindest lokal in Gauß–Jordansche Normalform bringen. Warum geht dies im Allgemeinen nicht global?

### *Faktorielle Ringe*

**3.42**  Zeige, dass $3 + 2\mathrm{i}$ ein irreduzibles Element in $\mathbf{Z}[\mathrm{i}]$ ist.

**3.43**  Sei $R$ ein Ring mit eindeutiger Primfaktorzerlegung. Sei $K$ sein Quotientenkörper. Wir fassen den Inhalt eines Polynoms über $R$ als Element von $K$ auf. Zeige, dass sich der Inhalt von Polynomen mit Koeffizienten in $R$ auf genau eine Art und Weise auf Polynome mit Koeffizienten in $K$ fortsetzen lässt, sodass sich der Inhalt wie in Lemma 3.2 weiterhin multiplikativ verhält.

**3.44**  Sei $R$ ein Integritätsbereich. Sei $f(X) = a_n X^n + a_{n-1} X^{n-1} + \cdots + a_1 X + a_0$ ein Polynom, sodass 1 ein größter gemeinsamer Teiler aller Koeffizienten von $f(X)$ ist. Sei $p$ ein Primelement von $R$, welches den Koeffizienten $a_n$ nicht teilt, welches die Koeffizienten $a_0, \ldots, a_{n-1}$ teilt und den Koeffizienten $a_0$ nicht im Quadrat teilt. Zeige, dass $f(X)$ dann in $R[X]$ irreduzibel ist.

**3.45**  Sei $R$ ein kommutativer Ring. Sei $N$ eine natürliche Zahl. Zeige, dass die Einschränkung der Abbildung
$$
\varphi : R[X, Y] \to R[X], \quad f \mapsto f(X, X^N)
$$
auf Polynome, deren Grad in $X$ kleiner als $N$ ist, injektiv ist.

**3.46**  Bestimme die Primfaktorzerlegung von $X^4 + 4Y^4$ im Ringe $\mathbf{Z}[X, Y]$.

**3.47**  Zeige, dass das Polynom $X^2 + Y$ im Ringe $\mathbf{Z}[X, Y]$ irreduzibel ist.

**3.48**  Sei $R$ ein Ring mit eindeutiger Primfaktorzerlegung. Sei $f \in R$ ein reguläres Element. Zeige, dass $R[f^{-1}]$ ein Ring mit eindeutiger Primfaktorzerlegung ist.

**3.49**  Sei $R$ ein faktorieller Ring. Sei $f \in R$ ein reguläres Element. Zeige, dass $R[f^{-1}]$ ein faktorieller Ring ist.

**3.50**  Sei $I$ ein Ideal in einem Integritätsbereiche $R$, sodass der Faktorring $R[X]/(I)$ ebenfalls ein Integritätsbereich ist. Sei $f(X)$ ein normiertes Polynom über $R$, sodass das Bild von $f(X)$ unter dem kanonischen Ringhomomorphismus

$$R[X] \to (R/I)[X], \quad f(X) \mapsto f(X)$$

irreduzibel ist. Zeigen Sie, dass dann auch $f(X) \in R[X]$ irreduzibel ist.

*Hauptidealringe*

**3.51**  Sei $R$ ein Integritätsbereich. Zeige, dass das Ideal $(X, Y)$ in $R[X, Y]$ nicht von einem Elemente erzeugt werden kann.

**3.52**  Bestimme eine teilweise Faktorisierung der drei ganzen Zahlen 99, 1200 und 160.

**3.53**  Bestimme einen größten gemeinsamen Teiler der beiden Polynome

$$f(X, Y) = X^3 Y^2 - X^2 Y^3 + X Y^3 - Y^4$$

und

$$g(X, Y) = X^4 Y - X^3 Y^2 - X^2 Y^2 + X Y^3$$

im Ringe $\mathbf{Q}[X, Y]$.

**3.54**  Sei $R = \mathbf{Z}[Y, X_1, X_2, \dots]/I$, wobei $I$ das durch alle Linearkombinationen von $X_{i+1} Y - X_i$ mit $i \geq 1$ gebildete Ideal ist. Zeige, dass $R$ ein Ring mit größten gemeinsamen Teilern ist, welcher nicht die aufsteigende Kettenbedingung für Hauptideale erfüllt. Zeige weiter, dass keine teilweise Faktorisierung von $Y$ und $X_1$ existiert.

**3.55**  Seien $a$, $b$ und $c$ drei Elemente in einem Ringe mit größten gemeinsamen Teilern. Es teile $a$ das Produkt von $b$ und $c$, und es sei 1 ein größter gemeinsamer Teiler von $a$ und $b$. Zeige, dass dann $a$ das Element $c$ teilt.

**3.56**  Sei $R$ ein Integritätsbereich, in dem eine teilweise Primfaktorzerlegung immer möglich ist. Zeige, dass $R$ ein Ring mit größten gemeinsamen Teilern ist.

**3.57**  Seien $a$ und $b$ ganze Zahlen. Sei $\omega$ eine primitive dritte Einheitswurzel. Definiere

$$N(a + b\,\omega) = a^2 - ab + b^2.$$

Zeige, dass $\mathcal{O}_{\mathbf{Q}(\omega)} = \mathbf{Z}[\omega]$ zusammen mit der Abbildung $N$ als Norm ein euklidischer Ring ist.

**3.58** Seien $a$ und $b$ ganze Zahlen. Definiere

$$N(a + b\sqrt{-5}) := a^2 + 5b^2.$$

Zeige, dass $\mathbf{Z}[\sqrt{-5}]$ zusammen mit der Abbildung $N$ als Norm kein euklidischer Ring ist.

### Dedekindsche Bereiche

**3.59** Zeige, dass das Nilradikal eines kommutativen Ringes im Schnitt aller seiner Primideale liegt.

**3.60** Sei $\mathfrak{p}$ ein Primideal in einem kommutativen Ring $R$. Zeige, dass für $x, y \in S := R/\mathfrak{p}$ dann gilt: Ist $x \cdot y = 0$, so folgt $x = 0$ oder $y = 0$.

Folgere: Ist $\mathfrak{p}$ herauslösbar (d. h. können wir für jedes Element $a \in R$ entscheiden, ob $a \in \mathfrak{p}$ oder $a \in R \setminus \mathfrak{p}$), so ist $S$ ein Integritätsbereich[12].

**3.61** Sei $\mathfrak{m}$ ein maximales Ideal in einem kommutativen Ring $R$. Zeige, dass für $x, y \in S := R/\mathfrak{m}$ dann Folgendes gilt: Ist $x \cdot y = 0$, so folgt $x = 0$ oder $y = 0$. Ist $x \neq 0$, so ist $x \in S^\times$.

Folgere: Ist $\mathfrak{m}$ herauslösbar (d. h. können wir für jedes Element $a \in R$ entscheiden, ob $a \in \mathfrak{m}$ oder $a \in R \setminus \mathfrak{m}$), so ist $S$ ein Körper[13].

Eine Umkehrung dieser Aussage findet sich in folgender Aufgabe.

**3.62** Sei $\mathfrak{m}$ ein Ideal in einem kommutativen Ringe $R$, sodass $R/\mathfrak{m}$ ein Körper ist. Zeige, dass $\mathfrak{m}$ ein maximales Ideal ist.

**3.63** Sei $\mathfrak{m}$ ein Ideal in einem kommutativen Ring $R$, sodass für jedes Element $x$ von $R$ gilt, dass entweder $x$ in $\mathfrak{m}$ liegt oder dass $\mathfrak{m} + (x) = (1)$.

Zeige, dass $\mathfrak{m}$ notwendigerweise ein maximales Ideal (sogar ein herauslösbares) ist.

(Tipp: Um zu zeigen, dass $\mathfrak{m}$ ein Primideal ist, betrachten wir zwei Ringelemente $x$ und $y \in R$ mit $xy \in \mathfrak{m}$. Dann betrachten wir das Ideal $\mathfrak{a} = \mathfrak{m} + (x)$. Dann ist $\mathfrak{a} = \mathfrak{m}$ oder $\mathfrak{a} = (1)$, also $1 \in \mathfrak{a}$.)

---

[12] In klassischer Logik ist also jedes Ideal herauslösbar. Damit ist der Quotient nach einem Primideal Ideal immer ein Integritätsbereich. Die Umkehrung gilt auch konstruktiv.

[13] In klassischer Logik ist also jedes Ideal herauslösbar. Damit ist der Quotient nach einem maximalen Ideal immer ein Körper.

**3.64** Gib eine Primidealzerlegung von $1 + \sqrt{-5}$ im Ringe $\mathbf{Z}[\sqrt{-5}]$ an.

**3.65** Sei $R$ ein bézoutscher Bereich und $s$ ein reguläres Element. Zeige, dass $R[s^{-1}]$ wieder ein bézoutscher Bereich ist.

**3.66** Seien $\mathfrak{a}$ und $\mathfrak{b}$ zwei endlich erzeugte Ideale eines prüferschen Bereiches. Zeige, dass eine Zerlegung $s_1, \ldots, s_n$ der Eins von $R$ existiert, sodass für alle $i \in \{1, \ldots, n\}$ die Ideale $\mathfrak{a}[s_i^{-1}]$ und $\mathfrak{b}[s_i^{-1}]$ in $R[s_i^{-1}]$ Hauptideale sind.

**3.67** Sei $R$ ein kommutativer Ring. Sei $s_1, \ldots, s_n$ eine Zerlegung der Eins von $R$. Sei $\mathfrak{a}$ ein Ideal von $R$, sodass für alle $i \in \{1, \ldots, n\}$ gilt, dass $\mathfrak{a}[s_i^{-1}] = (1)$ als Ideale in $R[s_i^{-1}]$. Zeige, dass dann $\mathfrak{a}$ das Einsideal in $R$ ist.

**3.68** Sei $R$ ein prüferscher Bereich. Wir wollen ein nichtverschwindendes endlich erzeugtes Ideal $\mathfrak{a}$ von $R$ irreduzibel nennen, wenn für jede Zerlegung $\mathfrak{a} = \mathfrak{a}_1 \cdots \mathfrak{a}_n$ in endlich erzeugte Ideale von $R$ schon ein $i \in \{1, \ldots, n\}$ mit $\mathfrak{a} = \mathfrak{a}_i$ existiert. Zeige, dass jedes irreduzible Ideal von $R$ ein Primideal ist.

**3.69** Sei $R$ ein dedekindscher Bereich. Angenommen, wir haben einen Test, der feststellt, ob ein endlich erzeugtes Ideal $\mathfrak{a}$ in $R$ irreduzibel ist bzw. gegebenenfalls das Ideal in zwei echte Faktoren zerlegt. Zeige, dass sich jedes nichtverschwindende Ideal in $R$ dann bis auf Reihenfolge eindeutig als Produkt von Primidealen schreiben lässt.

**3.70** Sei $R$ ein dedekindscher Bereich. Angenommen, wir haben einen Test, der feststellt, ob ein gegebenes Ideal $\mathfrak{a}$ in $R$ ein maximales Ideal ist bzw. gegebenenfalls ein Element liefert, um das $\mathfrak{a}$ zu einem echten Ideal erweitert werden kann. Zeige, dass sich jedes nichtverschwindende Ideal in $R$ dann bis auf Reihenfolge eindeutig als Produkt von Primidealen schreiben lässt.

**3.71** Ein *Bewertungsbereich* ist ein Integritätsbereich $R$, sodass für je zwei Elemente $x$ und $y$ von $R$ gilt, dass $x$ ein Teiler von $y$ oder dass $y$ ein Teiler von $x$ ist. Zeige, dass ein prüferscher Bereich $R$ *lokal ein Bewertungsbereich* ist, das heißt, dass für je zwei Elemente $x$ und $y$ eine Zerlegung $s$ und $t$ der Eins von $R$ existiert, sodass $x$ ein Teiler von $y$ in $R[s^{-1}]$ und $y$ ein Teiler von $x$ in $R[t^{-1}]$ ist.

**3.72** Sei $R$ ein prüferscher Bereich. Sei $A \in \mathrm{M}_{n,m}(R)$ eine Matrix. Zeige, dass der Kern von $A$ lokal endlich erzeugt ist.

**3.73** Gib eine Zerlegung der Eins $s_1, \ldots, s_n$ des Zahlringes $R = \mathbf{Z}[\sqrt{-13}]$ an, sodass für alle $i \in \{1, \ldots, n\}$ das Ideal $(7, 1 + \sqrt{-13})$ in $R[s_i^{-1}]$ ein Hauptideal ist.

**3.74** Sei $R$ ein noetherscher kommutativer Ring. Ein Algorithmus produziere $m$ Ketten

$$\mathfrak{a}_{10} \subseteq \mathfrak{a}_{11} \subseteq \mathfrak{a}_{12} \subseteq \cdots$$
$$\vdots$$
$$\mathfrak{a}_{m0} \subseteq \mathfrak{a}_{m1} \subseteq \mathfrak{a}_{m2} \subseteq \cdots$$

von Idealen von $R$. Zeige, dass ein $n$ existiert, sodass $\mathfrak{a}_{jn} = \mathfrak{a}_{j(n+1)}$ für alle $j \in \{1, \ldots, m\}$.

**3.75** Sei $x$ eine Nullstelle des Polynoms $f(X) = X^4 - X^2 - 3X + 7$ in den algebraischen Zahlen. Sei $K = \mathbf{Q}(x)$. Bestimme eine teilweise Faktorisierung der Ideale $(14, x + 7)$ und $(35, x - 14)$ in $\mathcal{O}_K$.

**3.76** Bestimme eine $\mathbf{Z}$-Basis des Ringes ganzer Zahlen von $\mathbf{Q}(\sqrt[3]{4})$.

**3.77** Sei $K$ ein Zahlkörper. Sei $b_1, \ldots, b_n \in \mathcal{O}_K$ eine Basis von $K$ als $\mathbf{Q}$-Vektorraum. Zeige: Ist die Diskriminante $D(b_1, \ldots, b_n)$ quadratfrei, enthält in ihrer Primfaktorzerlegung also keine Primzahl mit Vielfachheit 2 oder mehr, so $b_1, \ldots, b_n$ schon eine Ganzheitsbasis.

(Tipp: Eine ganzzahlige quadratische Matrix, deren Determinante eine Einheit in $\mathbf{Z}$ ist, ist über den ganzen Zahlen invertierbar.)

**3.78** In den folgenden Aufgaben wollen wir das dedekindsche Beispiel durchrechnen. Zeige zunächst, dass das Polynom $f(X) = X^3 - X^2 - 2X - 8$ irreduzibel über den rationalen Zahlen ist.

**3.79** Sei $x$ eine Nullstelle von $f(X)$ und $K := \mathbf{Q}(x)$ der Zahlkörper. Zeige, dass $y := \frac{1}{2}x^2 + x$ im Ring $\mathcal{O}_K$ der ganzen Zahlen von $K$ liegt.

**3.80** Zeige, dass $1, x, y$ eine Basis von $K$ als $\mathbf{Q}$-Vektorraum bilden.

**3.81** Berechne die Diskriminante der Basis $1, x$ und $y$, und folgere, dass $1, x$ und $y$ sogar eine Ganzheitsbasis bilden.

**3.82** Sei $z \in \mathcal{O}_K$ irgendein Element, sodass $1, z, z^2$ eine Basis von $K$ als $\mathbf{Q}$-Vektorraum bilden. Zeige, dass die Diskriminante von $1, z$ und $z^2$ immer gerade ist, die Diskriminante von $1, x$ und $y$ aber ungerade. Folgere daraus, dass $1, z, z^2$ keine Ganzheitsbasis bilden kann.

# Körper 4

*Die Theorie der Körper ist weit vielfältiger, als die alleinige*
*Betrachtung der rationalen Zahlen nahelegen würde. Es ist*
*erstaunlich, wie viel alle Körper dennoch gemeinsam haben.*

**Ausblick** Ein Körper ist bekanntlich ein kommutativer Ring, bei dem die (multiplikativ) invertierbaren Elemente genau die Elemente sind, die von null verschieden sind. Ein wichtiger Aspekt der Körpertheorie ist es allerdings, Körper nicht nur isoliert zu betrachten, sondern relativ zueinander. Der Fachbegriff hierzu ist der einer Körpererweiterung, das sind zwei Körper $K$ und $L$, sodass der Grundkörper $K$ als Unterkörper im Oberkörper $L$ liegt. Dadurch, dass der Oberkörper als Vektorraum über dem Grundkörper aufgefasst werden kann, steht uns zum Beispiel die gesamte lineare Algebra zur Verfügung, um solche Körpererweiterungen zu untersuchen. Das führt unter anderem auf die Begriffe von Grad, Spur und Norm. Weiter werden wir untersuchen, inwiefern sich Faktorisierungsverfahren für Polynome über dem Grundkörper sich auf Faktorisierungsverfahren für Polynome über dem Oberkörper erweitern lassen. Diese Untersuchung führt uns auf die mathematisch wichtigen Begriffe von separablen und (rein) inseparablen Erweiterungen. Dabei ist Inseparabilität ein Phänomen, welches nur in positiver Charakteristik auftaucht, ein weiterer Untersuchungsgegenstand dieses Kapitels. Am Ende werden wir schließlich die galoissche Theorie für das abstrakte Körperkonzept verallgemeinern und interpretieren die Elemente der galoisschen Gruppe als Automorphismen des Oberkörpers, die die Elemente des Grundkörpers fixiert lassen. Zum Abschluss dieses Kapitels greifen wir schließlich wieder das Thema auf, welches auch schon den ersten Band beendet hatte, nämlich die Frage nach der Charakterisierung von Polynomen, deren Nullstellen durch Radikalausdrücke angegeben werden können. Haben wir diese Frage in Bd. 1 nur für Polynome über Zahlkörper beantwortet, so können wir sie jetzt für beliebige Grundkörper beantworten. Dabei stellen wir fest, dass in positiver Charakteristik $p$ noch eine kleine Besonderheit herrscht, und zwar werden wir $p$-te Radikale als Nullstellen von $X^p - X - a$ und nicht als Nullstellen von $X^p - a$ interpretieren müssen.

## 4.1    Körpererweiterungen

Ziel dieses Kapitels ist es, den Kern der in Bd. 1 beschriebenen eigentlichen galoisschen Theorie auf allgemeinere Situationen auszuweiten und von einem etwas abstrakteren Standpunkt aus zu beleuchten. In Bd. 1 sind wir von Polynomen $f(X)$ ausgegangen, deren Koeffizienten in einem Zahlkörper $K$ liegen. In der galoisschen Theorie haben wir uns dann zum Beispiel um die Elemente im Zahlkörper $L = K(x_1, \ldots, x_n)$ gekümmert, wobei $x_1, \ldots, x_n$ die Nullstellen von $f(X)$ in den algebraischen Zahlen sind. Die galoissche Gruppe hat auf $L$ operiert, die Invarianten unter dieser Wirkung sind genau die Elemente in $K$. Im Folgenden werden wir die Situation zweier Körper $K$ und $L$, sodass der eine im anderen liegt, häufiger betrachten, sodass wir definieren:

**Konzept 27**  Sei $K$ ein Körper. Eine *Körpererweiterung* von $K$ ist ein Körper $L$ zusammen mit einem Körperhomomorphismus $\iota : K \to L$.

Da jeder Körperhomomorphismus injektiv ist, können wir $K$ mit seinem Bild in $L$ identifizieren, das heißt, wir können für jede einzelne Körpererweiterung $L$ von $K$ annehmen, dass $L \supseteq K$. Wir nennen $L$ einen Oberkörper von $K$ und $K$ einen Unterkörper von $L$. Eine solche Körpererweiterung heißt *einfach*, wenn ein Element $x$ aus $L$ existiert, sodass jedes Element von $L$ ein in $x$ rationaler Ausdruck mit Koeffizienten in $K$ ist, wenn also $L$ der kleinste Körper in $L$ ist, welcher $K$ und $x$ umfasst. Wir schreiben dann $L = K(x)$ und nennen $x$ ein *primitives Element* der Körpererweiterung $L \supseteq K$.

*Beispiel 4.1*  Eine Erweiterung von Koeffizientenbereichen $L \supseteq K$ gemäß der Definition aus Bd. 1 ist gerade eine Körpererweiterung von Zahlkörpern. Aufgrund des Satzes über das primitive Element sind alle diese Körpererweiterungen einfach.

Die Elemente aus $L$ im letzten Beispiel haben alle die Eigenschaft, dass sie Nullstelle eines Polynoms aus $K$ sind. Wir sagen auch, dass sie algebraisch über $K$ sind, und allgemein:

**Konzept 28**  Sei $K$ ein Körper. Eine algebraische Körpererweiterung ist eine Körpererweiterung $L \supseteq K$, sodass jedes Element von $L$ algebraisch über $K$ ist, das heißt, jedes Element von $L$ ist Nullstelle eines normierten Polynoms mit Koeffizienten aus $K$.

In einer algebraischen Körpererweiterung ist jedes Element des Oberkörpers Nullstelle eines normierten Polynoms, dessen Koeffizienten im Grundkörper liegen.

*Beispiel 4.2* Sei $K$ ein Zahlkörper. Dann ist $K$ eine algebraische Körpererweiterung von $\mathbf{Q}$.

*Beispiel 4.3* Die Körpererweiterung $\overline{\mathbf{Q}} \supseteq \mathbf{Q}$ ist algebraisch, aber nicht einfach.

*Beispiel 4.4* Der Körper $\mathbf{Q}(X)$ der rationalen Funktionen in $X$ ist keine algebraische Körpererweiterung von $\mathbf{Q}$, da zum Beispiel $X$ nicht Nullstelle eines normierten Polynoms mit rationalen Koeffizienten ist. Die Körpererweiterung ist aber einfach.

Der Körper der rationalen Funktionen ist ein Beispiel für eine nichtalgebraische Körpererweiterung.

*Beispiel 4.5* In Verallgemeinerung von Beispiel 4.4 haben wir: Sei $L \supseteq K$ eine Körpererweiterung. Sei $t \in L$ transzendent über $K$, das heißt, für alle $n \in \mathbf{N}_0$ sind jeweils $1, t, t^2, ..., t^{n-1}$ über $K$ linear unabhängig. Dann ist $K(t)$, die Menge der in $t$ rationalen Ausdrücke über $K$ in $L$ eine einfache, nichtalgebraische Körpererweiterung von $K$. In diesem Falle ist

$$K(X) \to K(t), \quad X \mapsto t$$

ein Isomorphismus von Körpererweiterungen über $K$, das heißt, jede einfache nichtalgebraische Körpererweiterung sieht wie Beispiel 4.4 aus.

*Beispiel 4.6* Ist $L \supseteq K$ irgendeine Körpererweiterung, so können wir die Menge $\overline{K}$ derjenigen Elemente aus $L$ betrachten, die über $K$ algebraisch sind. Genauso wie wir gezeigt haben, dass Summe, Produkt und Inverses algebraischer Zahlen über $\mathbf{Q}$ wieder algebraisch sind, können wir zeigen, dass die Menge $\overline{K}$ einen Körper bildet, die größte Zwischenerweiterung von $L$ über $K$, die algebraisch über $K$ ist. Wir nennen $\overline{K}$ den *algebraischen Abschluss* von $K$ in $L$.

Ist $R$ ein beliebiger kommutativer Ring, der den Körper $K$ umfasst, so können wir auch den Zwischenring aller Elemente aus $R$ betrachten, welche eine normierte Polynomgleichung mit Koeffizienten aus $K$ erfüllen. Die Menge dieser Elemente heißt dann auch der *algebrai-*

*sche (oder ganze) Abschluss* von $K$ in $R$. In diesem Sinne ist $\overline{\mathbf{Q}}$ der algebraische Abschluss von $\mathbf{Q}$ in $\mathbf{C}$.

> Summen, Produkte, Inverse und allgemein rationale Funktionen in Elementen, die algebraisch über dem Grundkörper sind, sind wieder algebraisch über dem Grundkörper.

Der Unterschied zwischen Beispiel 4.2 und 4.3 ist, dass im ersten Falle $K$ eine endliche Basis als $\mathbf{Q}$-Vektorraum besitzt, $\overline{\mathbf{Q}}$ dagegen nicht. Wir nennen eine Körpererweiterung $L$ über $K$ allgemein *endlich* (vom Grade $n$), wenn $L$ eine Basis mit $n$-Elementen als $K$-Vektorraum besitzt. Jede endliche Körpererweiterung $L \supseteq K$ mit Grad $n$ ist automatisch algebraisch, denn ist $x \in L$, so müssen 1, $x$, ..., $x^n$ über $K$ linear abhängig sein, woraus sich ein normiertes Polynom über $K$ konstruieren lässt, welches $x$ als Nullstelle hat. Wir schreiben wie gehabt

$$[L : K]$$

für den Grad einer endlichen Körpererweiterung $L \supseteq K$.

*Beispiel 4.7*  Ein Zahlkörper ist nichts anderes als eine endliche Körpererweiterung von $\mathbf{Q}$.

Ist eine endliche Körpererweiterung $L$ von $K$ einfach, etwa $L = K(x)$, so sind 1, $x$, ..., $x^{n-1}$ linear unabhängig und $x^n$ ist eine $K$-Linearkombination von 1, $x$, ..., $x^{n-1}$, wenn $n = [K(x) : K]$, das heißt, es existiert ein normiertes Polynom $f(X) \in K[X]$ minimalen Grades mit $f(x) = 0$, das *Minimalpolynom* von $x$ über $K$. Aufgrund der Minimalität des Grades muss es irreduzibel sein. Wie in den in Bd. 1 betrachteten Situationen ist das Minimalpolynom eindeutig. Wir haben also allgemein, dass der Grad einer von einem Element $x$ erzeugten einfachen algebraischen Körpererweiterung über $K$ der Grad des Minimalpolynomes dieses Elements über $K$ ist, welchen wir wieder kurz *Grad* von $x$ über $K$ nennen wollen.

Es ist

$$K[X]/(f(X)) \to K(x), \quad X \mapsto x$$

nach dem Homomorphiesatz ein wohldefinierter Isomorphismus kommutativer Ringe, das heißt, jede einfache endliche Körpererweiterung von $K$ ist von der Form $K[X]/(f(X))$, wobei $f(X)$ ein irreduzibles Polynom ist.

Der Begriff des Grades hat uns in den Anwendungen von Bd. 1 weit gebracht, weil wir die Gradformel gehabt haben. Der Beweis überträgt sich auf die abstrakte Situation ohne Abstriche, sodass wir neu formulieren können:

**Theorem 4.1**  *Sei $K$ ein Körper. Seien $E$ eine endliche Körpererweiterung über $K$ und $F$ eine endliche Körpererweiterung über $E$. Dann ist auch $F$ eine endliche Körpererweiterung* *von K, und es gilt:*

$$[F : K] = [F : E] \cdot [E : K]$$

*Genauer gilt: Bilden $u_1, \ldots, u_m$ eine Basis von E über K und bilden $v_1, \ldots, v_n$ eine Basis von F über E, so bildet $u_1v_1, \ldots, u_mv_n$ eine Basis von F über K.* ☐

In Türmen algebraischer Körpererweiterungen multiplizieren sich die Grade.

Jede endliche Körpererweiterung ist gewissermaßen aus einfachen zusammengesetzt. Damit meinen wir Folgendes:

**Proposition 4.1** *Sei E eine endliche Körpererweiterung von K. Dann existiert ein* Turm *von endlichen einfachen Körpererweiterungen*

$$K = E_0 \subseteq E_1 \subseteq E_2 \subseteq \cdots \subseteq E_n = E,$$

*das heißt also, für alle $i \in \{1, \ldots, n\}$ ist $E_i$ eine endliche einfache Körpererweiterung von $E_{i-1}$.*

*Beweis.* Wir führen den Beweis per Induktion über den Grad $[E : K]$. Ist dieser Grad minimal, also $[E : K] = 1$, also $E = K$, so ist nichts zu zeigen.

Ansonsten gibt es ein Element $x \in E$, welches nicht in $K$ liegt. Da $[E : K]$ endlich ist, gibt es ein maximales $m > 1$, sodass $1, x, \ldots, x^{m-1}$ linear unabhängig sind. Es ist $F := K(x)$ ein Zwischenkörper von $E$ über $K$, welcher ein echter endlicher einfacher Oberkörper von $K$ ist. Es reicht dann zu zeigen, dass $E$ über $F$ eine endliche Körpererweiterung ist. Nach der Gradformel hätten wir dann nämlich

$$[E : F] = \frac{[E : K]}{[F : K]},$$

sodass wir wegen $[F : K] = m > 1$ die Induktionsvoraussetzung anwenden können.

Eine Basis von $E$ über $F$ erhalten wir wie folgt: Sei $v_1, \ldots, v_r$ eine Basis von $E$ über $K$. Diese bildet ein Erzeugendensystem von $E$ über $F$, das heißt, wir erhalten eine surjektive lineare Abbildung

$$f : F^r \to E, \quad e_i \mapsto v_i,$$

wobei wir mit $e_i$ den $i$-ten kanonischen Basisvektor von $F^r$ bezeichnet haben.

Für jedes $d \in \{1, \ldots, m-1\}$ und jedes $i \in \{1, \ldots, r\}$ existieren eindeutige $a_{ijd} \in K$ mit

$$x^d v_i = \sum_{j=1}^{r} a_{ijd} v_j.$$

Der Kern von $f$ wird als $F$-Vektorraum damit von den $x^d e_i - \sum_j a_{ijd} e_j$ (endlich) erzeugt.
Ist $w_1, \ldots, w_s$ eine Basis eines linearen Komplementes des Kernes in $F^r$ über $F$, so bildet
$f(w_1), \ldots f(w_s)$ eine Basis von $E$ über $F$.                                        $\square$

Zum Ende des Kapitels wollen wir noch eine weitere Vokabel hinzufügen. Sind $E$ und $E'$
zwei Zwischenkörper einer Körpererweiterung $L$ über $K$ (das heißt, $L$ ist jeweils Oberkörper
von $E$ und $E'$ und $E$ und $E'$ sind jeweils Oberkörper von $K$, so ist das *Kompositum* von
$E$ und $E'$ in $L$ der kleinste Zwischenkörper von $L$ über $K$, der $E$ und $E'$ umfasst. Für das
Kompositum in $L$ schreiben wir auch

$$E \cdot E'.$$

Sind $E$ und $E'$ von der Form $E = K(x)$ und $E' = K(x')$, so schreiben wir auch

$$K(x, x') = K(x) \cdot K(x')$$

und führen iterativ $K(x_1, \ldots, x_n) = K(x_1) \cdots K(x_n)$ für Elemente $x_1, \ldots, x_n$ von $K$ ein.
Es ist $K(x_1, \ldots, x_n)$ der kleinste Zwischenkörper von $L$ über $K$, welcher $x_1, \ldots, x_n$ ent-
hält. Körpererweiterungen der Form $K(x_1, \ldots, x_n)$ von $K$ heißen auch *endlich erzeugte
Körpererweiterungen* von $K$. Die $x_i$ sind dann die *Erzeuger*. Das Kompositum ist uns in
Spezialfällen auch schon in Bd. 1 begegnet.

## 4.2   Faktorielle Körper

Wir erinnern kurz an den Begriff eines faktoriellen Ringes: Ein Integritätsbereich $R$ heißt
*faktoriell*, wenn der Polynomring $R[X]$ in einer Variablen über $R$ ein Ring mit eindeutiger Primfaktorzerlegung ist. Speziell ist ein *faktorieller Körper* ein Körper, über den sich
Polynome eindeutig in Primfaktoren zerlegen lassen. Dieser Spezialfall ist aus folgenden
zwei Gründen besonders interessant für uns: Zum einen haben wir schon in Bd. 1 gesehen,
dass die Faktorisierungsmöglichkeit von Polynomen über (Zahl-)Körpern eine wesentliche
Grundlage der galoisschen Theorie ist. Zum anderen gibt es ein kurzes Kriterium dafür,
wann ein Körper $K$ faktoriell ist: Es reicht nämlich, dass wir einen Irreduzibilitätstest für
Polynome über $K$ haben, das heißt also, das wir für jedes nichtkonstante Polynom entscheiden können, ob es irreduzibel ist oder nicht, und im zweiten Falle einen echten Faktor
extrahieren können.

   Die Existenz eines Irreduzibilitätstestes über $K$ ist sicherlich dafür notwendig, dass ein
Körper $K$ faktoriell ist: Ist etwa $f(X)$ ein Polynom über einen faktoriellen Körper $K$, so
betrachten wir eine Zerlegung $f(X) = p_1(X) \cdots p_r(X)$ in irreduzible Faktoren. Sind alle
Faktoren bis auf einen Einheiten in $K[X]$ (also in $K$), so ist $f(X)$ irreduzibel. Andernfalls
liefert uns die Zerlegung echte Teiler.

Umgekehrt ist ein Irreduzibilitätstest aber auch dafür hinreichend, dass ein Körper $K$ faktoriell ist: Da $K[X]$ als euklidischer Ring die aufsteigende Kettenbedingung für Hauptideale erfüllt, können wir durch Anwenden des Irreduzibilitätstestes nach endlichen vielen Schritten

$$f(X) = p_1(X) \cdots p_r(X) \tag{4.1}$$

bis auf Einheiten für jedes Polynom $f(X)$ in $K[X]$ schreiben, sodass die $p_i(X)$ allesamt irreduzibel sind. Da in $K[X]$ alle irreduziblen Elemente auch prim sind, ist die Zerlegung (4.1) bis auf Einheiten und Reihenfolge eindeutig.

In Bd. 1 haben wir auf diese Art und Weise gezeigt, dass $\mathbf{Q}$ ein faktorieller Körper ist. Als weiteres Beispiel haben wir, dass jeder endliche Körper $K$ (etwa $\mathbf{F}_p$, wobei $p$ eine Primzahl ist) ein faktorieller Körper ist: Da $K$ nur endlich viele Elemente hat, gibt es jeweils nur endlich viele Polynome bis zu einem vorgegebenen Grad. Damit können wir leicht feststellen, ob ein Polynom $f(X) \in K[X]$ irreduzibel ist: Wir testen einfach alle Polynome $g(X) \in K[X]$ mit $\deg g(X) < \deg f(X)$ durch, ob sie $f(X)$ teilen.

Der Rest des Abschnittes dreht sich darum, für weitere Körper zu zeigen, dass sie faktoriell sind. Leitfaden wird dabei die Beweisidee aus Bd. 1 sein, die wir benutzt haben, um zu zeigen, dass Zahlkörper faktoriell sind. Wir wollen diese noch einmal wiederholen: Sei $L = \mathbf{Q}(y)$ ein Zahlkörper, also eine einfache endliche Erweiterung von $\mathbf{Q}$. Sei $f(X) \in L[X]$ ein Polynom, welches wir über $L$ in Faktoren zerlegen wollen. Ohne Einschränkung können wir annehmen, dass $f(X)$ normiert ist. Wir faktorisieren $f(X)$ über $\overline{\mathbf{Q}}$ in Linearfaktoren, etwa $f(X) = \prod_i (X - x_i)$ mit $x_i \in \overline{\mathbf{Q}}$. Faktoren von $f(X)$ über $L$ sind dann genau diejenigen Teiler der Form $(X - x_{i_1}) \cdot (X - x_{i_2}) \cdots (X - x_{i_k})$ mit $1 \le i_1 < i_2 < \cdots < i_k \le n$, welche in $L[X]$ liegen, das heißt, für die die elementarsymmetrischen Funktionen in den $x_{i_1}$, ..., $x_{i_k}$ in $K$ liegen. Wir können dies überprüfen, sobald wir einen Test dafür haben, ob eine gegebene algebraische Zahl $x$ in $L$ liegt oder nicht.

In Bd. 1 sind wir dazu folgendermaßen vorgegangen: Wir haben ein primitives Element $z$ zu $x$ und $y$ gewählt. Dann ist $x$ genau dann in $K$, wenn $\mathbf{Q}(z) = \mathbf{Q}(y)$, was genau dann der Fall ist, wenn der Grad von $z$ über $\mathbf{Q}$ gleich dem Grad von $y$ über $\mathbf{Q}$ ist.

Wir wollen dies in allgemeinerer Situation nachmachen. Dazu betrachten wir eine einfache algebraische Körpererweiterung $L = K(y)$ über einem faktoriellen Körper $K$ (der Körper $K$ spielt die Rolle von $\mathbf{Q}$ in obiger Situation). Wir wollen uns fragen, ob $L$ wieder faktoriell ist, ob wir also einen Irreduzibilitätstest für Polynome $f(X)$ über $L$ haben. Um das oben skizzierte Verfahren durchzuführen, müssten wir $f(X)$ in einem noch größeren Körper als $L$ (oben war es im Körper $\overline{\mathbf{Q}}$ der algebraischen Zahlen) in Linearfaktoren zerlegen. Es stellt sich also zuerst die Frage, ob es zu einem gegebenen Körper $L$ und einem (nichtkonstanten) Polynom $f(X)$ über $L$ einen Körper gibt, nennen wir ihn $\Omega$, über dem $f(X)$ in Linearfaktoren zerfällt. Wir werden im Folgenden einen solchen Körper $\Omega$ allerdings nicht angeben – eine Konstruktion im eigentlichen Sinne ist im Allgemeinen auch gar nicht möglich[1]. Allerdings werden wir ein Objekt angeben, welches sich ideellerweise wie so ein Körper $\Omega$ verhält.

Dazu machen wir zunächst den Ansatz

$$\Omega_1 := L[T]/(f(T)).$$

Dies ist eine nichttriviale $L$-Algebra, über der $f(X)$ zumindest eine Nullstelle besitzt, nämlich $T$, denn wir haben ja gerade die Relation $f(T) = 0$ herausgeteilt. Im Allgemeinen wird $\Omega_1$ jedoch kein Körper sein (ist etwa $f(X) = g(X) \cdot h(X)$ mit echten Teilern $g(X)$, $h(X) \in L[X]$, so sind $g(T)$ und $h(T)$ echte Nullteiler in $\Omega_1$). Was macht aber einen Körper aus? In einem Körper muss für jedes Element $x$ die Alternative gelten, dass es null ist oder dass es invertierbar ist. Wie sieht es mit einem $x \in \Omega_1$ aus? Wir können $x = g(T)$ schreiben. Ist $g(X)$ ein Vielfaches von $f(X)$, so folgt $x = 0 \in \Omega_1$, und wir sind fertig. Andernfalls gibt es einen größten gemeinsamen Teiler $d(X)$ von $g(X)$ und $f(X)$, der ein echter Teiler von $f(X)$ ist. Wir schreiben $d(X) = p(X) \cdot f(X) + q(X) \cdot g(X)$ für $p(X), q(X) \in L[X]$. Jetzt machen wir eine Fallunterscheidung: Ist $d(X)$ ein konstantes Polynom, also ohne Einschränkung $d(X) = 1$, so folgt $q(X) \cdot g(X) = 1$ modulo $f(X)$, das heißt, $q(T)$ ist eine Inverse von $x = g(T)$ in $\Omega_1$, und wir sind auch fertig. Ist aber $d(X)$ ein nichtkonstantes Polynom, so ist

$$\Omega_1' := L[T]/(d(T)) = (L[T]/(f(T)))/(d(T))$$

ein nichttrivialer Quotient von $\Omega_1$, in dem $f(X)$ immer noch eine Nullstelle hat, nämlich weiterhin $T$. In $\Omega_1'$ ist $x = g(T) = 0$, da $d(X)$ ein Teiler von $g(X)$ ist. Ersetzen wir also unser $\Omega_1$ durch $\Omega_1'$, so haben wir $x = 0$, und wir sind wieder fertig.

Wir können dieses Vorgehen damit folgendermaßen zusammenfassen: Ist $L$ ein beliebiger Körper und $f(X)$ ein nichtkonstantes Polynom, so gibt es eine nichttriviale, endlich präsentierte $L$-Algebra $\Omega_1$, in der $f(X)$ eine Nullstelle hat. Für jedes $x \in \Omega_1$ haben wir dann, dass entweder $x = 0$ oder dass $x$ invertierbar ist, wobei wir eventuell das ursprünglich gewählte $\Omega_1$ durch einen Quotienten ersetzen müssen, der dieselben Eigenschaften wie $\Omega_1$ hat. Solange wir also nur endlich viele Elemente $x_1, ..., x_n$ diesbezüglich betrachten, ob sie invertierbar oder gleich null sind, können wir durch sukzessive Anwendung dieses Vorgehens annehmen, dass $\Omega_1$ sich bezüglich dieser Elemente wie ein Körper verhält, dass also für jedes $x_i \in \Omega_1$ gilt, dass sie entweder invertierbar sind oder verschwinden.

In diesem Sinne betrachten wir $\Omega_1$ als *ideellen* Oberkörper von $L$, wohlwissend, dass $\Omega_1$ im Allgemeinen kein echter Körper ist. Bei allen folgenden Anwendungen muss daher darauf geachtet werden, dass in jedem einzelnen Schritte immer nur für höchstens endlich viele Elemente relevant ist, ob sie verschwinden oder invertierbar sind.

Haben wir also einen ideellen Körper $\Omega_1$, über dem $f(X)$ eine Nullstelle besitzt, nennen wir sie $x_1$, so können wir Polynomdivision ausführen und $f(X) = (X - x_1) \cdot g(X)$ schreiben, wobei $g(X)$ ein Polynom ist, dessen Grad eins niedriger als der Grad von $f(X)$ ist. Nach

---

[1] Die Betonung liegt hierbei auf *Konstruktion*, und zwar im konstruktiven Sinne. Klassisch lässt sich mithilfe des zornschen Lemmas die Existenz eines solchen Körpers $\Omega$ beweisen.

demselben Verfahren, wie wir $\Omega_1$ als ideellen Körper aus $L$ konstruiert haben, in dem $f(X)$ eine Nullstelle besitzt, können wir einen ideellen Körper $\Omega_2$ aus $\Omega_1$ konstruieren, in dem $g(X)$ eine Nullstelle besitzt, etwa $x_2$. Wir können in $\Omega_2$ damit $f(X) = (X - x_1) \cdot (X - X_2) \cdot h(X)$ für ein Polynom $h(X) \in \Omega_2[X]$ schreiben. Setzen wir dieses Verfahren fort, erhalten wir nach einer endlichen Anzahl von Schritten einen ideellen Körper $\Omega_n = \Omega$, in dem wir $f(X) = (X - x_1) \cdots (X - x_n)$ schreiben können, in dem $f(X)$ also in Linearfaktoren zerfällt.

In unserem Verfahren zur Zerlegung von $f(X)$ in Linearfaktoren über $L$ müssen wir als Nächstes feststellen, ob gewisse elementarsymmetrische Funktionen in den $x_i$ nicht nur in $\Omega$, sondern sogar in $L$ liegen, das heißt, wir benötigen, um beim alten Verfahren zu bleiben, ein Verfahren, primitive Elemente zu konstruieren. Wir sind in der folgenden Situation: Es ist $L = K(y)$ eine einfache algebraische Erweiterung und $x \in \Omega$ ein über $K$ algebraisches Element in einem (ideellen) Oberkörper von $L$. Die Aufgabe ist es, ein primitives Element von $x$ und $y$ in $\Omega$ zu konstruieren. Schauen wir in den Beweis des Satzes vom primitiven Element in Bd. 1 noch einmal herein, sehen wir, dass wir die Minimalpolynome $f(X)$ und $g(X)$ von $x$ bzw. $y$ über $K$ betrachten sollten. Im weiteren Verlauf des Beweises haben wir allerdings benötigt, dass das Minimalpolynom von $g(X)$ separabel ist. Dies konnten wir in der Situation von Bd. 1 annehmen, denn irreduzible Polynome über den rationalen Zahlen sind immer separabel. Die Beweisidee war, dass der Grad von $g'(X)$ eins weniger als der Grad von $g(X)$ war und ein nichttrivialer größter gemeinsamer Teiler beider Polynome ein echter Faktor von $g(X)$ wäre.

Für beliebige Körper können wir jedoch nicht so schließen: So ist etwa $g(X) = X^p - T$ nach dem eisensteinschen Kriterium angewandt auf das Primelement $T$ in $\mathbf{F}_p[T]$, wobei $p$ eine Primzahl ist, im Körper $K = \mathbf{F}_p(T)$ der rationalen Funktionen über $\mathbf{F}_p$ irreduzibel. Auf der anderen Seite ist aber

$$g'(X) = pX^{p-1} = 0,$$

da $p = 0$ in $K$, es ist $g(X)$ also nicht separabel. Aus diesem Grunde wollen wir den Satz über das primitive Element in der Situation eines allgemeinen Körpers etwas eingeschränkter formulieren. Dazu nennen wir ein algebraisches Element $x \in L$ einer Körpererweiterung $L$ über $K$ *separabel*, wenn es Nullstelle eines separablen Polynoms über $K$ ist. Dies ist gleichbedeutend damit, dass das Minimalpolynom von $x$ über $K$ separabel ist, denn Teiler separabler Polynome sind wieder separabel.

> Ein Element einer Körpererweiterung heißt separabel, wenn es Nullstelle eines separablen normierten Polynoms über dem Grundkörper ist.

Wir erhalten damit den Satz über das primitive Element in folgender Fassung:

**Theorem 4.2** *Sei $\Omega \supseteq K$ eine Körpererweiterung. Seien $x$ und $y \in \Omega$, sodass $x$ über $K$ algebraisch und $y$ über $K$ separabel ist. Dann existiert ein über $K$ algebraisches Element*

$z \in \Omega$, *sodass*

$$K(z) = K(x, y).$$

*Beweis.* Unter der zusätzlichen Annahme, dass $y$ separabel über $K$ ist, dass also das Minimalpolynom $g(X)$ von $y$ über $K$ separabel ist, geht der Beweis des entsprechenden Satzes aus Bd. 1 ohne Änderungen durch, jedenfalls fast: Im zitierten Beweis definierten wir eine endliche Menge $S$ von Elementen aus $K$ und mussten schließlich ein Element aus $K$ außerhalb dieser Menge wählen. Im Falle von $K = \mathbf{Q}$ war dies kein Problem, weil $\mathbf{Q}$ unendlich viele rationale Zahlen enthält.

Im Allgemeinen müssen wir allerdings anders vorgehen: Sei etwa $N$ die Anzahl der Elemente in $S$. Sind $0, 1, \ldots, N$ in $K$ verschiedene Elemente, so gibt es in $K$ Elemente außerhalb von $S$, und wir können den alten Beweis verwenden. Andernfalls können wir annehmen, dass $K$ ein Körper mit endlicher Charakteristik $p$ ist, wobei $p$ eine endliche Primzahl ist (eine endliche Charakteristik muss eine Primzahl sein, da andernfalls $K$ Nullteiler hätte, nämlich die echten Teiler der Charakteristik). Es ist $\mathbf{F}_p$ kanonischerweise ein Unterkörper von $K$. Sind $a_1, \ldots, a_n$ die Koeffizienten der Minimalpolynome $f(X)$ und $g(X)$ und ist $K' := \mathbf{F}_p(a_1, \ldots, a_n) \subseteq K$ die Menge der in $a_1, \ldots, a_n$ rationalen Ausdrücke über $\mathbf{F}_p$, also der kleinste Zwischenkörper von $K$ über $\mathbf{F}_p$, der $a_1, \ldots, a_n$ enthält, so reicht es offensichtlich, das Problem über $K'$ anstelle über $K$ zu lösen, das heißt, wir können ohne Einschränkung annehmen, dass $K = K'$, dass also $K$ über $\mathbf{F}_p$ von den Koeffizienten von $f(X)$ und $g(X)$ erzeugt wird.

Wir betrachten in $K$ die endliche Menge $M$ der Ausdrücke der Form $P(a_1, \ldots, a_n)$, wobei $P(X_1, \ldots, X_n) \in \mathbf{F}_p[X_1, \ldots, X_n]$ ein Polynom ist, in dem alle Variablen $X_i$ jeweils höchstens im Grade $N$ vorkommen. Ist die Mächtigkeit von $M$ größer als $N$, hat $K$ wieder genügend viele verschiedene Elemente, damit unser alter Beweis durchgeht. Andernfalls werden wir zeigen, dass $K$ ein endlicher Körper ist: Sei

$$Q(X_1, \ldots, X_n) \in \mathbf{F}_p[X_1, \ldots, X_n]$$

ein Polynom. Wir wollen zeigen, dass $q := Q(a_1, \ldots, a_n)$ in $M$ liegt. Da jedes Element von $K$ ein Quotient von solchen Ausdrücken $q$ ist, folgt die Endlichkeit von $K$ dann sofort. Dazu schreiben wir $Q(X_1, \ldots, X_n)$ wie folgt um: Ist ein $a_i = 0$, so können wir in $Q(X_1, \ldots, X_n)$ jede Potenz positiven Grades von $X_i$ durch $X_i$ selbst ersetzen, ohne $q$ zu ändern. Ist dagegen $a_i \neq 0$, so betrachten wir die Reihe $1, a_i, a_i^2, \ldots, a_i^N$, die vollständig in $M$ liegt. Da $M$ aber nur höchstens $N$ Elemente besitzt, muss $a_i$ in der multiplikativen Gruppe von $K$ eine Ordnung $g$ von höchstens $N$ besitzen. Damit können wir eine Potenz $X_i^m$ in $Q(X_1, \ldots, X_n)$ durch eine Potenz $X_i^j$ mit $m - j \equiv 0$ modulo $g$ und $j < N$ ersetzen, ohne den Wert von $q$ zu ersetzen. Es folgt, dass $q \in M$ liegt.

Wir haben unser Problem also auf den Fall reduziert, dass $K$ ein endlicher Körper ist. In diesem Falle ist $K(x, y)$ ebenfalls ein endlicher Körper. Nach der nachstehenden Proposition wird die multiplikative Gruppe von $K(x, y)$ von einem Elemente $z$ erzeugt, das heißt, wir haben auch hier $K(x, y) = K(z)$. □

Dem Beweis des Satzes entnehmen wir, dass $\Omega$ nicht notwendigerweise ein echter Körper sein muss, sondern ein Objekt, welches wir oben als ideellen Körper eingeführt haben.

**Proposition 4.2** *Sei $K$ ein Körper. Sei $G$ eine endliche Untergruppe der Einheitengruppe $K^\times$ von $K$. Dann ist $G$ zyklisch.*

Für den Fall, dass $K = \mathbf{F}_p$ und $G = \mathbf{F}_p^\times$, ist Proposition 4.2 gerade das Lemma über die Existenz primitiver Wurzeln modulo $p$ aus Bd. 1. Der Beweis ist auch ganz ähnlich:

*Beweis.* Seien $x$ und $y$ Elemente der Ordnungen $n$ und $m$ von $G$. Dann existiert ein Element der Ordnung $q$, wobei $q$ das kleinste gemeinsame Vielfache von $n$ und $m$ ist: Dazu schreiben wir $q = ab$, wobei $a$ und $b$ teilerfremde Zahlen sind, wobei $a$ die Zahl $m$ und $b$ die Zahl $n$ teilt. Wir behaupten dann, dass $z = x^a y^b$ von Ordnung $q$ ist. Zunächst ist offensichtlich $z^q = 1$. Sei außerdem $z^j = 1$. Dann ist $x^{aj} = y^{-bj}$, also $x^{a^2 j} = 1$. Es folgt, dass $m$ ein Teiler von $a^2 j$ ist. Da $b$ ein zu $m$ teilerfremder Teiler von $m$ ist, folgt, dass $b$ die Zahl $j$ teilt. Analog zeigen wir, dass $a$ die Zahl $j$ teilt. Also ist $j \geq q$.

Wir wählen schließlich ein Element $g$ maximaler Ordnung $N$ in $G$. Aufgrund der Vorüberlegung im ersten Absatz ist $x^N = 1$ für jedes Element in $G$ (denn das kleinste gemeinsame Vielfache der Ordnung von $x$ und $g$ kann nur $N$ sein). Das Polynom $X^N - 1$ hat höchstens $N$ Nullstellen. Auf der anderen Seite hat es alle Elemente aus $G$ als Nullstelle. Damit kann $G$ höchstens $N$ Elemente besitzen, also $G = \left\{ 1, g, g^2, \ldots, g^{N-1} \right\}$. □

> Endliche Untergruppen von Einheitengruppen von Körpern sind zyklisch, also (multiplikativ) von einem Element erzeugt.

Mithilfe von Theorem 4.2 können wir also feststellen, ob ein Element $x$ in $K(y)$ liegt, nämlich genau dann, wenn das Minimalpolynom des primitiven Elementes $z$ über $K$ (welches wir berechnen können, da $K$ faktoriell ist) denselben Grad wie das Minimalpolynom von $y$ über $K$ hat. Zusammen mit dem Rest des oben skizzierten Verfahrens erhalten wir also ein Faktorisierungsverfahren für Polynome über $K(y)$. Dies fassen wir in folgendem Satz zusammen:

**Theorem 4.3** *Sei $K$ ein faktorieller Körper. Ist $L$ eine separable einfache Körpererweiterung von $K$, so ist $L$ ebenfalls faktoriell.* □

Können wir über einem Körper Polynome faktorisieren (also in irreduzible Faktoren zerlegen), so können wir dies auch für Polynome über einer separablen endlichen Körpererweiterung.

## 4.3    Separabel faktorielle Körper

Um beliebige Polynome über $L$ faktorisieren zu können, ist es also wichtig, dass die Körpererweiterung $L \supseteq K$ separabel ist. Für die Zwecke der galoisschen Theorie haben wir es in der Regel aber immer mit separablen Polynomen zu tun, die zu faktorisieren sind. So gesehen liefert uns Theorem 4.3 etwas zu viel. Wir definieren daher zunächst einen *separabel faktoriellen Körper* als einen Körper, über dem jedes *separable* Polynom eine Zerlegung in irreduzible Polynome besitzt (diese ist dann wieder im Wesentlichen eindeutig). Jeder faktorielle Körper ist trivialerweise auch separabel faktoriell.

Ziel des Folgenden ist der Nachweis, dass einfache algebraische Körpererweiterungen separabel faktorieller Körper wieder separabel faktoriell sind – im Gegensatz zu Theorem 4.3 wollen wir also zeigen, dass die Eigenschaft, separabel faktoriell zu sein, unter beliebigen und nicht nur separablen einfachen Körpererweiterungen erhalten bleibt.

Dazu müssen wir noch etwas über separable Elemente einer Körpererweiterung $\Omega \supseteq K$ ausholen: Seien $x$ und $y \in \Omega$ über $K$ separabel, das heißt, es existieren zwei separable Polynome $f(X)$ und $g(X)$ über $K$ mit $f(x) = 0$ und $g(y) = 0$. Wir wollen zeigen, dass auch $x + y$ und $x \cdot y$ separabel sind, wir müssen also separable Polynome über $K$ konstruieren, die $x + y$ bzw. $x \cdot y$ als Nullstelle haben. Dazu gehen wir folgendermaßen vor: Zunächst definieren wir die kommutative $K$-Algebra

$$E := K[U, V]/(f(U), g(V)),$$

welche endlich-dimensional über $K$ ist. Seien $A$ die $K$-lineare Abbildung von $E$ nach $E$, welche durch Multiplikation mit $U$ gegeben ist, und $B$ die $K$-lineare Abbildung von $E$ nach $E$, welche durch Multiplikation mit $V$ gegeben ist. Die Minimalpolynome von $A$ und von $B$ sind nach dem Cayley–Hamiltonschen Satz Teiler von $f(X)$ und $g(X)$, also insbesondere separabel. Wir wählen eine (ideelle) Körpererweiterung $\Omega'$ von $\Omega$, über der die Polynome $f(X)$ und $g(X)$ und damit auch die Minimalpolynome von $A$ und von $B$ in Linearfaktoren zerfallen. Damit lassen sich $A$ und $B$ über $\Omega'$ diagonalisieren und dies sogar simultan, weil $A$ und $B$ wegen $UV = VU$ vertauschen. Damit lassen sich auch Summe $A + B$ und $A \cdot B$ über $\Omega'$ diagonalisieren, sodass wiederum die Minimalpolynome von $A + B$ und $A \cdot B$ separabel sind. Ist etwa $h(X)$ das separable Minimalpolynom von $A + B$, so folgt insbesondere, dass $h(U + V) = 0$. Definieren wir dann

$$\varphi : E \to K, \quad U \mapsto x, V \mapsto y$$

als Homomorphismus von $K$-Algebren, so folgt $\varphi(h)(x + y) = 0$, das heißt, $x + y$ ist Nullstelle eines separablen Polynoms, nämlich $\varphi(h)$. Genauso zeigt sich, dass $x \cdot y$ Nullstelle eines separablen Polynoms ist.

Ist $x \neq 0$ und über $K$ separabel, so folgt übrigens viel leichter, dass $\frac{1}{x}$ separabel ist: Wir können ohne Einschränkung davon ausgehen, dass $f(X)$ einen nichtverschwindenden konstanten Term hat. Dann ist $g(X) = X^n \cdot f(\frac{1}{X})$, wobei $n$ der Grad von $f(X)$ ist, ein separables Polynom, welches $\frac{1}{x}$ als Nullstelle hat.

Wir können damit schließen:

**Proposition 4.3**  *Sei $K$ ein Körper. Sei $L$ eine Körpererweiterung von $K$. Dann bildet die Menge der über $K$ separablen Elemente in $L$ einen Zwischenkörper, den sogenannten* separablen Abschluss *von $K$ in $L$.*                              □

Genau genommen haben wir etwas mehr gezeigt: In Proposition 4.3 reicht es anzunehmen, dass $L$ eine kommutative $K$-Algebra ist. In diesem Falle ist der separable Abschluss ein Zwischenring von $L$ über $K$.

Summen, Produkte, Inverse und allgemein rationale Funktionen in Elementen, die separabel über dem Grundkörper sind, sind wieder separabel über dem Grundkörper.

Eine Frage, die sich natürlich stellt, ist die, ob der separable Abschluss wirklich *abgeschlossen* ist, das heißt, ob ein Element $y \in L$, welches separabel über dem separablen Abschluss $\overline{K}$ von $K$ in $L$ ist, schon in $\overline{K}$ liegt. Dies folgt aus dem Zusatz folgenden Satzes, der eine Verallgemeinerung des Satzes über das primitive Element, Theorem 4.2, ist.

**Theorem 4.4**  *Sei $K$ ein Körper. Sei $\Omega$ eine Körpererweiterung von $K$. Sei $x \in \Omega$ algebraisch über $K$. Ist dann $y \in \Omega$ separabel über $K(x)$, so existiert ein $z \in \Omega$ mit $K(x, y) = K(z)$. Ist zudem $x$ separabel über $K$, so ist auch $y$ separabel über $K$.*

Denn ist $y \in L$ separabel über $\overline{K}$, so ist $y$ auch separabel über einer Körpererweiterung der Form $K(x_1, \ldots, x_n)$, wenn $x_1, \ldots, x_n$ die Koeffizienten eines separablen normierten Polynoms über $\overline{K}$ sind, welches $y$ als Nullstelle hat. Wegen Theorem 4.2 können wir aber $K(x_1, \ldots, x_n) = K(x)$ für ein Element $x \in \overline{K}$ schreiben und dann Theorem 4.4 (mit $\Omega = L$) anwenden.

*Beweis.*  Wir zeigen zunächst, dass ein $q \geq 1$ existiert, sodass $y^q$ separabel über $K$ ist. Es ist $y$ sicherlich Nullstelle eines normierten Polynomes $g(X)$ mit Koeffizienten in $K$, denn ist etwa $G(x, y) = 0$, wobei $G \in K[T, X]$, so können wir $g(X)$ als dasjenige Polynom wählen, das wir erhalten, wenn wir in $\prod_i G(X_i, Y)$ die elementarsymmetrischen Funktionen in den $X_i$ durch die Koeffizienten (bis auf Vorzeichen) eines Polynoms ersetzen, welches $x$ als Nullstelle hat.

Ist $g'(X)$ nicht das Nullpolynom, so können wir $g(X)$ durch den größten gemeinsamen Teiler von $g(X)$ und $g'(X)$ dividieren und erhalten ein separables Polynom, welches $y$ als Nullstelle hat, sodass wir in diesem Falle $q = 1$ setzen können. Andernfalls muss eine natürliche Zahl (nämlich der Grad von $g(X)$) in $K$ verschwinden, das heißt, $K$ hat endliche Charakteristik $p$. Wegen $g'(X) = 0$ können wir offensichtlich $g(X) = g_1(X^p)$ schreiben. Das Polynom $g_1(X)$ hat $y^p$ als Nullstelle. Entweder ist wieder die Ableitung von $g_1(X)$ ungleich null, dann ist $y^p$ auch Nullstelle eines separablen Polynoms und damit separabel, oder es existiert ein Polynom $g_2(X)$ mit $g_1(X) = g_2(X^p)$, welches $y^{p^2}$ als Nullstelle hat, usw. Da die Folge der Grade der Polynome $g_1(X)$, $g_2(X)$, $g_3(X)$, ...streng absteigend ist, existiert schlussendlich eine Potenz $q$ von $p$, sodass $y^q$ separabel ist.

Aus unten stehendem Hilfssatz folgt, dass $K(x, y) = K(x, y^q)$. Damit folgt aus Theorem 4.2 die Existenz von $z$ und damit der erste Teil der zu beweisenden Proposition. Es bleibt, den Zusatz zu beweisen. Dazu nehmen wir also an, dass $x$ separabel über $K$ ist. Wir müssen zeigen, dass $y$ separabel über $K$ ist. Da Summe und Produkt separabler Elemente wieder separabel sind, reicht es zu zeigen, dass $z$ separabel ist. Es ist aber $z$ über $K$ in den über $K$ separablen Elementen $x$ und $y^q$ rational.                                                              $\square$

**Lemma 4.1** *Sei $p$ eine Primzahl. Seien $K$ ein Körper der Charakteristik $p$ und $E$ eine kommutative $K$-Algebra. Ist $x \in E$ separabel über $K$, so ist $x$ ein in $x^p$ rationaler Ausdruck über $K$.*

Da $x^p$ wieder separabel ist, können wir insbesondere schließen, dass $x$ ein rationaler Ausdruck in jeder Potenz $x^q$ ist, wobei $q$ eine $p$-Potenz ist. Die Konklusion des Hilfssatzes können wir also auch als $K(x^q) = K(x)$ schreiben.

*Beweis.* Sei $f(X)$ ein separables Polynom über $K$, welches $x$ als Nullstelle hat. Wir können analog zu unseren Überlegungen annehmen, die zu Proposition 4.3 geführt haben, dass $E = K[T]/(f(T))$ und dass $x = T$. Sei $A$ diejenige $K$-lineare Abbildung, die sich durch Multiplikation mit $T$ von $E$ nach $E$ ergibt. Aufgrund der Separabilität von $f(X)$ besitzt diese ein separables Minimalpolynom, lässt sich also nach Übergang auf einen geeigneten Erweiterungskörper $\Omega$ von $K$ diagonalisieren. Bezüglich derselben Basis können wir $A^p$ diagonalisieren. Da Potenzieren mit $p$ ein Körperhomomorphismus und damit injektiv ist, sind zwei Diagonalelemente von $A$ genau dann gleich, wenn zwei Diagonalelemente von $A^p$ gleich sind. Damit besitzen $A$ und $A^p$ dieselben Eigenräume (im Allgemeinen allerdings zu unterschiedlichen Eigenwerten). In der Linearen Algebra wird gezeigt, dass die Projektion auf Eigenräume einer diagonalisierbaren Matrix ein Polynom in der Matrix ist, insbesondere sind also die Projektionen auf die Eigenräume von $A$ Polynome in $A^p$. Damit ist auch $A$ ein Polynom in $A^p$ und damit $x$ ein Polynom in $x^p$.                                                  $\square$

Als Nächstes wollen wir folgende Aussage beweisen:

**Proposition 4.4** *Sei K ein separabel faktorieller Körper, und sei $\Omega$ ein Oberkörper von K. Sei $L = K(x)$, wobei $x \in \Omega$ ist, eine einfache algebraische Erweiterung von L. Ist dann $y \in \Omega$ separabel über L, so ist $L(y)$ eine endliche Erweiterung von L, das heißt, es gibt ein irreduzibles normiertes Polynom $h(X)$ über L mit $h(y) = 0$.*

Wie wir dem Beweis der Proposition entnehmen werden können, reicht es aus anzunehmen, dass $\Omega$ ein ideeller Körper ist.

Aus Proposition 4.4 können wir dann folgern, dass einfache algebraische Erweiterungen $L$ separabel faktorieller Körper $K$ wieder faktoriell sind: Für diese Folgerung müssen wir für ein separables (normiertes) Polynom $g(X)$ über $L$ entscheiden können, ob es über $L$ irreduzibel ist oder nicht. Dazu wählen wir einen (ideellen) Oberkörper $\Omega$ von $L$, in dem $g(X)$ eine Nullstelle $y$ besitzt. Diese ist nach Definition separabel über $L$, das heißt, es gibt nach Proposition 4.4 ein irreduzibles normiertes Polynom über $L$, welches $y$ als Nullstelle besitzt. Entweder ist $h(X) = g(X)$, dann ist $g(X)$ irreduzibel, oder es ist $h(X)$ ein echter Faktor von $g(X)$.

Aus diesen Überlegungen können wir folgern:

**Theorem 4.5** *Sei K ein separabel faktorieller Körper. Ist $L \supseteq K$ eine endliche Erweiterung von K, so ist L wieder ein separabel faktorieller Körper.*

*Beweis. (Beweis von Theorem 4.5)* Aufgrund von Proposition 4.1 können wir annehmen, dass $L$ eine einfache endliche Erweiterung von $K$ ist. Diesen Fall aber haben wir gerade schon behandelt. $\qquad\square$

*Beweis. (Beweis von Proposition 4.4)* Nach Theorem 4.4 existiert ein zu $x$ und $y$ primitives Element $z$ über $K$, welches zudem separabel über $L$ ist. Um ein irreduzibles Polynom über $L$ angeben zu können, welches $y$ als Nullstelle hat, reicht es, eine Basis von $L(y)$ über $L$ zu bestimmen.

Wie im Beweis von Theorem 4.4 können wir annehmen, dass ein $q \geq 1$ existiert, sodass $w := z^q$ über $K$ separabel ist. (Im Falle von $q > 1$ ist $q = p^e$ für ein $e \geq 0$, wobei $p$ die Charakteristik von $K$ ist.) Damit ist auch $x^q$ über $K$ separabel. Da $K$ nach Voraussetzung separabel faktoriell ist, können wir Minimalpolynome von $w$ und $x^q$ bestimmen, das heißt, $K(w)$ und $K(x^q)$ besitzen beide endliche Basen über $K$. Es folgt, dass auch $K(w)$ endlich-dimensional über $K(x^q)$ ist.

Sei etwa $1, w, w^2, ..., w^{s-1}$ eine Basis von $K(w)$ über $K(x^q)$. Wir behaupten, dass dann die Elemente $1, w, ..., w^{s-1}$ auch eine Basis von $K(z) = L(y)$ über $L = K(x)$ bildet. Dazu zeigen wir zunächst, dass diese Elemente $K(z)$ als $K(x)$-Vektorraum erzeugen: Da $z^q = w \in K(w, x)$ und $z$ separabel über $K(x)$ ist, ist nach Lemma 4.1 auch $z \in K(w, x)$, also ist $K(z) = K(w, x)$.

Es bleibt, die lineare Unabhängigkeit von $1, w, w^2, \ldots, w^{s-1}$ über $K(x)$ zu zeigen. Dazu nehmen wir eine Linearkombination der Form

$$\sum_{i=0}^{s-1} a_i w^i = 0$$

mit Koeffizienten $a_i \in K(x)$ an. Potenzieren wir diese Gleichung mit $q = p^e$, also $e$-mal mit $p$, so erhalten wir

$$0 = \left(\sum_i a_i w^i\right)^q = \sum_i a_i^q (w^i)^q = \sum_i a_i^q w^{iq},$$

da Potenzieren mit $p$ und damit mit $q$ ein Ringhomomorphismus ist. Es ist $a_i^q \in K(x^q)$. Da $w$ separabel über $K$ ist, folgt wieder nach Lemma 4.1, dass $K(x^q, w) = K(x^q, w^q)$, womit $1$, $w^q, w^{2q}, \ldots, w^{(s-1)q}$ eine Basis von $K(x^q, w)$ über $K(x^q)$ bilden. Folglich sind die $a_i^q = 0$, wegen der Injektivität der $q$-ten Potenz gilt also $a_i = 0$, das heißt, $1, w, \ldots, w^{s-1}$ sind über $K(x)$ linear unabhängig.                                                                      □

Können wir separable Polynome über einem Körper faktorisieren, so können wir auch über jeder endlichen Erweiterung separable Polynome faktorisieren.

Eine der wichtigsten Folgerungen von Theorem 4.5 ist die Existenz eines sogenannten *Zerfällungskörpers* für separable Polynome $f(X)$ über separabel faktoriellen Körpern $K$: Dies ist ein (echter, nicht nur ideeller!) Körper $L$, über den $f(X)$ in Linearfaktoren $f(X) = \prod_{i=1}^n (X - x_i)$ mit $x_i \in L$ zerfällt und der in gewisser Weise der kleinst mögliche solcher Körper ist, das heißt, jedes Element in $L$ ist eine in $x_1, \ldots, x_n$ über $K$ rationale Zahl, was wir als $L = K(x_1, \ldots, x_n)$ schreiben.

**Korollar 4.1** *Sei $K$ ein separabel faktorieller Körper. Ist $f(X)$ ein separables Polynom über $K$, so besitzt $f(X)$ einen Zerfällungskörper $L$ über $K$.*

*Beweis.* Den Beweis führen wir per Induktion über den Grad $n$ von $f(X)$. Im Falle $n = 1$ können wir $L = K$ wählen. Andernfalls besitzt $f(X)$ aufgrund der Voraussetzungen einen irreduziblen Faktor $p(X)$. Sei $E = K[T]/(p(T))$. Aufgrund der Irreduzibilität von $p(X)$ ist $E$ ein Körper. Über diesem besitzt $f(X)$ eine Nullstelle, nämlich $T$, das heißt, wir können $f(X) = (X - T) \cdot q(X)$ über $E$ schreiben. Aufgrund von Theorem 4.5 ist $E$ wieder separabel faktoriell, das heißt, wir finden nach der Induktionsvoraussetzung einen Zerfällungskörper $L$ von $q(X)$ über $E$. Dieser ist dann auch Zerfällungskörper von $f(X)$ über $K$.                                                                      □

Der Zerfällungskörper $L$ ist in dem Sinne nicht eindeutig, als dass jeder Homomorphismus $\varphi : L \to L$ von $K$-Algebren schon die Identität ist, sodass wir nicht von *dem* Zerfällungskörper reden sollten, allerdings sind je zwei Zerfällungskörper $L_1$ und $L_2$ von $f(X)$ über $K$ zueinander isomorph: Dies können wir wieder per Induktion über den Grad $n$ von $f(X)$ zeigen: Im Falle von $n = 0$ ist nichts zu zeigen. Andernfalls sei $x_1$ eine Nullstelle von $f(X)$ in $L_1$. Da $K$ separabel faktoriell ist, ist $x_1$ Nullstelle eines irreduziblen Faktors $p(X)$ von $f(X)$. Damit gibt es aber auch eine Nullstelle $y_1 \in L_2$ von $p(X)$. Damit gibt es einen Isomorphismus

$$\varphi : K(x_1) \to K(y_1), \quad x_1 \mapsto y_1$$

von Algebren über $K$, welche beide wieder separabel faktoriell sind. Schreiben wir $f(X) = (X - x_1) \cdot g(X)$ für ein Polynom $g(X)$ und identifizieren wir $K(x_1)$ und $K(y_1)$ vermöge $\varphi$, so lässt sich $\varphi$ aufgrund der Induktionsvoraussetzung angewandt auf $g(X)$ zu einem Isomorphismus $\varphi : L_1 \to L_2$ fortsetzen.

> Ein Zerfällungskörper eines Polynomes über einem Körper ist ein Oberkörper, über dem das Polynom in Linearfaktoren zerfällt und der von den Nullstellen des Polynoms über dem Grundkörper erzeugt wird.

## 4.4 Vollkommene Körper

In den letzten beiden Abschnitten sind wir auf das Phänomen gestoßen, dass irreduzible Polynome über beliebigen Körpern nicht notwendigerweise separabel sein müssen oder allgemeiner, dass nicht alle Elemente, die in einer Körpererweiterung algebraisch über dem Grundkörper sind, Nullstelle eines normierten separablen Polynoms sein müssen. Es gibt jedoch eine ganze Reihe von Körpern – so auch alle, die wir in Bd. 1 betrachtet haben —, für die dieses Phänomen nicht auftritt. Diesen Körpern geben wir eine spezielle Bezeichnung: Und zwar nennen wir einen Körper $K$ *vollkommen*, falls jedes algebraische Element über $K$, das heißt, jedes Element einer jeden Körpererweiterung von $K$, welches algebraisch über $K$ ist, auch separabel über $K$ ist.

> Ein Körper heißt vollkommen, wenn jedes Element, welches algebraisch über diesem Körper ist, auch schon separabel ist.

Über vollkommenen Körpern gilt zum Beispiel der Satz über das primitive Element uneingeschränkt:

*Beispiel 4.8* Sei $K$ ein vollkommener Körper. Dann ist jede endliche Körpererweiterung $L$ von $K$ einfach, denn ist $L = K(x_1, \ldots, x_n)$ nach Proposition 4.1, so können wir nach Theorem 4.2 ein primitives Element $z$ zu $x_1, \ldots, x_n$ wählen, also haben wir $L = K(z)$.

Eine einfache Charakterisierung eines Körpers $K$ als vollkommenen Körper, die ohne Rückgriff auf beliebige Körpererweiterungen von $K$ auskommt, wird durch folgende Proposition gegeben:

**Proposition 4.5** *Ein Körper $K$ ist genau dann vollkommen, wenn jedes normierte Polynom über $K$ ein Produkt separabler Polynome ist.*

Die in Proposition 4.5 gegebene Charakterisierung wollen wir im Folgenden kurz *Zerlegbarkeit in separable Faktoren* nennen. Über einem faktoriellen Körper bedeutet Zerlegbarkeit in separable Faktoren nichts anderes, als dass jedes irreduzible normierte Polynom separabel ist.

Ziel des Abschnittes wird es unter anderem sein, diese Proposition zu beweisen. Die eine Richtung der Proposition ist sicherlich leicht: Zerfalle jedes normierte Polynom über $K$ in separable Faktoren. Ist dann $x \in L$ ein über $K$ algebraisches Element einer Körpererweiterung $L \supseteq K$, so können wir insbesondere das normierte Polynom $f(X)$ über $K$, welches $x$ als Nullstelle hat, in ein Produkt separabler Faktoren zerlegen. Einer dieser Faktoren muss $x$ wieder als Nullstelle haben, sodass $x$ über $K$ separabel ist. Also ist $K$ vollkommen.

Die andere Richtung steht noch aus, also aus der Vollkommenheit von $K$ die Faktorisierung von Polynomen in separable zu gewinnen. Dazu müssen wir ein wenig ausholen:

**Theorem 4.6** *Über einem Körper $K$ lassen sich normierte Polynome genau dann immer als Produkt separabler schreiben, falls für jede Primzahl $p$ gilt, dass $p \neq 0$ in $K$ oder dass jedes Element in $K$ eine $p$-te Wurzel besitzt.*

Die Bedingung für den Satz können wir auch so ausdrücken: Für alle Primzahlen $p$ muss jedes Element modulo $p$ (also aufgefasst im Ringe $K/(p)$) eine (dann eindeutige) $p$-te Wurzel besitzen. (Ist nämlich $p \neq 0$ in $K$, so ist $K/(p)$ der Nullring, in dem trivialerweise $p$-te Wurzeln existieren.)

Zusammen mit Proposition 4.5 sind also insbesondere alle Körper der Charakteristik 0, wie etwa $\mathbf{Q}$, alle Zahlkörper oder $\overline{\mathbf{Q}}$ vollkommen. In Abschn. 4.5 werden wir deutlich machen, dass alle endlichen Körper ebenfalls vollkommen sind.

*Beweis. (Beweis von Theorem 4.6)* Nehmen wir zunächst an, dass über $K$ Zerlegbarkeit von Polynomen in separable Faktoren gegeben ist. Ist dann $p$ eine Primzahl mit $p = 0$ in $K$, so müssen wir zeigen, dass jedes Element $a$ aus $K$ eine $p$-te Wurzel besitzt. Dazu betrachten wir das Polynom $f(X) = X^p - a \in K[X]$. In einer geeigneten (ideellen) Körpererweiterung $\Omega$ über $K$ zerfällt $X^p - a$ in Linearfaktoren. Da jede Nullstelle von $f(X)$ wegen $f'(X) = 0$

mit maximaler Vielfachheit vorkommt, haben wir $f(X) = (X - b)^p$ über $\Omega$, wobei $b$ eine $p$-te Wurzel von $a$ in $\Omega$ ist. Über $K$ muss $f(X)$ einen separablen Faktor besitzen. Da aber jeder Faktor der Form $(X - b)^i$ mit $i \geq 2$ über $\Omega$ aufgrund der Mehrfachheit der Nullstelle nicht separabel ist, kann dieser Faktor, wenn überhaupt über $K$ definiert, auch nicht über $K$ separabel sein. Folglich muss der einzige separable Faktor, nämlich $X - b$, schon über $K$ definiert sein, das heißt, eine $p$-te Wurzel von $a$ existiert in $K$.

Für die umgekehrte Richtung nehmen wir an, dass für jede Primzahl $p$ in $K$ gilt, dass $p \neq 0$ oder dass alle Elemente in $K$ eine $p$-te Wurzel besitzen. Sei $f(X)$ ein normiertes Polynom über $K$. Wir müssen zeigen, dass $f(X)$ als Produkt separabler Polynome geschrieben werden kann. Dabei reicht es offensichtlich, wenn wir zeigen können, dass $f(X)$ einen nichttrivialen separablen Faktor besitzt.

Wie im Beweis von Theorem 4.4 folgern wir, dass ein $q$ existiert, sodass $f(X)$ einen Faktor der Form $g(X^q)$ enthält, wobei $g \in K[X]$ ein nichtkonstantes separables normiertes Polynom ist. Dabei ist entweder $q = 1$ oder $q = p^n$ für eine positive natürliche Zahl $n$ und eine Primzahl $p$ mit $p = 0$ in $K$. Im Falle $q = 1$ enthält $f(X)$ einen separablen Faktor, und wir sind fertig. Andernfalls ist die Abbildung

$$K[X] \to K[X], \quad h(X) \mapsto (h(X))^q$$

ein Homomorphismus von Ringen, da $q$ eine $p$-Potenz ist und die Charakteristik von $K$ im betrachteten Falle gerade $p$ ist. Im Bild der Abbildung liegen gerade alle Polynome in $X^q$, deren Koeffizienten $q$-te Potenzen von Elementen aus $K$ sind. Da aber aufgrund der Existenz $p$-ter Wurzeln jedes Element eine $q$-te Potenz ist, liegen im Bild des Homomorphismus alle Polynome in $X^q$ über $K$. Folglich existiert ein $h(X) \in K[X]$ mit $h(X)^q = g(X^q)$. Es lässt sich zeigen, dass aus der Separabilität von $g(X)$ die Separabilität von $h(X)$ folgt. Einfacher ist es jedoch, mit dem Faktor $h(X)$ von $f(X)$ anstelle von $f(X)$ weiterzumachen und dann per Induktion über den Grad von $f(X)$ zu schließen. □

Die Nichtvollkommenheit eines Körpers liegt nach Theorem 4.6 also daran, dass gewisse $p$-te Wurzeln nicht existieren. Es stellt sich die Frage, ob wir einen Körper $K$ zu einem vollkommenen Körper erweitern können, in dem wir einfach geeignete $p$-te Wurzeln hinzufügen. Und genau dies ist möglich. Wir nennen eine Körpererweiterung $L$ von $K$ einen *vollkommenen Abschluss* von $K$, falls $L$ vollkommen ist und falls für alle $x \in L$ schon $x \in K$ gilt oder $K$ von Charakteristik $p > 0$ ist und ein $x$ eine $q$-te Wurzel eines Elementes auf $K$ ist, wobei $q = p^n$ für eine positive natürliche Zahl $n$. Wir werden weiter unten sehen, dass wir von *dem* vollkommenen Abschluss reden dürfen.

Ist $K$ gegeben, so können wir einen vollkommenen Abschluss wie folgt konstruieren: Sei $p_0, p_1, p_2, \ldots$ die aufsteigende Folge aller Primzahlen. Für jede natürliche Zahl $i$ sei $K_i := K$ und $\varphi_i : K_i \to K_{i+1}$ ein folgendermaßen definierter Homomorphismus: Liegt die Charakteristik von $K$ in der Menge $\{p_0, p_1, \ldots, p_i\}$, so sei $\varphi_i(x) = x^p$ für alle $x \in K_i$, wenn $p$ diese Charakteristik ist. Andernfalls sei $\varphi_i(x) = x$ für alle $x \in K_i$. Wir bilden dann den gerichteten Limes

$$L = \varinjlim_{i \in \mathbf{N}_0} K_i$$

bezüglich der Ringhomomorphismen

$$K_0 \xrightarrow{\varphi_0} K_1 \xrightarrow{\varphi_1} K_2 \xrightarrow{\varphi_2} \cdots.$$

Der natürliche Homomorphismus $K = K_0 \to L$ macht $L$ zu einer Erweiterung von $K$. Wir behaupten, dass $L$ ein vollkommener Abschluss von $K$ ist. Wir überlassen es dem Leser zu zeigen, dass $L$ ein Körper ist.

Dazu zeigen wir zunächst, dass $L$ vollkommen ist. Sei also $x \in L$ und sei $p$ eine Primzahl mit $p = 0$ in $K$. Wir müssen zeigen, dass $x$ eine $p$-te Wurzel besitzt. Nach Definition des gerichteten Limes wird $x$ durch ein $x_i \in K_i$ dargestellt, wobei wir $p \leq p_i$ annehmen dürfen. Da $K_i = K = K_{i+1}$, können wir $x_i$ auch als Element $x_{i+1}$ von $K_{i+1}$ betrachten. Sei $y$ das von $x_{i+1} \in K_{i+1}$ in $L$ repräsentierte Element. Es ist $x_{i+1}^p = \varphi_i(x_i) \in K_{i+1}$. Nach Definition des gerichteten Limes ist $y$ damit eine $p$-te Wurzel von $x$.

Es bleibt zu zeigen, dass für jedes Element $x \in L$ gilt, dass $x \in K$ oder dass $K$ von Charakteristik $p > 0$ ist und $x^q \in K$ für eine $p$-Potenz $q$. Das Element $x$ wird durch ein $x_i \in K_i$ dargestellt. Ist $K$ nicht von Charakteristik $p_0, \ldots, p_i$, so sind die $\varphi_j$ mit $j < i$ allesamt Identitäten und $x$ wird schon durch ein Element aus $K_0$ dargestellt, das heißt, $x$ liegt schon in $K$. Andernfalls gibt es ein $j \leq i$, sodass $p = p_j$ die Charakteristik von $K$ ist. Dann wird $x^{p^{i-j}}$ durch ein Element $x_j$ aus $K_j$ dargestellt, dazu müssen wir $x_j$ gerade gleich $x_i$ wählen. Da die $\varphi_k$ mit $k < j$ wieder allesamt Identitäten sind, können wir wieder schließen, dass $x^{p^{i-j}} \in K$.

Wir wollen zeigen, dass der vollkommene Abschluss im Wesentlichen eindeutig ist:

**Proposition 4.6** *Seien $L_1$ und $L_2$ zwei vollkommene Abschlüsse eines Körpers $K$. Dann existiert genau ein Isomorphismus $\varphi : L_1 \to L_2$ von $K$-Algebren.*

*Beweis. (Beweis von Proposition 4.6)* Sei $x \in L_1$. Ist $x \in K$, so muss $\varphi(x) = x$ gelten, also ist $\varphi$ ein Homomorphismus über $K$. Im anderen Falle ist $x^q \in K$, wobei $q$ eine $p$-Potenz ist und $p$ positive Charakteristik von $K$. Es muss also $\varphi(x^q) = x^q$ gelten. Da $L_2$ vollkommen ist, existiert eine $q$-te Wurzel $y$ von $x^q$ in $L_2$. Da Potenzieren mit $q$ als Körperhomomorphismus injektiv ist, ist $y$ eindeutig durch $x^q$ bestimmt, das heißt, wir haben $\varphi(x) = y$. Im Falle der Existenz ist $\varphi$ also eindeutig.

Es lässt sich leicht zeigen, dass durch diese Setzungen auch ein Homomorphismus $\varphi : L_1 \to L_2$ über $K$ definiert wird. Durch Vertauschen der Rollen von $L_1$ und $L_2$ erhalten wir eine Umkehrung von $\varphi$, sodass $\varphi$ ein Isomorphismus ist.                                        $\square$

Schließlich können wir den Beweis unserer Charakterisierung vollkommener Körper vom Anfang abschließen.

*Beweis. (Beweis von Proposition 4.5)* Sei $K$ vollkommen. Es bleibt zu zeigen, dass Polynome über $K$ in separable Faktoren zerfallen. Dies ist nach Theorem 4.6 gleichbedeutend damit, dass für jede Primzahl $p$ gilt, dass $p \neq 0$ in $K$ oder dass jedes Element in $K$ eine $p$-te Wurzel besitzt. Sei also $p$ eine Primzahl mit $p = 0$ in $K$. Sei $a \in K$. Wir müssen zeigen, dass eine $p$-te Wurzel von $a$ existiert. Dazu wählen wir einen vollkommenen Abschluss $L$ von $K$, in dem sicherlich eine $p$-te Wurzel $b$ von $a$ existiert. Es ist $b$ algebraisch und damit auch separabel über $a$. Damit haben wir nach Lemma 4.1, dass $b$ über $K$ in $b^p = a$ rational ist, also selbst in $K$ liegt. □

Über vollkommenen Körpern ist jedes irreduzible normierte Polynom separabel.

*Beispiel 4.9* Ist $L$ eine einfache endliche Erweiterung über einem vollkommenen Körper $K$, also $L = K(x)$ für ein über $K$ algebraisches Element $x \in L$, so ist $L$ wieder vollkommen: Ist nämlich $p$ eine Primzahl mit $p = 0$ in $L$ (und damit in $K$), so gilt

$$(K(x))^p = K^p(x^p) = K(x^p) = K(x),$$

wobei die vorletzte Gleichheit an der Vollkommenheit von $K$ und die letzte an der Separabilität von $x$ (zusammen mit Lemma 4.1) liegt. Damit besitzt jedes Element in $K(x)$ eine $p$-te Wurzel.

Da jede endliche Erweiterung über einem vollkommenen Körper ein Turm einfacher Erweiterungen ist, haben wir sogar gezeigt, dass jede endliche Erweiterung eines vollkommenen Körpers wieder vollkommen ist.

Endliche Erweiterungen vollkommener Körper sind wieder vollkommen.

*Beispiel 4.10* Ist $L$ eine einfache transzendente Erweiterung eines Körpers $K$ positiver Charakteristik $p$, das heißt, $L = K(T)$, so ist $L$ nicht vollkommen, denn $X^p - T$ ist ein Polynom über $L$, welches keinen einzigen nichttrivialen separablen Faktor besitzt.

## 4.5    Endliche Körper und der Frobenius

Wir haben inzwischen genügend viel Material gesammelt, um alle endlichen Körper vollständig zu klassifizieren. Wie bisher nennen wir dabei einen Körper *endlich*, wenn seine
zugrunde liegende Menge von Elementen eine endliche Menge ist.

Beispiele, die wir an endlichen Körpern bisher haben, sind die Körper $\mathbf{F}_p = \mathbf{Z}/(p)$,
wenn $p$ eine Primzahl ist. Dies sind jedoch nicht die einzigen endlichen Körper. So ist etwa
$X^2 + X + 1$ über $\mathbf{F}_2$ ein irreduzibles Polynom, sodass $K = \mathbf{F}_2[X]/(X^2 + X + 1)$ eine
Körpererweiterung von $\mathbf{F}_2$ vom Grade 2 ist, also $2^2 = 4$ Elemente besitzt.

Was können wir über einen allgemeinen endlichen Körper $K$ sagen? Da die additive
Gruppe von $K$ endlich ist, hat insbesondere $1 \in K$ endliche Ordnung, das heißt, $K$ ist nach
Definition von endlicher Charakteristik $p$. Nach dem Homomorphiesatz für Ringe erhalten
wir, dass

$$\mathbf{Z}/(p) \to K, \quad n \mapsto n \cdot 1$$

ein wohldefinierter injektiver Homomorphismus von Ringen ist, wir können $\mathbf{Z}/(p)$ also als
Unterring von $K$ auffassen. Damit ist $\mathbf{Z}/(p)$ ein Integritätsbereich, also $p$ eine Primzahl,
eine Tatsache, die wir uns auch schon vorher überlegt hatten. Damit besitzt jeder (endliche)
Körper der Charakteristik $p > 0$ einen eindeutigen Unterkörper $\mathbf{F}_p$. Es heißt $\mathbf{F}_p$ der *Primkörper* von $K$. Wir können dies auch so ausdrücken, dass jeder Körper $K$ der Charakteristik
$p > 0$ eine Körpererweiterung von $\mathbf{F}_p$ ist.

> Endliche Körper sind immer von einer Primzahlcharakteristik $p$. Ein beliebiger Körper
> mit Charakteristik $p$ ist im Allgemeinen nicht endlich, ist aber immer eine Körperer-
> weiterung der Körpers $\mathbf{F}_p$ mit $p$ Elementen.

Da unser $K$ endlich als Menge ist, ist insbesondere die Dimension von $K$ über $\mathbf{F}_p$ endlich,
das heißt, $K$ ist eine endliche Körperweiterung von $\mathbf{F}_p$. Endliche Körper $K$ sind also nichts
anderes als endliche Körpererweiterungen von $\mathbf{F}_p$. Ist

$$n = [K : \mathbf{F}_p]$$

der Grad dieser Körpererweiterung, so besitzt $K$ eine Basis $v_1, \ldots, v_n$ der Länge $n$ über $\mathbf{F}_p$,
das heißt, die Menge $K$ steht in Bijektion mit der Menge der Linearkombinationen der Form

$$a_1 v_1 + \cdots a_n v_n$$

mit $a_i \in \mathbf{F}_p$, von denen es offensichtlich $p^n$ gibt, da $\mathbf{F}_p$ genau $p$ Elemente enthält. Es folgt,
dass die Anzahl der Elemente eines endlichen Körpers $K$ der Charakteristik $p > 0$ immer
eine Potenz $q = p^n$, $n \geq 1$ von $p$ ist. Damit gibt es zum Beispiel keine Körper mit 6 oder
mit 100 Elementen.

Die Anzahl der Elemente eines endlichen Körpers ist immer eine Primpotenz.

Aus Proposition 4.2 folgt, dass die Einheitengruppe $K^\times$ zyklisch ist und damit zyklisch von Ordnung $q - 1$, denn $K^\times = K \setminus \{0\}$ enthält gerade $q - 1$ Elemente. Folglich gilt $x^{q-1} = 1$ für alle $x \in K \setminus \{0\}$ und damit

$$x^q - x = 0$$

für alle $x \in K$. Alle Elemente von $K$ sind also Nullstellen des Polynoms $f(X) = X^q - X \in K[X]$. Da dieses Polynom auch nur höchstens $q$ verschiedene Nullstellen haben kann, folgt die Separabilität von $f(X)$ (die allerdings auch schon aus der Tatsache folgt, dass $f'(X) = -1$ keinen gemeinsamen Teiler mit $f(X)$ hat). Sind $x_1, \ldots, x_q$ die Elemente von $K$, so haben wir außerdem

$$X^q - X = (X - x_1) \cdots (X - x_q),$$

das heißt, $K$ ist ein Zerfällungskörper dieses Polynoms über $\mathbf{F}_p$. Nach unseren Überlegungen zum Schluss von Abschn. 4.3 ist $K$ damit bis auf Isomorphie eindeutig durch $X^q - X$ und $\mathbf{F}_p$ bestimmt, das heißt, wir erhalten folgende wichtige Tatsache: Je zwei endliche Körper mit $q$ Elementen sind isomorph[2].

Es stellt sich die Frage nach der Existenz von Körpern mit $q = p^n$ Elementen: Nach Korollar 4.1 wissen wir, dass ein Körper $K$ existiert, der Zerfällungskörper von $f(X) :=$ $X^q - X$ über $\mathbf{F}_p$ ist, da $X^q - X$ über $\mathbf{F}_p$ separabel ist. Sei $K'$ die Menge aller Nullstellen von $f(X)$ in $K$. Dann enthält $K'$ insgesamt $q$ Elemente, nämlich all diejenigen Elemente $x \in K$ mit $x^q = x$. Da Potenzieren mit $q$ wegen $p = 0$ in $K$ ein Körperhomomorphismus ist, ist Summe und Produkt und Inverse (im Falle der Existenz in $K$) von Elementen in $K'$ wieder in $K'$, das heißt, $K'$ ist ein Unterkörper von $K$. Da $f(X)$ schon über $K'$ in Linearfaktoren zerfällt und $K'$ über $\mathbf{F}_p$ von den Nullstellen von $f(X)$ erzeugt wird, muss nach Definition eines Zerfällungskörpers schon $K = K'$ gelten, das heißt, $K$ ist unser gesuchter Körper mit $q$ Elementen.

Für jede Primpotenz $q = p^n$ gibt es einen Körper mit $q$ Elementen. Je zwei dieser Körper sind (nicht eindeutig) isomorph.

---

[2] In vielen Texten wird daher von *dem* endlichen Körper $\mathbf{F}_q$ gesprochen. Wir wollen uns dieser Sichtweise nicht anschließen. Wenn, dann müsste $\mathbf{F}_q$ besser als *das* Gruppoid der endlichen Körper mit $q$ Elementen definiert werden.

Aus obigen Überlegungen folgt:

**Proposition 4.7** *Sei K ein Körper der Charakteristik p > 0, über dem das Polynom $X^q$ − X vollständig in Linearfaktoren zerfällt. Dann besitzt K genau einen Unterkörper mit q Elementen. Dieser ist gerade durch alle Nullstellen des Polynoms $X^q - X$ gegeben.*  □

Wie können wir die Proposition speziell auf endliche Körper anwenden, das heißt, wann enthält ein endlicher Körper $L$ mit $q' = p^{n'}$ Elementen einen (und dann genau einen) Unterkörper $K$ mit $q = p^n$ Elementen? Wenn so ein $K$ existiert, muss $q'$ eine Potenz von $q$ sein, nämlich $q' = q^d$, wenn $d$ der Grad von $L$ über $K$ ist. Folglich haben wir zwingend, dass $n' = nd$, dass also $q'$ eine Potenz von $q$ ist, falls ein Unterkörper der Ordnung $q$ in $L$ existiert. In diesen Falle haben wir aber, dass

$$X^{q^d} - X = X \cdot (X^{q^d-1} - 1) = X \cdot ((X^{q-1})^{1+q+q^2+\cdots+q^{d-1}} - 1),$$

was, wiederum nach der Formel für die geometrische Reihe, ein Vielfaches von $X^q - X = X \cdot (X^{q-1} - 1)$ ist. Das heißt also, dass $L$ auch $q$ verschiedene Nullstellen von $X^q - X$ enthält. Damit haben wir, dass ein endlicher Körper $L$ mit $q'$ Elementen genau dann einen (und dann genau einen) Unterkörper $K$ mit $q$ Elementen enthält, wenn $q'$ eine Potenz von $q$ ist.

> Die endlichen Unterkörper von $\mathbf{F}_{q'}$ sind genau durch die $\mathbf{F}_q$ gegeben, wobei $q'$ eine Potenz von $q$ ist.

Kommen wir noch einmal zur Nichteindeutigkeit eines Körpers $K$ mit $q = p^n$ Elementen zurück. Dieser ist insofern nicht eindeutig, als dass er nichttriviale Automorphismen besitzt. Im Folgenden wollen wir die Automorphismengruppe von $K$ bestimmen: Dazu erinnern wir zunächst, dass Potenzieren mit $p$ ein Homomorphismus von $K$ ist. Dieser bekommt einen speziellen Namen, er heißt der *frobeniussche*[3]*Homomorphismus* (oder kurz *Frobenius*)

$$\text{Frob} : K \to K, \quad x \mapsto x^p.$$

Da $K$ ein Körper ist, ist Frob injektiv, da $K$ zudem endlich ist, ist Frob als injektive Abbildung zwischen gleichmächtigen endlichen Mengen bijektiv, also ein Körperautomorphismus. Wir wollen zeigen, dass Frob die Gruppe Aut($K$) der Körperautomorphismen erzeugt, genauer, dass Aut($K$) eine zyklische Gruppe der Ordnung $n$ mit Erzeuger Frob ist.

Ist $x \in K$, so ist

$$\text{Frob}^n(x) = x^{p^n} = x^q = x,$$

---

[3] Ferdinand Georg Frobenius, 1849–1917, deutscher Mathematiker.

also $\text{Frob}^n = \text{id}_K$, das heißt also, die Ordnung $d$ von Frob in $\text{Aut}(K)$ ist ein Teiler von $n$. Nach Definition von $d$ ist $\text{Frob}^d = \text{id}_K$, also $x^{p^d} = x$ für alle $x \in K$. Daraus folgt, dass alle $x \in K$ Nullstelle des Polynoms $X^{p^d} - X = 0$ sind. Dieses Polynom hat genau $p^d$ Nullstellen, womit $p^d \geq q = p^n$ gelten muss, sodass $d \geq n$. Damit folgt $d = n$, das heißt also, Frob ist ein Automorphismus der Ordnung $n$. Es bleibt zu zeigen, dass $\text{id}_K$, Frob, $\text{Frob}^2$, ..., $\text{Frob}^{n-1}$ die einzigen Automorphismen von $K$ sind, dass also $K$ höchstens $n$ Automorphismen hat. Dies folgt aber aus der Tatsache, dass $K$ von einem Element $x$ über $\mathbf{F}_p$ erzeugt wird (wir können $x$ als einen Erzeuger der multiplikativen Gruppe von $K$ wählen). Da jeder Automorphismus von $K$ die Elemente aus $\mathbf{F}_p \subseteq K$ invariant lassen muss (denn diese sind allesamt ganzzahlige Vielfache der Eins), ist ein Automorphismus von $K$ schon durch sein Bild von $x$ gegeben. Das Minimalpolynom $f(X)$ von $x$ über $\mathbf{F}_p$ ist wegen $[K : \mathbf{F}_p] = n$ vom Grade $n$ und hat damit höchstens $n$ verschiedene Nullstellen. Das Polynom $f(X)$ wird unter jedem Automorphismus auf sich selbst abgebildet, sodass das Bild von $x$ unter jedem Automorphismus wieder eine Nullstelle von $f(X)$ sein muss. Damit kann es höchstens $n$ Automorphismen geben. Wir haben also bewiesen:

**Theorem 4.7** *Seien $p$ eine Primzahl und $n$ eine positive natürliche Zahl. Sei $q = p^n$. Dann ist die Gruppe der Automorphismen eines Körpers mit $q$ Elementen zyklisch der Ordnung $n$ und wird vom Frobenius erzeugt, das heißt, wir haben*

$$\text{Aut}(\mathbf{F}_q) = \left\{ \text{id}, \text{Frob}, \text{Frob}^2, \dots, \text{Frob}^{n-1} \right\},$$

*wobei alle Elemente der rechten Seite paarweise disjunkt sind.*　□

(Wir dürfen hier symbolisch $\mathbf{F}_q$ für einen Körper mit $q$ Elementen schreiben, weil die Automorphismengruppe invariant unter Automorphismen eines Körpers mit $q$ Elementen ist, sodass es auf einen speziell gewählten Körper $K$ mit $q$ Elementen gar nicht ankommt.)

Der Frobenius ist nicht nur für endliche Körper, sondern allgemein für Körper $K$ einer Charakteristik $p > 0$ definiert. Im Allgemeinen Falle ist er wegen Theorem 4.6 offensichtlich genau dann ein Isomorphismus, wenn $K$ ein vollkommener Körper ist. Seine Umkehrung ist dann das Ziehen einer $p$-ten Wurzel in $K$. Diese ist eindeutig. Da der Frobenius für endliche Körper bijektiv ist, folgt insbesondere die Vollkommenheit endlicher Körper.

Endliche Körper sind vollkommen. Insbesondere sind alle irreduziblen normierten Polynome über endlichen Körpern separabel.

Aus mathematischer Sicht sind die endlichen Körper sicherlich hochinteressant, allerdings kommt natürlich auch die Frage ihrer Anwendung auf „reale" Probleme auf. Wir wollen eine amüsante angeben, die unseres Wissens nach von Nicolaas Govert de Bruijn[4] stammt,

---

[4] Nicolaas Govert de Bruijn, 1918–2012, niederländischer Mathematiker.

**Abb. 4.1** Ein Solitaire-Brett

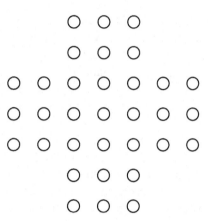

welcher sie in [1] beschrieben hat. Dazu betrachten wir das Einpersonenspiel Solitaire, welches auf einem Brett gespielt wird, in dem Löcher in der Form wie in Abb. 4.1 gebohrt sind. Zu Beginn des Spieles sind kleine Stifte in allen Löchern außer dem zentralen gesteckt. Ein Spielzug besteht darin, einen Stift in horizontaler oder vertikaler Richtung über einen anderen in ein leeres Loch zu ziehen. Dabei wird der übersprungene Stift entfernt. Ziel des Spieles ist es, alle Stifte bis auf einen durch Spielzüge zu entfernen. Das Spiel ist lösbar. Wir können aber auch genauer fragen, welche Endpositionen auf dem Brett für den letzten Stift möglich sind.

Dazu benutzen wir einen Körper mit 4 Elementen, nämlich $K = \mathbf{F}_2[T]/(T^2 + T + 1)$. Wir setzen $S := T + 1$. Dann ist $S$ das Inverse von $T$ in $K$, und wir haben

$$K = \{0, 1, T, S\}.$$

Wir betrachten die Löcher des Solitaire-Brettes in natürlicher Weise als Teilmenge von $\mathbf{Z}^2$, sodass jedes Loch zwei ganzzahlige Koordinaten bekommt, wobei wir den Mittelpunkt des Brettes auf den Gitterpunkt $(0, 0)$ legen. Ist $M = \{(m, n)\}$ eine Menge von Stiften mit Koordinaten $m$ und $n$, also etwa der Zustand auf dem Brett nach einer Reihe von Zügen, so definieren wir die beiden Körperelemente

$$a(M) = \sum_{(m,n)\in M} T^{m+n} \quad \text{und} \quad b(M) = \sum_{(m,n)\in M} T^{m-n} \in K.$$

Da $T^2 + T + 1 = 0$ in $K$ gilt, ändert jeder legale Zug weder den Wert von $a$ noch von $b$, diese sind also *Invarianten* des Spiels. Für die Startposition $M_0$ gilt $a(M_0) = b(M_0) = 1$, wie sich leicht berechnen lässt. Endet das Spiel also mit einem einzelnen Stift mit den Koordinaten $(m, n)$, so muss also $T^{m+n} = T^{m-n} = 1$ gelten. Es ist $T^3 = 1$, woraus folgt, dass $m + n$ und $m - n$ Vielfache von 3 sein müssen. Es folgt, dass die möglichen Endpositionen in Koordinaten nur $(0, 0)$, $(\pm 3, 0)$ und $(0, \pm 3)$ sein können. Durch Probieren lässt sich im Übrigen bestätigen, dass alle diese drei Endpositionen auch eingenommen werden können.

## 4.6 Separable und inseparable Erweiterungen

In diesem Abschnitt wollen wir separable Erweiterungen und ihr Gegenstück, die sogenannten *(rein) inseparablen Erweiterungen* noch einmal ausführlicher behandeln. Beginnen wir mit einer endlichen Erweiterung $L$ eines Körpers $K$. Ist $L$ über $K$ separabel, das heißt, ist jedes Element von $L$ separabel über $K$, so ist $L$ über $K$ automatisch eine einfache endliche Erweiterung: Zunächst ist $L = K(x_1, \dots, x_n)$ für separable Elemente $x_1, \dots, x_n$ von $L$ über $K$ nach Proposition 4.1. Nach dem Satz über das primitive Element, Theorem 4.4, existiert ein zu $x_1, \dots, x_n$ über $K$ primitives Element $z \in L$, also $L = K(z)$. Wir sagen deswegen, endliche separable Körpererweiterungen sind einfach.

> Jede endliche separable Körpererweiterung ist einfach.

Ist $L$ über $K$ eine beliebige endliche Körpererweiterung, so können wir nach Proposition 4.3 den separablen Abschluss $\overline{K}$ von $K$ in $L$ betrachten und erhalten die größtmögliche separable Zwischenerweiterung in $L$ über $K$. Wir wollen zeigen, dass $\overline{K}$ über $K$ wieder endlich ist, dass wir den obigen Überlegungen nach also $\overline{K} = K(z)$ für ein separables Element $z \in L$ schreiben können, dass also ein über $K$ separables Element $z \in L$ existiert, sodass jedes andere über $K$ separable Element in $L$ über $K$ rational in $z$ ist:

Dazu schreiben wir zunächst $L = K(x_1, \dots, x_n)$ für über $K$ algebraische Elemente $x_1, \dots, x_n$. Nach denselben Überlegungen wie im Beweis von Theorem 4.4 existieren natürliche Zahlen $q_1, \dots, q_n$, sodass $x_1^{q_1}, \dots, x_n^{q_n}$ über $K$ separabel sind. Hierbei sind die $q_i$ entweder gleich eins oder Potenzen einer positiven Charakteristik von $K$. Wir behaupten, dass

$$\overline{K} = K(x_1^{q_1}, \dots, x_n^{q_n}).$$

Zunächst sind alle Elemente der rechten Seite sicherlich separabel über $K$, sodass nur noch zu zeigen bleibt, dass ein über $K$ separables Element $z$ in $x_1^{q_1}, \dots, x_n^{q_n}$ rational über $K$ ist. Aus $z \in K[x_1, \dots, x_n]$ folgt $z^q \in K[x_1^q, \dots, x_n^q]$, wobei $q$ das Maximum von $q_1, \dots, q_n$ ist. Da aber $z$ als separables Element über $K$ nach Lemma 4.1 in $z^q$ rational ist, sind wir fertig.

Es folgt, dass die Erweiterung $L \supseteq \overline{K}$ ebenfalls endlich ist und dass für jedes Element $x \in L$ gilt, dass $x$ über $\overline{K}$ gemäß folgender Definition *rein inseparabel* ist: Ein Element $x \in L$ heißt *rein inseparabel* über $\overline{K}$, falls $x \in \overline{K}$ oder falls die Charakteristik von $K$ eine positive Primzahl $p$ ist und $x^{p^e} \in \overline{K}$ für ein $e \geq 0$ gilt. (Aus dieser Definition folgt leicht, dass Summe, Potenz und Inverse rein inseparabler Elemente wieder rein inseparabel sind.) Da jedes Element von $L$ über $\overline{K}$ inseparabel ist, nennen wir die Körpererweiterung von $L$ über $\overline{K}$ eine *rein inseparable* Erweiterung.

Wir haben also gesehen, dass wir jede endliche Körpererweiterung $L$ über $K$ in einen Turm einer separablen $\overline{K} \supseteq K$ und einer rein inseparablen endlichen Erweiterung $L$ über $K$ zerlegen können. Wir nennen

$$[L : K]_\mathrm{s} := [\overline{K} : K]$$

den *Separabilitätsgrad* von $L$ über $K$ und

$$[L : K]_\mathrm{i} := [L : \overline{K}]$$

den *Inseparabilitätsgrad* von $L$ über $K$. Nach der Gradformel gilt offensichtlich

$$[L : K] = [L : K]_\mathrm{i} \cdot [L : K]_\mathrm{s}.$$

Jede endliche Körpererweiterung $L \supseteq K$ zerfällt in $L \subseteq \overline{K} \supseteq K$, wobei $L \subseteq \overline{K}$ rein inseparabel und $\overline{K} \supseteq K$ separabel ist.

Im Folgenden wollen wir eine Interpretation für den Separabilitätsgrad geben. Dazu wiederholen wir, dass wir einen Körper $\Omega$ *algebraisch abgeschlossen* nennen, wenn jedes normierte Polynom $f \in \Omega[X]$ über $\Omega$ in Linearfaktoren zerfällt. (Algebraisch abgeschlossene Körper sind also insbesondere faktoriell.) Dann haben wir:

**Proposition 4.8** *Sei $\Omega$ ein algebraisch abgeschlossener Oberkörper von $K$. Dann ist die Anzahl der Körperhomomorphismen $\varphi : L \to \Omega$, die eingeschränkt auf $K$ die Identität sind, gleich dem Separabilitätsgrad von $L$ über $K$.*

*Beweis.* Da $\overline{K}$ eine endliche separable Körpererweiterung von $K$ ist, können wir $\overline{K} = K(z)$ für ein $z \in L$ schreiben, wobei $z$ Nullstelle eines separablen irreduziblen normierten Polynomes $f(X) \in K[X]$ ist. Das Polynom $f(X)$ besitzt in $\Omega$ insgesamt $n$ verschiedene Nullstellen $z_1, ..., z_n$, wobei $n$ der Grad von $f(X)$, also der Grad von $\overline{K}$ über $K$ also der Separabilitätsgrad von $L$ über $K$ ist. Da $K(z) = K[T]/(f(T))$ gibt es für alle $i \in \{1, ..., n\}$ genau einen Körperhomomorphismus

$$\varphi_i : \overline{K} \to \Omega, \quad z \mapsto z_i,$$

welcher eingeschränkt auf $K$ die Identität ist. Damit reicht es zu zeigen, dass sich jeder dieser Körperhomomorphismen eindeutig auf $L$ fortsetzen lässt.

Jedes Element von $L$ ist rein inseparabel über $\overline{K}$, das heißt, es existiert ein $q \geq 1$ (wobei $q = 1$ gilt oder $q$ eine Potenz einer positiven Charakteristik von $K$ ist), sodass $x^q \in \overline{K}$. Ist dann $\varphi : L \to \Omega$ ein Körperhomomorphismus, so folgt, dass $\varphi(x)^q = \varphi(x^q)$. Da Potenzieren mit $q$ ein Körperhomomorphismus ist, ist das Potenzieren injektiv, das heißt, $\varphi(x)$ ist schon durch $\varphi(x^q)$ bestimmt. Mit denselben Überlegungen folgt, dass wir jeden Körperhomomorphismus $\varphi : \overline{K} \to \Omega$, eindeutig auf $\Omega$ fortsetzen können. $\qquad\square$

Der Separabilitätsgrad eines Oberkörpers misst die Anzahl seiner verschiedenen Einbettungen in einem algebraischen Abschluss.

Für einen beliebigen Körper $K$ ist eine Konstruktion im eigentlichen Sinne eines algebraisch abgeschlossenen Oberkörpers $\Omega$ im Allgemeinen nicht möglich. Für die Anwendung von Proposition 4.8 benötigen wir jedoch gar nicht unbedingt, dass $\Omega$ ein algebraisch abgeschlossener Oberkörper von $K$ ist. Vielmehr dürfen wir zunächst davon ausgehen, dass $\Omega$ ein ideeller Oberkörper von $K$ ist. Außerdem muss dieser Oberkörper $\Omega$ im Folgenden Sinne algebraisch abgeschlossen sein: Für jedes Polynom $f(X)$ über $\Omega$ zerfällt $f(X)$ in Linearfaktoren, wobei wir $\Omega$ eventuell durch einen ideellen Oberkörper von $\Omega$ ersetzen müssen.

Einen solchen ideellen Oberkörper von $K$ wollen wir einen *algebraisch abgeschlossenen ideellen Oberkörper* von $K$ nennen. Da wir schon wissen, dass wir ideelle Oberkörper konstruieren können, in denen Polynome in Linearfaktoren zerfallen, existieren algebraisch abgeschlossene ideelle Oberkörper immer. Die Proposition 4.8 bleibt richtig, wenn wir sie für algebraisch abgeschlossene ideelle Oberkörper formulieren.

Schließlich wollen wir zeigen, dass der Inseparabilitätsgrad einer endlichen Körpererweiterung $L \supseteq K$ nicht beliebige Werte annehmen kann, sondern immer eine Potenz eines *charakteristischen Exponenten* $p$ ist. (Dabei heißt $p$ ein *charakteristischer Exponent* von $K$, wenn $p = 1$ oder wenn $p$ eine positive Charakteristik von $K$ ist.)

Dazu können wir annehmen, dass $L$ eine rein inseparable Erweiterung über $K$ ist. Dann ist $L = K(x_1, \ldots, x_n)$, wobei $x_1$, ..., $x_n$ rein inseparabel über $K$ sind. Sei $f(X)$ das Minimalpolynom von $x_1$ über $K$. Dann haben wir schon gesehen, dass wir $f(X) = g(X^q)$ schreiben können, wobei $g(X)$ ein irreduzibles separables Polynom über $K$ ist und $q$ eine Potenz von $p$ ist. Insbesondere ist $x_1^q$ ein separables Element über $K$. Da aber $K$ gleich seinem separablen Abschluss in $L$ ist, muss $x_1^q \in K$ gelten, also ist $g(X)$ ein lineares Polynom. Es folgt, dass $f(X)$ vom Grad einer $p$-Potenz ist, also ist $[K(x_1) : K]$ eine $p$-Potenz. Sobald wir gezeigt haben, dass der separable Abschluss von $K(x_1)$ in $L$ wieder $K(x_1)$ ist, können wir nach dem Induktionsprinzip annehmen, dass $[L : K(x_1)]$ eine $p$-Potenz ist, sodass die Behauptung aus der Gradformel folgt. Wir betrachten also ein $z \in L$, welches separabel über $K(x_1)$ ist. Dann existiert eine $p$-Potenz $\tilde{q}$, sodass $z^{\tilde{q}}$ separabel über $K$ ist, also in $K$ liegt. Aus der Separabilität von $z$ über $K(x_1)$ folgt weiterhin, dass $z$ ein Polynom in $z^{\tilde{q}}$ über $K(x_1)$ ist, also selbst ein Element in $K(x_1)$. Wir haben also gezeigt:

**Proposition 4.9** *Sei $L$ eine endliche Körpererweiterung eines Körpers $K$. Dann ist der Inseparabilitätsgrad $[L : K]$ eine Potenz eines charakteristischen Exponenten von $K$.* □

Zum Ende dieses Abschnittes wollen wir separable Erweiterungen auch noch über die Spur von Elementen von Körpererweiterungen charakterisieren: Dazu erinnern wir an die Definition der Spur von Elementen in Zahlkörpern, die wir offensichtlich folgendermaßen auf beliebige endliche Körpererweiterungen $L \supseteq K$ ausdehnen können: Sei $x \in L$ ein Element. Dann heißt die Spur der Multiplikation mit $x$, aufgefasst als $K$-lineare Abbildung von $L$ nach $L$ die *Spur*

$$\mathrm{tr}_{L/K}(x)$$

von $x$ in $L$ über $K$. Sei $E$ ein Zwischenkörper von $L$ über $K$. Seien $u_1, \ldots, u_n$ eine Basis von $E$ über $K$ und $v_1, \ldots, v_m$ eine Basis von $L$ über $E$. Dann ist nach der Gradformel eine Basis von $L$ über $K$ durch $u_1 v_1, \ldots, u_n v_m$ gegeben. Wir können dann zunächst

$$x \cdot v_j = \sum_{\ell} a_{\ell j} v_{\ell}$$

mit gewissen Koeffizienten $a_{\ell j} \in E$ schreiben. Es ist dann

$$\mathrm{tr}_{L/E}(x) = \sum_{\ell} a_{\ell\ell}.$$

Weiter können wir

$$a_{\ell j} \cdot u_i = \sum_{k} b_{k\ell i j} u_k$$

mit Koeffizienten $b_{k\ell i j} \in K$ schreiben. Dann gilt

$$\mathrm{tr}_{E/K}(a_{\ell\ell}) = \sum_{k} b_{k\ell k\ell}.$$

Auf der anderen Seite ist dann

$$x \cdot u_i v_j = \sum_{k,\ell} b_{k\ell i j} u_k v_{\ell},$$

also

$$\mathrm{tr}_{L/K}(x) = \sum_{k,\ell} b_{k\ell k\ell}.$$

Damit haben wir gezeigt:

**Proposition 4.10** *Für jedes Element $x \in L$ ist*

$$\mathrm{tr}_{L/K}(x) = \mathrm{tr}_{E/K}(\mathrm{tr}_{L/E}(x)). \qquad \square$$

In einem Körperturm komponieren sich die Spuren.

Die Spur verhält sich in Körpertürmen also transitiv. Da wir jede endliche Körpererweiterung in eine separable über eine rein inseparable zerlegen können, reicht es zur Berechnung von Spuren, separable und rein inseparable Körpererweiterungen einzeln zu betrachten und dann sogar nur einfache.

Betrachten wir zunächst eine rein inseparable Erweiterung $L = K(x)$, wobei $x$ rein inseparabel vom Grade $p$ über $K$ und $p$ eine positive Charakteristik von $K$ ist. Eine Basis von $L$ über $K$ ist durch $1, x, \ldots, x^{p-1}$ gegeben, und wir haben $x^p = a$ für ein Element $a \in K$. Daraus folgt, dass die Spur von $x^i$ für $i \in \{1, \ldots, p-1\}$ trivial, ist. Weiter ist die Spur von 1 gerade $p$, also ebenfalls null in $K$. Damit folgt aufgrund der Linearität der Spur für alle $z \in L$, dass $\mathrm{tr}_{L/K}(x) = 0$. Diese Formel wird auch für den Fall $p = 1$ richtig, wenn wir anstelle von 0 einfach $[L : K]_i$ schreiben, da wir ja schon wissen, dass der Inseparabilitätsgrad eine Potenz eines charakteristischen Exponenten ist. Wir haben also insgesamt gezeigt:

Ist $L$ über $K$ eine endliche rein inseparable Erweiterung, so ist die Spur eines jeden Elementes von $L$ über $K$ gerade durch den Inseparabilitätsgrad von $L$ über $K$ gegeben.

Im Falle einer endlichen separablen Erweiterung $L$ über $K$ dürfen wir genauso wie im Falle eines Zahlkörpers argumentieren: Wir können $L = K(x)$ annehmen, wobei $x$ ein separables Element über $K$ ist. Sei $\Omega$ ein algebraisch abgeschlossener Oberkörper von $K$, in dem das (separable) Minimalpolynom $f(X)$ von $x$ über $K$ zerfällt. Die Nullstellen $x_1, x_2, \ldots, x_n \in \Omega$ wollen wir analog die *galoissch Konjugierten* von $x$ in $\Omega$ nennen. (Unabhängig von $\Omega$ heißen zwei Elemente in einer Körpererweiterung $L$ über $K$ *galoissch konjugiert*, wenn sie Nullstelle desselben irreduziblen Polynomes über $K$ sind.) Ist dann $z = g(x) \in L$ für eine Polynom $g(X) \in K[X]$, so ist

$$\mathrm{tr}_{L/K}(z) = g(x_1) + \cdots + g(x_n).$$

In Hinblick auf die Konstruktion der $n = [L : K] = [L : K]_s$ Körperhomomorphismen aus Proposition 4.8 können wir dies auch so formulieren: Seien $\sigma_1, \ldots, \sigma_n : L \to \Omega$ die $n$ verschiedenen Einbettungen von $L$ in $\Omega$ über $K$. Dann ist

$$\mathrm{tr}_{L/K}(z) = \sigma_1(z) + \cdots + \sigma_n(z).$$

Dieses Ergebnis können wir mit dem obigen über rein inseparable Erweiterungen folgendermaßen zusammenfassen:

**Proposition 4.11** *Sei $L$ über $K$ eine endliche Körpererweiterung. Sei $\Omega$ ein algebraisch abgeschlossener Oberkörper von $K$. Für jedes Element $z \in L$ gilt dann*

$$\mathrm{tr}_{L/K}(z) = [L : K]_i \sum_{i=1}^{[L:K]_s} \sigma_i(z),$$

*wobei $\sigma_1, \ldots, \sigma_{[L:K]_s}$ die verschiedenen Körpereinbettungen von $L$ nach $\Omega$ über $K$ sind.* □

Die Spur einer endlichen Körpererweiterung $L$ über $K$ definiert eine bilineare Paarung

$$L \times L \to K, \quad (x, y) \mapsto \langle x, y \rangle_{L/K} := \mathrm{tr}_{L/K}(x \cdot y).$$

des $K$-Vektorraumes $L$ über $K$. Bekanntlich heißt dieses *nichtausgeartet*, wenn für alle $x \in L$ folgt, dass $x = 0$, falls $\langle x, y \rangle_{L/K} = 0$ für alle $y \in L$. Im Falle, dass $[L : K]_i > 1$ ist die Spur trivial, das heißt, die Spurpaarung ist höchstens nichtausgeartet, wenn $L$ über $K$ separabel ist.

Einer Paarung wie der Spurpaarung lässt sich ihre Diskriminante zuordnen: Ist $b_1, \ldots,$ $b_n$ eine Basis von $L$ über $K$, so ist der Ausdruck

$$\mathrm{disc}_{L/K} = \det(\langle b_i, b_j \rangle_{L/K}) \in K$$

bis auf Elemente aus $(K^\times)^2$ wohldefiniert. Aus der Linearen Algebra ist bekannt, dass sie genau dann nicht verschwindet, wenn die Spurpaarung nichtausgeartet ist. Im separablen Falle lässt sich genauso wie im spezielleren Falle von Zahlkörpern zeigen, dass die *Diskriminante* von $L$ über $K$ Werte in $K^\times / (K^\times)^2$ annimmt, also nicht verschwindet. Folglich haben wir:

**Theorem 4.8** *Eine endliche Körpererweiterung $L$ eines Körpers $K$ ist genau dann separabel, wenn die Spurpaarung von $L$ über $K$ nichtausgeartet ist.*                    □

Die Spurpaarung endlicher separabler Körpererweiterungen ist nichtausgeartet.

## 4.7    Transzendente Erweiterungen

Bisher haben wir algebraische Körpererweiterungen ausführlich untersucht, also solche, in denen jedes Element des Oberkörpers eine algebraische Relation über dem Grundkörper erfüllt. Auf der anderen Seite der Skala stehen die *transzendenten Körpererweiterungen*, welche wir in diesem Abschnitt studieren wollen. Sei dazu $L$ über $K$ eine Körpererweiterung.

**Definition 4.1** Elemente $x_1, \ldots, x_n$ von $L$ heißen *algebraisch unabhängig* über $K$, falls für jedes Polynom $f(X_1, \ldots, X_n) \in K[X_1, \ldots, X_n]$ mit $f(x_1, \ldots, x_n) = 0$ schon $f(X_1, \ldots, X_n) = 0$ gilt, falls also keine nichttriviale algebraische Relation zwischen $x_1, \ldots, x_n$ existiert.

In gewisser Weise ist der Begriff der algebraischen Unabhängigkeit eine Analogiebildung zum Begriff der linearen Unabhängigkeit, wenn wir anstelle von Linearkombinationen beliebige polynomielle Ausdrücke betrachten. Im Folgenden werden wir sehen, dass die Analogie sich auch auf grundlegende Aussagen über lineare (bzw. algebraische) Unabhängigkeit fortsetzt.

Elemente $x_1, \ldots, x_n$ sind über $K$ genau dann linear unabhängig, wenn der $K$-lineare Ringhomomorphismus

$$K[X_1, \ldots, X_n] \to L, \quad X_i \mapsto x_i$$

injektiv ist. Ein einzelnes Element $x \in L$ ist genau dann algebraisch unabhängig über $K$, wenn das einzige Polynom aus $K[X]$, welches $x$ als Nullstelle hat, das Nullpolynom ist. In Erweiterung des Transzendenzbegriffes aus Bd. 1, der dort auf komplexe Zahlen beschränkt war, nennen wir $x$ dann auch *transzendent* über $K$.

> Transzendenz bedeutet polynomielle Unabhängigkeit.

*Anmerkung 4.1* Ist $L$ ein kommutativer Ring und $K$ ein Unterring, so ergibt Definition 4.1 auch in dieser Situation Sinn.

Gibt es ein nichtverschwindendes Polynom $f(X_1, \ldots, X_n) \in K[X_1, \ldots, X_n]$, sodass $f(x_1, \ldots, x_n) = 0$, nennen wir $x_1, \ldots, x_n$ *algebraisch abhängig* über $K$. Auch dieser Begriff ist analog zum Begriff der linearen Abhängigkeit gebildet.

Ist $V$ ein $K$-Vektorraum, so sind Vektoren $v_1, \ldots, v_n$ bekanntlich genau dann über $K$ linear abhängig, falls ein $i \in \{1, \ldots, n\}$ existiert, sodass $v_i$ eine Linearkombination von $v_1, \ldots, v_{i-1}$ ist. Diese Aussage besitzt ein Analogon für algebraische Abhängigkeit:

**Proposition 4.12** *Elemente $x_1, \ldots, x_n \in L$ sind genau dann algebraisch abhängig über $K$, falls ein $i \in \{1, \ldots, n\}$ existiert, sodass $x_i$ algebraisch über $K(x_1, \ldots, x_{i-1}) \subseteq L$ ist.*

*Beweis.* Nehmen wir zunächst an, dass $x_i$ algebraisch in $x_1, \ldots, x_{i-1}$ über $K$ ist, dass also ein normiertes Polynom $f(X_i) \in K(x_1, \ldots, x_{i-1})[X_i]$ mit $f(x_i) = 0$ existiert. Wir können dann

$$f(X_i) = \frac{g(x_1, \ldots, x_{i-1}, X_i)}{h(x_1, \ldots, x_{i-1}, X_i)}$$

für zwei Polynome $g(X_1, \ldots, X_i)$ und $h(X_1, \ldots, X_i) \in K[X_1, \ldots, X_n]$ schreiben. Dabei gilt $g(X_1, \ldots, X_i) \neq 0$, da $f(X_i)$ normiert ist.

Es folgt, dass $g(x_1, \ldots, x_i) = 0$, dass also $x_1, \ldots, x_i$ und damit auch $x_1, \ldots, x_n$ algebraisch abhängig über $K$ sind.

Seien umgekehrt $x_1, \ldots, x_n$ algebraisch abhängig über $K$. Damit existiert ein nichtverschwindendes Polynom $g(X_1, \ldots, X_n) \in K[X_1, \ldots, X_n]$ mit $g(x_1, \ldots, x_n) = 0$. Es folgt, dass $g(x_1, \ldots, x_{n-1}, X_n) \in K(x_1, \ldots, x_{n-1})[X_n]$ ein Polynom ist, welches $x_n$ als Nullstelle besitzt. Ist $g(x_1, \ldots, x_{n-1}, X_n)$ nicht das Nullpolynom, so haben wir in Form von $g$ schon eine algebraische Abhängigkeit von $x_n$ über $K(x_1, \ldots, x_{n-1})$ gefunden. Andernfalls schreiben wir

$$g(X_1, \ldots, X_n)$$
$$= a_m(X_1, \ldots, X_{n-1})X_n^m + a_{m-1}(X_1, \ldots, X_{n-1})X_n^{m-1} + \cdots + a_0(X_1, \ldots, X_{n-1}).$$

Da $g(X_1, \ldots, X_n)$ nicht das Nullpolynom ist, existiert wenigstens ein $a_j(X_1, \ldots, X_{n-1})$, welches nicht das Nullpolynom ist. Da nach Annahme $g(x_1, \ldots, x_{n-1}, X_n)$ verschwindet, haben wir mit $a_j(x_1, \ldots, x_{n-1})$ eine algebraische Relation zwischen $x_1, \ldots, x_{n-1}$ gefunden und können per Induktion über $n$ weitermachen.                                                       $\square$

Aus der entsprechenden Aussage für lineare Abhängigkeit lässt sich das sogenannte steinitzsche Austauschlemma[5] für Vektoren $v, w_1, \ldots, w_n$ eines Vektorraumes $V$ über $K$ gewinnen: Ist $v$ eine $K$-Linearkombination von $w_1, \ldots, w_n$, so ist $v$ eine $K$-Linearkombination von $w_1, \ldots, w_{n-1}$, oder $w_n$ ist eine Linearkombination von $w_1, \ldots, w_{n-1}$ und $v$.

Für algebraische Abhängigkeit gilt analog:

**Korollar 4.2** *Seien $x, y_1, \ldots, y_n$ Elemente des Oberkörpers $L$ von $K$. Ist $x$ über $K$ algebraisch über $y_1, \ldots, y_n$, so ist $x$ über $K$ algebraisch über $y_1, \ldots, y_{n-1}$, oder $y_n$ ist über $K$ algebraisch über $y_1, \ldots, y_{n-1}$ und $x$.*

*Beweis.* Nach Proposition 4.12 sind $y_1, \ldots, y_n$ und $x$ über $K$ algebraisch abhängig. Damit sind offensichtlich auch $y_1, \ldots, y_{n-1}, x$ und $y_n$ über $K$ algebraisch abhängig. Wieder nach Proposition 4.12 (diesmal allerdings in der anderen Richtung) ist $x$ über $K$ algebraisch über $y_1, \ldots, y_{n-1}$, oder $y_n$ ist über $K$ algebraisch über $y_1, \ldots, y_{n-1}$ und $x$.                       $\square$

Bekannt aus der Linearen Algebra ist weiterhin als Folgerung der steinitzsche Austauschsatz, der Folgendes besagt: Ist $v_1, \ldots, v_n$ eine Basis eines $K$-Vektorraumes $V$ und sind $w_1, \ldots, w_m$ über $K$ linear unabhängige Vektoren von $V$, so können wir $n - m$ Vektoren $v_{i(1)}, \ldots, v_{i(n-m)}$ aus $v_1, \ldots, v_n$ auswählen, sodass $w_1, \ldots, w_m, v_{i(1)}, \ldots, v_{i(n-m)}$ eine Basis von $V$ über $K$ bildet.

Wir können im algebraischen Falle analog vorgehen. Dazu definieren wir zunächst den analogen Begriff zur Basis:

**Definition 4.2** Elemente $x_1, \ldots, x_n \in L$ bilden eine *Transzendenzbasis* von $L$ über $K$, falls $x_1, \ldots, x_n$ über $K$ algebraisch unabhängig sind und falls jedes Element aus $L$ algebraisch über $K(x_1, \ldots, x_n)$ ist.

---

[5] Ernst Steinitz, 1871–1928, deutscher Mathematiker.

*Beispiel 4.11* Ist $L$ eine algebraische Körpererweiterung über $K$, so ist das leere System von Vektoren eine Transzendenzbasis.

*Beispiel 4.12* Der Körper $K(X_1, \ldots, X_n)$ der in $X_1, \ldots, X_n$ rationalen Funktionen über $K$ besitzt $X_1, \ldots, X_n$ als Transzendenzbasis über $K$.

Mit dieser Definition haben wir:

**Theorem 4.9** *Sei $L$ über $K$ eine Körpererweiterung. Sei $x_1, \ldots, x_n$ eine Transzendenzbasis von $L$ über $K$. Seien weiterhin $y_1, \ldots, y_m$ über $K$ algebraisch unabhängige Elemente aus $L$. Dann können wir $n - m$ Elemente $x_{i(1)}, \ldots, x_{i(n-m)}$ aus $x_1, \ldots, x_n$ auswählen, sodass $y_1, \ldots, y_m, x_{i(1)}, \ldots, x_{i(n-m)}$ eine Transzendenzbasis von $K$ über $L$ bilden.*

*Beweis.* Den Beweis führen wir per Induktion über $m$. Im Falle $m = 0$ ist offensichtlich nichts zu zeigen. Betrachten wir also $m > 0$. Dann können wir nach Induktionsvoraussetzung und nach eventueller Umnummerierung der $x_j$ annehmen, dass $y_1, \ldots, y_{m-1}, x_1, \ldots, x_{n-m+1}$ eine Transzendenzbasis von $L$ über $K$ bildet.

Sei $j$ das größte $j \in \{1, \ldots, n - m + 1\}$, sodass $x_j$ algebraisch über $y_1, \ldots, y_m, x_1, \ldots, x_{j-1}$ ist. Dieses existiert nach Korollar 4.2 (sukzessive angewendet auf $y_1, \ldots, y_{m-1}, x_1, \ldots, x_j$ und $y_m$ für $j = n-m+1, n-m, \ldots$), da $y_1, \ldots, y_m$ nach Voraussetzung über $K$ algebraisch unabhängig sind. Wir dürfen für das Folgende (nach eventueller Umnummerierung der $x_k$) ohne Einschränkung annehmen, dass $j = n - m + 1$. Da jedes Element aus $L$ über $K$ in $y_1, \ldots, y_{m-1}$ und $x_1, \ldots, x_{n-m+1}$ algebraisch ist und $x_{n-m+1}$ über $K$ in $y_1, \ldots, y_m$ und $x_1, x_{n-m}$ algebraisch ist, erhalten wir, dass jedes Element aus $L$ über $K$ in $y_1, \ldots, y_m, x_1, \ldots, x_{n-m}$ algebraisch ist.

Es bleibt damit zu zeigen, dass diese $n$ Elemente über $K$ algebraisch unabhängig sind. Gäbe es eine nichttriviale algebraische Abhängigkeit zwischen $y_1, \ldots, y_m, x_1, \ldots, x_{n-m}$ über $K$, so wäre nach Proposition 4.12 das Element $y_m$ algebraisch über $y_1, \ldots, y_{m-1}, x_1, \ldots, x_{n-m}$, da $y_1, \ldots, y_{m-1}, x_1, \ldots, x_{n-m}$ über $K$ algebraisch unabhängig sind. Dann wäre aber auch $x_{n-m+1}$ algebraisch über $y_1, \ldots, y_{m-1}, x_1, \ldots, x_{n-m}$, was (wieder nach Proposition 4.12) im Widerspruch dazu stünde, dass $y_1, \ldots, y_{m-1}, x_1, \ldots, x_{n-m+1}$ über $K$ algebraisch unabhängig sind. $\qquad\square$

*Anmerkung 4.2* Genau genommen liefert der Beweis von Theorem 4.9 sogar: Ist $x_1, \ldots, x_n$ eine Transzendenzbasis von $L$ über $K$, so sind Elemente $y_1, \ldots, y_m$ über $K$ algebraisch abhängig, oder wir können $y_1, \ldots, y_m$ durch $n - m$ von den $x_j$ zu einer Transzendenzbasis von $L$ über $K$ ergänzen.

Analog zur Mächtigkeitsaussage einer Basis eines Vektorraumes können wir folgern:

**Korollar 4.3** *Bildet $x_1, \ldots, x_n$ eine Transzendenzbasis von $L$ über $K$, so sind immer höchstens $n$ Elemente von $L$ über $K$ algebraisch unabhängig. Insbesondere haben je zwei Transzendenzbasen von $L$ über $K$ dieselbe Mächtigkeit.*

In der linearen Algebra wird die Mächtigkeit einer Basis (und damit jeder Basis) eines Vektorraumes seine Dimension genannt. Wir führen für unsere Situation eine entsprechende Bezeichnung ein:

**Definition 4.3** Sei $L$ über $K$ eine Körpererweiterung, welche eine Transzendenzbasis $x_1, \ldots, x_n$ besitzt. Dann heißt

$$\operatorname{trdeg}_K L := n$$

der *Transzendenzgrad* von $L$ über $K$.

> Je zwei Transzendenzbasen einer Körpererweiterung haben dieselbe Mächtigkeit, die wir dann den Transzendenzgrad nennen. Für algebraisch unabhängige Elemente gilt wie bei der linearen Unabhängigkeit in der linearen Algebra ein Austausch- und ein Erweiterungssatz.

Schreiben wir $\operatorname{trdeg}_K L = n$ für eine Körpererweiterung $L$ über $K$, so bedeutet dies insbesondere, dass $L$ eine Transzendenzbasis über $K$ besitzt. Wir sagen dann auch, dass $L$ endlichen Transzendenzgrad über $K$ besitzt.

*Beispiel 4.13* Sei $K$ ein Körper. Für den Körper $K(X_1, \ldots, X_n)$ der in $X_1, \ldots, X_n$ rationalen Funktionen über $K$ gilt dann:

$$\operatorname{trdeg}_K K(X_1, \ldots, X_n) = n.$$

Solche Körpererweiterungen heißen auch *rein transzendent*.

Insbesondere sind also zum Beispiel die Körper $K(X)$ und $K(X, Y)$ nicht zueinander isomorph.

Damit sind auch die $K$-Algebren $R = K[X_1, \ldots, X_n]$ für verschiedene $n$ nicht isomorph, denn $n$ ergibt sich als Transzendenzgrad des Quotientenkörpers von $R$ über $K$. Diese Tatsache hat eine wichtige geometrische Anwendung. Dazu erinnern wir daran, dass eine endlich präsentierte $K$-Algebra $R = K[X_1, \ldots, X_n]/(f_1, \ldots, f_m)$ gerade der Lösungsmenge der $m$ Polynomgleichungen $f_1(X_1, \ldots, X_n) = 0, \ldots, f_m(X_1, \ldots, X_m) = 0$ in den $n$ Variablen entspricht. In der algebraischen Geometrie wird einer solchen Lösungsmenge eine Dimension $d$ zugeordnet, eine natürliche Zahl. Wir erwarten etwa $d = 0$, wenn die Lösungen isolierte Punkte im Raum $K^n$ aller Lösungen, $d = 1$, wenn sie auf einer Kurve liegen (wobei wir an dieser Stelle höchstens eine anschauliche Vorstellung davon haben, was eine Kurve in $K^n$ ist), etc. Haben wir gar keine Gleichungen, ist also $m = 0$, so sind alle Punkte im $K^n$ eine Lösung, wir erwarten also, dass für Dimension der Lösungsmenge in diesem Falle $d = n$ gilt. In diesem Falle ist $R = K[X_1, \ldots, X_n]$, das heißt, die erwartete Dimension der Lösungsmenge $n$ ist der Transzendenzgrad des Quotientenkörpers der zugehörigen Algebra über $K$. Wie man in der kommutativen Algebra zeigt, besitzt der Quotientenkörpers eines über $K$ endlich präsentierten Integritätsbereiches $R$ immer einen endlichen Transzendenzgrad über $K$. Es stellt sich als sinnvoll heraus, diesen als Dimension der zu $R$ gehörigen Lösungsmenge zu definieren.

*Beispiel 4.14* Sei $z \in K(X)$ eine rationale Funktion über dem Körper $K$. Ist dann $z \notin K$, ist also $z$ nichtkonstant, so ist die von $z$ erzeugte Zwischenerweiterung $K(z)$ von $K(X)$ über $K$ wieder rein vom Transzendenzgrad 1, genauer ist die über $K$ definierte Abbildung

$$K(Z) \to K(z), \quad Z \mapsto z \tag{4.2}$$

ein wohldefinierter Isomorphismus von Körpererweiterungen von $K$:

Es reicht zu bemerken, dass die Abb. (4.2) wohldefiniert ist, denn dann ist sie offensichtlich surjektiv und als Homomorphismus zwischen Körpern automatisch injektiv. Für die Wohldefiniertheit reicht es aber zu zeigen aus, dass das Bild von $Z$, also $z$, keine algebraische Relation über $K$ erfüllt. Dies können wir wie folgt schließen: Wir schreiben zunächst $z = \frac{f(X)}{g(X)}$ für Polynome $f(X), g(X) \in K[X]$. Dann besitzt das Polynom

$$p(Y) = zg(Y) - f(Y) \in K(z)[Y]$$

das Element $X$ als Nullstelle in $K(X)$, das heißt, $K(X)$ ist über $K(z)$ algebraisch. Damit kann aber $z$ nichtalgebraisch über $K$ sein, denn sonst wäre auch $K(X)$ über $K$ algebraisch.

Besitzt $L$ über $K$ endlichen Transzendenzgrad, so können wir wegen Anmerkung 4.2 insbesondere effektiv feststellen, ob Elemente $y_1, \ldots, y_m$ aus $L$ über $K$ algebraisch abhängig sind.

**Korollar 4.4** *Besitze $L$ über $K$ endlichen Transzendenzgrad. Sind $y_1, \ldots, y_m$ Elemente aus $L$, welche über $K$ algebraisch unabhängig sind, so gibt es weitere Elemente $x_1, \ldots, x_{n-m}$ aus $L$, sodass $y_1, \ldots, y_m, x_1, \ldots, x_{n-m}$ eine Transzendenzbasis von $L$ über $K$ bildet.*

Dass Analogon der linearen Algebra zu dieser Folgerung ist die Tatsache, dass sich jedes System linear unabhängiger Vektoren eines Vektorraumes zu einer Basis erweitern lässt.

*Beweis.* Sei $x_1, \ldots, x_n$ eine Transzendenzbasis von $L$ über $K$. Dann folgt die Aussage der Folgerung aus Theorem 4.9, angewandt auf diese Basis und die algebraisch unabhängigen Elemente $y_1, \ldots, y_m$. $\qquad\Box$

Ist $V$ ein endlich-dimensionaler Vektorraum über einem Körper, so enthält jedes Erzeugendensystem von $V$ eine Basis. Wir haben eine entsprechende Aussage für den algebraischen Fall, welche wir in folgendem Hilfssatz zusammenfassen:

**Lemma 4.2** *Habe $L$ endlichen Transzendenzgrad über $K$. Sind $y_1, \ldots, y_m$ Elemente aus $L$, sodass jedes Element in $L$ über $K$ in $y_1, \ldots, y_m$ algebraisch ist, so können wir Elemente $y_{i(1)}, \ldots, y_{i(n)}$ auswählen, welche eine Transzendenzbasis von $L$ über $K$ bilden.*

*Beweis.* Wir stellen zunächst fest, ob $y_1, \ldots, y_m$ über $K$ algebraisch unabhängig sind. Ist dies der Fall, so haben wir schon eine Transzendenzbasis. Andernfalls gibt es nach Proposition 4.12 ein $y_j$, ohne Einschränkung $y_m$, welches über $K$ algebraisch in $y_1, \ldots, y_{m-1}$ ist. Es folgt, dass jedes Element von $L$ über $K$ auch algebraisch in $y_1, \ldots, y_{m-1}$ ist, sodass wir einfach mit $y_1, \ldots, y_{m-1}$ weitermachen können. Die zu beweisende Aussage folgt also durch Induktion über $m$. $\square$

Schließlich haben wir folgende wichtige Tatsache, wie sich Transzendenzgrade in sukzessiven Körpererweiterungen verhalten. Im Gegensatz zum algebraischen Körpergrad addieren sich Transzendenzgrade:

**Theorem 4.10** *Sei $E$ ein Zwischenkörper einer Körpererweiterung $L$ über $K$. Sind dann zwei der Zahlen $\mathrm{trdeg}_K L$, $\mathrm{trdeg}_K E$ und $\mathrm{trdeg}_E L$ endlich, so auch die dritte, und wir haben dann*

$$\mathrm{trdeg}_K L = \mathrm{trdeg}_E L + \mathrm{trdeg}_K E.$$

*Beweis.* Sei zunächst $x_1, \ldots, x_n$ eine Transzendenzbasis von $E$ über $K$, und sei $y_1, \ldots, y_m$ eine Transzendenzbasis von $L$ über $E$. Dann ist $x_1, \ldots, x_n, y_1, \ldots, y_m$ eine Transzendenzbasis von $L$ über $K$, denn jedes Element in $L$ ist über $E$ in $y_1, \ldots, y_m$ und damit über $K$ in $x_1, \ldots, x_n, y_1, \ldots, y_m$ algebraisch. Ist außerdem $f(x_1, \ldots, x_n, y_1, \ldots, y_m)$ eine algebraische Relation über $K$, so können wir sie auch als Relation von $y_1, \ldots, y_m$ über $E$ lesen, sodass das Polynom $f(x_1, \ldots, x_n, Y_1, \ldots, Y_m)$, und damit auch seine Koeffizienten, verschwinden muss. Die Koeffizienten sind damit wiederum algebraische Relationen zwischen $x_1, \ldots, x_n$ über $K$, das heißt, es ist $f(X_1, \ldots, X_n, Y_1, \ldots, Y_m)$ das Nullpolynom, womit $x_1, \ldots, x_n, y_1, \ldots, y_m$ über $K$ in der Tat algebraisch abhängig sind.

Sei als Nächstes $x_1, \ldots, x_n$ eine Transzendenzbasis von $E$ über $K$, und sei $z_1, \ldots, z_k$ eine Transzendenzbasis von $L$ über $K$. Nach Theorem 4.9 können wir davon ausgehen, dass die Basis $z_1, \ldots, z_k$ von der Form $x_1, \ldots, x_n, y_1, \ldots, y_m$ mit Elementen $y_j \in L$ ist. Es ist dann $y_1, \ldots, y_m$ eine Transzendenzbasis von $L$ über $E$.

Sei schließlich $y_1, \ldots, y_m$ eine Transzendenzbasis von $L$ über $E$, und sei $z_1, \ldots, z_k$ eine Transzendenzbasis von $L$ über $K$. Die Elemente $z_1, \ldots, z_k$ sind insbesondere über $E$ rationale Funktionen in $y_1, \ldots, y_m$. Sind $x_1, \ldots, x_n$ die Koeffizienten aus $E$ dieser rationalen Funktionen, so erhalten wir, dass jedes der $z_j$ und damit jedes der Elemente aus $L$ über $K$ in

$x_1, ..., x_n, y_1, ..., y_m$ algebraisch ist. Nach Theorem 4.9 können wir annehmen, dass $x_1, ...,$ $x_n, y_1, ..., y_m$ über $K$ algebraisch unabhängig ist. Es bleibt zu zeigen, dass $x_1, ..., x_n$ eine Transzendenzbasis von $E$ über $K$ ist, dass also jedes Element $y$ aus $E$ über $K$ algebraisch in $x_1, ..., x_n$ ist. Dies folgt aber aus wiederholter Anwendung von Korollar 4.2 auf $x_1, ...,$ $x_n, y_1, ..., y_m$, denn $y_1, ..., y_m$ sind über $E$ und damit auch über $K(x_1, ..., x_n)$ algebraisch unabhängig. $\qquad\square$

Transzendenzgrade addieren sich in Türmen von Körpererweiterungen.

Eine wichtige Strukturaussage über Körper ist der folgende lürothsche[6] Satz, welcher endlich erzeugte Zwischenerweiterungen einer rein transzendenten Körpererweiterung vom Transzendenzgrade 1 vollständig beschreibt. Dieser Satz hat insbesondere geometrische Anwendungen in der Theorie algebraischer Kurven.

**Theorem 4.11** *Sei $K$ ein Körper, wobei wir mit $K(X)$ den Körper der rationalen Funktionen über $K$ bezeichnen. Ist dann $E$ eine über $K$ endlich erzeugte Zwischenerweiterung von $K(X)$ über $K$, das heißt, $E = K(a_1, ..., a_n)$ mit $a_1, ..., a_n \in K(X)$, so ist $E = K(z)$ für ein $z \in K(X)$.*

*Insbesondere ist also entweder $E = K$, nämlich wenn $z \in K$, oder $E$ ist rein transzendent vom Transzendenzgrade 1 über $K$, nämlich wenn $z$ eine nichtkonstante rationale Funktion in $X$ ist.*

In den Beweis von Theorem 4.11 geht folgender Hilfssatz ein:

**Lemma 4.3** *Sei $t \in K(X)$ eine nichtkonstante rationale Funktion über $K$. Dann ist $K(X)$ eine endliche Körpererweiterung von $K(t)$.*

*Genauer gilt: Ist $t = \frac{f(X)}{g(X)}$ für zueinander teilerfremde Polynome $f(X), g(X) \in K[X]$, so ist $p(Y) := tg(Y) - f(Y) \in K(t)[Y]$ bis auf Normierung das Minimalpolynom von $X$ über $K(t)$.*

Für eine Zwischenerweiterung $E$ einer rein transzendenten Körpererweiterung $K(X)$ über $K$, welche über $K$ eindeutig erzeugt ist, gilt also: Entweder ist $E = K$ und $K(X)$ ist rein transzendent vom Transzendenzgrad 1 über $E$ oder $E$ ist rein transzendent über $K$ und $K(X)$ ist endlich algebraisch über $E$.

*Beweis. (Beweis von Theorem 4.11)* Wir dürfen annehmen, dass das Element $a_1$ eine nichtkonstante rationale Funktion aus $K(X)$ ist, dass also nach Lemma 4.3 der Körper $K(X)$

---

[6] Jacob Lüroth, 1844–1910, deutscher Mathematiker.

endlich-dimensional als Vektorraum über $K(a_1)$ ist. Insbesondere ist $E$ algebraisch über $K(a_1)$, wir haben also $E = K(a_1)[a_1, \ldots, a_n]$, und $K(X)$ ist algebraisch über $E$. Damit existiert ein normiertes irreduzibles Polynom $f(Y)$ über $E$, welches $X$ als Nullstelle besitzt. Dieses Polynom kann nicht schon über $K$ definiert sein, denn sonst wäre ja $X$ algebraisch über $K$. Damit existiert ein Koeffizient $z$ von $f(Y)$, welcher nicht in $K$ liegt. Wir behaupten, dass $E$ dann schon von $z$ erzeugt wird, dass also $E = K(z)$, wie zu beweisen ist.

Schreiben wir $z = \frac{g(X)}{h(X)}$ mit zueinander teilerfremden Polynomen $g(X)$ und $h(X) \in K[X]$, so sagt Lemma 4.3 aus, dass $p(Y) = zh(Y) - g(Y)$ bis auf Normierung das Minimalpolynom von $X$ über $z$ ist. Wir wollen zeigen, dass der Grad von $p(Y)$ gleich dem Grad von $f(Y)$ ist, denn dann ist der Grad von $K(X)$ über $k(z)$ gleich dem Grad von $K(X)$ über $E$, woraus wegen $k(z) \subseteq E$ schließlich $k(z) = E$ folgt.

Sei $q(Y) \in K(X)[Y]$ ein beliebiges Polynom in $Y$ mit Koeffizienten $K(X)$, dem Quotientenkörper des Ringes $K[X]$ mit eindeutiger Primfaktorzerlegung. Dieses besitzt bekanntlich einen Inhalt $c \in K(X)$, sodass $\tilde{q}(Y) := c^{-1} q(Y)$ ein primitives Polynom in $K[X][Y]$ ist, das heißt, der größte gemeinsame Teiler der Koeffizienten von $q(Y)$ im Ringe $K[X]$ ist trivial.

Für das Polynom $p(Y) = zh(Y) - g(Y) = \frac{g(X)}{h(X)} h(Y) - g(Y)$ können wir zum Beispiel $\tilde{p}(Y) = g(X)h(Y) - h(X)g(Y)$ wählen. Ebenso konstruieren wir aus $f(Y) \in E[Y] \subseteq K(X)[Y]$ das Polynom $\tilde{f}(Y) \in K[X, Y]$. Dessen Grad in $X$ wollen wir mit $m$ bezeichnen.

Als Polynom über $K(X)$ ist $f(Y)$ ein normiertes Polynom, welches einen Koeffizienten in $Y$, sagen wir den Koeffizienten vor $Y^r$, von der Form $\frac{g(X)}{h(X)}$ besitzt und $g(X)$ und $h(X)$ sind zueinander teilerfremd. Damit ist der in $Y$ höchste Koeffizient von $\tilde{f}(Y)$ ein Vielfaches von $h(X)$ und der Koeffizient von $Y^r$ ein Vielfaches von $g(X)$. Es folgt, dass $\deg g(X)$, $\deg h(X) \leq m$. Damit ist auch der Grad von $\tilde{p}(Y)$ in $X$ (welcher aufgrund der Symmetrie gleich dem Grad von $\tilde{p}(Y)$ in $Y$) auch kleiner oder gleich $m$.

Da $p(Y)$ ein Polynom über $E$ ist, welches $X$ als Nullstelle besitzt, und $f$ das Minimalpolynom von $X$ über $E$ ist, können wir $p(Y) = f(Y) \cdot k(Y)$ für ein Polynom $k(Y) \in E[Y]$ schreiben. Aus dem gaußschen Lemma über die Multiplikativität des Inhaltes folgt, dass $\tilde{p}(Y) = d\tilde{f}(Y) \cdot \tilde{k}(Y)$ für ein $d \in K$. Damit ist der Grad von $\tilde{p}(Y)$ in $X$ genau $m$ und der Grad von $\tilde{k}(Y)$ in $X$ gleich 0, das heißt, $\tilde{g}(Y) \in K[Y]$. Da $\tilde{g}(Y)$ zudem ein Teiler von $p(Y)$ in $K(z)[Y]$ ist, das Polynom $p(Y)$ aber irreduzibel ist, folgt, dass $\tilde{g}(Y)$ eine Konstante in $K$ ist. Damit ist der Grad von $\tilde{p}(Y)$ in $Y$ gleich dem Grad von $\tilde{f}(Y)$ in $Y$, also stimmen die Grade von $p(Y)$ und $f(Y)$, aufgefasst als Polynome in $E[Y]$ auch überein.  □

*Beweis. (Beweis von Lemma 4.3)* Da $t$ kein Element aus $K$ ist und $g(Y)$ nicht das Nullpolynom ist, kann auch das Polynom $p(Y)$ nicht verschwinden. Da es außerdem $X$ als Nullstelle besitzt, reicht es zu zeigen, dass $p(Y)$ in $K(t)[Y]$ irreduzibel ist. Nach dem gaußschen Lemma, Lemma 3.2, reicht es dazu, die Irreduzibilität von

$$p(T, Y) = Tg(Y) - f(Y).$$

in $K[T, Y]$ zu zeigen, denn $K(t)[Y]$ ist (mit $t = T$) der Quotientenkörper von $K[T][Y] = K[T, Y]$. Dazu schreiben wir $p(T, Y) = h(T, Y)k(T, Y)$ für Polynome $h(T, Y), k(T, Y) \in K[T, Y]$. Der Grad von $p(T, Y)$ in $T$, also der Grad von $p(T, Y)$ aufgefasst als Polynom in $T$ über $K[Y]$, ist 1, damit ist entweder der Grad von $h(T, Y)$ in $T$ oder der Grad von $k(T, Y)$ in $T$ gleich 0. Ohne Einschränkung können wir annehmen, dass der Grad von $h(T, Y)$ in $T$ gleich 0 ist. Es folgt, dass $h(T, Y)$ ein Polynom $h(Y)$ in $K[Y]$ ist. Es teilt $h(Y)$ das Polynom $p(T, Y)$. Damit muss es auch beide Koeffizienten in $T$, also $g(Y)$ und $h(Y)$ teilen. Diese haben wir als Polynome über $K$ aber teilerfremd gewählt. Es folgt, dass $h(Y)$ ein in $Y$ konstantes Polynom sein muss. Damit ist $p(T, Y)$ also irreduzibel.  □

> Ist $L$ über $K$ eine rein transzendente Körpererweiterung vom Transzendenzgrad 1, so ist eine (endlich erzeugte) Zwischenerweiterung $E$ entweder isomorph zu $K$ oder rein transzendent vom Transzendenzgrad 1 über $K$ und $L$ ist notwendigerweise algebraisch über $E$.

## 4.8  Galoissche Erweiterungen

In diesem Abschnitt wollen wir schließlich die galoissche Theorie aus Bd. 1 auf allgemeinere Situationen ausdehnen. Dazu erinnern wir noch einmal an die galoissche Gruppe $G = \mathrm{Gal}_K(x_1, \ldots, x_n)$ eines separablen Polynoms $f(X)$ über einem Zahlkörper $K$ mit Nullstellen $x_1, \ldots, x_n \in \overline{\mathbf{Q}}$: Dies ist eine endliche Gruppe all derjenigen Permutationen von $x_1, \ldots, x_n$, welche alle algebraischen Relationen von $x_1, \ldots, x_n$ über $K$ invariant lassen. Wir haben schon gesehen, dass jede dieser Permutationen $\sigma$ eine (auch mit $\sigma$ bezeichnete) Abbildung

$$\sigma : K(x_1, \ldots, x_n) \to K(x_1, \ldots, x_n),$$
$$z := g(x_1, \ldots, x_n) \mapsto \sigma \cdot z := g(x_{\sigma(1)}, \ldots, x_{\sigma(n)})$$

induziert, welche auf $K$ wie die Identität wirkt. Es ist klar, dass jede dieser Abbildungen ein Körperautomorphismus von $L := K(x_1, \ldots, x_n)$ über $K$ ist, wobei *über $K$* wieder heißen soll, dass jeder dieser Automorphismen (also ein Isomorphismus von $L$ auf sich selbst) die Elemente aus $K$ fix lässt, also ein Automorphismus von $K$-Algebren ist. Wir bekommen damit eine Injektion

$$\mathrm{Gal}_K(x_1, \ldots, x_n) \to \mathrm{Aut}_K(L), \quad \sigma \mapsto \sigma.$$

Ist auf der anderen Seite $\sigma : L \to L$ ein Automorphismus von $L$ über $K$, so definiert dieser eine Permutation $\sigma$ der Nullstellen, die durch $x_{\sigma(i)} = \sigma(x_i)$ für alle $i \in \{1, \ldots, n\}$ gegeben ist. Wir behaupten, dass diese Permutation ein Element der galoisschen Gruppe von $x_1, \ldots,$

$x_n$ über $K$ ist: Dazu sei $H(x_1, \ldots, x_n) = 0$ eine algebraische Relation der $x_i$ über $K$. Da $H$ nur Koeffizienten in $K$ hat und der Automorphismus $\sigma$ das Polynom $H$ daher invariant lässt, haben wir

$$0 = \sigma \cdot H(x_1, \ldots, x_n) = H(x_{\sigma(1)}, \ldots, x_{\sigma(n)}),$$

womit in der Tat die Relation erhalten bleibt. Wir erhalten damit eine Bijektion

$$\mathrm{Gal}_K(x_1, \ldots, x_n) \to \mathrm{Aut}_K(K(x_1, \ldots, x_n)),$$

die sogar ein Gruppenisomorphismus ist. Ohne Rückgriff auf eine bestimmte Abzählung der Nullstellen von $x_1$, ..., $x_n$ (welche nur in die Definition auf der linke Seite eingeht), können wir die galoissche Gruppe von $f(x)$ auch als die endliche Gruppe der Automorphismen von $K(x_1, \ldots, x_n)$ über $K$, also als die endliche Gruppe der Automorphismen des Zerfällungskörpers $L$ von $f(X)$ in $\overline{\mathbf{Q}}$ über $K$, definieren. Für die galoissche Gruppe, die in diesem Sinne „basisfrei" definiert ist, schreiben wir auch

$$\mathrm{Gal}(L/K) := \mathrm{Aut}_K(L). \tag{4.3}$$

> Die galoissche Gruppe einer Körpererweiterung besteht aus den Automorphismen des Oberkörpers, die die Elemente des Grundkörpers fixieren.

Die Schreibweise in (4.3) legt nahe, beliebige (endliche) separable Körpererweiterungen $L$ von $K$ in Bezug auf ihre Automorphismen von $L$ über $K$ zu untersuchen. Die galoissche Theorie aus Bd. 1 überträgt sich in diesem allgemeineren Kontext aber nur, wenn die Körpererweiterung $L$ über $K$ außerdem noch *normal* ist, was wir im Folgenden definieren wollen:

Sei $K$ ein Körper. Eine *normale* endliche Körpererweiterung $L$ von $K$ ist eine endliche Körpererweiterung $L$ von $K$, sodass für jede (ideelle) Körperweiterung $\Omega$ von $L$ das Bild eines jeden Körperhomomorphismus $\varphi : L \to \Omega$ über $K$ durch $L$ gegeben ist. Ein jeder solcher Körperhomomorphismus ist also ein Automorphismus von $L$ über $K$. Wir können dies auch so formulieren, dass

$$\mathrm{Aut}_K(L) \to \mathrm{Hom}_K(L, \Omega), \quad \sigma \mapsto \sigma$$

eine Bijektion ist, wobei $\mathrm{Hom}_K(L, \Omega)$ für die Menge der Körperhomomorphismen von $L$ in $\Omega$ über $K$ steht.

> Normale Erweiterungen sind fix unter Einbettungen in Oberkörper.

Im Folgenden wollen wir zunächst eine Charakterisierung normaler endlicher Körpererweiterung angeben, die in gewisser Weise intrinsisch ist und ohne Rückgriff auf beliebige
Oberkörper $\Omega$ auskommt:

**Proposition 4.13** *Eine endliche Körpererweiterung $L$ eines Körpers $K$ ist genau dann
normal, wenn $L$ der Zerfällungskörper eines Polynomes über $K$ ist.*

*Beweis.* Die eine zu beweisende Implikation ist nicht weiter schwierig: Sei $f(X) \in K[X]$,
und sei $L = K(x_1, \ldots, x_n)$, wobei

$$f(X) = (X - x_1) \cdots (X - x_n)$$

in $L$ gilt, das heißt also, $L$ ist ein Zerfällungskörper. Jeder Körperhomomorphismus über $K$
von $L$ in einen Oberkörper $\Omega$ muss Nullstellen von $f(X)$ auf Nullstellen von $f(X)$ abbilden,
das heißt $L$ auf $L$. Damit ist $L$ normal.

Es bleibt, die andere Implikation zu zeigen. Dazu nehmen wir eine endliche normale
Erweiterung $L$ über $K$ an. Insbesondere haben wir $L = K(z_1, \ldots, z_k)$, wobei $z_1$, ...,
$z_k \in K$ jeweils endlichen Grades über $K$ sind.

Sei $f_1(X)$ das Minimalpolynom von $z_1$ über $K$. Sei $\Omega$ ein (idealer) Oberkörper von
$L$, über dem $f_1(X)$ in Linearfaktoren zerfällt. Ist dann $z$ eine Nullstelle von $f_1(X)$ in $\Omega$.
Dann existiert ein Körperhomomorphismus $\varphi : K(z_1) = K[X]/(f_1(X)) \to \Omega$, welcher
$z_1$ auf $z$ abbildet. Diesen Körperhomomorphismus können wir sukzessive auf $K(z_1, z_2)$,
$K(z_1, z_2, z_3)$, ...und schließlich zu einem Körperhomomorphismus $\varphi : L \to \Omega$ fortsetzen.
Aus der Normalität von $L$ über $K$ folgt, dass $z = \varphi(z_1) \in L$, das heißt also, $f_1(X)$ zerfällt
schon über $L$ in Linearfaktoren.

Genauso sehen wir, dass sich $f_2(X), \ldots, f_k(X)$ über $L$ in Linearfaktoren zerfallen. Daraus
folgt, dass $L$ ein Zerfällungskörper von $f(X) = f_1(X) \cdots f_k(X)$ über $K$ ist. $\qquad\square$

(Endliche) normale Erweiterungen sind gerade die Zerfällungskörper von Polynomen.

*Beispiel 4.15* Jede endliche Körpererweiterung $L \supseteq K$ vom Grade 2 ist normal, denn ein
Polynom vom Grade 2, welches in $L$ eine Nullstelle hat, zerfällt über $L$ auch in Linearfaktoren.

Körpererweiterungen vom Grad 2 sind immer normal.

*Beispiel 4.16* Die Körpererweiterung $\mathbf{Q}(\sqrt[3]{2}) \supseteq \mathbf{Q}$ ist nicht normal, denn $\sqrt[3]{2}$ besitzt in $\overline{\mathbf{Q}}$ galoissche Konjugierte, welche nicht reell sind und daher auch nicht in $\mathbf{Q}(\sqrt[3]{2})$ liegen können.

*Beispiel 4.17* Sei $L$ eine normale endliche Körpererweiterung eines Körpers $K$. Ist dann $E$ eine über $K$ endliche Zwischenerweiterung, so ist $L$ auch über $E$ normal: Ist etwa $L$ ein Zerfällungskörper eines Polynoms $f(X)$ über $K$, so ist auch $L$ Zerfällungskörper desselben Polynoms, diesmal allerdings aufgefasst als Polynom über $E$.

> Ist in einem Körperturm $L/E/K$ die Erweiterung $L/K$ normal, so ist auch $L/E$ normal.

Im Falle der Definition der galoisschen Gruppe $\mathrm{Gal}(L/K)$ von oben haben wir es also immer mit normalen Körpererweiterungen zu tun. Aber das charakterisiert die betrachteten Erweiterungen noch nicht völlig, da wir es in der galoisschen Theorie mit *separablen* Polynomen zu tun haben. Von daher definieren wir:

**Konzept 29**  Sei $K$ ein Körper. Eine *galoissche Körpererweiterung* von $K$ ist eine normale endliche separable Körpererweiterung $L$ von $K$. Die *galoissche Gruppe* $\mathrm{Gal}(L/K)$ einer galoisschen Körpererweiterung $L \supseteq K$ ist die Gruppe $\mathrm{Aut}_K(L)$ der Automorphismen von $L$ über $K$ (also der Automorphismen von $L$ als $K$-Algebra).

> Galoissche Erweiterungen sind die (endlichen) normalen separablen Körpererweiterungen.

Eine galoissche Körpererweiterung ist also einfach ein Zerfällungskörper eines separablen irreduziblen Polynomes. Wir haben also $L = K(z)$, wobei $z$ Nullstelle eines separablen irreduziblen normierten Polynomes $f(X)$ über $K$ ist. Wie in Bd. 1 sind die Elemente der galoisschen Gruppe durch die Bilder des primitiven Elementes $z$ eindeutig bestimmt, genauer gibt es eine Bijektion zwischen den Nullstellen $z_1 = z, z_2, ..., z_n$ von $f(X)$ in $L$ und den Elementen $\sigma_1, ..., \sigma_n$ der galoisschen Gruppe von $L$ über $K$, welche durch

$$\sigma_i(z) = z_i$$

gegeben ist. Insbesondere ist die galoissche Gruppe also endlich, genauer haben wir

$$[\mathrm{Gal}(L/K) : 1] = [L : K].$$

*Beispiel 4.18* Sei $f(X)$ ein separables Polynom über einem separabel faktoriellen Körper $K$. Dann gibt es einen Zerfällungskörper $L$ von $f(X)$ über $K$. Dieser Zerfällungskörper ist eine galoissche Erweiterung von $K$.

> Zerfällungskörper von separablen Polynomen (über separabel faktoriellen Körpern) sind galoissch.

*Beispiel 4.19* Sei $p$ eine Primzahl. Seien $q = p^n$, $n \geq 1$ und $q'$ zwei $p$-Potenzen, sodass $q' = q^d$ für ein $d \geq 1$ ist. Sei $L$ ein Körper mit $q'$ Elementen. Dann ist $L$ galoissch über seinem eindeutigen Unterkörper $K$ mit $q$ Elementen und die galoissche Gruppe $\mathrm{Gal}(L/K)$ ist zyklisch von der Ordnung $d$ mit Erzeuger $\mathrm{Frob}^n$.

Wir wollen den Hauptsatz der galoisschen Theorie aus Bd. 1 in dieser allgemeineren Situation erneut formulieren. Der Beweis überträgt sich mutatis mutandis, und es treten auch keine neuen Effekte auf.

**Theorem 4.12** *Sei $K$ ein Körper. Sei $L$ eine galoissche Körpererweiterung von $K$ mit galoisscher Gruppe $G := \mathrm{Gal}(L/K)$. Dann existiert zu jeder endlichen Untergruppe $H$ von $G$ genau ein über $K$ endlicher Zwischenkörper $E$ von $L$ über $K$, sodass die galoissche Gruppe von $L$ über $E$ gerade $H$ ist.*

Wie bei der spezielleren auf Zahlkörper eingeschränkten Formulierung aus Bd. 1 definiert Theorem 4.12 eine Bijektion zwischen den über $K$ endlichen Zwischenerweiterungen $E$ von $L$ über $K$ und den Untergruppen der galoisschen Gruppe $G$. Ist $H$ eine Untergruppe von $L$ über $K$, so ist der zugehörige Zwischenkörper $E$ gerade durch

$$L^H := \{x \in L \mid \sigma(x) = x \text{ für alle} \sigma \in H\}$$

gegeben.

> Der Hauptsatz der galoisschen Theorie sagt aus, dass es eine Bijektion zwischen den Untergruppen der galoisschen Gruppe und den Zwischenkörpern einer galoisschen Körpererweiterung gibt. Dabei wird einer Untergruppe gerade der Fixkörper dieser Untergruppe zugeordnet. Insbesondere ist die Bijektion inklusionsumkehrend.

Für die Indizes der Untergruppen und die Grade der Körpererweiterungen gilt wegen $[H : 1] = [L : L^H]$, des lagrangeschen Satzes und der Gradformel die Beziehung

$$[G : H] = [L^H : K].$$

Den Körper $L^H$ können wir auch anders beschreiben: Dazu fassen wir den Quotienten $G/H$ vermöge der Linksmultiplikation als transitive $G$-Menge auf, also als Menge, auf der $G$ wirkt. Der Körper $L$ ist selbst eine $G$-Menge, sodass wir die Menge

$$\operatorname{Hom}_G(G/H, L)$$

der $G$-äquivarianten Homomorphismen von $G/H$ nach $L$ betrachten können. Da jeder $G$-äquivariante Homomorphismus $\varphi : G/H \to L$ aufgrund der Transitivität der $G$-Operation schon durch das Bild $\varphi(1) \in L$ von $1 \in G/H$ festgelegt ist, ist $\operatorname{Hom}_G(G/H, L)$ in natürlicher Weise eine Teilmenge von $L$, nämlich die Teilmenge all derjenigen $\varphi(1)$, welche invariant unter $H$ sind, das heißt,

$$\operatorname{Hom}_G(G/H, L) \to L^H, \quad \varphi \mapsto \varphi(1)$$

ist eine natürliche Bijektion, welche ein Isomorphismus von Körpern wird, wenn wir die Ringstruktur der linken Seite durch punktweise Addition und Multiplikation definieren.

Ist umgekehrt $E$ ein über $K$ endlicher gegebener Zwischenkörper von $L$ über $K$, so können wir die zugehörige endliche Untergruppe $H = \operatorname{Gal}(L/E)$ von $G$ ganz ähnlich bekommen: Zunächst betrachten wir die Menge

$$\operatorname{Hom}_K(E, L)$$

der Körpereinbettungen von $E$ nach $L$ über $K$. Auf dieser wirkt die Gruppe $G$ durch Linkskomposition. Außerdem ist die Gruppenwirkung transitiv, denn wir können jede Körpereinbettung von $E$ nach $L$ über $K$ zu einem Automorphismus von $L$ nach $L$ fortsetzen, sodass sich je zwei Körpereinbettungen von $E$ in $L$ über $K$ durch einen Automorphismus aus $G$ unterscheiden. Bezeichnen wir mit $\iota : E \to L$ die Inklusionsabbildung und $H$ die Standgruppe an $\iota$ bezüglich der $G$-Wirkung auf $\operatorname{Hom}_K(E, L)$, so erhalten wir eine wohldefinierte Bijektion

$$G/H \to \operatorname{Hom}_K(E, L), \quad g \mapsto g \cdot \iota$$

transitiver $G$-Mengen. Da $H$ gerade aus denjenigen Automorphismen von $L$ besteht, welche die Einbettung $E \subseteq L$ invariant lassen, haben wir gerade $H = \operatorname{Gal}(L/E)$. Damit kodiert also $\operatorname{Hom}_K(E, L)$ die zu $E$ gehörige Untergruppe $H$.

Fassen wir die obigen Überlegungen noch einmal zusammen: Sei $G$ die galoissche Gruppe einer galoisschen Erweiterung $L$ über $K$. Indem wir jedem Quotienten $G/H$ von $G$ nach einer endlichen Untergruppe $H$ den über $K$ endlichen Zwischenkörper $\operatorname{Hom}_G(G/H, L)$ von $L$ über $K$ zuordnen und umgekehrt jedem über $K$ endlichen Zwischenkörper $E$ von $L$ über $K$ den Quotienten $\operatorname{Hom}_K(E, L)$ von $G$ nach einer endlichen Gruppe zuordnen, definieren wir eine Bijektion zwischen den Quotienten von $G$ nach endlichen Untergruppen und den über $K$ endlichen Zwischenkörpern von $L$ über $K$. In Formeln ausgedrückt haben wir also

$$\mathrm{Hom}_K(\mathrm{Hom}_G(G/H, L), L) \;\cong\; G/H$$

und

$$\mathrm{Hom}_G(\mathrm{Hom}_K(E, L), L) \;\cong\; E. \qquad\qquad (4.4)$$

Ist die galoissche Korrespondenz aus Theorem 4.12 inklusionsumkehrend (das heißt, je größer die Untergruppe $H$, desto kleiner der Zwischenkörper $E$ und umgekehrt), so hat die hier vorgestellte Version den Vorteil, dass eine Surjektion $G/H \to G/H'$ transitiver endlicher $G$-Mengen (also $H \supseteq H'$) einer Inklusion $\mathrm{Hom}_G(G/H', L) \subseteq \mathrm{Hom}_G(G/H, L)$ entspricht und dass einer Inklusion $E \subseteq E'$ von über $K$ endlichen Unterkörpern von $L$ einer Surjektion $\mathrm{Hom}_K(E', L) \to \mathrm{Hom}_K(E, L)$ entspricht. Insbesondere gilt für die Größe, dass

$$[E : K] = |\mathrm{Hom}_K(E, L)|,$$

eine Tatsache, die sich auch aus der Interpretation des Separabilitätsgrades ergibt, denn $[E : K] = [E : K]_s$.

Die Bijektionen aus (4.4) sind mit Automorphismen verträglich: Ist etwa $f : G/H \to G/H$ eine $G$-äquivariante Bijektion, so induziert diese einen Körperautomorphismus

$$f^* : \mathrm{Hom}_G(G/H, L) \to \mathrm{Hom}_G(G/H, L), \quad g \mapsto g \circ f$$

über $K$. Ist umgekehrt $\varphi : E \to E$ ein Automorphismus über $K$, so ist

$$\varphi^* : \mathrm{Hom}_K(E, L) \to \mathrm{Hom}_K(E, L), \quad \psi \mapsto \psi \circ \varphi$$

eine $G$-äquivariante Bijektion. Wie sich leicht nachrechnen lässt, gilt

$$(f^*)^* = f \quad\text{und}\quad (\varphi^*)^* = \varphi.$$

Insbesondere können wir schließen, dass ein kanonischer Gruppenisomorphismus

$$\mathrm{Aut}_K(E) \cong \mathrm{Aut}_G(G/H)$$

vorliegt, wenn $E = \mathrm{Hom}_G(G/H, L)$. Die rechte Seite haben wir allerdings schon in Beispiel 2.35 bestimmt, sie ist nämlich gerade $\mathrm{N}_H(G)/H$, wobei $\mathrm{N}_H(G)$ der Normalisator von $H$ in $G$ ist, also die größte Untergruppe von $G$, in der $H$ noch normal ist. Wir haben also

$$\mathrm{Aut}_K(E) \cong \mathrm{N}_H(G)/H.$$

Wir können daraus schließen, wann $E = L^H$ über $K$ selbst wieder eine galoissche Erweiterung ist, was aufgrund der gegebenen Separabilität und Endlichkeit gleichbedeutend damit ist, dass $E$ über $K$ eine normale Erweiterung ist: Ist $\mathrm{N}_H(G)$ eine echte Untergruppe von $G$, was gleichbedeutend damit ist, dass $H$ kein Normalteiler von $G$ ist, so ist $[\mathrm{Aut}_K(E) : 1] < [G : H] = [E : K]$. Damit hat $E$ weniger Körperautomorphismen über $K$ als sein Grad angibt, also kann $E$ nicht galoissch über $K$ sein. Sei umgekehrt $N_H(G) = G$, das heißt, $H$ ist ein Normalteiler von $G$. Dann haben wir insbesondere $\mathrm{Aut}_K(E) = G/H$, das heißt,

$$G = \mathrm{Aut}_K(L) \to \mathrm{Aut}_K(E) = G/H, \quad \sigma \mapsto (\sigma|_E : E \to E)$$

ist wohldefiniert, womit jeder Automorphismus $\sigma$ von $L$ einen Automorphismus von $E$ durch Einschränkung induziert. Ist dann $\varphi : E \to \Omega$ eine Einbettung in einen Oberkörper von $E$ über $K$, so können wir diese zu einer Einbettung $L \to \Omega$ fortsetzen. Da $L$ über $K$ normal ist, induziert diese Einbettung einen Automorphismus von $L$. Folglich gilt $\varphi(E) \subseteq E$, das heißt, $E$ ist ebenfalls normal über $K$. Zusammenfassend haben wir also:

**Proposition 4.14** *Sei $E$ eine über $K$ endliche Zwischenerweiterung von $L$ über $K$. Dann ist $E$ genau dann über $K$ normal (also galoissch), wenn die galoissche Gruppe von $L$ über $E$ eine normale Untergruppe der galoisschen Gruppe von $L$ über $K$ ist. Im Falle, dass $E$ galoissch über $K$ ist, ist*

$$\mathrm{Gal}(E/K) = \mathrm{Gal}(L/K)/\mathrm{Gal}(L/E). \qquad \square$$

Zwischenerweiterungen von galoisschen Erweiterungen sind genau dann normal dem Grundkörper, wenn die zugehörige Untergruppe ein Normalteiler der galoisschen Gruppe ist.

Die Proposition ist auch der Grund dafür, warum für normale Körpererweiterung und normale Untergruppen mit demselben Adjektiv *normal* bezeichnet werden. Wenn wir eine $G$-Menge als *normal* bezeichnen, wenn ihre Automorphismen, also ihre $G$-äquivarianten Bijektionen, auf ihr transitiv wirken, so können wir Proposition 4.14 auch so formulieren, dass unter der Bijektion $E \mapsto \mathrm{Hom}_K(E, L)$ die galoisschen Erweiterungen von $K$ den normalen transitiven $G$-Mengen entsprechen.

Aus Proposition 4.14 folgt außerdem, dass zu jeder über $K$ endlichen Zwischenerweiterung $E$ von $L$ über $K$ eine kleinste über $K$ endliche Zwischenerweiterung $\widehat{E}$ von $L$ über $K$ existiert, welche über $K$ galoissch ist und $E$ enthält: Es ist nämlich

$$\widehat{E} = \mathrm{Hom}_G(G/N_H(G), L) = L^{\hat{H}},$$

wenn $H$ die galoissche Gruppe von $L$ über $E$ ist und

$$\widehat{H} := \bigcap_{g \in G} g H g^{-1}$$

die größte endliche Untergruppe von $H$ ist, welche normal in $G$ ist. Es heißt $\widehat{E}$ der *normale Abschluss* von $E$ in $L$.

Wie sieht es mit der galoisschen Theorie aus, wenn wir von einer normalen endlichen Körpererweiterung $L \supseteq K$ ausgehen, welche vielleicht nicht separabel ist? Sei $G = \mathrm{Aut}_K(L)$ die Menge der Automorphismen von $L$ über $K$. Es sei $E$ der Fixkörper von $L$ unter $G$, das heißt,

$$E = \{x \in L \mid \sigma \cdot x = x \text{ für alle } \sigma \in G\} .$$

Es ist $E$ endlich über $K$. Sei $\Omega$ ein algebraisch abgeschlossener (ideeller) Oberkörper von $E$. Jede Körpereinbettung $\varphi : E \to \Omega$ über $K$ setzt sich aufgrund der Normalität von $L$ über $K$ zu einem Automorphismus von $L$ fort. Da jeder Automorphismus von $L$ eingeschränkt auf $E$ nach Definition von $E$ die Identität ist, gibt es nur genau eine Einbettung $\varphi : E \to \Omega$ über $K$. Wir haben also $[E : K]_s = 1$, das heißt, $E$ ist über $K$ rein inseparabel. Wir wollen zeigen, dass $L$ über $E$ separabel und damit galoissch ist. Wir können dann also über dem Teil $L$ über $L^G$ weiterhin die galoissche Theorie anwenden. Sei dazu $x \in L$ beliebig, von dem wir zeigen wollen, dass es separabel über $E$ ist. Sei $H$ die endliche Gruppe derjenigen Elemente aus $G$, die auf $x$ trivial wirken. Ist dann $\sigma_1, ..., \sigma_k \in G$ ein Repräsentantensystem von $G/H$, so ist

$$f(X) = (X - \sigma_1(x)) \cdots (X - \sigma_n(x)) \in L[X]$$

ein separables Polynom, welches $x$ als Nullstelle hat. Außerdem ist dieses Polynom unter $G$ invariant, sodass wir sogar $f(X) \in E[X]$ haben. Damit ist $x$ separabel über $E$.

Es lässt sich im Übrigen leicht überlegen, dass $E = L \cap K^{p^{-\infty}}$, wenn $K^{p^{-\infty}}$ der vollkommene Abschluss von $K$ ist. Wir erhalten damit eine Bijektion zwischen den endlichen Untergruppen von $G$ und den über $K$ endlichen Zwischenerweiterungen von $L$ über $K$, welche alle über $K$ rein inseparablen Elemente enthalten.

> Die galoissche Theorie funktioniert mit Einschränkungen auch über nichtseparablen Körpererweiterungen.

Wir bemerken weiterhin, dass wir im Falle einer normalen endlichen Erweiterung $L \supseteq K$ diese auf zwei unterschiedliche Arten und Weisen faktorisieren können: einmal über den separablen Abschluss von $K$ in $L$, gefolgt von einer rein inseparablen Erweiterung oder über den vollkommenen Abschluss von $K$ in $L$, gefolgt von einer separablen Erweiterung.

Als Anwendung der galoisschen Theorie wollen wir noch einen weiteren Beweis des Fundamentalsatzes der Algebra liefern, der im Gegensatz zu dem in Bd. 1 gegebenen wesentlich weniger Analysis benötigt und zudem auch wesentlich kürzer ist. So wie wir die Theorie in diesem Kapitel aufgebaut haben, haben wir den Fundamentalsatz der Algebra aus Bd. 1 nicht benötigt, sodass wir nicht in einen Zirkelschluss laufen.

Nichtsdestotrotz benötigen wir zwei kleinere Ergebnisse aus der Analysis (schließlich ist $\overline{\mathbf{Q}}$ ein analytisch definiertes Objekt als Teilmenge von $\mathbf{C}$), welche wir in den beiden folgenden Hilfssätzen formulieren:

**Lemma 4.4** *Sei $f(X)$ ein Polynom mit rationalen Koeffizienten. Sind dann $a$ und $b$ zwei rationale Zahlen mit $f(a) < 0$ und $f(b) > 0$, so existiert eine reelle Zahl $c$ mit $f(c) = 0$.*

*Beweis.* Wir geben eine cauchysche Folge an, die gegen eine Nullstelle $c$ konvergiert. Dazu definieren wir induktiv Folgen $(a_n)$ und $(b_n)$ rationaler Zahlen wie folgt: Zunächst setzen wir $a_0 := a$ und $b_0 := b$. Sind dann $a_n$ und $b_n$ schon definiert, so berechnen wir $d := \frac{1}{2}(a_n + b_n)$. Ist dann $f(d) = 0$, so können wir $c = d$ setzen und sind fertig. Andernfalls[7] gilt $f(d) < 0$ oder $f(d) > 0$. Im ersteren Falle setzen wir $a_{n+1} := d$ und $b_{n+1} := b_n$, im letzteren Falle $a_{n+1} := a_n$ und $b_{n+1} := d$.

Mit diesen Setzungen sind $(a_n)$ und $(b_n)$ cauchysche Folgen, die gegen die gleiche reelle Zahl $c$ konvergieren. Aus Stetigkeitsgründen gilt $f(c) = 0$.[8]  □

**Korollar 4.5** *Sei $f(X)$ ein Polynom ungeraden Grades mit rationalen Koeffizienten. Dann besitzt $f(X)$ eine Nullstelle in $\overline{\mathbf{Q}}$.*

*Beweis.* Ohne Einschränkung sei $f(X)$ normiert. Für hinreichend kleines $a$ ist dann $f(a) < 0$, und für hinreichend großes $b$ ist $f(b) > 0$, sodass wir Lemma 4.4 anwenden können. Die so gegebene reelle Nullstelle $c$ ist als Nullstelle eines Polynoms mit rationalen Koeffizienten natürlich in $\overline{\mathbf{Q}}$.  □

**Lemma 4.5** *Sei $f(X)$ ein Polynom vom Grad 2 über $\overline{\mathbf{Q}}$. Dann besitzt $f(X)$ eine Nullstelle in $\overline{\mathbf{Q}}$.*

*Beweis.* Nach der Lösungsformel für quadratische Gleichungen reicht es zu zeigen, dass Quadratwurzeln algebraischer Zahlen $z \in \overline{\mathbf{Q}}$ existieren. Dies wissen wir aber aus Bd. 1.  □

Wir formulieren einen weiteren Hilfssatz:

**Lemma 4.6** *Sei $K$ ein separabel faktorieller Körper, und sei $L$ über $K$ eine separable Körpererweiterung. Jedes separable Polynom über $K$ habe in $L$ eine Nullstelle. Dann ist $L$*

---

[7] Hier nutzen wir aus, dass unser Polynom nur rationale Koeffizienten hat und wir konstruktiv daher feststellen können, ob das Polynom an einer rationalen Stelle positiv, negativ oder null ist.

[8] Das diesem Beweis zugrunde liegende numerische Verfahren ist das *Bisektionsverfahren*.

*separabel abgeschlossen, das heißt, jedes nichtkonstante separable Polynom über L besitzt in L eine Nullstelle.*

Wir wollen diesen Hilfssatz auf die Körpererweiterung $\overline{\mathbf{Q}}$ über $\mathbf{Q}$ anwenden: Um zu zeigen, dass $\overline{\mathbf{Q}}$ algebraisch abgeschlossen ist, dass also in $\overline{\mathbf{Q}}$ ein jedes Polynom eine Nullstelle hat, reicht es zu zeigen, dass jedes separable Polynom über $\overline{\mathbf{Q}}$ eine Nullstelle hat, weil jedes Polynom in diesem Körper der Charakteristik null einen separablen Teiler besitzt. Nach Lemma 4.6 reicht es dazu zeigen, dass jedes Polynom mit rationalen Koeffizienten eine Nullstelle in $\overline{\mathbf{Q}}$ besitzt. Wir müssen nur sicherstellen, dass die Voraussetzung von Lemma 4.6 erfüllt ist, dass nämlich $\mathbf{Q}$ separabel faktoriell ist. Wir wissen, dass $\mathbf{Q}$ sogar faktoriell ist, allerdings hat unser Beweis dieser Tatsache in Bd. 1 ausgenutzt, dass $\overline{\mathbf{Q}}$ algebraisch abgeschlossen ist. Um nicht doch noch einen Zirkelschluss zu produzieren, brauchen wir einen alternativen Beweis für die Faktorialität von $\mathbf{Q}$. Da $\mathbf{Q}$ der Quotientenkörper von $\mathbf{Z}$ ist, reicht es dazu, die Faktorialität von $\mathbf{Z}$ nachzurechnen. Da $\mathbf{Z}$ ein Ring mit eindeutiger Primfaktorzerlegung ist, brauchen wir wegen Lemma 3.3 nur noch einen Irreduzibilitätstest für Polynome über ganzzahligen Koeffizienten anzugeben.

Sei also $f(X)$ ein Polynom in $\mathbf{Z}[X]$, von dem wir ohne Benutzung der Tatsache, dass $\overline{\mathbf{Q}}$ algebraisch abgeschlossen ist, feststellen wollen, ob es über $\mathbf{Z}$ irreduzibel ist oder nicht. Dazu benutzen wir die Methode, die von Leopold Kronecker angegeben worden ist ([2]), und die wir im Folgenden beschreiben werden: Wir können davon ausgehen, dass $f(X)$ nicht verschwindet. Sei $n$ der Grad von $f(X)$. Ist $f(X) = g(X) \cdot h(X)$ eine Produktdarstellung von $f(X)$, so können wir ohne Beachtung der Reihenfolge davon ausgehen, dass der Grad von $g(X)$ kleiner oder gleich dem Grad von $h(X)$ ist, das heißt, der Grad von $g(X)$ ist durch $k$ beschränkt, wobei $k$ die größte natürliche Zahl mit $k \leq \frac{n}{2}$ ist. Anschließend wählen wir insgesamt $k + 1$ verschiedene ganze Zahlen $c_0, \ldots, c_k$, sodass $f(c_i) \neq 0$ für alle $0 \leq i \leq k$. (Da $f(X)$ höchstens $n$ verschiedene Nullstellen besitzt, können wir solche $c_i$ immer finden.) Wir erhalten dann $k + 1$ Gleichungen

$$f(c_i) = g(c_i) \cdot h(c_i), \qquad 0 \leq i \leq k + 1.$$

Es folgt, dass die $g(c_i)$ allesamt Teiler der $f(c_i)$ sind. Jedes $f(c_i)$ besitzt nur endlich viele Teiler, sodass für jede der Zahlen $g(c_0), \ldots, g(c_k)$ jeweils nur endlich viele Werte infrage kommen. Sind $d_0, \ldots, d_k$ irgendwelche ganzen Zahlen, so gibt es genau ein Polynom $g(X)$ vom Grade höchstens $k$, welches $g(c_i) = d_i$ für $0 \leq i \leq k$ erfüllt. (Dass es genau ein solches Polynom gibt, sehen wir wie folgt: Schreiben wir $g(X) = a_k X^k + a_{k-1} X^{k-1} + \cdots + a_1 X + a_0$, so stellt sich die Frage, wie viele Möglichkeiten es für die Koeffizienten $a_0, \ldots, a_k$ gibt. Die Koeffizienten erfüllen das lineare Gleichungssystem

$$
\begin{aligned}
d_0 &= a_0 + c_0 a_1 + c_0^2 a_2 + \cdots + c_0^k a_k, \\
d_1 &= a_0 + c_1 a_1 + c_1^2 a_2 + \cdots + c_1^k a_k, \\
&\ \vdots \\
d_k &= a_0 + c_k a_1 + c_k^2 a_2 + \cdots + c_k^k a_k.
\end{aligned}
$$

Dieses ist eindeutig lösbar, denn für die Determinante der Koeffizientenmatrix $(c_i^j)$ gilt $\det(c_i^j) = \prod_{i<i'}(c_{i'} - c_i)$ nach Vandermonde. Und dieser Ausdruck ist invertierbar.) Damit kommen also nur endlich viele Polynome $g(X)$ als Teiler von $f(X)$ infrage. Indem wir diese alle durchtesten, können wir folglich feststellen, ob $f(X)$ irreduzibel ist oder nicht.

Damit können wir Lemma 4.6 auf die Körpererweiterung $\overline{\mathbf{Q}}$ von $\mathbf{Q}$ also anwenden, sodass wir nur noch zeigen müssen, dass jedes nichtverschwindende separable Polynom $f(X)$ mit rationalen Koeffizienten eine Nullstelle in $\overline{\mathbf{Q}}$ besitzt, um folgern zu können, dass $\overline{\mathbf{Q}}$ algebraisch abgeschlossen ist.

Sei dazu $E$ nach Korollar 4.1 ein Zerfällungskörper von $f(X)$ über $\mathbf{Q}$. Sei $G$ die galoissche Gruppe von $E$ über $\mathbf{Q}$. Diese besitzt eine sylowsche 2-Untergruppe, nennen wir sie etwa $H$. Nach Anmerkung 2.6 besitzt $H$ eine absteigende Folge

$$H = H_0 \supseteq H_1 \supseteq \cdots \supseteq H_k = \{\mathrm{id}\}$$

von Untergruppen, sodass der Index von $H_{i+1}$ in $H_i$ jeweils 2 ist. Für jedes $i \in \{0, \ldots, k\}$ sei $K_i$ der Fixkörper von $H_i$ in $E$. Wir erhalten also eine aufsteigende Folge

$$E^H = K_0 \subseteq K_1 \subseteq \cdots \subseteq K_k = E$$

von Zwischenerweiterungen. Wir setzen die Einbettung von $\mathbf{Q}$ in $\overline{\mathbf{Q}}$ jetzt sukzessiv auf $K_0$, $K_1$, $K_2$, ...fort: Betrachten wir als Erstes $K_0 = E^H$. Wir wählen ein primitives Element $z \in K$ dieser Erweiterung, also $K = \mathbf{Q}(z)$. Der Grad von $z$ über $\mathbf{Q}$ ist der Index von Index von $H$ in $G$, nach Wahl von $H$ also ungerade. Es folgt nach Lemma 4.4, dass das Minimalpolynom von $z$ in $\overline{\mathbf{Q}}$ eine Nullstelle, etwa $x$ besitzt. Folglich definiert

$$K_0 \to \overline{\mathbf{Q}}, \quad z \mapsto x$$

eine wohldefinierte Einbettung von $K_0$ in $\overline{\mathbf{Q}}$ über $\mathbf{Q}$. Nehmen wir jetzt an, dass wir für ein $i < k$ schon eine Einbettung von $K_i$ nach $\overline{\mathbf{Q}}$ konstruiert haben. Diese können wir wie folgt zu einer Einbettung von $K_{i+1}$ nach $\overline{\mathbf{Q}}$ fortsetzen: Da der Grad von $K_{i+1}$ über $K_i$ gleich dem Index von $H_i$ in $H_{i+1}$, also 2, ist, existiert ein primitives Element $z$ von $K_{i+1}$ über $K_i$, welches den Grad 2 über $K_i$ besitzt, also Nullstelle eines irreduziblen Polynoms $g(X)$ vom Grad 2 über $K_i$ ist. Unter der schon konstruierten Einbettung von $K_i$ in $\overline{\mathbf{Q}}$ können wir das Polynom $g(X)$ als Polynom mit Koeffizienten in $\overline{\mathbf{Q}}$ auffassen. Dieses besitzt nach Lemma 4.8 eine Nullstelle $x$ in $\overline{\mathbf{Q}}$. Folglich definiert

$$K_{i+1} \to \overline{\mathbf{Q}}, \quad z \to\mapsto x$$

eine wohldefinierte Einbettung von $K_{i+1}$ in $\overline{\mathbf{Q}}$ über $K_i$. Induktiv erhalten wir schließlich eine Einbettung von $E = K_k$ in $\overline{\mathbf{Q}}$. Da $f(X)$ in $E$ eine Nullstelle besitzt, besitzt $f(X)$ damit auch in $\overline{\mathbf{Q}}$ eine Nullstelle. Das ist aber alles, was wir zu zeigen hatten.

Es steht allerdings noch der Beweis von Lemma 4.6 aus, den wir jetzt nachholen wollen:

*Beweis.* Sei $f(X)$ ein nichtkonstantes separables Polynom über $L$. Wir müssen zeigen, dass $f(X)$ eine Nullstelle in $L$ besitzt. Da $L$ über $K$ separabel ist, sind insbesondere die Koeffizienten von $f(X)$ über $K$ separabel. Da $K$ separabel faktoriell ist, gibt es eine separabel faktorielle Zwischenerweiterung $E$ von $L$ über $K$, welche endlich (separabel) über $K$ ist und sodass die Koeffizienten von $f(X)$ allesamt in $E$ liegen, dass also $f(X) \in E[X]$. Da $E$ separabel faktoriell ist, besitzt $f(X)$ einen Zerfällungskörper $F$ über $E$. Dieser ist endlich und separabel über $E$ und damit auch endlich und separabel über $K$. Damit besitzt $F$ ein primitives Element $x$ über $K$, welche Nullstelle eines irreduziblen separierten normierten Polynoms $g(X)$ über $\mathbf{Q}$ ist. Wir können $F$ also vermöge

$$K[X]/(g(X)) \to F, \quad X \mapsto x$$

mit $K[X]/(g(X))$ identifizieren. Nach Voraussetzung besitzt $g(X)$ eine Nullstelle $y$ in $L$. Wir erhalten eine Einbettung

$$\iota : F = K[X]/(g(X)) \to L, \quad X \mapsto y$$

von Körpern über $E$. Da $f(X)$ in $F$ eine Nullstelle $z$ besitzt, besitzt $f(X)$ auch in $L$ eine Nullstelle, nämlich $\iota(z)$. $\qquad\qquad\qquad\qquad\qquad\qquad\qquad\qquad\qquad\qquad\qquad$ $\square$

Damit haben wir also mithilfe der galoisschen Theorie einen einfachen Beweis für den Fundamentalsatz der Algebra gewonnen.

> Die galoissche Theorie erlaubt einen relativ klaren Beweis für den Fundamentalsatz der Algebra, der nur minimale Resultate aus der Analysis benötigt.

## 4.9   Auflösbare galoissche Gruppen

In Bd. 1 haben wir definiert, was es heißt, dass die Nullstellen eines Polynoms über einem (Zahl-)Körper $K$ simultan durch Wurzeln ausdrückbar sind. Wir konnten dies prägnant so formulieren, dass es einen Turm von Radikalerweiterungen gibt, welcher die Nullstellen des Polynoms enthält. Dabei war eine Radikalerweiterung von einem Exponenten $m$ eine Erweiterung der Form $E(z) \supseteq E$, wobei $z$ eine über $E$ algebraisch eindeutige $m$-te Wurzel war, d. h. Nullstelle eines irreduziblen Polynoms der Form $X^m - a$ mit $a \in E$.

Die ursprüngliche Frage, die die galoissche Theorie historisch beantworten sollte, war, welche (separablen) Polynome $f(X)$ über $K$ auflösbar sind, d. h. für welche Polyome gilt, dass deren Nullstellen simultan durch Wurzeln ausdrückbar sind. Wir haben in Bd. 1 folgende prägnante Antwort geben können: Ein normiertes separables Polynom $f(X)$ ist über einem Zahlkörper $K$ genau dann auflösbar, wenn die galoissche Gruppe (eines Zerfällungskörpers) von $f(X)$ über $K$ auflösbar.

In diesem Kapitel wollen wir die Theorie auf andere Körper, insbesondere also auch auf Körper von Primzahlcharakteristik anwenden. Der Einfachheit halber beschränken wir uns hierbei auf separabel faktorielle Körper[9], sodass wir separable Polynome immer faktorisieren können und daher auch Zerfällungskörper solcher Polynome existieren. Die Voraussetzung, dass die Körper nötigenfalls separabel faktoriell sind, werden wir im Folgenden nicht immer hinschreiben, sondern nehmen dies als Generalannahme für diesen Abschnitt an.

Auf der einen Seite der Äquivalenz wollen wir weiterhin den Begriff der Auflösbarkeit einer Gruppe stehen haben. Das führt aber dazu, dass wir zumindest in positiver Charakteristik $p > 0$ den Begriff der Auflösbarkeit eines Polynomes, also den Begriff der Radikalerweiterung leicht erweitern müssen.

Das Problem für einen Grundkörper $K$ der Charakteristik $p > 0$ ist das Folgende: Sei $L/K$ eine galoissche Körpererweiterung, dessen galoissche Gruppe gerade von Ordnung $p$ ist. Da Gruppen von Primzahlordnung zyklisch und damit erst recht auflösbar sind, erwarten wir also, dass $L/K$ in einen Turm von Radikalerweiterungen zerfällt. Die einzigen Polynome der Form $X^m - a$, die hier aus Teilbarkeitsgründen infrage kommen, sind allerdings Polynome mit $m = p$, also Polynome der Form $X^p - a$. Das Problem hier ist allerdings, dass $X^p - a$ nicht separabel ist, wie wir wissen, denn die formale Ableitung des Polynoms verschwindet.

Könnte es vielleicht sein, dass es gar keine galoissche Körpererweiterung der Form $L/K$ vom Grad $p$ gibt? Diese Hoffnung zerschlägt sich schnell, wie die folgende Proposition zusammen mit den nachstehenden Beispielen zeigt:

**Proposition 4.15** *Sei $K$ ein separabel faktorieller Körper der Charakteristik $p > 0$. Sei weiter $c \in K$. Dann ist das* Artin[10]–Schreier[11]*-Polynom $f(X) = X^p - X - c$ separabel, und die galoissche Gruppe von $f(X)$ ist entweder trivial oder zyklisch von Ordnung $p$.*

*Ist $x$ eine Nullstelle von $f(X)$, so sind alle übrigen Nullstellen von der Form $x + a$ mit $a \in \mathbf{F}_p \subseteq K$.*

*Beweis.* Sei $a \in \mathbf{F}_p$. Da $(x+a)^p = x^p + a^p = x^p + a$, folgt schnell, dass mit $x$ auch $x + a$ eine Nullstelle sein muss.

Weiter ist das Polynom $X^p - X - c$ separabel, denn seine formale Ableitung ist $-1 \neq 0$.

Schließlich bleibt noch die eigentliche Aussage, dass die galoissche Gruppe trivial oder zyklisch von Ordnung $p$ ist. Diese ist aber trivial, denn aus Teilbarkeitsgründen muss die

---

[9] In klassischer Logik ist dies keine Einschränkung, da uns der Satz vom ausgeschlossenen Dritten immer erlaubt, Polynome (nicht konstruktiv) in irreduzible Faktoren zu zerlegen.
[10] Emil Artin, 1898–1962, österreichischer Mathematiker.
[11] Otto Schreier, 1901–1929, österreichischer Mathematiker.

galoissche Gruppe von Ordnung $p$ sein, wenn sie nichttrivial ist. Dann ist sie aber zwangsläufig zyklisch, denn dies gilt für jede $p$-Gruppe. □

Wir sehen, dass im letzteren Fall die Gruppe durch die Permutation $x \mapsto x + 1$ auf den Nullstellen erzeugt wird.

*Beispiel 4.20* Im Falle von $K = \mathbf{F}_p$ ist für $c \neq 0$ die galoissche Gruppe von $X^p - X - c$ zyklisch vom Grad $p$.

*Beispiel 4.21* Über $\mathbf{F}_p(T)$ ist die galoissche Gruppe von $f(X) = X^p - X - T$ zyklisch vom Grap $p$.

Die Idee, unsere Charakterisierung auflösbarer Gleichungen in Charakteristik $p > 0$ zu retten, ist nun, anstelle der Polynome $X^p - a$, die sowieso nicht separabel sind, die Artin–Schreier-Polynome herzunehmen und deren Nullstellen „Radikale" zu nennen.

In Charakteristik $p$ ersetzen wir bei der Definition von Radikalen die Polynome $X^p - a$ durch $X^p - X - a$.

Wir wollen aber noch ein bisschen mehr ausholen und studieren zunächst noch einmal zyklische galoissche Erweiterungen genauer, also galoissche Erweiterungen, deren galoissche Gruppe zyklisch ist.

Dies wollen wir auf besonders vornehme Art und Weise machen und führen den Begriff der (ersten) Gruppenkohomologie ein.

**Definition 4.4** Seien $G$ eine Gruppe und $A$ eine abelsche Gruppe. Weiter wirke die Gruppe $G$ durch Gruppenhomomorphismen auf $A$, das heißt, wir haben einen Gruppenhomomorphismus $G \to \mathrm{Aut}(A)$ gegeben.

Ein 1-*Kozykel* von $G$ mit Werten in $A$ ist dann eine Abbildung $f : G \to A$, für die $f(gg') = gf(g') + f(g)$ für alle $g, g' \in G$ gilt.

Ein 1-*Korand* von $G$ mit Werten in $A$ ist eine Abbildung $f : G \to A$, sodass ein $a \in A$ mit $f(g) = a - ga$ für alle $g \in G$ existiert.

Mit $\mathrm{Z}^1(G, A)$ bezeichnen wir die Menge der so definierten 1-Kozykel und mit $\mathrm{B}^1(G, A)$ die Menge der 1-Koränder. Da die definierenden Gleichungen linear in $f$ sind, sind sowohl $\mathrm{Z}^1(G, A)$ als auch $\mathrm{B}^1(G, A)$ Untergruppen der Gruppe aller Abbildungen $G \to A$ (mit punktweiser Addition). Mehr noch: Die Gruppe $\mathrm{B}^1(G, A)$ ist eine Untergruppe von $\mathrm{Z}^1(G, A)$, denn ist etwa $f : G \to A$ mit $f(g) = a - ga$ für ein $a \in A$ für alle $\in G$, so gilt für alle $g, g' \in G$, dass

$$f(gg') = a - gg'a = g(a - g'a) + a - ga = gf(g') + f(g).$$

Wir können damit den Faktorraum

$$H^1(G, A) := Z^1(G, A)/B^1(G, A)$$

definieren.

**Definition 4.5**  Die abelsche Gruppe $H^1(G, A)$ heißt die *erste Kohomologiegruppe* von $G$ in $A$.

Wir halten Folgendes fest: Die Kohomologie $H^1(G, A)$ verschwindet genau dann, d. h. ist isomorph zur trivialen Gruppe, wenn jeder 1-Kozykel schon ein 1-Korand ist, wenn also für jede Abbildung $f : G \to A$ mit $f(gg') = gf(g') + f(g)$ für alle $g$, $g' \in G$ ein $a \in A$ mit $f(g) = a - ga$ für alle $g \in G$ existiert.

Ein wichtiges Beispiel für diese Situation ist durch endliche galoissche Gruppen gegeben: Sei dazu $L/K$ eine endliche galoissche Erweiterung und $G$ ihre galoissche Gruppe. Wir wollen die Kohomologie von $G$ studieren. Dazu fehlt uns natürlich noch eine abelsche Gruppe, auf der $G$ wirken könnte. Eine gute Wahl ist die Einheitengruppe $L^\times$ von $L$, auf der $G$ durch Einschränkung wirkt, denn jeder Automorphismus von $L$ bildet natürlich Einheiten auf Einheiten ab.

Etwas ungünstig ist, dass wir abelsche Gruppen in der Regel additiv schreiben (so auch bei der Einführung der Gruppenkohomologie), die abelsche Gruppe $L^\times$ allerdings multiplikativ geschrieben ist. Deswegen sehen die obigen Formeln für $L^\times$ etwas anders aus, da wir Summen durch Produkte und Negationen durch Inverse austauschen müssen.

Damit können wir den sogenannten hilbertschen Satz 90 wie folgt formulieren:

**Theorem 4.13**  *Sei $L/K$ eine endliche galoissche Erweiterung mit galoisscher Gruppe $G$. Dann ist $H^1(G, L^\times) = 1$.*

Auf der rechten Seite steht 1 natürlich für die triviale abelsche Gruppe, multiplikativ geschrieben.

Für die Wirkung der galoisschen Gruppe einer Körpererweiterung auf der Einheitengruppes des Oberkörpers verschwindet die erste Gruppenkohomologie.

Um das Theorem elegant beweisen zu können, benötigen wir noch eine Aussage über Gruppencharaktere, die wir zunächst definieren wollen:

**Definition 4.6** Ist $G$ eine Gruppe und $K$ ein Körper, so heißt ein Gruppenhomomorphismus $\chi : G \to K^\times$ ein *Charakter* der Gruppe $G$ mit Werten in $K^\times$.

Die Charaktere einer Gruppe mit Werten in $K^\times$ bilden bezüglich der punktweisen Multiplikation eine (multiplikativ geschriebene) abelsche Gruppe.

> Charaktere einer Gruppe sind Gruppenhomomorphismen in Einheitengruppen von Körpern. Die Gesamtheit der Charaktere einer Gruppe in eine bestimmte Einheitengruppe eines Körpers bildet eine Charaktergruppe der Gruppe.

*Beispiel 4.22* Sei $L$ eine galoissche Körpererweiterung über $K$ mit galoisscher Gruppe $G$. Jedes Gruppenelement $\sigma \in G$ definiert dann einen Charakter $\sigma^\times : L^\times, x \mapsto \sigma(x)$ der Einheitengruppe $L^\times$ mit Werten in $L^\times$.

Fassen wir Charaktere als Abbildungen $G \to K$ auf, können wir insbesondere $K$-Linearkombinationen betrachten und insbesondere über $K$-lineare Unabhängigkeit sprechen. Es gilt folgendes Lemma von Emil Artin:

**Lemma 4.7** *Seien $\chi_1, ..., \chi_n$ paarweise verschiedene Charaktere der Gruppe $G$ mit Werten in $K^\times$. Dann sind $\chi_1, ..., \chi_n$ über $K$ linear unabhängig.*

*Beweis. (Beweis von Lemma 4.7)* Sei $a_1\chi_1 + \cdots + a_n\chi_n = 0$ eine Linearkombination mit $a_1, ..., a_n \in K$. Wir müssen zeigen, dass $a_1 = \cdots = a_n = 0$. Wir führen den Beweis induktiv über $n$.

Im Falle von $n = 0$ ist nichts zu zeigen. Im Falle von $n = 1$ haben wir $a_1\chi_1 = 0$. Setzen wir $1 \in G$ ein, so erhalten wir sofort $0 = a_1\chi_1(1) = a_1 \cdot 1 = a_1$.

Damit können wir $n \geq 2$ annehmen. Da $\chi_1$ und $\chi_2$ nach Voraussetzung verschieden sind, existiert ein $g \in G$ mit $\chi_1(g) \neq \chi_2(g)$. Für alle $h \in G$ gilt $a_1\chi_1(gh) + \cdots + a_n\chi_n(gh) = 0$, also

$$a_1\chi_1(g)\chi_1(h) + \cdots + a_n\chi_n(g)\chi_n(h) = 0.$$

Es folgt, dass $a_1\chi_1(g)\chi_1 + \cdots + a_n\chi_n(g)\chi_n = 0$ eine weitere Linearkombination von $\chi_1, ..., \chi_n$ ist. Multiplizieren wir die ursprüngliche Linearkombination mit $\chi_1(g)$ und subtrahieren wir diese dann, so erhalten wir eine Linearkombination der Länge $n - 1$, die mit

$$a_2(\chi_1(g) - \chi_2(g))\chi_2 + \cdots$$

beginnt. Nach Induktionsvoraussetzung können wir $a_2(\chi_1(g) - \chi_2(g)) = 0$ folgern, wegen $\chi_1(g) \neq \chi_2(g)$, also $a_2 = 0$. Damit haben wir die ursprüngliche Linearkombination aber auf eine der Länge $n - 1$ reduziert, können also wieder mit dem Induktionsanfang folgern. $\qquad\square$

Paarweise verschiedene Charaktere sind linear unabhängig.

*Beweis. (Beweis von Theorem 4.13)* Sei $f : G \to L^\times$ ein 1-Kozyklus. Wir müssen zeigen, dass $f$ sogar ein 1-Korand ist. Dazu fassen wir die $\sigma' \in G$ als Charaktere $L^\times \to L^\times$ auf. In diesem Sinne ist $\sum_{\sigma' \in G} f(\sigma') \cdot \sigma'$ eine nichttriviale Linearkombination von Charakteren, nach Lemma 4.7 also eine nichtverschwindende Abbildung. Damit existiert ein $b \in L^\times$ mit

$$a := \sum_{\sigma' \in G} f(\sigma') \cdot \sigma(b) \neq 0.$$

Damit haben wir für jedes Gruppenelement $\sigma \in G$, dass

$$\sigma(a) = \sum_{\sigma' \in G} \sigma(f(\sigma')) \cdot (\sigma \circ \sigma')(a)$$

$$= \sum_{\sigma' \in G} f(\sigma)^{-1} \cdot f(\sigma \circ \sigma') \cdot (\sigma \circ \sigma')(a)$$

$$= f(\sigma)^{-1} \sum_{\sigma' \in G} f(\sigma \circ \sigma') \cdot (\sigma \circ \sigma')(a) = f(\sigma)^{-1} \cdot a,$$

wobei die letzte Gleichheit gilt, da $\sigma \circ \sigma'$ alle Gruppenelemente durchläuft, wenn $\sigma'$ alle Gruppenelemente durchläuft.

In der Summe sagt die Gleichung also, dass $f$ ein 1-Korand ist, was zu zeigen war. $\qquad\square$

Wir wollen ein wichtiges Korollar aus dem hilbertschen Satz 90 ziehen. Dazu benötigen wir als weitere Zutat den Begriff der Norm einer endlichen Körpererweiterung. Dazu erinnern wir an den Begriff der Spur: Ist $L/K$ über eine Körpererweiterung, so können wir jedes Element $x \in L$ als Multiplikationsoperator $L \to L$, $y \mapsto xy$ auffassen, welcher eine lineare Abbildung über $K$ ist. Wir haben die Spur dieser linearen Abbildung als Spur $\mathrm{tr}_{L/K}(x)$ definiert.

Anstelle der Spur können wir natürlich auch die Determinante nehmen: Wir nennen die Determinante der $K$-linearen Abbildung $L \to L$, $y \mapsto xy$ die *Norm*

$$\mathrm{N}_{L/K}(x)$$

von $x$ in $L$ über $K$.

Wir überlegen uns zunächst, dass

$$N_{L/K}(1) = 1$$

und dass

$$N_{L/K}(x \cdot x') = N_{L/K}(x) \cdot N_{L/K}(x')$$

für je zwei Elemente $x$ und $x' \in L$, was natürlich daraus folgt, dass die Determinante der Komposition zweier linearer Abbildungen das Produkt der Determinanten ist. Insbesondere erhalten wir durch Einschränkung einen Gruppenhomomorphismus $N_{L/K} : L^\times \to K^\times$.

Die Norm bildet einen Gruppenhomomorphismus.

Ebenfalls aus der Eigenschaft der Determinanten folgt sofort, dass

$$N_{L/K}(a \cdot x) = a^{[L:K]} \cdot N_{L/K}(x)$$

für alle $a \in K$, insbesondere also $N_{L/K}(a) = a^{[L:K]}$.

Weiter brauchen wir für das Folgende noch eine Spezialaussage für Körpertürme: Ist $L$ endlich über $E$ und $E$ endlich über $K$ und ist $x \in E$, so gilt

$$N_{L/K}(x) = N_{E/K}(x)^{[L:E]}. \tag{4.5}$$

Die Norm hängt also entscheidend vom Oberkörper ab! Um (4.5) zu beweisen, betrachten wir eine Basis $u_1, \ldots, u_m$ von $E$ über $K$ und eine Basis $v_1, \ldots, v_n$ von $L$ über $E$. Dann ist bekanntlich $u_i v_j$ eine Basis von $L$ über $K$. Wird nun die Multiplikation von $x$ auf $E$ durch eine $m \times m$-Matrix bezüglich der Basis $u_i$ dargestellt, so wird die Multiplikation von $x$ auf $L$ bezüglich der Basis $u_i v_j$ durch eine Blockdiagonalmatrix dargestellt, deren Diagonale durch $n$ Kopien von $A$ gegeben ist. Da die Determinante einer Blockdiagonalmatrix das Produkt der Determinanten der Blöcke ist, folgt (4.5).

Wie sieht es mit der Norm aus, wenn $x$ erzeugendes Element der endlichen Körpererweiterung $L/K$ ist, wenn also $L = K(x)$? Sei dazu $f(X)$ das Minimalpolynom von $a$ über $K$. Es gilt also $f(x) = 0$. Gleichzeitig gilt aber auch, dass $f(x) : K(x) \to K(x)$ die Nullabbildung ist, wenn wir $x$ als lineare Abbildung von $K(x)$ nach $K(x)$ interpretieren. Insbesondere ist das Minimalpolynom der linearen Abbildung $x : K(x) \to K(x)$ ein Teiler von $f(X)$. Aus Gradgründen folgt dann, dass $f(X)$ schon das Minimalpolynom der Abbildung ist. Wir halten insbesondere fest, dass wir $f(X)$ auf zweierlei Arten und Weisen als Minimalpolynom interpretieren können.

Weiter gilt aus Gradgründen, dass das Minimalpolynom auch das charakteristische Polynom der linearen Abbildung $a : K(x) \to K(x)$ sein muss. Und die Determinante einer linearen Abbildung können wir am charakteristischen Polynom ablesen, sie ist nämlich bis auf Vorzeichen der konstante Term. Genauer haben wir:

**Lemma 4.8** *Sei $K(x)/K$ eine einfache endliche Körpererweiterung. Ist dann*

$$f(X) = X^n + a_1 X^{n-1} + \cdots + a_n \in K[X]$$

*das Minimalpolynom von $x$ über $K$, so ist die Norm von $x$ in $K(x)$ über $K$ durch*

$$N_{K(x)/K}(x) = (-1)^n a_n$$

*gegeben.*                                                                                                           $\square$

Wir können das Lemma mit dem vietáschen Satz auch anders formulieren: Die Norm von $x$ in $K(x)$ über $K$ ist das Produkt der Nullstellen $x_1, \ldots, x_n$ des Minimalpolynomes von $x$ in einem (ideellen) algebraisch abgeschlossenen Oberkörper $\Omega$ von $K(x)$. Um uns das genauer anzuschauen, gehen wir zunächst davon aus, dass $x$ separabel über $K$ ist. In diesem Falle haben wir $n$ verschiedene Einbettungen $\sigma_1, \ldots, \sigma_n : K(x) \to \Omega$, sodass $x_i = \sigma_i(x)$. Wir erhalten also,

$$N_{K(x)/K}(x) = \prod_{i=1}^{[K(x):K]} \sigma_i(x).$$

Ist $L$ endlich über $K(x)$, so haben wir mit (4.5) damit

$$N_{L/K}(x) = \prod_{i=1}^{[K(x):K]} \sigma_i(x)^{[L:K]}.$$

Ist $L$ auch separabel über $K(x)$, so setzt sich jede Einbettung von $K(x)$ über $K$ in $\Omega$ auf insgesamt $[L : K(x)] = [L : K(x)]_s$ verschiedene Arten auf eine Einbettung von $L$ über $K$ in $\Omega$ fort, und auf diese Weise erhalten wir alle $[L : K] = [L : K]_s$ verschiedenen Einbettungen von $L$ über $K$ in $\Omega$. Folglich ist

$$N_{L/K}(x) = \prod_{i=1}^{[L:K]_s} \sigma_i(x),$$

für jede separable endliche Erweiterung $L$ über $K$ mit $x \in L$, wobei $\sigma_i$ in dieser Formel diesmal alle Einbettungen von $L$ nach $\Omega$ über $K$ durchläuft.

Wir wollen im letzten Schritt diese Formel schließlich auf beliebige endliche, also auch inseparable Körpererweiterungen verallgemeinern: Zunächst einmal gilt für im Allgemeinen nichtseparables $L$, aber separables $x$, dass

$$N_{L/K}(x) = \left( \prod_{i=1}^{[L:K]_s} \sigma_i(x) \right)^{[L:K]_i}. \tag{4.6}$$

Dies folgt nämlich wieder aus (4.5) und der Tatsache, dass jede endliche Erweiterung $L/K$ in eine separable $\overline{K}/K$ gefolgt von einer rein inseparablen $L/\overline{K}$ zerfällt.

Wir behaupten schließlich, dass (4.6) nicht nur für ein separables $x \in K$, sondern für beliebige Elemente gilt:

**Proposition 4.16** *Sei L über K eine endliche Körpererweiterung. Für jedes Element $x \in L$ gilt dann*

$$N_{L/K}(x) = \left( \prod_{i=1}^{[L:K]_s} \sigma_i(x) \right)^{[L:K]_i}, \qquad (4.7)$$

*wobei $\sigma_1, ..., \sigma_{[L:K]_s}$ die verschiedenen Körpereinbettungen von L in einen (ideellen) algebraisch abgeschlossenen Körper $\Omega$ über K sind.*

*Beweis.* Ist $x$ separabel über $K$, so haben wir schon alles gezeigt. Im Allgemeinen existiert eine natürliche Zahl $q$, sodass $x^q$ separabel ist. Dabei ist entweder $q = 1$ oder eine Primpotenz. In jedem Falle ist Potenzieren mit $q$ ein Körperhomomorphismus, also insbesondere injektiv. Damit reicht es, anstelle der Gleichheit (4.7) ihre $q$-te Potenz zu zeigen. Da sich beide Seiten aber multiplikativ in $x$ verhalten, ist die $q$-Potenz gerade

$$N_{L/K}(x^q) = \left( \prod_{i=1}^{[L:K]_s} \sigma_i(x^q) \right)^{[L:K]_i}.$$

Das ist aber die zu beweisende Formel für $x^q$. Aber für $x^q$ wissen wir schon, dass sie korrekt ist, denn $x^q$ ist separabel. □

Nach diesem kleinen Exkurs in die Welt der Norm, können wir nun das Korollar formulieren, welches auch unter dem Namen „Hilbert 90" bekannt ist.

**Korollar 4.6 (zu Theorem** *4.13) Seien L über K eine endliche zyklische galoissche Körpererweiterung und $\sigma$ ein Erzeuger der galoisschen Gruppe G. Für jedes $b \in L$ sind dann folgende Aussagen äquivalent:*

*1. $N_{L/K}(b) = 1$.*
*2. Es existiert ein $a \in L^\times$ mit $b = a \cdot \sigma(a)^{-1}$.*

*Beweis.* Die Rückrichtung ist einfach, und daher machen wir diese zuerst: Sei $a \in L^\times$, sodass $b = a \cdot \sigma(a)^{-1}$. Dann ist nach den bekannten Eigenschaften der (multiplikativen) Norm

$$N_{L/K}(b) = N_{L/K}(a \cdot \sigma(a))^{-1} = N_{L/K}(a)/N_{L/K}(\sigma(a)) = 1.$$

Die letzte Gleichheit folgt, da die Norm invariant unter Automorphismen von $L$ über $K$ ist, wie zum Beispiel aus Proposition 4.16 folgt.

Schauen wir uns also die andere Implikation an, die wir beweisen müssen. Sei dazu $b \in L$ mit $N_{L/K}(b) = 1$. Nach Proposition 4.16 bedeutet dies

$$1 = b \cdot \sigma(b) \cdot \cdots \cdot \sigma^{n-1}(b),$$

wenn $n = [L : K]$. Daraus folgt durch kurze Rechnung, dass die Abbildung $f : G \to L^\times$, welche $\sigma^i$ auf $1 \cdot b \cdot \sigma(b) \cdot \cdots \cdot \sigma^{i-1}(b)$ für $i = 0, ..., \sigma^{n-1}$ schickt, ein 1-Kozykel ist. Wegen $H^1(G, L^\times)$ existiert damit ein $a \in L^\times$ mit $f(\sigma) = a \cdot \sigma(a)^{-1}$ für alle $\sigma \in G$. Wegen $f(\sigma) = b$ folgt die Aussage. $\qquad\square$

Wir haben diesen Abschnitt begonnen, weil wir über die Auflösbarkeit in allgemeinen endlichen Körpererweiterungen reden wollten. Wir scheinen recht weit vom Thema abgekommen zu sein, auch wenn wir natürlich mit der Gruppenkohomologie, der Norm und dem hilbertschen Satz 90 einiges Interessantes gelernt haben. Und dennoch wird es Zeit, das Ganze zur Anwendung auf unser eigentliches Thema zu bringen:

**Proposition 4.17** *Es seien $L$ über $K$ eine endliche Körpererweiterung und $n$ eine positive natürliche Zahl mit $n \neq 0$ in $K$. Weiter nehmen wir an, dass $L$ eine primitive $n$-te Einheitswurzel über $K$ enthält. Dann gilt:*

1. *Ist $L$ über $K$ zyklisch vom Grad $n$, so gilt $L = K(x)$ für ein Element $x \in L$, dessen Minimalpolynom über $K$ von der Form $X^n - a$ mit $a \in K$ ist.*
2. *Ist umgekehrt $L = K(x)$, sodass $x$ Nullstelle eines Polynoms der Form $X^n - a$ mit $a \in K$ ist, so ist $L$ eine zyklische galoissche Erweiterung, deren Grad $d$ ein Teiler von $n$ ist. Weiter ist $X^d - x^d$ das Minimalpolynom von $x$ über $K$, insbesondere $x^d \in K$.*

Hierbei heißt eine $n$-te Einheitswurzel wieder primitiv, wenn alle anderen $n$-Einheitswurzeln Potenzen dieser sind.

*Beweis.* Die letzte Aussage des zweiten Teiles folgt offensichtlich aus dem ersten Teil und der ersten Aussage des zweiten Teiles.

Doch kommen wir zunächst zum ersten Teil zurück. Sei $\zeta \in K$ eine primitive $n$-te Einheitswurzel. Es gilt $N_{L/K}(\zeta^{-1}) = \zeta^{-n} = 1$ nach den Eigenschaften der Norm, also können wir Korollar 4.6 auf $\zeta^{-1}$ anwenden und erhalten ein $x \in L^\times$ mit $\sigma(x) = \zeta \cdot x$, wenn wie dort $\sigma$ ein Erzeuger der galoisschen Gruppe von $L$ über $K$ ist. Wir kennen damit sofort alle galoisschen Konjugierten von $x$, nämlich $\zeta^i \cdot x$ mit $i = 0, ..., n - 1$, welche paarweise verschieden sind, sodass $x$ aus Gradgründen notwendigerweise die Körpererweiterung $L$ über $K$ erzeugen muss. Es gilt $\sigma(x^n) = (\sigma(x))^n = (\zeta x)^n = x^n$, d.h., $x^n$ ist invariant unter der galoisschen Gruppe und damit $a := x^n \in K$. Damit haben wir aber das Minimalpolynom von $x$ über $K$ gefunden, nämlich $X^n - a$, denn dieses ist vom richtigen Grad und hat $x$ als Nullstelle.

Es bleibt, die erste Aussage des zweiten Teiles zu zeigen. Wir können $a \neq 0$ annehmen, da ansonsten nichts zu zeigen ist. Die Nullstellen von $X^n - a$ sind alle von der Form $\zeta^i x$, liegen also auch in $L$, weswegen $L$ der Zerfällungskörper dieses Polynomes ist, insbesondere also normal. Weiter ist $X^n - a$ notwendigerweise separabel, da $n \neq 0$ in $K$. Damit ist also $L$ über $K$ eine galoissche Erweiterung, deren galoissche Gruppe wir hier mit $G$ bezeichnen wollen. Wir können dann einen injektiven Gruppenhomomorphismus

$$G \to C_n$$

definieren, in dem wir ein $\sigma \in G$ auf $k \in C_n$ abbilden, sodass $\sigma(x) = \zeta^k \cdot x$. Dieser Homomorphismus realisiert $G$ als endliche Untergruppe einer zyklischen Gruppe, womit $G$ wieder zyklisch ist. Nach dem Satz von Lagrange folgt außerdem, dass $d$ ein Teiler von $n$ ist. $\qquad\square$

> Wir können zyklische galoissche Erweiterungen klassifizieren, wenn die Charakteristik nicht die Ordnung teilt.

Mit dieser Proposition haben wir eine sehr schöne Charakterisierung zyklischer Erweiterungen gewonnen, allerdings mit einer kleinen Einschränkung. Und zwar darf $n$ kein Vielfaches von $p$ sein, wenn $p$ eine positive Charakteristik von $K$ ist.

Um auch diesen Fall abschließend behandeln zu können, brauchen wir noch eine weitere Version des hilbertschen Satzes, diesmal die additive. Die kohomomologische Version lautet wie folgt:

**Theorem 4.14** *Sei $L/K$ eine endliche galoissche Erweiterung mit galoisscher Gruppe $G$. Dann ist $\mathrm{H}^1(G, L) = 0$.*

In diesem Falle lassen wir $G$ durch Automorphismen auf der additiven Gruppe von $L$ operieren, schreiben insbesondere auch die Kohomologie additiv.

*Beweis.* Wir versuchen, den Beweis von Theorem 4.13 so weit wie möglich zu kopieren. Sei also $f : G \to L$ ein 1-Kozyklus. Wieder müssen wir zeigen, dass $f$ ein 1-Korand ist. Dann betrachten wir wieder die $\sigma' \in G$ als Charaktere von $L^\times \to L^\times$. Wir finden insbesondere ein $b \in L^\times$, sodass $\sum_{\sigma'} \sigma'(b) \in K^\times$. (Das Element ist im Grundkörper, denn die linke Seite ist invariant unter $G$.) Nach Normieren, denn $\sigma'$ ist $K$-linear, können wir weiter davon ausgehen, dass wir $b \in L^\times$ so gewählt haben, dass $\sum_{\sigma'} \sigma'(b) = 1$. Wir setzen dann

$$a := \sum_{\sigma' \in G} f(\sigma') \cdot \sigma(b).$$

Für jedes Gruppenelement $\sigma \, in \, G$ rechnen wir dann nach (analog zu der Berechnung in Theorem 4.13, nur additiv), dass

$$\sigma(a) = -f(\sigma) \cdot \sum_{\sigma'} \sigma'(b) + a,$$

also $\sigma(a) = -f(\sigma) + a$, womit $f$ als 1-Korand nachgewiesen worden ist. $\quad\square$

> Die erste Gruppenkohomologie einer galoisschen Gruppe einer galoisschen Erweiterung verschwindet für die Operation der Gruppe auf der additiven Gruppe des Oberkörpers.

Es gibt wieder ein nettes Korollar, das diesmal die Spur anstelle der Norm zum Inhalt hat:

**Korollar 4.7**  *Seien $L$ über $K$ eine endliche zyklische galoissche Körpererweiterung und $\sigma$ ein Erzeuger der galoisschen Gruppe $G$. Für jedes $b \in L$ sind dann folgende Aussagen äquivalent:*

*1. $\mathrm{tr}_{L/K}(b) = 0$.*
*2. Es existiert ein $a \in L^\times$ mit $b = a - \sigma(a)$.*

*Beweis.* Der Beweis geht ganz analog wie der Beweis zu Korollar 4.6, nur dass überall Produkte durch Summen auszutauschen sind. $\quad\square$

Wir kommen jetzt zum berühmten Satz von Artin und Schreier, der die Lücke für zyklische Erweiterungen in Charakteristik $p$ füllt. Diesmal brauchen wir den additiven hilbertschen Satz 90.

**Theorem 4.15**  *Es seien $L$ über $K$ eine endliche Körpererweiterung und $p$ eine Primzahl mit $p = 0$ in $K$. Dann gilt:*

*1. Ist $L$ über $K$ zyklisch vom Grad $p$, so gilt $L = K(x)$ für ein Element $x \in L$, dessen Minimalpolynom über $K$ von der Form $X^p - X - a$ mit $a \in K$ ist.*
*2. Ist umgekehrt $L = K(x)$, sodass $x$ Nullstelle eines Polynoms der Form $X^p - X - a$ mit $a \in K$ ist, so ist $L$ eine zyklische galoissche Erweiterung, deren Grad $d$ ein Teiler*

*von p ist, also d = 1 oder d = p. Im ersten Falle zerfällt $X^p - X - a$ über K
vollständig in Linearfaktoren; im zweiten Falle ist das Polynom irreduzibel und damit
das Minimalpolynom von x.*

**Beweis.** Die letzte Aussage des zweiten Teiles ist wieder einfach.

Kommen wir jetzt zunächst zum ersten Teil. Es ist $\operatorname{tr}_{L/K}(1) = p = 0$. Nach Korollar 4.7
existiert also ein $x \in L$ mit $\sigma(x) = x + 1$, wenn wie dort $\sigma$ ein Erzeuger der galoisschen
Gruppe von $L$ über $K$ ist. Wir kennen wieder alle galoisschen Konjugierten von $x$, nämlich
$x + i$ mit $i = 0, \ldots, p$, welche paarweise verschieden sind, sodass $x$ aus Gradgründen
notwendigerweise die Körpererweiterung $L$ über $K$ erzeugen muss. Es gilt $\sigma(x^p - x) =$
$\sigma(x)^p - \sigma(x) = (x + 1)^p - x - 1 = x^p - x$, d.h., $a := x^p - x$ ist invariant unter der
galoisschen Gruppe, womit $a \in K$ gilt. Damit haben wir aber das Minimalpolynom von $x$
über $K$ gefunden, nämlich $X^n - X - a$, denn dieses ist vom richtigen Grad und hat $x$ als
Nullstelle.

Es bleibt wieder, die erste Aussage des zweiten Teiles zu zeigen. Die Nullstellen von $X^p -$
$X - a$ sind alle von der Form $x + i$ mit $i = 0, \ldots, p-1$, wie eine kurze Rechnung offensichtlich
zeigt. Es folgt, dass $L$ der Zerfällungskörper dieses Polynomes ist, insbesondere also normal.
Weiter ist $X^p - X - a$ notwendigerweise separabel, denn es gibt insgesamt $p$ paarweise
verschiedene Nullstellen. Damit ist also $L$ über $K$ eine galoissche Erweiterung. Deren Grad
muss ein Teiler von $p$ sein, sie ist also entweder trivial oder zyklisch vom Grad $p$.  □

> Zyklische Erweiterungen vom Grad der Charakteristik werden durch Zerfällungskörper von Artin–Schreier-Polynomen gebildet.

Nachdem wir Erweiterungen mit zyklischer galoisscher Gruppe so ausführlich studiert
haben, können wir schließlich die Auflösbarkeit über beliebigen Grundkörpern studieren.

In Verallgemeinerung dessen, was wir in Bd. 1 definiert haben, nennen wir eine Körpererweiterung $F$ von $E$ eine *Radikalerweiterung*, wenn $F = E(z)$ und $z$ Nullstelle eines
irreduziblen Polynoms der Form $X^\ell - a$ mit $a \in E$ ist, wobei $\ell$ eine Primzahl mit $\ell \neq \in E$
ist, oder wenn $F = E(z)$ und $z$ Nullstelle eines irreduziblen Polynoms der Form $X^p - X - a$
mit $a \in E$ ist, wobei $p$ eine Primzahl mit $p = 0 \in E$. Im ersten Falle nennen wir $\ell$ den
*Exponenten* der Radikalerweiterung, im zweiten Falle nennen wir $p$ den Exponenten. Eine
Erweiterung der zweiten Art heißt auch *Artin–Schreier-Erweiterung*.

(Wenn wir es also mit der Theorie aus Bd. 1 vergleichen, so haben wir lediglich das in
Charakteristik $p > 0$ inseparable Polynom $X^p - a$ durch $X^p - X - a$ ersetzt und nennen
entsprechend Lösungen von $X^p - X - a = 0$ auch Radikale.)

Eine Körpererweiterung $L$ über $K$ heißt dann in Fortführung dessen, was wir in Bd. 1
gemacht haben, *durch Radikale auflösbar*, wenn es einen *Turm von Radikalerweiterungen*

$$K =: K_0 \subseteq K_1 \subseteq \cdots \subseteq K_m,$$

gibt, d. h., $K_i$ ist jeweils eine Radikalerweiterung von $K_{i-1}$, sodass $L \subseteq K_m$, dass also die Erweiterung $L$ über $K$ in einem solchen Turm enthalten ist. Ein separables Polynom $f(X)$ über $K$ heißt durch Radikale *auflösbar*, wenn ein Zerfällungskörper von $f(X)$ über $K$ durch Radikale auflösbar ist.

Für endliche Gruppen hatten wir auch einen Auflösbarkeitsbegriff definiert. Über die galoissche Gruppe bekommen wir die Verbindung zur Körpertheorie. Und zwar wollen wir eine endliche Körpererweiterung $L$ von $K$ *auflösbar* nennen, wenn eine galoissche Erweiterung $K'$ von $K$ mit $L \subseteq K'$ existiert, sodass die galoissche Gruppe von $K'$ über $K$ auflösbar ist. Ziel des Restes dieses Abschnittes ist, zu zeigen, dass beide Begriffe zusammenfallen, dass also eine Körpererweiterung genau dann durch Radikale auflösbar ist, wenn sie auflösbar ist.

Dazu halten wir zunächst als einfache Proposition fest, dass wir nicht beliebige Erweiterungen $K'$ studieren müssen, um zu sehen, ob $L$ über $K$ auflösbar ist:

**Proposition 4.18** *Eine endliche separable Körpererweiterung $L$ von $K$ ist genau dann auflösbar, falls die galoissche Gruppe eines normalen Abschlusses $\overline{L}$ von $L$ über $K$ auflösbar ist.*

Hierbei nennen wir eine Körpererweiterung $\overline{L}$ von $L$ einen normalen Abschluss von $L$ über $K$, falls $\overline{L}$ der Zerfällungskörper des Minimalpolynoms eines primitiven Elementes von $L$ über $K$ ist. Es ist $\overline{L}$ also eine minimale galoissche Erweiterung von $K$ mit $\overline{L} \supseteq L$.

*Beweis.* Sei eine galoissche Erweiterung $K'$ von $K$ mit $L \subseteq K'$ gegeben, welche eine auflösbare galoissche Gruppe $G$ besitzt. Aufgrund der Normalität von $K'$ über $K$ enthält $K'$ und wegen der Eindeutigkeit von Zerfällungskörpern bis auf Isomorphie können wir annehmen, dass $\overline{L} \subseteq K'$. Dann ist $\mathrm{Gal}_K(L)$ ein Quotient von $\mathrm{Gal}_K(K')$. Von Quotienten auflösbarer Gruppen wissen wir aber, dass sie selbst wieder auflösbar sind.                                    □

Nehmen wir jetzt an, dass eine endliche Körpererweiterung $L$ über $K$ durch Radikale auflösbar ist. Wir wollen zeigen, dass $L$ über $K$ auflösbar ist. Dazu können wir annehmen, dass ein Turm

$$K = L_0 \subseteq L_1 \subseteq \cdots \subseteq L_m \tag{4.8}$$

gegeben ist und dass ohne Einschränkung $L = L_m$. Enthält $L_0$ genügend viele Einheitswurzeln, so können wir Proposition 4.17 und Proposition 4.15 anwenden und erhalten, dass die galoisschen Gruppen von $L_i$ über $L_{i-1}$ jeweils zyklisch von Primzahlordnung sind. Wie beim entsprechenden Beweis aus Band 1 bedeutet dies, dass die (4.8) entsprechende absteigende Reihe von Untergruppen der galoisschen Gruppe $G$ von $L$ über $K$ eine Auflösungsreihe ist, deren Faktoren gerade durch diese zyklischen Gruppen von Primzahlordnung gegeben sind.

Die Voraussetzung, dass $L_0$ genügend viele Einheitswurzeln besitzt, können wir dadurch erreichen, in dem wir wie in Band 1 zum Grundkörper $K$ zunächst genügend viele Einheitswurzeln adjungieren. Wir müssen nur darauf achten, dass wir bei jedem Adjunktionsschritt nur eine durch Radikale auflösbare Erweiterung dazu bekommen:

Zunächst reicht, es primitive Einheitswurzeln zu einem Exponenten $\ell$ zu betrachten, wobei $\ell \neq 0 \in K$. Es gilt hier:

**Proposition 4.19** *Sei $\ell$ eine Primzahl mit $\ell \neq 0$ im Körper $K$. Ist dann $L$ ein Zerfällungskörper des (separablen) Polynoms $X^\ell - 1$ über $K$, so ist die galoissche Gruppe von $L$ über $K$ zyklisch und ihre Ordnung teilt $\ell - 1$.*

Ein solcher Zerfällungskörper $L$ heißt *zyklotomische Erweiterung* von $K$.

*Beweis.* Sei $C$ die endliche Menge der Nullstellen von $X^\ell - 1$ in $L$. Da 1 eine Nullstelle ist und das Produkt zweier Nullstellen wieder eine Nullstelle ist, ist $C$ eine Untergruppe der Einheitengruppe $L^\times$. Die Ordnung von $C$ ist $\ell$, da das Polynom separabel vom Grad $\ell$ ist.

In dem wir die Wirkung der galoisschen Gruppe $G$ von $L$ über $K$ auf $C$ einschränken, erhalten wir einen Gruppenhomomorphismus

$$G \to \mathrm{Aut}(C).$$

Dieser ist bekanntlich injektiv, denn ein Element einer galoisschen Gruppe eines Polynoms ist schon festgelegt, sobald wir wissen, was es auf den Nullstellen macht.

Als endliche Untergruppe der multiplikativen Gruppe eines Körpers ist $C$ zyklisch, also isomorph zu $C_\ell$. Die Automorphismengruppe von $C_\ell$ ist wiederum durch die Menge der Einheiten von $\mathbf{Z}/(\ell)$ gegeben, eine zyklische Gruppe mit $\ell - 1$ Elementen.

Es folgt, dass $G$ eine endliche Untergruppe einer Gruppe mit $\ell - 1$ Elementen ist. Damit ist $G$ selbst zyklisch, und die Teilbarkeitsaussage der Ordnung von $G$ ist gerade durch den lagrangeschen Satz gegeben.                                                          □

Zyklotomische Erweiterungen zu Primzahlexponenten sind zyklisch.

Wir entnehmen dem Beweis insbesondere die Existenz primitiver Einheitswurzeln, das sind einfach die Erzeuger der Gruppe $G$.

Adjungieren einer primitiven $\ell$-ten Einheitswurzel führt also auf zyklische Erweiterung eines Grades kleiner $\ell$. Wir hätten gerne, dass diese eine durch Radikale auflösbare Erweiterung ist. Um dies zu schließen, würden wir wieder gerne Proposition 4.17 und Proposition 4.15 verwenden, aber dazu bräuchten wir die Existenz weiterer primitiver Einheitswurzeln! Aber das macht gar nichts, denn die Exponenten dieser weiteren primitiven Einheitswurzeln sind kleiner als $\ell$, sodass wir induktiv schließen können:

**Proposition 4.20** *Für jede natürliche Zahl n gibt es eine durch Radikale auflösbare Körpererweiterung $K_0$ von $K$, sodass $K_0$ alle primitiven $\ell$-ten Einheitswurzeln enthält, wobei $\ell$ alle Primzahlen $\ell \leq n$ mit $\ell \neq 0 \in K$ enthält.*

*Beweis.* Der Beweis verläuft, wie gesagt, induktiv. Nehmen wir also an, dass wir schon eine durch Radikale auflösbare Körpererweiterung $K_1$ von $K$ konstruiert haben, sodass für alle $\ell$ wie oben mit $\ell < n$ eine primitive $\ell$-te Einheitswurzel in $K_1$ liegt. Für $\ell = n$ betrachten wir dann eine in Proposition 4.19 konstruierte zyklotomische Erweiterung $L_0$ von $K_1$. Nach Proposition 4.17 zerfällt diese aufgrund der Induktionsvoraussetzung in einen Turm von Radikalerweiterungen, d. h., $K_0$ über $K$ ist durch Radikale auflösbar.                    □

Ist also

$$K = L_0 \subseteq L_1 \subseteq \cdots \subseteq L_m = L$$

ein Turm von Radikalerweiterungen mit $L_0 = K$ und ist $n$ der höchste vorkommende Radikalexponent, so bilden wir die durch radikale auflösbare Erweiterung $K_0$ von $K$ wie in Proposition 4.20 und also dann

$$K_0 = K_0 L_0 \subseteq K_0 L_1 \subseteq \cdots \subseteq K_0 L_m = K_0 L.$$

Jeder einzelne Schritt ist jetzt eine Radikalerweiterung oder trivial (das wird wie in Bd. 1 gezeigt), und da wir jetzt genügend viele Einheitswurzeln in $K_0$ und damit in $K_0 L_0$ haben, können wir schließen, dass alle diese Erweiterungen zyklisch sind. Damit ist Erweiterung $K_0 L$ über $K_0$ auflösbar, also auch $K_0 L$ über $K$, da $K_0$ über $K$ auflösbar ist, und damit ist auch $L$ über $K$ auflösbar.

Für die umgekehrte Richtung starten wir mit einer auflösbaren Erweiterung $L$ über $K$ und wollen zeigen, dass diese auch durch Radikale auflösbar ist. Dazu können wir annehmen, dass $L$ über $K$ sogar galoissch ist und eine auflösbare galoissche Gruppe $G$ hat. Das funktioniert aber wieder wie in Bd. 1. Dazu bilden wir zunächst eine durch Radikale auflösbare Erweiterung $K_0$ von $K$, die alle $\ell$-ten Einheitswurzeln enthält, wobei $\ell$ die Primteiler der Ordnung von $G$ durchläuft (wir können wieder $\ell \neq\in K$ voraussetzen). Wir betrachten dann die Erweiterung $K_0 L$ (in einem geeigneten Oberkörper) über $K_0$. Die galoissche Gruppe von $K_0 L$ über $K_0$ ist in natürlicher Weise eine Untergruppe von $G$, also auch auflösbar. Mit Proposition 4.17 und Proposition 4.15 erhalten wir, dass die $K_0 L$ über $K_0$ durch Radikale auflösbar ist. Da dies auch für $K_0$ über $K$ gilt, ist also auch $K_0 L$ über $K$ durch Radikale auflösbar und damit erst recht $L$ über $K$.

Schließlich formulieren wir noch einmal genau, was wir gezeigt haben, der Lohn der ganzen Arbeit aus diesem Kapitel:

**Theorem 4.16** *Es sei K ein separabel faktorieller Körper. Eine endliche Körpererweiterung L über K ist genau dann durch Radikale auflösbar, wenn L über K auflösbar ist.* □

## Zusammenfassung

- **Körperhomomorphismen** $K \to L$ sind immer injektiv, sodass wir $K$ mit seinem Bild in $L$ identifizieren können und als **Unterkörper** von $L$ auffassen können. Wir nennen dann $L$ eine **Körpererweiterung** von $K$.
- Der **Grad** einer Körpererweiterung $L$ über $K$ ist die Dimension vom $L$ aufgefasst als $K$-Vektorraum. Grade multiplizieren sich in **Körpertürmen**.
- Eine Körpererweiterung, die von zwei Elementen, von denen mindestens eins separabel ist, erzeugt wird, ist immer **einfach**. Das ist der Satz vom **primitiven Element**.
- Endliche Untergruppen der **Einheitengruppe** eines Körpers sind **zyklisch**. Damit und mit dem Satz über das primitive Element können wir beweisen, dass **Faktorisierungsverfahren** sich auf separable Erweiterungen fortsetzen lassen.
- Die über dem Grundkörper **separablen** Elemente einer Körpererweiterung bilden einen Zwischenkörper, den **separablen Abschluss**. Insbesondere sind Summe und Produkt und allgemeiner rationale Funktionen von separablen Elementen wieder separabel.
- Ein Körper ist **vollkommen,** wenn sich jedes Polynom als Produkt separabler Polynome schreiben lässt. Insbesondere sind irreduzible Polynome über vollkommenen Körpern separabel. Jeder Körper besitzt einen **separablen Abschluss.**
- Zu jeder Primpotenz gibt es einen **endlichen Körper** mit so vielen Elementen. Umgekehrt ist die Anzahl der Elemente eines endlichen Körpers immer eine Primpotenz.
- Der **Frobenius** erzeugt die Automorphismen eines endlichen Körpers.
- Jede endliche Körpererweiterung zerfällt in eine **separable,** gefolgt von einer **rein inseparablen** Körpererweiterung. Damit ist der Grad einer Körpererweiterung das Produkt des **Separabilitätsgrades** mit dem **Inseparabilitätsgrad**. Der Separabilitätsgrad gibt an, wie viele Einbettungen der Oberkörper in einen algebraischen Abschluss des Grundkörpers erlaubt.
- Separabilität können wir auch über die Nichtausgeartetheit der **Spurpaarung** charakterisieren.
- Das Gegenstück zu algebraischen Erweiterungen sind **transzendente** Erweiterungen. Wir können von **Transzendenzbasen** sprechen, für welche ganz ähnliche Eigenschaften wie für die Vektorraumbasen aus der linearen Algebra gelten.
- In Körpertürmen addieren sich die **Transzendenzgrade**.

- Eine **galoissche Erweiterung** ist eine endliche, separable und **normale** Erweiterung. Die **galoissche Gruppe** einer solchen Erweiterung ist die Gruppe der Automorphismen des Oberkörpers, die die Elemente des Grundkörpers fixiert lassen.
- Der **Hauptsatz der galoisschen Theorie** sagt aus, dass die Untergruppen der galoisschen Gruppe mit den Zwischenkörpern der Erweiterung korrespondieren. Dabei ist der Zwischenkörper der **Fixkörper** der Untergruppe. Insbesondere ist die Korrespondenz **inklusionsumkehrend.**
- **Normalteilern** in der galoisschen Gruppe entsprechen dabei Zwischenkörpern, die selber wieder galoissch über dem Grundkörper sind. Deren galoissche Gruppe ist dann die Faktorgruppe nach dem Normalteiler.
- **Zyklische galoissche Erweiterungen** über Körpern mit ausreichend vielen Einheitswurzeln lassen sich durch Zerfällungskörper von Polynomen der Form $X^\ell - a$ und $X^p - X - a$ (falls $p$ die positive Charakteristik des Grundkörpers ist) charakterisieren. Daraus folgt, dass **Auflösbarkeit durch Radikale** durch **Auflösbarkeit der galoisschen Gruppe** charakterisiert werden kann.
- **Hilbert 90** sagt aus, dass die **erste Gruppenkohomologie** einer galoisschen Gruppe mit Werten in der additiven Gruppe oder der Einheitengruppe des Oberkörpers verschwindet.

**Aufgaben**

*Körpererweiterungen*

**4.1** Sei $K(x)$ über $K$ eine endliche Körpererweiterung ungeraden Grades. Zeige, dass $K(x) = K(x^2)$.

**4.2** Finde ein normiertes irreduzibles Polynom zweiten Gerades über $\mathbf{F}_2$, und gib einen Körper mit vier Elementen an.

**4.3** Sei $K$ ein Körper. Sei $E$ ein Zwischenkörper von $K(X)$ über $K$, der ein echter Oberkörper von $K$ ist, das heißt, es liegt ein Element in $E$, welches nicht in $K$ liegt. Zeige, dass $X$ algebraisch über $E$ ist.

**4.4** Sei $K$ ein Körper. Sei

$$y := \frac{g(X)}{h(X)} \in K(X),$$

wobei $g(X)$ und $h(X)$ teilerfremde Polynome in $K[X]$ seien. Sei das Maximum $n$ von $\deg g(X)$ und $\deg h(X)$ mindestens 1. Zeige, dass der Grad von $K(X)$ über $K(y)$ gerade $n$ ist.

**4.5** Seien $L$ über $K$ eine Körpererweiterung. Seien $E$ und $F$ zwei Zwischenkörper von $L$ über $K$. Wir nennen $E$ *linear disjunkt* von $F$, falls jede endliche Menge von Elementen aus $E$, welche über $K$ linear unabhängig ist, auch über $F$ linear unabhängig ist.

Zeige, dass diese Relation zwischen $E$ und $F$ symmetrisch in $E$ und $F$ ist, das heißt also, dass $E$ genau dann linear disjunkt von $F$ ist, wenn $F$ linear disjunkt von $E$ ist.

### Faktorielle Körper

**4.6** Zerlege das Polynom

$$f(X) = X^5 + X^4 + X^3 + X^2 + 1$$

über $\mathbf{F}_3$ in seine irreduziblen Faktoren.

**4.7** Sei $f(X)$ ein Polynom über einem endlichen Körper $K$. Zeige, dass eine endliche Körpererweiterung $L$ von $K$ existiert, über der $f(X)$ in Linearfaktoren zerfällt.

**4.8** Zeige, dass es außer der trivialen nur eine weitere endliche Untergruppe der Einheitengruppe von $\mathbf{Q}$ existiert.

**4.9** Sei $N$ eine natürliche Zahl. Sei $K$ ein faktorieller Körper, der keine endliche Charakteristik kleiner oder gleich $N$ hat. Sei $L$ über $K$ eine endliche Körpererweiterung vom Grade $N$. Zeige, dass $L$ faktoriell ist.

**4.10** Sei $A$ eine quadratische Matrix über einem Körper $K$. Zeige, dass das Minimalpolynom von $A$ genau dann separabel ist, wenn es eine endliche erzeugte $K$-Algebra $E$ gibt, über der $A$ diagonalisierbar ist.

### Separabel faktorielle Körper

**4.11** Sei $L \supseteq K$ eine Körpererweiterung. Sei $x \in L$ über $K$ separabel. Zeige, dass dann auch $x$ über jeder Zwischenerweiterung $E$ von $L$ über $K$ separabel ist.

**4.12** Sei $L \supseteq K$ eine Körpererweiterung. Sei $x \in L$ separabel über einer Zwischenerweiterung $E$ von $L$ über $K$. Warum ist $x$ im Allgemeinen nichtseparabel über $K$?

**4.13** Sei $g(X)$ ein nichtkonstantes normiertes Polynom über einem Körper $K$ mit $g'(X) = 0$. Warum hat der Körper $K$ die Charakteristik einer Primzahl?

**4.14** Sei $g(X)$ ein normiertes Polynom über einem Körper $K$ mit $g'(X) = 0$. Warum lässt sich $g(X) = g_1(X^p)$ für eine Primzahl $p$ und ein Polynom $g_1 \in K[X]$ schreiben?

**4.15** Sei $p(X)$ ein irreduzibles Polynom über einem Körper $K$. Zeige, dass $E := K[X]/(p(X))$ eine Körpererweiterung von $K$ ist.

**4.16** Sei $K$ ein Körper der Charakteristik einer Primzahl $p$. Sei $L$ eine Körpererweiterung von $K$. Sei $x \in L$ mit $K(x) = K(x^p)$. Konstruiere ein separables Polynom über $K$, welches $x$ als Nullstelle hat.

**4.17** Sei $E = \mathbf{F}_3[X]/(X^3 + X^2 + 2)$. Schreibe $X \in E$ als einen in $X^3$ rationalen Ausdruck über $\mathbf{F}_3$.

*Vollkommene Körper*

**4.18** Sei $K$ ein faktorieller Körper. Begründe, warum $K$ genau dann vollkommen ist, wenn jedes irreduzible Polynom über $K$ separabel ist. Welche Richtung gilt noch, wenn wir nicht wissen, ob $K$ faktoriell ist?

**4.19** Sei $K_0, K_1, K_2, \ldots$ eine Folge von Körpern. Seien Körperhomomorphismen $\varphi_i : K_i \to K_{i+1}$ gegeben, bezüglich derer der gerichtete Limes

$$L = \varinjlim_{i \in \mathbf{N}_0} K_i$$

gebildet wird. Zeige, dass $L$ ein Körper ist. Wie kann $L$ in natürlicher Weise als Körpererweiterung für alle Körper $K_i$ aufgefasst werden?

**4.20** Wieso ist

$$K^{p^{-\infty}}$$

ein sinnvolles Symbol für den vollkommenen Abschluss eines Körpers positiver Charakteristik $p$?

**4.21** Sei $R$ ein kommutativer Ring positiver Charakteristik $p$, das heißt, $R$ ist nicht der Nullring und $p = 0$ in $R$. Sei

$$\varprojlim_{i \in \mathbf{N}_0} R^{p^i}$$

die Menge aller Folgen $(x_0, x_1, x_2, \ldots)$ mit $x_i \in R$ und $x_{i+1}^p = x_i$ für alle $i \in \mathbf{N}_0$. Durch gliedweise Addition und Multiplikation der Folgen wird $E := \varprojlim_i R^{p^i}$ zu einem kommutativen Ring. Zeige, dass in $E$ jedes Element eine $p$-te Wurzel besitzt.

Zeige, dass unter der Voraussetzung, dass $R$ ein Körper ist, der Ring $E$ vermöge der Abbildung

$$(x_0, x_1, x_2, \ldots) \mapsto x_0$$

zu einem vollkommenen Unterkörper von $R$ wird und mit denjenigen Elementen in $R$ identifiziert werden kann, die alle $q$-ten Wurzeln besitzen, wobei $q$ eine beliebige $p$-Potenz ist.

Im Allgemeinen heißt der Ring $E$ die *Vervollkommnung* von $R$.

### Endliche Körper und der Frobenius

**4.22** Sei $K$ ein Körper endlicher Charakteristik. Zeige, dass sein Primkörper der kleinste Unterkörper (bezüglich der Inklusionsrelation) von $K$ ist.

**4.23** Gibt es in einem Körper mit 27 Elementen einen Unterkörper mit 9 Elementen?

**4.24** Zeige, dass in einem Körper $K$ mit 25 Elementen eine Quadratwurzel $\sqrt{2}$ aus 2 existiert. Gib einen Erzeuger der multiplikativen Gruppe von $K$ der Form $a + b\sqrt{2}$ an, wobei $a$ und $b \in \mathbf{F}_5$.

**4.25** Seien $q$ und $d$ positive natürliche Zahlen. Berechne den Quotienten von $X^{q^d} - X$ nach $X^q - X$.

**4.26** Seien $p$ eine Primzahl und $n$ und $d$ positive natürliche Zahlen. Sei $q = p^n$. Sei $L$ ein Körper mit $q^d$ Elementen und $K$ sein Unterkörper mit $q$ Elementen. Zeige, dass die Gruppe der Automorphismen von $L$ als $K$-Algebra von $\mathrm{Frob}^n$ erzeugt wird und $d$ Elemente besitzt.

**4.27** Gib die siebenten Wurzeln aller Elemente von $\mathbf{F}_7$ an.

**4.28** Sei $K$ ein Körper positiver Charakteristik $p$. Zeige, dass $K$ genau dann vollkommen ist, wenn der Frobenius von $K$ ein Isomorphismus von $K$ auf sich selbst ist.

### Separable und inseparable Erweiterungen

**4.29** Sei $L$ eine Körpererweiterung eines Körpers $K$. Zeige, dass die Menge der über $K$ rein inseparablen Elemente in $L$ eine Zwischenerweiterung von $L$ über $K$ ist.

**4.30** Sei $L$ eine endliche Körpererweiterung eines Körpers $K$. Sei $L$ über $K$ sowohl separabel als auch rein inseparabel. Zeige, dass $L = K$.

**4.31** Sei $L$ über $K$ eine endliche Körpererweiterung. Sei $x \in L$ separabel über $K$ und $y \in L$ rein inseparabel über $K$. Zeige, dass $K(x, y) = K(x + y)$.

**4.32** Sei $L$ über $K$ eine endliche Körpererweiterung. Die *Norm*

$$N_{L/K}(x)$$

eines Elementes $x$ in $L$ über $K$ ist als die Determinante der $K$-linearen Abbildung von $L$ nach $L$ definiert, die durch Multiplikation mit $x$ gegeben ist. Zeige, dass

$$N_{L/K}(x) = \left( \prod_{i=1}^{[L:K]_s} x_i \right)^{[L:K]_i},$$

wobei die $x_i$ die verschiedenen galoisschen Konjugierten von $x$ in einem algebraisch abgeschlossenen Oberkörper $\Omega$ von $K$ sind.

Tipp: In Abschnitt Abschn. 4.9 zeigen wir, wie der Beweis geht.

**4.33** Sei $L$ über $K$ eine endliche Körpererweiterung. Sei $E$ ein über $K$ endlicher Zwischenkörper. Zeige, dass

$$\text{disc}_{L/K} = N_{E/K}(\text{disc}_{L/E}) \cdot \text{disc}_{E/K}^{[L:E]}.$$

## Transzendente Erweiterungen

**4.34** Sei $L$ über $K$ eine Körpererweiterung. Seien $x_1, \ldots, x_n$ Elemente aus $L$, und sei $E$ eine Zwischenerweiterung von $L$ über $K$, welche über $K$ algebraisch ist. Zeige, dass $x_1, \ldots, x_n$ genau dann über $E$ algebraisch abhängig sind, wenn sie über $K$ algebraisch abhängig sind.

**4.35** Sei $L = \mathbf{Q}(X_1, \ldots, X_5)$ der Körper der rationalen Funktionen in fünf Variablen über $\mathbf{Q}$. Zeige, dass die rationalen Funktionen

$$f_1 := X_2^2 - X_1, \qquad f_2 := X_2^{-3}, \qquad f_3 := X_1 + X_3 - X_4^2 + X_5, \qquad f_4 := X_3 - X_4^{-1} + X_5^2$$

über $\mathbf{Q}$ algebraisch unabhängig sind, und bestimme ein Element $f_5$ von $L$, sodass $f_1, \ldots, f_5$ eine Transzendenzbasis von $L$ über $\mathbf{Q}$ wird.

**4.36** Sei $S$ eine Menge.

Eine *Spannoperation* auf $S$ ist eine Abbildung von endlichen Teilmengen $\{x_1, \ldots, x_n\}$ auf Teilmengen $\langle x_1, \ldots, x_n \rangle = \langle \{x_1, \ldots, x_n\} \rangle$, sodass gilt:

1. Sind $I$ und $J$ zwei endliche Teilmengen von $S$ mit $I \subseteq J$, so gilt $\langle I \rangle \subseteq \langle J \rangle$.
2. Für jede endliche Teilmenge gilt $I \subseteq \langle I \rangle$.

3. Sei $J$ eine endliche Teilmenge von $S$. Ist $I$ eine endliche Teilmenge von $\langle J \rangle$, so gilt $\langle I \rangle \subseteq \langle J \rangle$.

4. Seien $I$ eine endliche Teilmenge von $S$ und $x$ und $y$ zwei Elemente. Aus $x \in \langle I, y \rangle$ folgt dann $x \in \langle I \rangle$ oder $y \in \langle I, x \rangle$.

Wir nennen $\langle I \rangle$ den *Spann* von $I$ (in $S$).

Sei jetzt $V$ ein endlich-dimensionaler Vektorraum über einem Körper $K$. Für je endlich viele Vektoren $v_1, ..., v_n$ von $V$ sei $\langle v_1, ..., v_n \rangle$ ihr linearer Spann über $K$, also die Menge der Linearkombinationen über $K$ in $v_1, ..., v_n$. Zeige, dass dadurch auf $V$ eine Spannoperation im obigen Sinne definiert wird.

**4.37** Sei $L$ über $K$ eine Körpererweiterung. Für je endlich viele Elemente $x_1, ..., x_n$ sei dann $\langle x_1, ..., x_n \rangle$ die Menge der in $x_1, ..., x_n$ über $K$ algebraischen Elemente. Zeige, dass dadurch auf $L$ eine Spannoperation definiert wird.

**4.38** Sei eine Spannoperation auf einer Menge $S$ gegeben. Wir nennen Elemente $x_1, ..., x_n$ von $S$ *zueinander unabhängig*, wenn $x_i$ für alle $i \in \{1, ..., n\}$ nicht im Spann von $x_1, ..., x_{i-1}, x_{i+1}, ..., x_n$ enthalten ist. Ist in diesem Falle $S$ der Spann von $x_1, ..., x_n$, so heißt $x_1, ..., x_n$ eine Basis von $S$.

Bilden jetzt $x_1, ..., x_n$ eine Basis von $S$. Seien $y_1, ..., y_m$ weitere zueinander unabhängige Elemente. Zeige, dass wir $n - m$ Elemente $x_{i(1)}, ..., x_{i(n-m)}$ aus $x_1, ..., x_n$ auswählen können, sodass $y_1, ..., y_m, x_i(1), ..., x_{i(n-m)}$ eine Basis von $S$ bilden.

Folgere, dass die Länge einer Basis von $S$ immer dieselbe ist.

**4.39** Sei $L = \mathbf{Q}(X)$ der Körper der rationalen Funktionen in $X$ über $\mathbf{Q}$. Gib ein primitives Element der Körpererweiterung $E = \mathbf{Q}(X^3 - 2, X^6 - X^2 - 1)$ über $\mathbf{Q}$ an. Zeige, dass $L$ eine endliche Erweiterung von $E$ ist und berechne ihren Grad.

*Galoissche Erweiterungen*

**4.40** Zeige, dass eine endliche Körpererweiterung $L$ über einem Körper $K$ genau dann normal über $K$ ist, wenn jedes Polynom $f(X) \in K[X]$, welches in $L$ eine Nullstelle hat, über $L$ schon in Linearfaktoren zerfällt.

**4.41** Sei $L$ eine endliche Körpererweiterung eines Körpers $K$. Sei $E$ ein über $K$ endlicher Zwischenkörper. Zeige, dass $L$ über $K$ im Allgemeinen nicht normal ist, auch wenn $L$ über $E$ und $E$ über $K$ normale Körpererweiterungen sind.

**4.42** Sei $p$ eine Primzahl. Sei $L = \mathbf{F}_p(T)$. Überlege, dass $K = \mathbf{F}_p(T^p)$ ein Unterkörper von $L$ ist. Zeige, dass $L$ über $K$ keine galoissche Erweiterung ist.

**4.43** Sei $L$ eine galoissche Erweiterung eines Körpers $K$. Sei $G$ die galoissche Gruppe von $L$ über $K$. Seien $H$ eine endliche Untergruppe von $G$ und $E$ ein über $K$ endlicher Unterkörper von $L$. Für jede $G$-äquivariante Bijektion definieren wir den Automorphismus

$$f^* : \mathrm{Hom}_G(G/H, L) \to \mathrm{Hom}_G(G/H, L), \quad g \mapsto g \circ f$$

über $K$, und für jeden Automorphismus $\varphi : E \to E$ über $K$ definieren wir die $G$-äquivariante Bijektion

$$\varphi^* : \mathrm{Hom}_K(E, L) \to \mathrm{Hom}_K(E, L), \quad \psi \mapsto \psi \circ \varphi$$

Zeige, dass

$$(f^*)^* = f \quad \text{und} \quad (\varphi^*)^* = \varphi.$$

**4.44** Sei $L$ eine galoissche Erweiterung eines Körpers $K$. Sei $G$ die galoissche Gruppe von $L$ über $K$. Sei $H$ eine endliche Untergruppe von $G$. Sei $E = L^H$. Zeige, dass $F = L^{N_H(G)}$ die kleinste über $K$ endliche Zwischenerweiterung von $E$ über $K$ ist, sodass $E$ über $F$ eine galoissche Erweiterung ist.

**4.45** Sei $L$ eine endliche Körpererweiterung eines Körpers $K$. Zeige, dass $L$ genau dann galoissch über $K$ ist, wenn eine endliche Untergruppe $G$ der Automorphismen von $L$ (also der Körperisomorphismen von $L$ nach $L$) existiert, sodass

$$K = L^G = \{x \in L \mid \sigma x = x \text{ für alle} \sigma \in G\}.$$

**4.46** Zerlege das Polynom $f(X) = X^5 - X^4 - 2X^3 - 8X^2 + 6X - 1$ über $\mathbf{Q}$ nach Kroneckers Methode.

### Auflösbare galoissche Gruppen

**4.47** Sei $L = K(a)/K$ eine einfache Körpererweiterung. Zeige, dass durch

$$N_{L/K}(X - a) \in K[X]$$

das Minimalpolynom von $a$ über $K$ gegeben wird.

**4.48** Berechne die Norm $N_{\mathbf{Q}(i)/\mathbf{Q}}$ als Abbildung von $\mathbf{Q}(i) = \{a + bi \mid a, b \in \mathbf{Q}\}$ nach $\mathbf{Q}$.

**4.49** Seien $q$ eine Primpotenz und $r := q^m$ für eine natürliche Zahl $m \geq 1$. Zeige, dass die Norm $N_{\mathbf{F}_r/\mathbf{F}_q}$ durch

$$x \mapsto x^{1 + q + q^2 + \cdots + q^{m-1}}$$

gegeben ist.

**4.50** Sei $K := F_p(X)$ der Körper der rationalen Funktionen über dem endlichen Körper mit $p$ Elementen. Sei weiter $L := K(\sqrt[p]{X})$. Was ist die Norm von $\sqrt[p]{X}$ in $L$ über $K$?

**4.51** Sei $K(x)/K$ eine einfache endliche Körpererweiterung. Ist dann

$$f(X) = X^n + a_1 X^{n-1} + \cdots + a_n \in K[X]$$

das Minimalpolynom von $x$ über $K$, so zeige, dass die Spur von $x$ in $K(x)$ über $K$ durch

$$\operatorname{tr}_{K(x)/K}(x) = -a_1$$

gegeben ist.

**4.52** Sei $L$ eine endliche Körpererweiterung über $E$ und $E$ eine solche über $K$. Zeige

$$N_{L/K}(x) = N_{E/K}(N_{L/E}(x))$$

für jedes $x \in L$ mithilfe der schon bewiesenen Eigenschaften für die Norm.

**4.53** Verallgemeinere die Theorie von Spur und Norm auf die anderen Koeffizienten des charakteristischen Polynoms. Was hat das mit den elementarsymmetrischen Funktionen zu tun?

**4.54** Zeige unter Verwendung des hilbertschen Satzes 90, dass für zwei Zahlen $a, b \in \mathbf{Q}$ genau dann $a^2 + b^2 = 1$ gilt, wenn es $m, n \in \mathbf{Z}$ mit

$$a = \frac{m^2 - n^2}{m^2 + n^2}, \quad \text{und} \quad b = \frac{2mn}{m^2 + n^2}$$

gibt.

**4.55** Bestimme einen Zerfällungskörper von $X^4 - 1$ über $\mathbf{F}_3$ und gib in ihm eine primitive vierte Einheitswurzel an.

**4.56** Bestimme einen Zerfällungskörper von $X^8 - 1$ über $\mathbf{F}_3$ und gib in ihm eine primitive achte Einheitswurzel an.

**4.57** Bestimme die galoissche Gruppe von $X^7 - 8X^5 - 4X^4 + 2X^3 - 4X^2 + 2$ über $\mathbf{Q}$, und gib an, ob die Nullstellen dieses Polynoms durch Radikale ausdrückbar sind.

## Literatur

1. de Bruijn, N.: A solitaire game and its relations to a finite field. J. Recreat. Math. **5**, 133–137 (1972)
2. Kronecker, L.: Grundzüge einer arithmetischen Theorie der algebraischen Grössen. (Festschrift zu Herrn Ernst Eduard Kummers fünfzigjährigem Doctor-Jubiläum, 10 September 1881). J. f. reine u. angew. Math. **92**, 1–122 (1882)

# Glossar

Dieses Glossar umfasst der Vollständigkeit halber auch das Glossar aus dem ersten Band.

**Abelsche Gruppe** Gruppe, in der die Verknüpfung kommutativ ist und die meist additiv geschrieben wird.

**Äquivalenzrelation** Reflexive, symmetrische und transitive Relation.

**Algebra** Erweiterung eines kommutativen Ringes, sodass der Ring im Zentrum des Oberringes, der Algebra, liegt.

**Algebraisch eindeutige Wurzel** Nullstelle eines irreduziblen Polynoms der Form $X^n - a$.

**Algebraische Unabhängigkeit** Ein System von Zahlen heißt algebraisch unabhängig, wenn es keine nichttriviale polynomielle Beziehung zwischen ihnen gibt.

**Algebraische Relation** Polynomielle Beziehung zwischen algebraischen Zahlen, häufig den Nullstellen eines separablen Polynoms.

**Algebraische Zahl** Komplexe Zahl, die Nullstelle eines nichttrivialen Polynoms mit rationalen Koeffizienten ist.

**Alternierende Gruppe** Untergruppe der geraden Permutationen in der symmetrischen Gruppe.

**Artin–Schreier-Polynom** Polynom der Form $X^p - X - a$ für Körper positiver Charakteristik $p$.

**Assoziiertheit** Zwei Elemente eines kommutativen Ringes heißen assoziiert, wenn sie durch die Multiplikation mit einer Einheit auseinander hervorgehen.

**Auflösbare Gruppe** Gruppe, die eine Normalreihe besitzt, deren Faktoren von Primordnung sind.

**Charakter einer Gruppe** Gruppenhomomorphismus in die Einheitengruppe eines Körpers.

**Dedekindscher Bereich** Noetherscher Integritätsbereich, der lokal ein Hauptidealbereich ist.

**Diskriminante einer Körpererweiterung** Für jede endliche Körpererweiterung $L$ über $K$ ein bis auf Quadrate in $K^\times$ definiertes Element.

© Springer-Verlag GmbH Deutschland, ein Teil von Springer Nature 2021
M. Nieper-Wißkirchen, *Abstrakte Galois-Theorie*,
https://doi.org/10.1007/978-3-662-63969-6

**Diskriminante eines Polynoms** Polynom in den Koeffizienten einer Gleichung, welches genau dann verschwindet, wenn die Gleichung eine mehrfache Lösung (in einem algebraischen Abschluss) besitzt.

**Endlich präsentierte abelsche Gruppe** Abelsche Gruppe, die von endlich vielen Elementen erzeugt wird, sodass die Relationen zwischen diesen Erzeugern wiederum nur von endlich vielen Relationen erzeugt werden.

**Endlicher Körper** Körper mit endlich vielen Elementen.

**Einfache Gruppe** Gruppe, die genau zwei Normalteiler besitzt (die triviale Untergruppe und sich selbst).

**Einheitswurzel** Komplexe Nullstelle von $X^n - 1$.

**Elementarsymmetrische Funktion** Bestimmte symmetrische Polynome in $n$ Unbestimmten.

**Faktorieller Ring** Integritätsbereich, über dem und über dessen Polynomring eine eindeutige Primfaktorzerlegung existiert.

**Fehlstand einer Permutation** Anzahl der Paare von Stellen, deren relative Anordnung durch die Permutation vertauscht wird.

**Frobenius** Automorphismus, der durch die $p$-te Potenz gegeben wird, in einem Körper mit positiver Charakteristik $p$.

**Galoissch konjugiert** Zwei Zahlen sind galoissch konjugiert, wenn sie das gleiche Minimalpolynom besitzen.

**Galoissche Gruppe einer Körpererweiterung** Gruppe der Automorphismen einer galoisschen Körpererweiterung

**Galoissche Gruppe eines Polynoms** Gruppe aller Symmetrien der Nullstellen eines separablen Polynoms.

**Ganze algebraische Zahl** Komplexe Zahl, die Nullstelle eines normierten Polynoms mit ganzzahligen Koeffizienten ist.

**Gerade Permutation** Permutation, deren Signum positiv ist.

**Grad einer algebraischen Zahl** Grad des Minimalpolynoms der algebraischen Zahl.

**Gruppenwirkung** Gruppenhomomorphismus einer Gruppe in die Automorphismengruppe einer anderen mathematischen Struktur.

**Ideal** Teilmenge eines Ringes, welche als Kern von Ringhomomorphismen auftaucht und nach welcher wir Faktorringe bilden können.

**Index einer Untergruppe** Anzahl der Kongruenzklassen modulo der Untergruppe.

**Inseparable Körpererweiterung** Körpererweiterung, in der jedes Element inseparabel über dem Grundkörper ist.

**Integritätsbereich** Kommutativer Ring, in dem null das einzige nichtreguläre Element ist.

**Irreduzibles Element** Reguläre Nichteinheit, welche bis auf Einheiten nicht in ein echtes Produkt zerfällt.

**Hauptideal** Ideal, welches nur von einem Element erzeugt wird.

**Hauptidealbereich** Noetherscher Integritätsbereich, in dem jedes endlich erzeugte Ideal von einem Element erzeugt wird.

**Komplexe Zahlen** Die komplexen Zahlen bilden die kleinste Erweiterung der reellen Zahlen, in denen eine Quadratwurzel i aus $-1$ existiert.

**Komplexprodukt** Teilmenge der Form $H \cdot N = \{h \cdot n \mid h \in H, n \in N\}$ für Teilmengen $H$ und $N$ einer Gruppe.

**Kongruenz modulo einer Untergruppe** Zwei Elemente $\tau$ und $\tau'$ einer Gruppe $G$ heißen kongruent modulo $H$, falls ein $\rho \in H$ mit $\tau = \tau' \circ \rho$ existiert.

**Konstruierbare Zahl** Punkt in der komplexen Zahlenebene, welcher nur mit Zirkel und Lineal aus den Punkten 0 und 1 konstruiert werden kann.

**Kreisteilungsgleichung** Gleichung der Form $X^n - 1 = 0$.

**Kreisteilungspolynom** Minimalpolynom einer primitiven Einheitswurzel.

**Lokalisierung eines Ringes** Ring von Brüchen, deren Nenner aus einer festgelegten multiplikativen Teilmenge stammen.

**Minimalpolynom einer algebraischen Zahl** Normiertes Polynom kleinsten Grades, welches eine algebraische Zahl als Nullstelle hat.

**Normalisator** Größte Untergruppe, in der eine gegebene Untergruppe noch normal ist.

**Normalreihe** Absteigende Folge von Untergruppe einer Gruppe, sodass die einzelnen Faktoren jeweils durch Inklusionen von Normalteilern gebildet werden.

**Normalteiler** Untergruppe einer Gruppe, welche invariant unter Konjugation mit beliebigen Gruppenelementen ist.

**Ordnung einer Gruppe** Anzahl der Elemente einer Gruppe.

**Ordnung eines Elements** Kleinster positiver Exponent, sodass die Potenz des Elementes mit diesem Exponenten 1 ergibt.

**$p$-Gruppe** Gruppe von Primpotenzordnung.

**$p$-sylowsche Untergruppe** Untergruppe, deren Index teilerfremd zur Primzahl $p$ ist.

**Permutationsgruppe** Untergruppe einer symmetrischen Gruppe.

**Polynomgleichung** Gleichung der Form $a_n X^n + a_{n-1} X^{n-1} + \cdots + a_1 X + a_0 = 0$, wobei die Koeffizienten $a_0, \ldots, a_n$ Elemente eines Rechenbereiches sind.

**Primelement** Nichteinheit, welche immer mindestens einen Faktor teilt, wenn sie ein Produkt teilt.

**Quadratur des Kreises** Problem, zu einem vorgegebenen Kreis nur mit Zirkel und Lineal ein Quadrat mit gleichem Flächeninhalt zu konstruieren.

**Radikalerweiterung** Erweiterung der Form $K(a)$ über $K$, wobei $a$ eine algebraisch eindeutige Wurzel über $K$ ist.

**Reguläres Element** Element in einem Ring, durch welches in Gleichungen gekürzt werden darf.

**Separabilitätsgrad** Grad des separablen Abschlusses in einer Körpererweiterung über dem Grundkörper.

**Separable Körpererweiterung** Körpererweiterung, in der jedes Element separabel über dem Grundkörper ist.

**Separables Polynom** Polynom, welches keine mehrfachen Nullstellen (in einem algebraischen Abschluss) besitzt.

**Signum einer Permutation** Das Signum einer Permutation ist $+1$, falls die Permutation eine gerade Anzahl von Fehlständen besitzt, sonst $-1$.

**Smithsche Normalform** Zu einer Matrix über einem bézoutschen Bereich ähnliche Diagonalmatrix, deren Diagonaleinträge bestimmte Teilbarkeitseigenschaften erfüllen.

**Symmetrische Gruppe** Volle Permutationsgruppe.

**Transitive Operation** Operation einer Gruppe auf einer Menge, sodass für jedes Paar $x$, $y$ von Elementen der Menge ein Gruppenelement $g$ mit $g \cdot x = y$ existiert.

**Transzendentes Element** Element eines Oberkörpers, welches nicht algebraisch über dem Grundkörper ist.

**Transzendente Zahl** Komplexe Zahl, welche nichtalgebraisch ist.

**Transzendenzbasis** Maximales System algebraisch unabhängiger Elemente eines Oberkörpers.

**Untergruppe** Teilmenge einer Gruppe, welche unter Komposition und Inversenbildung abgeschlossen ist und die Identität enthält.

**Vandermondesche Determinante** Polynom in $n$ Unbestimmten, welches als Determinante einer bestimmten $(n \times n)$-Matrix definiert ist.

**Vollkommener Körper** Körper, in dem jedes Polynom als Produkt separabler geschrieben werden kann.

**Würfelverdoppelung** Problem, zu einem vorgegebenen Würfel nur mit Zirkel und Lineal einen Würfel mit doppeltem Volumen zu konstruieren.

**Winkeldreiteilung** Problem, einen vorgegebenen Winkel nur mit Zirkel und Lineal in drei gleiche Teile zu teilen.

**Zahlkörper** Erweiterung von $\mathbf{Q}$ der Form $\mathbf{Q}(t_1, \ldots, t_n)$ mit algebraischen Zahlen $t_1$, ..., $t_n$.

**Zentralisator eines Elementes** Der Zentralisator eines Gruppenelementes $\sigma$ ist die Teilmenge der Gruppenelemente, die mit $\sigma$ vertauschen.

**Zentrum** Teilmenge der Gruppenelemente, die mit allen anderen Gruppenelementen vertauschen.

**Zerfällungskörper** Minimaler Oberkörper, über dem ein Polynom in Linearfaktoren zerfällt.

**Zykel** Permutation der Form $(i_1, i_2, i_3, \ldots, i_k)$, also eine Permutation, die $i_1$ auf $i_2$, $i_2$ auf $i_3$ usw. und $i_k$ auf $i_1$ abbildet und die übrigen Elemente jeweils auf sich selbst.

**Zyklische Gruppe** Gruppe, die von einem Element erzeugt wird.

# Stichwortverzeichnis

© Springer-Verlag GmbH Deutschland, ein Teil von Springer Nature 2021
M. Nieper-Wißkirchen, *Abstrakte Galois-Theorie*,
https://doi.org/10.1007/978-3-662-63969-6

Printed in the United States
by Baker & Taylor Publisher Services